GOOD
REASONS
for

이기적 감정

나쁜 감정은 생존을 위한 합리적 선택이다

BAD
FEELINGS

랜돌프 M. 네스 지음 | 안진이 옮김 | 최재천 감수

더퀘스트

나에게 정말 많은 것을 가르쳐준 환자들에게

★★★★★

이 책에 쏟아진 찬사

랜돌프 네스의 책은 곧 상식이 될 것이다.　　　　　　　**《선데이타임스》**

*

정신질환의 진화적 뿌리에 대한 매혹적인 연구!　　　　**《이코노미스트》**

*

종종 '나쁜 감정'을 느끼는 정신과 의사와 환자들은 모두 이 책을 읽어야 할 '좋은 이유'가 있다. 언젠가 진화정신의학이 주류가 될 날은 올 것이다. 그때 랜돌프 네스의 책은 진화정신의학 분야의 토대를 닦은 문헌으로 인정받을 것이다.　　　　　　　　　　　　　　　　　**《월스트리트저널》**

*

조금은 더 과학적으로 자기관리를 하고자 하는 사람이라면《이기적 감정》을 반드시 읽어라. 이 책을 읽으면 왜 사회불안이 이렇게 보편적인지, 왜 불안과 기분저하가 당신에게 필요한지, 궁극적으로는 왜 우리가 나쁜 감정을 느껴야 하는지 알 수 있다.　　　　　　　　　　　　　**《포브스》**

*

정신장애를 진화론이라는 틀에 집어넣은 매력적인 책. 진화정신의학의 역사, 발전 과정, 함의에 관한 훌륭하고 시의적절한 설명이 담겨 있다.

《이브닝스탠더드》

《이기적 감정》은 정신의학에 새로운 시각을 준다! 정신장애를 구성하는
요소들이 대부분 우리를 인간답게 만들어주는 데 궁극적으로 도움이 된
다니 과감한 주장이다. 　　　　　　　　　　　　　　　　　　《네이처》

＊

랜돌프 네스는 매력적인 통찰로 새롭고 혁신적인 정신장애 치료법을 제
시한다. 　　　　　　　　　　　　　　　　　　　　　　《데일리메일》

＊

조금은 정체된 것처럼 보이는 정신의학계에 꼭 필요한 책이다.
　　　　　　　　　　　　　　　　　　　　　　　《파이낸셜타임스》

＊

진화론으로 정신장애를 탁월하게 설명하는 책! 　　　　《커커스리뷰》

＊

《인간은 왜 병에 걸리는가》의 공저자이며 애리조나주립대학교 진화와
의학 연구센터 소장인 랜돌프 네스가 현대의학이 여전히 정신장애 치료
에 어려움을 겪고 있는 현실에 관해 도발적인 주장을 펼친다. 네스는 정
신장애를 진화적 관점으로 바라봐야 하는 이유에 관해 논의를 시작한다
는 소박하지만 훌륭한 목표를 성공적으로 달성했다. 　《퍼블리셔스위클리》

어느 저명한 유전학자는 "진화론이라는 관점이 빠지면 생물학의 어떤 것도 말이 되지 않는다"라고 말했다. 25년 전 랜돌프 네스는 용감하게도 이 명제를 의학에 적용해 '우리의 뇌와 정신이 왜 정신장애에 걸리기 쉬운가'라는 심오한 질문을 파고든다. 심리학적 관점과 생물학적 관점 사이의 잘못된 이분법을 솜씨 좋게 해결하며, 추상적인 이론과 시급한 임상적 요구를 연결한다. 인간 존재의 심장부를 건드리는 문제를 쉽고 현명하게 대중적으로 탐구한다.

로버트 M. 새폴스키 | 스탠퍼드대학교 의과대학 신경외과 교수

＊

다윈이 살아 있다면 네스를 자랑스럽게 생각했을 것이다.

리 듀가킨 | 《은여우 길들이기》 저자

＊

평범한 독자도 흥미롭게 읽을 수 있는 책! 《이기적 감정》은 정신의학의 미래에 대단히 중요하며, 네스는 그런 책을 쓰기에 적합한 인물이다. 풍부한 자료에 개인적인 체험을 더해 인간이 어떤 식으로 행동하는가에 관해 생생하게 논한다. 정신의학은 물론이고 심리학, 생물학, 철학, 인문학 문헌에서 얻은 광범위한 지식이 담긴 이 책을 독자들은 손에서 내려놓지 못할 것이다.

에릭 클링어 | 미네소타대학교 심리학과 교수

＊

《이기적 감정》은 틀림없이 의학의 얼굴을 바꿔놓을 것이다. 그리고 마땅히 그래야 한다.

로빈 던바 | 옥스퍼드대학교 진화심리학과 교수

랜돌프 네스는 진화의학을 처음 설계한 사람 중 하나다. 그는 우리가 암, 비만, 감염성 질환 등으로 고생하는 이유를 이해하기 위해 진화론을 연구하는 과학자들에게 영감을 줬다. 이번에는 육체에서 정신으로 관심을 돌려, 인간 본성의 강점과 약점에 관한 흥미진진한 설명으로 가득 찬 도발적인 책을 선보였다.

칼 짐머 | 《진화》 저자

＊

하루하루를 채워주고 이런저런 행동의 동기를 부여하는 강렬한 감정들은 삶의 안전장치와도 같다. 이 훌륭한 책은 그 모든 감정을 자세히 설명해준다. 랜돌프 네스가 이번에도 해냈다!

마이클 가자니가 | 《뇌, 인간의 지도》 저자

＊

하나의 전설이 될 책. 심리학, 정신의학, 생물학, 철학을 다 다루는데도 편하게 읽을 수 있다니! 이 책은 온화하게, 성실하게, 약간의 장난기도 보여주면서 '고통의 본질과 기원은 무엇인가?'라는 심오한 질문의 문을 열어젖힌다.

주디스 이브 립턴 | 《평화가 힘이 된다》의 저자

＊

'나는 왜 기분이 나쁜가?' 부정적인 감정 때문에 힘들어하는 사람들이 맨먼저 떠올리는 질문이다. 이 책은 대중적으로 쉽게 쓰여서 정신장애를 앓는 사람, 그들을 사랑하는 사람 그리고 그들을 치료하는 전문가에게 만족스러운 대답을 찾아주는 요긴한 도구가 될 것이다.

조너선 로텐베르그 | 사우스플로리다대학교 심리학과 교수

지식과 지혜를 제공하며 일상생활에도 도움이 되는 책이다.

세라 허디 | UC 데이비스대학교 인류학과 교수

＊

랜돌프 네스는 불안과 우울 같은 감정에 명확한 진화적 목적이 있다고 주장한다. 인간의 상태에 관한 오래된 질문들을 전복하고, 30여 년의 임상 경험을 토대로 이야기를 술술 풀어내는 저자의 목소리가 매력적이다.

팀 애덤스 | 《옵서버》 저자

＊

이 훌륭한 책의 내용은 크게 두 가지다. 첫째는 자연선택의 냉혹한 논리, 둘째는 마음 따뜻한 정신과 의사의 실용적인 지혜. 둘 사이에 팽팽한 긴장이 느껴지고 그 결과물은 매혹적이다.

니컬러스 험프리 | 런던정치경제대학교 심리학과 교수

＊

대중적이고 학술적이면서도 깊이 있는, 고전으로 두고두고 가치를 인정받을 책이다. 의사들만이 아니라 잘 사는 삶과 도덕적인 공동체 및 사회를 만드는 데 관심이 있는 모든 사람에게 사랑받을 것이다.

폴 길버트 | 《공감하는 정신》 저자

＊

명확하고 흥미롭다. 역사적 사실, 참신한 발상, 임상 경험을 솜씨 좋게 버무려 통찰력과 일관성이 있는 이야기를 들려준다. 사람들이 폭넓게 읽고 토론하길 바란다.

에릭 차나우 | 유타대학교 진화생태학과 교수

20여 년 동안 진화의학의 선두주자로서 열심히 활동해온 랜돌프 네스 박사의 흥미롭고 유익한 책. 자기 자신을 잘 알고 싶은 사람이라면 꼭 읽어야 한다. **멜빈 코너** | 에모리대학교 인류학과 교수, 《진화의 배신》 저자

✳

《이기적 감정》은 인간의 감정과 문화 발전을 생물학적으로 설명하는 토대가 될 것이다. 인간의 상태에 관해 낙관적이면서도 과장되지 않은 통찰을 가득 담고 있는 이 책은 직설적이고 경쾌하고 유머러스하면서도 전문적이다. 모두에게 추천하고 싶다. **제이 슐킨** | 조지타운대학교 신경과학과 교수

✳

《이기적 감정》이 인간과 인간의 복잡한 삶에 관한 이론에 새 패러다임을 열었다고 해도 과언이 아니다. 진정 인간적이고 따뜻한 사람이 집필한 선구적인 책이다. 그와 함께 시간을 보내는 것은 특권이다.

마이클 루스 | 플로리다주립대학교 철학과 교수

✳

랜돌프 네스는 정신과 의사들이 직면하는 각종 질병에 관한 연구를 종합해 새로운 결과를 제시한다. 이 책은 참신하고 흥미롭지만 난해하지는 않다. 더 많은 연구가 이뤄져야 하는 복잡한 문제들이 담겨 있는 책이다.

크리스토퍼 보엠 | USC대학교 경제사회연구소 생물학과 교수

✳

네스가 개척한 진화정신의학은 정신장애 치료를 혁명적으로 변화시킬 잠재력을 가진 학문이다. **사이먼 배런코언** | 케임브리지대학교 발달정신병리학과 교수

의료계의 통념에 설득력 있게 도전하는 책. 현재 정신의학 개념의 혼란과 질병 분류의 개선을 위한 로드맵을 제공하는 혁신적인 대작이다. 네스의 문장은 크리스털처럼 명료하다. 그는 생물학적으로 설계된 감정들에 관한 우리의 지식을 재점검하고, 진화 과정에서 형성된 인간의 본성을 솔직히 인정하는 데서 출발하자고 주장한다. 그리하여 정상적인 고통과 비정상적인 고통을 이해하는 기준선을 새롭게 마련하자고 한다. 정신건강에 관심이 있는 사람, 비전문가와 학생, 임상의와 학자 모두 이 책에 고마워할 것이다.

제롬 C. 웨이크필드 | 뉴욕대학교 정신의학과 교수

정신의학의
진정한 진화를 모색하다

내가 랜돌프 네스를 처음 만난 것은 1992년 여름이었다. 하버드대학교에서 박사학위를 받고 2년간 전임강사로 일하다가 미시간대학교 생물학과에 조교수로 부임해 자연사박물관 3층에 연구실을 얻어 자리를 잡은 지 채 한 달도 되지 않은 어느 날 그가 내 연구실을 찾았다. 의과대학 정신과 교수라고 자신을 소개한 뒤 네스는 내 연구 주제에 관해 상당히 소상하게 물었다. 내가 어떤 연구를 하는 사람인지에 대한 단순한 호기심에 그치지 않고 내 연구의 근간이 되는 이론과 가설들에 대해 매우 깊이 있는 질문들을 쏟아냈다. 도대체 왜 정신과 의사가 동물 행동의 진화에 그토록 진지한 관심을 보이는지 의아해하는 내게 네스는 진화생물학을 의학에 접목하기 위해 공부하고 있다고 답했다. 이윽고 나는 그가 미시간대학교 진화생물학 분야의 내 동료들인 리처드 알렉산더, 바비 로, 데이비드 버스, 로라 벳직과 수없이 많은 대화를 나눴고 1991년에는 조지 윌리엄스와 함께 저명한 논문 〈다윈의학의 여명〉을 출간했다는 사실을 알게 됐다. 그후에도 네스는 진짜 의과대학 교수가 맞나 의심스러울 정도로 자연사박물관이나 생물학과에서 주최하는 세미나에 빠짐없이 출석해 참으로 열심히 공부했다. 의과대학 교수가 된 다음에 진화생물학을 독학한 랜돌프 네스는 어느덧 우리들 대부분을 앞질러 세계 진화생물학계의 대가 반열에 올랐다. 2014년부터는 애리조나주립대학교에 '진화와 의학 연구센터Center for Evolution and Medicine'를 설립해 소장으로 일하고 있다.

1993년 어느 여름날 인류학자 로라 벳직과 폴 터크 부부가 호숫가에 있는 그들의 집에서 우리를 파티에 초대했을 때 네스는 내게 조지 윌리엄스와 함께 진화의학에 관한 책을 쓰고 있다고 알려줬다. 나는 그에게 선뜻 책이 나오면 한국어로 번역해주겠노라고 약속했다. 그리고 내가 미시간대학교를 떠나 서울대학교에 부임한 지 몇 달 뒤인 1994년 가을에 그의 책《인간은 왜 병에 걸리는가》가 우편으로 배달됐다. 나는 약속대로 번역 작업에 착수했고 1999년에 한국어판이 출간됐다. 나는 단순히 그 책을 번역하는 데서 그치지 않고 우리 학계에 진화의학을 소개하는 데 나름 적지 않은 노력을 기울였다. 신문에 진화의학에 관해 연재를 했고 지난 20년간 적어도 열 군데가 넘는 의과대학에서 강연했다. 서울대학교에서 학생들을 가르치던 시절에는 의예과 일반생물학 수업에서 매 학기 한 차례씩 진화의학 강의를 했고, 예과에서 이 강의를 듣고 본과에 진학한 학생들은 작은 공부 모임을 만들어 강연을 부탁하곤 했다. 또한 서울 의대 기생충학교실 홍성태 교수가 퇴임하기 전까지는 거의 10년 동안 매 학기 초에 그의 수업에서 진화의학 강의를 했다.

《인간은 왜 병에 걸리는가》에서 네스와 윌리엄스는 정신의학에 대해 "마차를 말 앞에 두고 있다 Put the cart before the horse"라며 통렬한 비판을 쏟아냈다. 본말이 전도된 상황을 일컬을 때 서양에서 흔히 쓰는 속담으로, 인간 정신의 정상적인 작동 메커니즘에 관한 이해 없이 질병의 원인을 찾으려고 한다는 지적이다. 그로부터 사반세기가 흐른 지금 '인간은 왜 정신병에 걸리는가'에 관해 우리는 얼마나 많이 알고 있을까? 2011년 미국 국립정신건강연구소 소장 토머스 인셀은 "우리가 지난 50년간 무엇을 했든 간에 성과는 하나도 없다. (…) 통계를 보니 자살자 수, 장애인 수, 사망률이 모두 최악이고 개선될 기미도 없다. 지금의 접근법 자체를 바꿔야 할지도 모른다"라며 개탄했다. 인셀은 정신장애에 대한 진단과 치료가 100년 전 수준에 머물러 있다고 평가했다.

부시 미국 전 대통령은 1990년부터 2000년까지를 '뇌의 10년 Decade of Brain'으로 선언했다. 엄청난 연구비가 뇌과학에 집중됐고, 똑똑한 뇌를 지닌 과학자라면 당연히 뇌를 연구해야 하는 시기였다. 머지않아 뇌의 비밀이 밝혀질 것이라는 희망으로 부풀어올랐다. 제법 성과가 있었지만, 정신장애에 대해서는 실망스러운 수준이었다. 절치부심한 과학자들은 또다시 2012년부터 2022년까지를 '마음의 10년 Decade of Mind'으로 선언했다. 이번에는 대통령의 후원도 없는 가운데 이제 겨우 1년 남짓 남았다. 그러나 정신장애에 관해서는 여전히 달라진 것이 없다. 마음 아픈 일이지만, 우리는 마음에 대해 아는 것이 별로 없다. 세 번째 10년이 필요할지도 모른다.

이 책은 감정 외에도 다양한 정신장애에 관한 진화 이론과 가설을 두루 섭렵하고 있다. 평생 환자를 치료한 정신과 의사이자 진화의학 연구자로서의 학문적 경험과 지혜가 듬뿍 묻어나는 책이다. 일반인의 눈높이에서 정신장애를 둘러싼 개념적 혼란에 대해 개괄하고, 진화적 접근법의 필요성을 설득한다. 우울과 불안을 중심으로 기존의 다양한 가설을 전개하면서 고통스러운 감정에 어떤 진화적 의미가 있는지 이야기한다. 여기에 범위를 더 넓혀서 성적인 문제나 식욕, 물질남용, 조현병, 자폐장애에 대한 저자의 해박한 설명이 이어진다.

1부는 어찌 보면 숙명일 수 있는 인간의 정신장애에 관해 흥미로운 사례들을 들어 설명한다. 과연 정신장애가 질병인지 아닌지, 질병이라면 무엇이 문제인지, 왜 인간만 유독 정신장애에 많이 시달리는지 등에 관해 이야기한다. 물론 아직 답은 없다. 1부의 마지막 장을 넘길 때, 머릿속에 물음표가 많이 생겼다면 책을 잘 읽은 것이다.

2부는 감정에 관해 이야기한다. 우울과 불안이라는 대표적인 부정적 감정에 관해 기술하고, 이 감정들이 진화적으로 어떤 유용성이 있는지 설명한다. 수많은 정신장애 중 그래도 진화적 설명이 가장 잘 정립된 두 질환이 우울증과 불안장애다. 여전히 가설이 경합하고는 있지만 비교적 이해하기 쉬운 주제다. 저자는 우울증이나 불안장애가 실제로는 유리한 형질이라는 식의 적응주의적 오류에 빠지지 않도록 조심스럽게 논의를 전개한다.

3부에서는 이야기가 조금 더 심도 있게 전개된다. 진화적 설명에서 더 나아가 세상을 바라보는 네스의 철학적 시각을 느낄 수 있다. 개인의 감정과 행동, 도덕적 행동과 사회적 선택, 심지어 무의식적 억압과 인지 왜곡이 가진 의미에 관해 본격적으로 진화적인 논점을 펼친다.

4부는 다양한 주제를 비교적 발랄하고 가볍게 다룬다. 성기능 장애 그리고 신경성 식욕부진증이나 폭식증 같은 식이 관련 정신장애에서 흔히 우리가 중독이라고 부르는 물질남용장애에 관한 이야기로 이어간다. 과거 사회에는 없었거나 있어도 대수롭지 않았을 장애다. 현대 문명이 새롭게 만들어낸 병이라는 말이다. 진화의학에서는 종종 냉소적으로 '인간이 만든 병man-made diseases'이라고 부른다. 그렇다고 네스는 자연으로 돌아가라는 식의 반문명주의적 처방을 제시하지는 않는다. 인간이 없었어도 세상은 어떻게든 변했을 것이다. 변화에 저항하기보다는 어떻게든 적응할 방법을 찾아야 한다.

마지막 14장은 조현병과 양극성장애에 관한 내용으로 제법 난해하지만, '정신장애의 꽃'이라는 조현병에 관해 진화정신의학이 어떤 궁극적인 설명을 해주고 있는지 배울 수 있다.

조현병은 세상에 드러난 지 겨우 100년 남짓밖에 되지 않는다. 히포크라테스나 갈레노스의 책에는 조현병을 뜻하는 스키조프레니아schizophrenia라는 용어가 나오지 않는다. 100여 년 사이에도 부침이 심했다. 처음에는 조현병을 조발성치매dementia praecox라고 불렀다. 지금의 이름은 1908년에 처음 사용되었는데, 횡격막$_{phren}$이 찢어진다는 뜻이다. 예전에는 정신이 심장이나 횡격막 근처에 위치한다고 믿어 지은 이름인데 정말 잘못된 이름이다. 일본은 1937년 이를 그대로 옮겨 정신분열병이라는 병명을 사용했고, 우리도 그 용어를 그대로 썼다. 엄청난 편견을 조장한 이름이지만 동아시아 전역에서 널리 쓰였다. 2002년 일본은 편견을 해소하기 위해 통합실조증으로 이름을 바꾸었고, 우리도 2011년에 조현병을 새로운 병명으로 확정했다. 가장 대표적인 정신장애인데 이름조차 합의에 이르기 어려웠다.

양극성장애는 더하다. 1980년에 이르러서야 정식 병명을 받았는데, 아직도 그 진단 기준과 아형에 대한 논란이 끊이지 않는다. 이외에도 새로운 병명이 생겼다가 사라지기를 반복하며 점점 그 수가 늘어나고 있다. 오죽하면 《DSM-IV》(정신질환 진단 및 통계 편람, 제4판)의 간행위원장이 《DSM-5》(제5판)를 비판하는 책을 썼을까? 앨런 프랜시스가 쓴 책의 제목은 《정신병을 만드는 사람들》이었다.

병명이나 병태생리에 대한 주장만 경합하는 것이 아니다. 진단과 치료도 마찬가지다. 여전히 '학파'에 따라 서로 다른 진단과 치료가 선호된다. 물론 신체 질환에 관해서도 여러 치료방법이 경합한다. 그러나 이는 좀 더 효과적인 치료방법에 관한 작은 의견 차이일 뿐, 질환 자체에 대한 입장이 학파에 따라 달라지는 경우는 거의 없다. 충수돌기염에 대한 진단과 치료가 외과 의사의 학파에 따라 달라진다면 참으로 난감할 것이다. 그것도 수술 기법의 작은 차이가 아니라 충수돌기염이 과연 질병이냐 아니냐 치료를 하느냐 마느냐의 문제라면 더욱 그렇다.

이 책에 등장하는 수많은 가설과 주장은 확고부동한 진리도 아니고 고정불변의 원리도 아니다. 네스에 따르면 "진화의학은 바로 현실에 적용하는 치료법이 아니고 주류 의학에 대한 대안으로 제시된 학문도 아니다. 진화의학은 우리가 유전공학과 생리학을 활용하는 것과 똑같이 진화생물학의 원리를 활용해 의학적인 문제를 해결하는 것이다". 진화심리학과 심리학의 관계에 대해 "진화심리학이 심리학의 분과학문이 되지 않았으면 한다. 심리학 전반에 걸쳐 제기되는 질문이 아니라 그저 심리학의 한 분과가 된다면 실패라고 생각한다. 궁극적으로 두뇌 연구가 모든 심리학 분야에 파고들어야 한다. 감정을 이해하려면 감정을 계산해내는 두뇌 회로에 대한 설명이 필요하다. 모성애를 이해하려면 모성 행동을 조정하는 변연계와 호르몬에 대한 이해가 필요하다. 진화적 기원과 기능에 관한 질문들은 독립된 분야로 따로 떨어져 있는 것보다 심리학의 모든 분야에 스며들어야 한다"라고 한 하버드대학교 스티븐 핑커의 생각과 네스의 바람은 정확하게 부합한다.

진화의학은 아직 젊은 학문이며, 진화정신의학은 그중에서도 질풍노도 청소년기에 해당한다. 그러나 꼭 필요하고 하루속히 발전해야 한다. 세계적으로 매일 3억 5,000만 명이 기분장애로 인해 일상적인 생활을 영위하지 못하며, 그중 상당수는 불행하게도 삶을 중단해버린다. 미국에서만 우울증으로 인한 경제적 손실이 2,100억 달러 규모로 추산되는데, 이는 모든 영양 공급 프로그램에 소요되는 예

산의 세 배에 달한다. 미국국립보건연구원은 해마다 우울증 연구에
4억 달러를 투입한다. 하지만 이는 암 연구에 투입하는 금액의 10퍼
센트도 안 된다. '만약 우울증이 암이라면'이라는 제목의 《네이처》
기사가 가슴에 와닿는다.

네스가 처음 연구를 시작할 때만 해도 진화의학이라는 용어를 들
어본 사람이 별로 없었다. 그러나 이제 진화의학은 '도약적 진화'를
거치며 빠르게 성장하고 있다. 네스는 인간의 마음 그리고 정신적
고통에 관한 통합적 패러다임을 진화의학이 제시할 수 있을 것이라
고 믿는다. 나도 그의 생각이 옳다고 믿는다.

안타깝게도 우리의 현실은 진화학자가 두 손으로 꼽을 형편이고,
진화의학자를 꼽자면 사실 한 손도 남는다. 어떤 면에서 정신의학과
진화의학 모두 초창기 학문의 앳된 티를 벗지 못하는 상황은 후발
주자도 큰 성과를 거둘 수 있다는 기회를 의미한다. 우리나라의 젊
고 패기 있는 연구자들이 진화의학에 관심을 가져주기를 희망한다.
2021년 봄학기 울산대학교 의과대학에 국내 최초로 진화의학 강좌
가 개설될 예정이다. 우리에게도 드디어 진화의학의 여명이 비추기
시작했다.

2020년 8월

최재천

위기가 일상이 된 시대,
불안과 함께 살아가는 법

코로나바이러스의 유행은 전 세계 사람들에게 대단히 괴롭고 부정적인 감정들을 불러일으켰다. 어떤 기사에서는 정신장애가 유행하고 있다고까지 이야기한다. '코로나 불안을 해소하는 요령'을 소개하는 기사도 많이 나온다. 나는 이런 기사들을 보면 불안해진다. 내가 세계 최초의 불안 클리닉에서 30년 동안 환자들을 치료한 사람이자 나쁜 감정에 관해서는 세계적 전문가인 만큼, 모든 사람에게 도움이 될 끝내주는 조언을 내놔야 하지 않을까? 꼭 그래야 하는 건 아니겠지만, 불안에 관한 진화적 관점에서 얻어낸 통찰 중에 도움이 될 만한 것들을 소개하겠다.

우선 불안을 해소하는 간단한 요령은 도움이 될 수도 있지만 없는 것만 못할 수도 있다. 운동, 양질의 식사와 수면, 친구와의 대화, 부정적인 생각과 싸우기. 이런 것들은 좋은 충고지만 체중 감량에 관한 충고와 비슷해 실천하기는 어렵고 비효율적이며 어떤 사람에게는 패배감을 안겨준다. 충분한 이유가 있어서 생겨나는 나쁜 감정들은 신속하게 제거하려고 애쓰는 대신 받아들이고 저절로 누그러질 때까지 기다리는 것이 나을 때가 많다.

어떤 기사는 심장마비와 암을 예방하기 위해 불안을 반드시 조절해야 한다고 충고한다. 사실 불안이 의학적 질병을 일으키는 직접적 요인이라는 증거는 거의 없다. 오히려 불안에 대한 걱정이야말로 불필요한 불안을 유발하는 대표적인 원인이다. 그리고 일반적인 불안을 심각한 문제로 바꿔놓는 악순환을 촉발할 가능성이 있다. 불안이 정상적인 감정이고 때로는 유용하기도 하다는 사실을 알고 나면 불안은 줄어든다.

어찌 됐건 정상적인 불안은 대부분 쓸모가 없다. 그런데도 왜 우리는 이렇게 자주 불안할까? 불안을 비롯한 나쁜 감정들은 당면한 위험의 가능성과 그 위험에 반응하지 않을 때의 비용을 곱한 것보다 그 비용이 낮기만 하면 가치가 있다. 그래서 위험이 불확실할 때는 정상적인 거짓 경보로서 불안감을 자주 느낀다. 이것이 바로 5장에서 이야기할 '화재감지기 원리'인데, 나의 환자들에게 이 원리를 알려주자 큰 도움이 됐다.

불안이 항상 정신건강 문제인 것은 아니다. 대개 불안은 그저 불안이다. 대부분의 불안은 정신장애가 아닌 위험의 산물이지만, 통증과 마찬가지로 우리를 괴롭히는 것이므로 안전한 방법으로 덜어낼 수 있다면 덜어내야 한다. 꼭 정신장애를 앓고 있는 환자가 아니더라도 사람들은 이미 고민거리가 많다.

몇몇 사람은 불안이 지나치게 높아서 삶에 지장을 받는다. 어떤 사람은 유전자 때문에, 어떤 사람은 나쁜 경험을 했기 때문에, 어떤 사람은 복합적인 이유로 불안에 시달린다. 이런 사람들은 전문가의 치료를 받아야 한다. 다행히 불안장애 치료는 효과가 좋은 편이다.

현재 코로나 팬데믹이 심각한 정신적 고통을 유발하고 있는 것은 맞다. 하지만 막연하게 정신장애가 유행하고 있다는 이야기보다는 질병, 고독, 피로, 실업, 빈곤을 비롯한 개개인의 경험에 주목할 필요가 있다. 그리고 긴 통근시간과 형편없는 직장에서 마침내 해방된 사람들의 긍정적인 경험에도 눈을 돌려야 한다. 진화적 관점의 커다란 함의는 개인을 개인으로 이해해야 한다는 것이다.

이렇게 집에 주로 머무는 시기는 사람들이 좋은 책을 읽으며 휴식하기 좋다. 이 기회에 《이기적 감정》이 한국 독자들에게 재미있게 읽히기를 바란다.

2020년 8월

랜돌프 M. 네스

'왜 인간의 삶은 고통으로 가득한가?'에 답하는 새로운 관점

나는 진화생물학으로 정신장애를 새롭게 설명할 수 있다는 사실을 알자마자 그에 관한 책을 쓰고 싶었다. 하지만 인간의 몸이 질병에 취약한 이유를 먼저 이해해야 했다. 그래서 나는 탁월한 진화생물학자 조지 윌리엄스George Williams와 프로젝트를 진행한 뒤 함께 과학 논문 몇 편과《인간은 왜 병에 걸리는가Why We Get Sick》라는 책을 썼다. 이 대중서는 이제 주목받는 분야가 된 진화의학에서 새로운 연구가 활발히 이뤄지는 데 기여했다. 그때부터 나는 진화생물학을 의학에 접목하는 작업과 정신장애로 고생하는 환자들을 돕는 일에 반반씩 비중을 뒀다. 이 두 작업은 서로 밀접하게 연결되어 있다.

정신과 의사의 일은 만족감이 매우 크다. 치료가 잘되면 환자들은 고마워한다. 효과적인 치료를 제공하는 일은 지적으로 흥미로운 동시에 성취감이 크다. 모든 환자는 수수께끼를 하나씩 가져온다.

왜 이 사람에게 이런 증상들이 나타날까? 어떤 치료법이 가장 효과적일까? 때로 나는 쾌적한 내 연구실에서 창밖을 바라보며 쓰나미가 정신장애를 앓는 수많은 사람을 도움의 손길도 없고 피신할 고지대도 없는 곳으로 쓸어버리는 장면을 떠올리곤 한다. 이처럼 암울한 상상을 하다 보면 더 큰 질문들이 떠오른다. 정신장애가 존재하는 이유는 뭘까? 정신장애의 종류는 또 왜 그렇게 많을까? 정신장애는 왜 이렇게 흔할까? 자연선택이 불안과 우울, 중독, 식욕부진증, 자폐장애, 조현병, 양극성장애를 일으키는 유전자들을 제거할 수도 있었을 텐데 왜 그대로 남겨뒀을까? 다 좋은 질문이다. 이 책의 목표는 자연선택이 인간을 취약한 상태로 남겨둔 이유를 묻는 것이 정신장애를 이해하고 효과적으로 치료하는 데 도움이 될 수 있음을 보여주는 것이다.

이 책에서 제시하는 대답들은 결론이 아니라 예시다. 어떤 답은 나중에 틀린 것으로 판명될 수도 있다. 새로운 학문의 초창기에 틀릴 수도 있는 답을 제시하는 것은 장려해야 할 일이다. 물론 그 이론에 대한 검증은 이뤄져야 한다. 찰스 다윈Charles Darwin의 표현을 빌리자면 "그릇된 이론들이 어떤 증거에 의해 뒷받침된다고 해도 해로울 것은 없다. 모든 사람이 그 이론의 오류를 입증하면서 건전한 즐거움을 맛보기 때문이다. 그리고 그 이론이 틀렸다는 것이 입증되고 나면 오류로 통하는 길 하나가 닫히고 진리로 통하는 길이 열리기 때문"[1]이다.

정신의학 분야에서는 지금도 여러 가지 논쟁이 진행 중이고 발전은 느리다. 그래서 정신장애에 대한 새로운 접근법을 요구하는 목소리가 지금까지 여러 번 나왔다. 사실 진화생물학이라고 딱히 새로운 것은 없다. 진화생물학은 인간의 정상적인 행동을 이해하기 위한 확고한 과학적 토대이며 비정상적인 행동을 이해하는 데도 유용하다는 인식이 드디어 생겨나고 있다. 진화의학은 인간의 몸이 질병에 취약한 이유에 관해 새로운 설명을 제공하고 정신장애에도 체계적으로 접근하고 있다. 진화정신의학이라는 영역을 탐구할 시기가 무르익은 셈이다.

'진화정신의학' 말고 다른 이름이 있으면 좋겠다. 진화정신의학은 특별한 치료법이 아니며, 정신건강과 관련이 있는 다른 여러 분야의 전문가들 역시 진화적 관점의 진가를 알아볼 것이다. 진화정신의학의 정확한 정의는 '진화생물학의 원리를 활용해 심리치료, 임상심리, 사회복지, 간호 등의 분야에서 정신장애를 더 잘 이해하고 효과적으로 치료하도록 하는 학문'이겠지만, 너무 길고 거추장스럽다. 이 책은 진화정신의학이라는 분야를 넓은 시각으로 담아낸 보고서 정도로 봐주면 좋겠다.

정신장애는 인간이라는 종을 괴롭히는 전염병처럼 여겨지기 때문에 우리는 지금 당장 정신장애에 대한 해결책을 찾기를 원한다. 이와 관련하여 진화정신의학에는 실용적인 장점이 몇 가지 있지만, 가장 큰 혜택은 연구자와 임상의와 환자들이 근본적으로 다른 시각에서 새로운 질문들을 던지고 대답할 때 비로소 얻을 수 있다.

한편으로 진화정신의학은 우리에게 철학적인 통찰을 제공한다. 누구나 한번쯤 '왜 인간의 삶은 고통으로 가득한가?'라는 질문을 던져보지 않는가. 첫 번째 대답은 불안, 우울, 슬픔 같은 감정들은 나름대로 쓸모가 있기 때문에 지언선택 과정에서 살아남았다는 것이다. 두 번째 대답은 우리가 겪는 고통이 인류의 유전자에 이로울 때가 많다는 것이다. 때로 우리가 느끼는 고통스러운 감정들은 불필요하지만 정상이다. 오히려 그 감정을 아예 느끼지 않을 경우 막대한 비용을 치를 수도 있다. 우리의 삶에 실현 불가능한 욕구, 통제 불가능한 충동, 갈등으로 가득한 관계가 존재하는 이유도 진화론으로 훌륭하게 설명된다. 진화론은 사랑과 선이라는 놀라운 능력이 어디에서 왔는지 그리고 우리가 왜 그런 능력을 가지는 대신 슬픔과 죄책감을 느끼고 남들의 평가를 지나치게 의식(사실 이건 고마운 일이다)하는지를 설명해주는 놀라운 이론이다.

〈〈 차례 〉〉

1부 │ 왜 인간의 마음은 쉽게 무너지는가?

1장 새로운 질문 · 35

인간은 자연선택을 통해 진화했다. 그런데 왜 나쁜 감정들은 진화 과정에서 제거되지 않았을까? 왜 우리는 여전히 고통스러운 감정에 시달리는가?

2장 우리는 아직도 정신질환을 모른다 · 61

정신의학 진단은 불명확하다. 증상과 질병을 혼동하고 각각의 정신장애에 특정한 원인이 있다고 가정하기 때문이다. 이제 진화적 관점으로 정신의학을 바라볼 필요가 있다.

3장 감정은 당신의 행복에 관심이 없다 · 81

진화적으로 인간의 마음이 병에 걸리기 쉬운 여섯 가지 이유가 있다. 감정이 우리의 행복을 위해 진화했을 것이라고 생각하는 건 인간의 착각일 뿐이다.

1부

왜 인간의 마음은 쉽게
무너지는가?

Good Reasons For
Bad Feelings

새로운 질문

만약 한 시간 동안 내 인생을 걸고 어떤 문제를 풀어야 한다면, 나는 어떤 질문을 던져야 할지를 정하는 데 55분을 사용할 것이다. 정확한 질문을 찾아내면 해답은 5분 만에 찾아낼 수 있다.

— 알베르트 아인슈타인

정신과 레지던트와 그의 새 환자를 만나기로 한 날이었다. 레지던트는 약속시간보다 5분 일찍 내 연구실 문을 두드렸다. 나는 무슨 문제가 있음을 직감했다.

"미리 말씀드려야 할 것 같아서요. 이 환자는 대답을 듣고 싶어합니다." 레지던트가 말했다.

"질문이 뭔데?" 내가 물었다.

"지금까지 만난 의사들의 설명이 다 다르고 처방도 다 다른 이유를 알고 싶대요. 이 환자는 정신과 의사들을 믿지 못해요. 명문 대학교의 거물 박사님을 만나 답을 들으려고 새벽 5시에 일어나서 주州 북부에서 여기까지 차를 몰고 왔다는군요." 레지던트는 나와 우리의 저명한 대학병원을 냉소적으로 언급하며 씩 웃었다.

나는 레지던트에게 환자의 증상을 요약해서 설명해보라고 했다.

"환자는 35세로 초등학교에 다니는 아이 셋을 키우는 엄마입니다. 환자가 호소하는 증상은 지난해부터 온갖 것이 걱정되고 그 걱정이 점점 심해진다는 겁니다. 자신의 건강, 아이들, 경제적 형편, 운전 등 걱정이 끝이 없어요. 배 속이 울렁거리는 느낌이 자주 들고, 월 1~2회 구역질이 나지만 체중이 줄지는 않았답니다. 쉽게 짜증이 나고 피로를 느끼며 밤잠을 이루지 못한다고 해요. 어떤 일에도 흥미를 못 느끼지만 자살 충동에 시달리지는 않고요. 집안 대대로 불안 증세가 있었지만 심한 사람은 없었다고 합니다. 그녀의 가족 주치의는 의학적 이상 징후를 찾지 못했다고 하고요. 제가 보기에는 범불안장애generalized anxiety disorder, GAD 같은데, 기분부전증dysthymia이나 신체화장애somatization disorder일 가능성도 있겠지요. 선생님의 소견을 듣고 싶습니다. 선생님이 이 환자의 질문에 어떻게 답하실지 궁금하기도 하고요."

곧이어 진료실에서 환자 A를 만났다. A는 우리와 반갑게 인사를 나눴지만 "어떤 도움이 필요하시냐"라는 나의 물음에는 약간 날카로운 목소리로 대답했다. "제 상태에 관해서는 이 젊은 의사 선생님이 벌써 말씀드렸을 것 같은데요. 저는 대답을 들으려고 저 북쪽에서 다섯 시간 동안 운전해서 여기까지 왔다고요."

나는 A의 심정을 이해하려고 애쓰며 말했다. "정신과 치료를 받고 있는데 도움이 안 된다고 들었습니다만." 그러자 마치 '재생' 버튼을 누른 것처럼 A의 입에서 말이 쏟아져나왔다.

"도움이 안 된 건 그렇다 치고, 지금까지 만나본 전문가들의 말이 다 달랐어요. 우리 목사님 이야기부터 할게요. 목사님은 친절하신 분이고 저를 안타깝게 생각하셨지만, 결국 그분의 말씀은 기도를 하고 신이 저를 위해 마련하신 계획을 받아들이라는 거였어요. 저도 노력해봤지만 신앙심이 깊지 않아서 그런지 잘 안 되더군요. 그래서 우리 가족 주치의와 상담을 해봤죠. 그 선생님은 검사도 하지 않고 신경증이라고 잘라 말하시더군요. 걱정을 줄여주는 약은 중독성이 있다면서 복통약만 처방해주셨는데, 그 약도 효과가 없었어요. 결국

주치의 선생님은 저를 어떤 심리치료사에게 보냈어요. 그 심리치료사는 일주일에 두 번씩 오라고 했지만 저는 그럴 돈이 없었어요. 그 심리치료사는 별말 하지 않다가 기껏 입을 열더니 제 어린 시절에 대해 집요하게 물으면서 저와 우리 아버지 사이에 성적 접촉 같은 것이 있었을 거라고 하더군요. 그런 일은 전혀 없었는데! 게다가 증상이 더 심해지고 있다고 했더니 대뜸 제가 과거의 기억과 대면하길 거부하고 있다지 뭐예요. 그 뒤론 그곳에 발길을 끊었어요. 그런데도 그 치료사는 제가 가지도 않은 상담에 대한 청구서를 계속 보내고 있다고요."

A는 계속 말을 이었다. "제 기분은 여전히 끔찍했어요. 어느 날은 전화번호부를 뒤져 제 주변 사람들이 모를 만큼 먼 곳에 사는 정신과 의사를 찾아갔죠. 그 의사는 저에게 유전성 뇌병변brain abnormality이 있다면서 화학적 불균형을 바로잡기 위해 약을 먹어야 한다고 했어요. 혈액검사를 해보지도 않고요. 제가 그 약에 관해 알아봤더니 자살충동을 유발할 수도 있다고 나오더군요. 그래서 이렇게 대학병원에 와서 물어보기로 마음먹은 거예요. 저는 온종일 걱정에 시달려요. 잠도 못 자고 뭘 먹지도 못해요. 제가 아이들이 걱정된다면서 계속 전화를 걸어대니 남편도 더는 못 참겠다고 하네요. 그러니 부디 선생님은 어떤 답을 가지고 계시면 좋겠어요."

"실망하실 만한 상황이네요." 내가 입을 열었다. "전문가 네 명이 각기 다른 진단을 하고 각기 다른 처방을 제시했다니! 게다가 우리의 소견은 또 다를 것 같네요. 가장 좋은 치료법을 알아내기 위해 몇 가지 더 물어봐도 될까요?"

A는 기꺼이 질문에 답했다. A는 늘 거정이 많은 편이었고 A의 이머니는 신경질적일 때가 종종 있었다. A는 어릴 때 학대를 당한 적은 없지만, A의 아버지는 비판하길 좋아하는 사람이었다. 어린 시절 A의 가족이 몇 년에 한 번꼴로 이사를 다닌 탓에 A는 학교에서 항상 겉도는 느낌을 받았다. 결혼생활은 안정적이지만 남편과 자주 싸운다고 했다. 남편의 잦은 출장과 큰아들의 주의력결핍과잉행동장애attention deficit/hyperactivity disorder; ADHD 증상에 대한 치료법이 갈등의 주된 원인이었다. A는 잠을 이루기 위해 와인 '한두 잔'을 마시곤 했다. 불안이 심해진 것은 2년쯤 전부터라고 했다. 그 무렵 막내아들이 유치원에 입학하고 A는 체중 감량을 시도했다. 설명을 줄줄 쏟아내던 A는 이렇게 덧붙였다. "하지만 이런 것들은 제 증상과 관계가 없어요. 저는 증상의 원인이 신경증인지, 뇌질환인지, 스트레스인지, 아니면 다른 것인지 알아보려고 여기에 온 거라고요."

나는 A에게 그녀의 불안은 유전적 성향, 어린 시절의 경험, 현재의 생활환경, 음주가 모두 결합해서 생긴 것이라고 설명했다. A는 얼굴을 찌푸렸다. 내가 "불안은 유용한 감정이기도 하다. 하지만 대부분의 사람들은 필요 이상으로 불안을 느낀다. 불안을 너무 적게 느껴 재앙과 맞닥뜨리는 것보다는 낫기 때문이다"라고 설명하고 나서야 A의 얼굴은 밝아졌다. "그것도 말이 되네요." 나는 안전하고 효과적인 치료법이 몇 가지 있으니 집 근처에서 유능한 인지행동치료사의 도움을 받아보라고 조언했다. 그러자 A는 긴장을 풀고 이렇게 말했다. "여기까지 찾아온 보람이 있는 것 같네요." 잠시 후 A는 진료실 문을 열고 나가려다가 나를 똑바로 바라보며 마지막 한마디를 던졌다. 그 말은 지금도 내 귓가에 쟁쟁하다. "정신의학은 정말 혼란스러워요. 선생님도 인정하시죠?"

그때만 해도 내 분야가 그렇게 혼란스럽다고 생각해본 적은 없었다. 원래는 환자들이 피하려고 하는 것과 접촉하게 해주는 것이 정신과 의사의 역할인데, A는 거꾸로 내가 현실을 직면하게 만들어주었다. 이 책에서 사례들을 소개할 때는 세부사항을 변경해서 환자의 친구와 친척들은 물론이고 환자 자신도 알아보지 못하도록 했다. 하지만 A가 이 책을 읽고 30년 전 내 연구실을 찾아왔던 일을 떠올린다면, 그녀의 날카로운 관찰 덕분에 내가 현실을 직시하고 정신의학의 혼란을 수습하기 위한 탐구에 나섰다는 사실을 알고 기쁘게 생각해주기를 바란다.

내과병원에 파견된 정신과 의사

정신의학과 조교수로 근무하던 초창기에 나는 마치 전쟁터를 누비는 종군기자처럼 내과의와 레지던트, 임상간호사들이 근무하는 진료소에 파견 근무를 나갔다. 진료소를 찾는 환자들 중에는 정신적인 문제가 있는 사람이 많았으므로 나의 역할은 나름대로 인정받았다. 내가 그곳에 있으면 레지던트들이 환자의 감정에 더 민감하게 반응하게 되리라는 기대가 있었고, 실제로 그렇게 되기도 했다. 하지만 더 큰 변화는 그 진료소의 레지던트들이 아닌 나에게 찾아왔다. 끊임없이 몰려오는 아픈 사람들을 직접 목격하고 치료하는 동안

정서적 긴장을 경험히면서 마음을 보호하기 위해 이느 정도 둔감해져야겠다는 생각을 한 것이다.

내과 의사들은 종종 나에게 문제가 있는 환자와 상담을 해달라고 부탁했다. 예전에 정신과 상담을 해보고 나서 "다시는 정신과 의사를 만나지 않겠다"라고 맹세한 환자들이었다. 어떤 이는 심리치료사를 몇 달간 만났지만 얻은 게 없었고 심리치료사가 몇 마디 하지도 않았다고 불평했다. 또 어떤 이는 의사와 고작 몇 분 이야기를 나누고 나서 부작용을 일으키는 약 처방전만 달랑 받아 나왔다고 불평했다. 성의 있고 인내심 많은 심리치료사를 만나 삶이 달라졌다는 사람도 한둘은 있었고, 몇 달 동안 한 사람의 의사와 집중적으로 상담한 결과 효과적인 치료법을 찾았다는 사람도 몇 명 있었다. 그러나 좋은 결과를 얻은 환자들은 자기가 어떤 치료를 받았는지에 대해 아무에게도 말하지 않았고, 나 역시 잘 지내고 있는 환자들보다는 정신과 치료를 불신하는 사람을 더 많이 만났다. 그 결과 나는 몇 년째 매주 일정한 시간을 할애해 환자들의 이야기를 들으면서도 환자에게 치료를 권유하는 일에 몰두한 나머지, 그들이 입을 모아 외치는 좌절의 소리에 귀를 기울이지는 못했다. 그러다 A에게 "정신의학은 정말 혼란스러워요"라는 짤막한 한마디를 들은 것이다.

정신의학이 혼란스럽다고 해서 정신과 치료가 소용없다고 말할 수는 없다. 내가 진로를 정신과로 결정했다고 의과대학 친구들에게 이야기했을 때 몇몇 친구는 동정 어린 얼굴로 "대책이 없는 환자들도 누군가가 돌봐야 하니까" 같은 말을 했다. 이런 식의 오해는 무척 흔하지만 근거 없는 것이다. 정신과적 질환은 대부분 개선의 여지가 있으며 치료 결과를 지속적으로 유지하는 경우도 생각보다 많다. 특히 공황장애panic disorder나 공포증phobia을 앓는 환자들은 치료 경과가 좋은 편인데, 그들이 온전한 삶으로 돌아가는 모습을 지켜보는 만족감이 없다면 그런 환자들을 치료하는 일은 따분하게 느껴질지도 모른다.

광장공포증agoraphobia 때문에 1년 동안 이동식 주택(트레일러)에서 나오지 못했던 한 여자 환자는 몇 달 후에 차를 몰고 한 시간 거리에 사는 언니를 만나러 갔다. 사회불안social anxiety이 심해서 동료들과 점심을 같이 먹지 못했던 목수는 1년 후에 우리를 찾아와 새로운 직장에서 전국을 돌며 프레젠테이션하는 일이 아주 즐겁다고 말했다. 중증 정신장애 환자들 중에서도 일부는 상태가 크게 호전된다. 지난주에 나는 뜻밖에도 25년 전에 치료했던 환자에게서 진심 어린 고마움이 담긴 이메일을 받았다. 중증 강박장애obsessive compulsive disorder를 앓던 그녀는 치료를 받은 덕분에 삶이 바뀌었으며 치료가 자신의 생명을 구해준 셈이라고 했다.

세상에는 정신의학을 공격하는 책도 많다. 이 책은 그런 책들과 다르다. 물론 대형 제약회사의 돈에 얽힌 부패는 정신과가 다른 과보다 심하긴 하다. 기업의 후원을 받는 광고와 전문적인 교육 역시 모든 정신장애는 뇌질환이기 때문에 약물치료가 필요하다는, 지나치게 단순하지만 이윤 추구에는 가장 유리한 견해를 전파한다. 하지만 내가 아는 정신과 의사들 대다수는 효과만 있다면 모든 수단과 방법을 동원해서 환자를 도와주려고 최선을 다하는 사려 깊은 사람들이다. 내가 알고 지냈던 정신과 레지던트 하나는 알코올중독 환자들을 주로 맡았는데, 환자들을 깨워 제시간에 출근시키기 위해 매일 오전 6시에 병원에 나왔다. 그 레지던트는 오후 7시에도 자기 자리에 있었다. 다른 정신과 의사 친구는 한밤중에 자살하겠다고 협박하는 전화를 받을 줄 알면서도 중증 경계성인격장애borderline personality disorder 환자들을 맡았다. 그리고 극심한 우울증이나 정신이상 증세가 있는 환자들을 치료하는 정신과 의사도 많다. 그 환자들 중 몇몇은 자살할 것이고, 그러면 자신이 비난을 받으리라는 사실을 알면서도 그 의사들은 진료를 거부하지 않는다. 위태로운 환자를 맡은 정신과 의사들은 그 환자를 걱정하고 치료법을 고민하느라 밤을 새우기도 한다. 어쨌거나 대부분의 환자들은 호전된다. 정신과 임상치료가 정신과 의사들에게 깊은 만족을 선사하는 이유다.

반면 정신장애를 이해하려고 노력하다 보면 깊은 불만족을 느끼게 된다. 정신의학 강의를 시작하고 몇 년이 지나자 나는 혼란과 좌절에 휩싸였다. 정신의학은 '정신장애는 뇌질환이다'라는 구호로 압축되는 것 같았다. 그 구호는 약을 판매하고 정신장애에 대한 낙인을 줄이고 기부를 장려하기에는 좋았지만, 명료한 사고에는 방해가 됐다. 때로 정확했지만 행동주의, 정신분석학, 인지치료법, 가족력, 공중보건, 사회심리학의 귀중한 통찰을 배제하고 있었다. 단 하나의 관점에 의거해 환자의 마음을 치료한다는 것은 성벽으로 둘러싸인 중세 도시에 사는 것과 비슷한 일이다. 다양한 관점을 이해하려는 노력은 성벽으로 둘러싸인 도시들을 차례로 방문하는 것과 비슷하다. 정신장애의 풍경 전체를 보려면 높이가 1,500미터쯤 되는 곳으로 올라가 특수한 안경을 쓰고 역사적인 시간뿐 아니라 진화적인 시간의 흐름에 따른 변화를 살펴봐야 한다.

정신장애의 원인은 무엇인가?

코끼리의 각기 다른 부분을 만지는 시각장애인 여섯 명에 관한 우화처럼, 정신장애에 접근하는 여러 가지 방법은 각기 하나의 원인과 그에 부합하는 한 가지 치료법만을 강조한다. 유전적 요인과 뇌 기능 장애에서 정신장애의 원인을 찾는 의사들은 약물치료를 권한다. 어린 시절의 경험과 정신적 갈등이 원인이라고 생각하는 의사들은 심리치료를 권한다. 학습에 초점을 맞추는 의사들은 행동치료를 제안한다. 사고의 왜곡에 초점을 맞추는 전문가들은 인지치료를 받아보라고 한다. 종교적 신념을 가진 치료사들은 명상과 기도를 추천한다. 그리고 대부분의 문제들이 가족역동family dynamics(개인의 심리 및 행동에 가족의 서열, 친밀도, 상호작용 등이 영향을 끼친다고 본다 - 옮긴이)에 기인한다고 믿는 치료사들은 당연히 가족치료를 권유한다.

정신의학자 조지 엔젤George Engel은 1977년에 이 문제를 인식하고 '생물심리사회 모델biopsychosocial model'이라는 통합 모형을 제안했다.[1] 하지만 그 이후로도 통합적 치료가 필요하다는 목소리는 해마다 나왔다. 불행히도 정신과 치료의 파편화가 오히려 더 심해졌기 때문이다. 정신장애의 복잡한 현실은 무시되고 마치 프로크루스테스의 침대(프로크루스테스는 그리스 신화에 나오는 악한으로, 길 가던 나그네를 붙잡아 자기 침대에 눕힌 후 침대보다 키가 크면 자르고 작으면 억지로 늘려 사람을 죽였다 – 옮긴이)처럼 모든 정신장애를 한 가지 도식에 끼워맞춘다. 토론회에 참석하는 학자들은 통합적 치료의 필요성을 부르짖지만, 연구자금 배분과 교수 임명을 결정하는 위원회들은 한정된 범위에 들어오는 프로젝트만 지지한다.

최근에 정신장애 진단 시스템을 개편한다는 계획이 발표됐을 때는 일관성 있는 치료가 가능해지리라는 기대가 있었다. 하지만 막상 개편안이 나오자 갈등과 혼란은 더 커졌다. 모든 정신장애의 정의를 수록한《정신질환 진단 및 통계 편람Diagnostic and Statistical Manual of Mental Disorders, DSM》(이하 DSM)의 기존 판본은 저명한 정신과 의사 앨런 프랜시스Allen Frances가 이끄는 위원회에서 집필한 것이었는데,[2] 프랜시스가 최근에 펴낸 책의 제목은 DSM 개정판에 대한 그의 불만을 고스란히 드러낸다.《정신병을 만드는 사람들: 엉망이 된 정신장애 진단, DSM-5, 거대 제약회사 그리고 일상생활의 의료화에 대한 내부자의 반란Saving Normal: An Insider's Revolt Against Out-of-Control Psychiatric Diagnosis, DSM-5, Big Pharma, and the Medicalization of Ordinary Life》[3] 정신장애 진단을 둘러싼 논쟁은 신문 사설에 등장할 정도로 격렬했다. 결국 미국 국립정신건강연구소NIMH는 정신장애를 진단할 때 DSM을 사용하지 않겠다고 선언함으로써 일격을 날렸다.[4, 5] 정신의학의 보편적인 진단체계에 대한 합의 수준은 고작 이 정도다!

정신장애의 원인이 되는 뇌병변에 관한 연구가 진행되면 혼란이 줄어들 것이라는 희망도 있었다. 1969년 의과대학원 입학 면접에서 나는 정신과 의사가 되고 싶다고 밝혔다. 그 선택이 현명하지 못한 일로 보였는지 면접관이 이렇게 물었다. "왜 정신과에 가려고 하지?

머지않아 정신장애를 일으키는 뇌병변이 발견될 거고, 그러면 정신 과는 신경과에 통합될 텐데." 하지만 면접관의 예측은 현실이 되지 않았다! 똑똑한 과학자 수천 명이 수십억 달러의 지원금을 받으며 40년 동안 연구에 매달렸지만, 오래전부터 뇌병변에 의한 질환으로 밝혀져 있었던 알츠하이머병Alzheimer's disease과 헌팅턴무도병Huntington's chorea(신경계의 퇴행성 질환−옮긴이)을 제외하면 주요 정신장애를 유발 하는 특정한 뇌병변은 아직도 발견하지 못했다. 게다가 주요 정신 장애를 확실히 진단할 수 있는 물리적 검사나 촬영 방법도 여전히 없다.

참으로 놀랍고 실망스러운 현실이다. 양극성장애bipolar disorder(조울 증)와 자폐장애autism를 앓는 사람들의 뇌는 정상인 사람들의 뇌와 다 를 것 같다. 하지만 뇌 단층촬영과 부검을 해본 결과 별다른 차이가 발견되지 않았다. 차이가 있긴 했지만 크지 않았고 일관성도 없었 다. 어떤 것이 장애의 원인이고 어떤 것이 장애의 결과인지 구별하 기도 어려웠다. 어떤 방법으로도 방사선과 의사들이 폐렴 진단을 하 거나 병리학자들이 암을 진단하는 것만큼 확정적인 진단을 얻어낼 수 없었다.

유전을 토대로 정신장애를 진단하는 방법에 대한 희망도 무너졌 다. 어떤 사람이 조현병schizophrenia(사고, 감정, 지각, 행동 등 인격의 여러 측 면에 걸쳐 광범위한 임상적 이상 증상을 일으키는 정신장애−옮긴이), 양극성 장애, 자폐장애를 앓는지 여부는 거의 전적으로 그 사람이 가진 유 전자에 달려 있다. 그래서 새천년이 도래하던 무렵에는 정신의학 연 구에 종사하는 학자들 대부분이 곧 그런 병을 유발하는 유전자가 발견되리라고 믿었다. 하지만 그 이후에 진행된 연구들은 조현병, 양극성장애, 자폐장애 같은 정신장애에 결정적인 영향을 끼치는 공통의 유전자 변이가 없다는 사실을 입증했다.[6] 대부분의 유전자 변이는 정신장애 발병 위험을 1퍼센트 또는 그 미만으로 증가시켰을 뿐이다.[7] 이것은 정신의학의 역사에서 가장 중요한(그리고 가장 힘 빠지는) 발견이었다. 이 결과는 무엇을 의미하는가? 그리고 우리가 다음에 할 일은 무엇인가? 이 두 가지는 매우 중요한 질문이다.

정신의학 분야의 이름난 연구자들은 자신들의 연구가 실패했으며 새로운 접근이 필요하다는 것을 솔직하게 인정했다. 최근에 몇몇 연구자는 《사이언스Science》에 기고한 논문에서 다음과 같은 소회를 밝혔다. "지난 50년 동안 조현병 치료에 획기적인 진전은 없었고 지난 20년 동안 우울증 치료에서도 큰 발전이 없었다. (…) 이처럼 절망스러운 정체 상태에 직면한 우리는 뇌의 복잡성을 직시해야 하고 (…) 그러기 위해 새로운 관점이 필요하다."[8] 생물정신의학협회Society of Biological Psychiatry에서도 최근에 학회를 개최하면서 '정신과적 장애 치료의 패러다임 전환'이라는 주제로 발표자를 모집했다. 2011년 당시 미국 국립정신건강연구소 소장이던 토머스 인셀Thomas Insel은 다음과 같이 발언했다. "우리가 지난 50년간 무엇을 했든 간에 성과는 하나도 없다. (…) 통계를 보니 자살자 수, 장애인 수, 사망률이 모두 최악이고 개선될 기미도 없다. 지금의 접근법 자체를 바꿔야 할지도 모른다."[9]

정신과 의사들은 환자에게 찾아온 '커다란 위기'를 그 환자가 중대한 변화를 일으킬 수 있는 기회로 인식한다. 정신의학의 위기도

진화의 역사에서 미래를 발견하다

내가 일하는 의료센터에서 남쪽으로 한 블록 떨어진 곳에 자연사 박물관이 있다. 두 개의 커다란 사자 조각상 사이에 위치한 묵직한 철문을 열고 들어가면 전시관이 나온다. 나도 아이들을 데리고 공룡 화석을 보러 가봐서 그곳을 잘 안다. 하지만 그날은 '직원 전용'이라고 표시된 문으로 들어갔다. 매주 동물 행동에 관해 토론하는 과학자들의 모임에 초대받았기 때문이다. 그리고 나는 합류한 지 한 시간 만에 그들의 접근법이 내가 배운 어떤 방법과도 다르다는 사실을 확실히 알 수 있었다.

그 과학자들은 뇌의 메커니즘에 대해서만 질문하지 않고 '자연선택에 의해 뇌가 어떻게 바뀌었으며 행동이 다윈주의적 개념인 적합도 $_{fitness}$에 어떤 영향을 끼쳤는가'라는 질문을 던졌다. 적합도란 어떤 개체의 자손들 중 번식이 가능한 연령까지 살아남는 수가 얼마나 되는가를 가리키는 생물학자들의 전문용어다. 어떤 개체는 다른 개체들보다 자손을 많이 낳기 때문에 후손들의 유전자 변이도 그만큼 많이 일어난다. 어떤 개체들은 자손의 수가 평균보다 적어서 유전자 변이도 적게 일어난다. 이렇게 자연선택을 거치면서 우리의 몸과 뇌는 자연 환경에서 다윈주의적 적합도를 최대치로 만드는 데 유리한 방향으로 진화한다.

대개의 경우 중간값이 가장 유리하다. 예컨대 토끼들의 과감성은 개체별로 다르다. 유난히 겁 없는 토끼는 여우들의 저녁거리가 되고, 소심한 토끼들은 너무 빨리 달아나는 바람에 풀을 많이 뜯지 못한다. 자연스럽게 과감성이 중간쯤 되는 토끼들이 새끼를 더 많이 낳고 유전자를 더 널리 퍼뜨린다. 이른바 '다윈상Darwin Awards'이라는 게 있다. 다윈상은 어리석은 행동으로 자기 자신 또는 자신의 유전자를 제거한 사람에게 주어진다. 자동차에 로켓 추진체를 매달았던 어느 모험심 강한 젊은이는 시속 480킬로미터까지 속도를 높이다가 자동차와 함께 절벽에 부딪쳐 납작해지고 말았다. 반대로 어떤 사람은 자기 집을 떠나기를 두려워한다. 그런 사람은 일찍 죽지는 않지만 자식을 많이 낳지도 않는다. 중간 정도의 불안을 느끼는 사람들이 자식을 더 많이 낳는다. 그래서 우리는 대부분 중간 정도의 조심성을 가지고 있다.

자연사박물관에서 만나 나의 동료가 된 학자들은 단순명료한 원칙을 바탕으로 동물의 행동을 설명했다. 그 원칙이란 자연선택에 의해 유기체들이 번식 성공률을 극대화하는 행동을 하게 된다는 것이다. 이 원칙은 단순한 가설이 아니라 진실이며 내가 찾고 있었던 것이다. 나는 유기체들의 행동뿐 아니라 유기체들이 어떻게 해서 지금의 모습이 되었는지를 설명해주는 새로운 생물학적 이론을 발견했다.

나는 몇 주 동안 잠자코 듣기만 하다가 마침내 용기를 내어 내가 어느 대학생과 함께 생각해낸 이론을 이야기했다. "노화는 유용하다고 생각합니다. 노화가 이뤄져서 해마다 일정한 수의 개체들이 사망해야 변화하는 환경에서 그 종이 더 빨리 진화할 수 있기 때문이지요." 한순간 침묵이 흘렀다. 잠시 후 바비 로Bobbi Low라는 생물학자가 너무 격하게 웃어대는 바람에 침까지 튀기고는 다음과 같이 말했다. "선생님은 진화에 대해 아무것도 모르시네요, 그렇지요?" 로의 웃음에는 호의가 담겨 있었다. 계단을 오르려고 낑낑대는 강아지를 볼 때 터져나오는 웃음. 로를 비롯한 학자들은 어떤 종에게 이로운 유전자가 있다 해도 그 유전자를 가진 개체수가 자손의 평균보다 적다면 그 유전자는 제거된다고 설명해줬다.

바비 로는 1957년 진화생물학자 조지 윌리엄스가 발표한 논문을 읽어보라고 권유했다. 나는 집으로 돌아오는 길에 도서관에 들러서 그 논문을 복사해 왔다. 나보다 먼저 그 논문을 읽은 수많은 사람이 그러했듯, 나도 그 논문을 읽고 생명을 바라보는 시각 자체가 달라졌다. 윌리엄스는 만약 노화의 원인이 되는 유전자가 생애 초기 단계에 이득을 제공했다면 그 유전자는 널리 퍼졌을 것이라고 주장했다. 생애 초기에는 살아 있는 개체의 수가 더 많기 때문에 자연선택이 더 강하게 이뤄진다.[11] 예컨대 관상동맥 경화를 유발하는 유전자 변이는 수많은 사람이 90세 이전에 사망하는 원인이지만, 만약 그 유전자 변이가 어린 시절 뼈가 부러졌을 때 빨리 낫도록 해준다면 그 변이는 보편화된다. 윌리엄스의 이 논문은 노화만이 아니라 질병 전반에 대해 완전히 새로운 설명을 제공했다는 점에서 발표 60년이 되는 해에 기념 논문집이 출간될 정도로 학문적 의의를 인정받고 있다.[12] 이렇게 노화를 진화론으로 설명할 수 있다면 조현병, 우울증, 섭식장애eating disorder는 어떨까?

새 동료가 된 진화생물학자들은 그 뒤로 몇 주에 걸쳐 나에게 자연세계의 모든 존재에게는 두 가지 설명이 필요하다는 점을 이해시켰다. 일반적인 설명법은 신체의 메커니즘과 작동 원리를 묘사한다. 생물학자들은 이것을 근접설명proximate explanation이라고 부른다. 두 번째 설명법은 이런 메커니즘들이 어떻게 해서 현재와 같은 모습으로 바뀌었는지를 알려준다. 생물학자들은 이것을 진화적 설명 또는 궁극설명ultimate explanation이라고 부른다.[13, 14, 15, 16] 그때까지 내가 배운 의학은 모두 생물학의 절반, 곧 메커니즘을 설명하는 근접설명이었다. 나머지 절반, 곧 유기체의 몸이 어떻게 해서 현재의 모습으로 형성됐는가에 대한 설명은 누락돼 있었다.

진화적 설명이 본질적으로 근접설명을 보완하는 이론이라는 사실을 이해하지 못하면 큰 혼란에 빠진다. 당신이 눈썹에 관해 알려달라고 부탁했다고 치자. 어떤 사람은 특정한 위치에 있는 특정한 단백질의 합성을 지시하는 유전자로 설명할 수 있다고 말한다. 또 어떤 사람은 눈썹이 형성된 과정에 관해서도 설명한다. 어떤 사람은 눈썹이 있어서 눈에 땀이 들어가지 않는다고 이야기한다. 또 어떤 사람은 눈썹이 신호를 보내는 장치로 쓰인다는 사실을 보여주기 위해 눈썹을 치켜올릴지도 모른다. 앞의 두 가지 설명은 근접 메커니즘에 관한 것이고 나머지는 진화에 관한 설명이다.

노벨상을 수상한 동물행동학자 니코 틴버겐Niko Tinbergen은 1963년에 발표한 논문에서 나중에 '틴버겐의 네 가지 질문'으로 알려진 질문들을 제시하며 두 가지 설명을 더 확장했다.[17] 어떤 메커니즘인가? 개별 개체에서 그 메커니즘은 어떻게 발달하는가? 그 메커니즘의 적응적 의미adaptive significance는 무엇인가? 그리고 그 메커니즘은 어떤 과정을 거쳐 진화했는가? 나는 여러 해 동안 이런 질문들에 의존하다가 마침내 이 질문들 중 두 개는 근접설명이고 두 개는 궁극설명이며, 두 개는 특정 시기에 한정되는 반면 나머지 두 개는 시간의 흐름에 따른 변화를 다룬다는 사실을 깨달았다. 네 가지 질문을 성격별로 정리하니 다음의 표에 깔끔하게 들어갔다. 강의를 하면서 슬라이드로 그 표를 보여주자 학생들은 강의 내용보다 표에 더 관심을 보였다.

틴버겐의 네 가지 질문[18]

	근접	진화
특정 시기	어떤 메커니즘인가?	적응적 의미는 무엇인가?
시간에 따른 변화	하나의 개체에서 어떻게 발달하는가?	어떻게 진화했는가?

틴버겐의 질문들을 보면서 새롭게 깨달은 사실도 있었다. 내가 의과대학원 시절 친구들과 밤늦게까지 토론했던 이유는 이 질문들을 양자택일형으로 잘못 이해했기 때문이었다. 이 질문들은 어느 하나를 택하라는 것이 아니다. 진화를 완전하게 설명하려면 네 가지 질문에 다 답해야 한다. 그리고 이 질문들은 내가 비정상이라고 생각했던 것들이 사실은 쓸모 있는 것임을 가르쳐준다. 나는 의학 교육을 받으면서 위산을 분비하는 벽세포의 메커니즘을 자세히 알고

그 세쿄가 궤양을 일으킨다는 사실도 알게 됐지만 위산이 어떻게 박테리아를 죽이고 음식을 소화시키는지 그리고 왜 위산이 너무 많아도 문제지만 너무 적어도 문제인지는 아무에게서도 배우지 못했다. 설사의 원인에 대해서도 속속들이 배웠지만 설사가 위장관에서 독소와 감염을 없애주는 역할을 한다는 점은 제대로 배우지 못했다. 기침은 호흡기관에서 이물질을 제거한다. 열은 감염과 싸우기 위해 정교하게 조절된 반응이다. 심지어 통증도 메커니즘만이 아닌 기능이라는 측면에서 이해할 필요가 있다. 통증을 느끼는 감각이 결여된 상태로 태어난 사람들은 대부분 일찍 죽는다.[19] 그렇다면 불안과 우울에도 이유가 있지 않을까?

우리 몸에는 쓸모가 없어 보여도 어떤 기능을 수행하는 기관이 많지만, 애초에 부실하게 설계된 기관도 있다. 예컨대 우리 눈의 맹점은 없는 편이 나을 것이다. 산도는 지나치게 좁다. 암을 예방하는 메커니즘은 감염을 예방하는 메커니즘과 마찬가지로 불충분하다. 음식 섭취를 조절하는 능력도 약하고, 불안과 고통은 과도한 편이다. 나는 자연선택이 인간의 몸에 이렇게 불완전한 부분들을 남겨둔 이유를 본격적으로 고민하기 시작했다.

나는 학술대회에 참가하러 온 조지 윌리엄스를 곧바로 알아봤다. 그가 신기하게도 링컨 대통령과 너무 닮았기 때문이었다. 나는 1957년에 발표한 그의 논문이 높은 평가를 받고 있다는 사실을 알고 있었지만, 그가 20세기의 가장 중요한 생물학자들 중 하나라고 나에게 귀띔해준 사람은 없었다. 윌리엄스 자신도 그런 이야기는 꺼내지 않았다. 그는 과묵한 편이었지만, 입을 열면 모든 사람이 주의를 집중했다. 윌리엄스는 맥주를 마시면서 노화의 원인이 되는 유전자가 자연선택으로 보존됐다는 견해를 도출한 과정을 설명했다. 나는 그의 이론을 시험할 방법을 생각해냈다. 그의 이론이 옳다면 야생에 사는 일부 동물들은 나이가 들수록 치사율이 증가해야 한다. 반대로 노화 유전자가 자연선택의 영향력 바깥에 위치한다는 다른 이론이 옳다면, 동물들이 성체가 되고 나서는 연령과 상관없이 치사율이 균일해야 한다.

야생에 사는 동물들의 사망률에 관한 통계를 찾으려면 도시관에서 몇 달을 보내야 했다. 나는 정신과 과장 존 그레덴John Greden에게 나의 구상을 설명했다. 신임 과장으로서 그는 창의적인 활동을 적극 지원한다는 방침을 세운 터라 나에게 그 프로젝트에 여름 내내 근무시간의 절반을 쓰도록 허락했다. 가을 즈음 나는 데이터를 찾아냈고, 자연선택이 야생동물들의 노화에 어떻게 작용하는가를 계산할 방법도 알아냈다. 계산해보니 자연선택의 영향은 매우 강하다는 결과가 나왔다.[20] 조지 윌리엄스의 가설이 옳았다. 노화를 촉진하는 유전자는 효과가 생애주기의 너무 늦은 단계에 나타나서 자연선택으로 제거되지 못하는 불운한 돌연변이이기만 한 것이 아니다. 그 유전자들 중 일부는 생애 초기에 재생산을 촉진하는 순기능을 가지고 있다. 이런 결론은 딱정벌레와 초파리의 수명을 늘리거나 줄이는 실험 결과로도 확인된다.[21, 22] 생애 초기의 번식을 선택하면 개체의 수명은 감소한다. 한편 야생 환경에서 수명을 연장하는 쪽으로 자연선택이 이뤄질 경우 자손의 개체수는 줄어든다. 노화에는 진화적인 이유가 있다.[23]

다음번에 조지 윌리엄스와 만났을 때는 나도 진화생물학 지식을 어느 정도 쌓아서 의미 있는 대화를 할 수 있었다. 노화에 관한 논문도 발표한 다음이었다. 나는 조지에게 노화만이 아니라 질병도 진화론으로 새롭게 설명할 수 있을 거라고 이야기했다. 그도 같은 생각이었기 때문에 우리는 의학 분야에서 진화론의 활용 가능성에 관한 논문을 함께 쓰기로 했다.

공동 연구를 시작하고 몇 달 동안 우리는 결정적인 실수를 했다. 우리는 다음과 같은 질문을 던졌다. 왜 자연선택에 의해 관상동맥 질환이 생겨났는가? 왜 자연선택이 유방암을 만들었는가? 자연선택이 조현병을 만들어낸 이유는 무엇인가? 마침내 우리는 그것이 실수임을 깨달았다. 우리는 질병을 적응으로 바라보고 있었다. VDAA view diseases as adaptations는 진화의학에서 아직도 흔하게 나타나는 중대한 오류다. 질병은 적응이 아니다. 질병을 진화론으로 설명할 길은 없다. 질병은 자연선택에 의해 형성된 것이 아니기 때문이다. 하지만 우리를 질병에 취약하게 만드는 인체의 여러 측면은 진화적으로 설명할 수 있다. 질병에 초점을 맞추는 대신 우리의 몸을 병에 취약하게 만드는 특징에 주목한 것이야말로 진화의학의 초석이 되는 결정적 통찰이었다.

우리는 맹장, 사랑니 그리고 관상동맥이나 암 또는 (두말할 것도 없이) 인간의 허리에 생기는 염증에 관해 며칠 동안 토론했다. 그 토론의 함의를 나보다 더 명확하게 인식했던 윌리엄스는 우리의 논문에 '다윈의학의 여명The Dawn of Darwinian Medicine'이라는 거창한 제목을 붙여야 한다고 주장했다. 우리가 공동으로 집필한《인간은 왜 병에

걸리는가》는 독자들에게 널리 읽혔고 '진화의학'이라 불리는 신생
학문의 성장에 기여했다. 지금은 진화의학에 관한 책이 10여 권 나
와 있고 관련 학회와 학술지와 국제 콘퍼런스가 있으며, 주요 대학
에도 진화의학 강의가 개설돼 있다.

진화의학은 바로 현실에 적용하는 치료법이 아니고 주류 의학에
대한 대안으로 제시된 학문도 아니다. 진화의학은 우리가 유전공학
과 생리학을 활용하는 것과 똑같이 진화생물학의 원리를 활용해 의
학적인 문제를 해결하는 것이다. 진화정신의학은 진화의학의 일부
분으로서 '자연선택을 거쳤는데도 우리는 왜 정신장애에 잘 걸리는
가'라는 의문을 탐구한다.

우리가 던져야 할 새로운 질문

의학 분야의 유용한 질문들은 기계공이 던지는 질문들과 일치한
다. 인체는 어떻게 작동하는가? 어디가 고장 났는가? 왜 고장이 났
나? 어떻게 고칠 수 있을까? 이런 것들은 인체 메커니즘이 어떻게
작동하며 병에 걸린 사람의 메커니즘은 어떻게 다른가에 관한 근
접설명이다. 면역체계의 어떤 메커니즘이 다발성경화증multiple sclerosis
을 유발하는가? 어떤 사람이 조현병에 걸리는 이유를 뇌의 이상으
로 설명할 수 있을까? 이 질문들에 대한 해답은 가장 중요한 목표를
제기한다. 바로 질병의 원인과 치료법을 찾아내는 것이다. 지금까지
의학계는 이런 질문을 던지고 답을 찾아냄으로써 인류의 건강을 광

범위하게 개선했다. 만약 의학이 생물학의 절반만 활용해야 한다면, 이쪽 절반은 실용적인 가치가 아주 큰 쪽이다.

생물학의 나머지 절반인 진화생물학은 엔지니어의 관점에서 질문을 던진다. 인간의 몸은 어떻게 해서 지금의 상태가 됐을까? 자연선택의 어떤 힘이 이런 특징을 만들어냈을까? 유전자 변이는 번식의 성공에 어떤 영향을 끼쳤나? 어떤 진화적 트레이드오프trade-off(상충관계, 선택과 포기, 타협과 절충이라는 용어도 사용된다. 어떤 형질에서 이득을 얻는 부분이 있으면 그 형질 때문에 포기해야 하는 부분도 생긴다는 의미다 — 옮긴이)가 안정적인 번식에 제약을 가하는가? 새로운 질문들을 종합해보면 다음과 같다. '우리의 몸이 병에 걸리게 만드는 형질들은 왜 진화 과정에서 제거되지 않았을까?'

이 질문은 새로운 것이지만 아주 오래된 질문 하나와 가깝다. '삶은 왜 고통으로 가득한가?' 이것은 수천 년 동안 종교와 철학에서 '악마의 수수께끼'라고 불린 질문이다. 이 질문을 두고 논쟁이 활발했지만 답은 명확하지 않았다.[24, 25, 26] 2,400년 전에 그리스 철학자 에피쿠로스Epicouros가 이 수수께끼를 생각해냈는데, 데이비드 흄David Hume은 이 질문을 조금 변형해서 유명한 이론을 만들었다. 그 이론을 간단히 요약하면 다음과 같다. "신이 악마를 물리치려고 하는데 그러지 못하는 것인가? 그렇다면 신은 전지전능하지 않다는 얘기가 된다. 신은 악마를 물리칠 능력이 있는데도 그렇게 하지 않는 걸까? 그렇다면 신은 악하다는 이야기가 된다. 신이 악마를 쫓아낼 능력도 있고 의지도 있다면? 그렇다면 악마는 언제 온단 말인가? 신이 악마를 쫓을 능력도 없고 의지도 없다면? 그렇다면 대체 왜 그를 신이라고 불러야 하는가?"[27]

　그 이후로 철학자들과 신학자들, 특히 아브라함의 후예들(유대인을 가리킨다–옮긴이)은 악과 고통을 설명하려고 노력했다. 그럴싸한 설명들은 '신정론theodicy'(전지전능하고 자비로운 신과 악이 공존하는 것을 설명하는 이론–옮긴이)이라는 특별한 이름으로 불린다. 어느 하나가 완전한 설명이 되지 못하기 때문에 신정론에는 여러 종류가 있다.[28] 불교에서도 고통에 관한 질문은 중요한 자리를 차지한다. 불교의 첫 번째 진리는 "삶은 고통"이라는 것이다.[29, 30] 두 번째 진리는 "고통의 원인은 욕망"이라는 것이다. 욕망은 결코 다 채울 수가 없기 때문이다. 불교의 세 번째 진리는 "욕망이 허구임을 깨달아야 고통에서 벗어날 수 있다"라는 것이다. 진화적 관점은 우리에게 욕망이 있는 이유, 우리가 욕망을 다 채울 수 없는 이유 그리고 욕망을 버리기 어려운 이유를 설명해준다. 우리의 뇌는 우리 자신이 아니라 우리의 유전자를 이롭게 하도록 진화했다.[31, 32, 33]

　신의 가르침과 인간을 화해시키는 것은 이 책의 범위를 훨씬 벗어나는 일이다. 어디에나 악과 고통이 많은 이유를 설명하는 것 역시 이 책의 목표가 아니다. 하지만 대부분의 고통은 정서적 고통이다. 그리고 불안과 우울이 존재하는 이유는 고통과 구역질이 존재하는 이유와 동일하다. 어떤 상황에서는 그런 것들이 유용하기 때문이다. 불안과 우울이 과잉이 되는 것에도 진화적인 이유가 있다. 또한 우리가 뭔가에 중독되거나 조현병을 비롯한 정신장애에 걸리는 데도 충분한 이유가 있다. 이유는 하나가 아니다. 정신장애의 종류에 따라 몇 가지 이유가 다양한 조합을 이뤄 작용한다.

우리의 정신은 왜 이렇게 고통스러울 때가 많은지 그리고 생각과 행동이 빗나갈 때가 왜 이렇게 많은지를 설명하려다 보면 또 하나의 심오한 질문에 부딪힌다. 자연선택은 감정의 개입 없이 오직 재생산 성공률을 최대로 하는 과정인데, 그 선택으로 형성된 뇌를 가진 인간은 어떻게 사랑과 헌신의 관계를 맺고 행복하고 의미 있는 삶을 살 수 있는가? 순진한 다윈주의자들의 상상과 달리 대다수 사람들의 삶은 돈과 섹스를 얻기 위한 이기적인 경쟁과는 전혀 다르다. 우리는 다른 사람을 위해, 심지어는 낯선 사람을 위해 명상하고 기도하고 협력한다. 다른 사람을 사랑하고 돌봐주기도 한다. 인간이라는 종은 지적인 측면에서는 물론이고 사회적, 도덕적 그리고 정서적으로도 아주 특별한 능력을 가진 존재다. 사랑과 도덕의 기원을 이해하는 것은 깊이 있는 인간관계를 이해하는 결정적인 토대가 되며, 깊이 있는 인간관계는 사회불안과 슬픔 그리고 그런 부정적인 감정들 덕분에 가능하다.

소아마비 백신을 발명한 조너스 소크Jonas Salk는 이렇게 말했다. "사람들이 새로운 발견의 순간이라고 생각하는 것은 사실 새로운 질문을 발견한 순간이다." 우리에게는 새로운 질문이 있다. 이 책은 그 질문의 가치를 입증하는 유력한 답변들을 살펴본다.

2장

우리는 아직도
정신질환을 모른다

이 진단 유형들이 유효하다고 믿을 만한
근거는 별로 없다.[1]

− 널리 사용되는 심리치료 교과서 첫 면에 실린
DSM 진단 유형에 대한 설명

---

* 이 장은 Nesse RM, Stein DJ. "Towards a Genuinely Medical Model for Psychiatric Nosology."
BMC Medicine. 2012;10(1):5에서 가져온 것이다.

정신장애를 설명하려면 먼저 정신장애에 대해 묘사하고 정의를 내려야 한다. 간단한 일처럼 보인다. 미국에서 발간된 최신판《정신질환 진단 및 통계 편람DSM》에는 300가지가 넘는 정신장애가 수록돼 있으니까. 그러면 문제가 해결됐을까? 전혀 그렇지 않다. DSM의 진단체계는 끊임없이 논란과 갈등을 불러일으키고 있다.

　　진단 유형을 정의하는 작업은 정신장애를 질병처럼 보이게 만든다. 정신장애의 상당수가 질병이긴 하지만 정신장애는 다른 병들과 조금 다르다. 정신장애에는 '폐렴의 원인이 되는 박테리아'처럼 식별 가능한 구체적인 원인이 없다. 정신장애는 당뇨병처럼 혈액검사를 통해 진단할 수도 없다. 다발성경화증에 걸린 사람에게는 신경세포 손상이 나타나지만, 정신장애가 있다고 해서 조직에 뚜렷한 이상이 나타나지는 않는다. 음식에서 종이 맛이 난다고 말하는 환자들은 우울증이나 자살충동을 느끼는 경우가 많다. 편집증에 시달리는 사람들은 환청을 듣는 경우가 많다. 위험할 정도로 말랐으면서 자기가 뚱뚱하다고 생각하는 사람들 중에는 성취 욕구가 높은 젊은 여성이 많다. 이처럼 모든 정신장애는 증상들의 목록으로 정의된다. 어떤 사람이 어떤 정신장애의 증상 목록에 들어 있는 증상들을 일정 기간 나타낼 때 진단을 내리는 식이다.

이러한 증상 목록 진단법은 환자의 병명이 무엇인지에 관해 동의 수준을 높이긴 했지만 큰 허점도 있다. 증상 목록 진단법은 그 진단 목록에 의사에게 필요한 모든 정보가 담겨 있다고 가정하기 때문에 여러 가지 장애의 출발점이 되는 '삶의 환경'을 놓치게 만든다. 게다가 컴퓨터로 의료기록을 저장하는 시대가 오고 나서부터는 환자가 창피해할 수도 있는 사항들은 유의미하더라도 기록하지 않는 경향이 있다. 그래서 요즘의 임상 보고서는 증상들을 설명하고 진단을 정당화하는 무미건조한 글 몇 단락이 전부다. 다음은 여성 환자 B의 정신과 의료기록을 요약한 것이다.

B는 아이 셋을 키우는 37세의 백인 기혼 여성이다. 가정의학과 의사에게서 우울증 진단을 받았다. B는 원래 잘 살고 있었는데 4개월 전부터 갑자기 새벽에 잠을 깨고 식욕 감퇴와 의욕 부진, 죄책감, 무력감에 시달리고 있다. 지난 2개월 동안 체중이 4.5킬로그램이나 줄었다. 때때로 죽고 싶다는 생각을 하지만 자살을 기도하지는 않는다. 증상은 매일 나타나는데 어떤 날에는 특히 심하다. 증상은 날마다 다르고 특히 아침에 심하게 나타난다. 몇 달 동안 만성적 불안에 시달리고 있다. 항상 걱정을 하고, 식은땀을 흘리고, 배 속이 거북한 느낌을 받는다. 강렬한 불안이 몇 시간 동안 지속된 적도 있다. 몸이 덜덜 떨리고 호흡곤란이 나타나고 극심한 공포를 느끼지만 공황발작이나 광장공포증에 시달린 적은 없다. 사람들과 어울려야 하는 자리를 매우 불편하게 느껴서 요즘에는 사람들을 피해 다닌다. 밤마다 와인 한두 잔을 마시지만 지금까지 알코올이나 약물에 중독된 적은 없다. 이런

증상들은 남편과 갈등이 생기면서 나타났다. B는 과거에 다른 정신장애를 앓았던 적이 없다. 신체는 건강하며 복용 중인 약이 없고 알레르기도 없다. 아버지가 알코올중독이었고 어머니는 불안장애가 있었다. 여동생은 항우울제를 복용하고 있다. 어릴 때 가정은 안정적이었고 학대라든가 트라우마가 된 사건은 없었다. 자녀는 각각 3세, 5세, 9세이고 모두 잘 자라고 있다. 남편은 인근 공장의 관리인이다. 교외 주택가에 살고 있다. B는 예전에 초등학교에서 전일제 교사로 일했지만 지금은 시간제 보조교사로 일한다.

병명: 주요우울증_{major depression}

치료 계획: 항우울제 복용과 인지행동치료를 시작하고, 2주 뒤 재진을 통해 상태를 확인한다.

이 보고서는 진단을 정당화할 수 있는 사실들을 요약해서 보여주긴 하지만 증상의 원인에 관한 단서를 주지는 않는다. 단서는 B가 슈퍼마켓에서 옛 애인과 우연히 마주친 이야기를 했을 때 쏟아져나왔다.

장을 보려고 했는데 마치 늪 속에서 걷는 것 같았어요. 발을 앞으로 내디딜 수가 없었어요. 손에 들고 있던 장보기 목록도 소용이 없었어요. 모든 게 의미 없다는 느낌이 들더군요. 그래도 아이들을 먹여야 하니까 앞으로 걸어갔죠. 장을 절반쯤 봤을 때, 내가 서 있는 통로 한쪽 끝에서 카트를 밀고 있는 잭이 보이더군요. 몇 달 전부터 항상 잭이 유령처럼 눈앞에 아른거렸거든요. 하지만 이번에는 진짜 잭이라는 확신이 들었어요. 심장이 쿵쾅거리기 시작했죠. 나는 그 자리에 얼어붙고 말았어요. 6개월 전에 스타벅스에 앉아 있던 때가 생각나더군요.

그날 우리는 언제나처럼 7시에 만날 예정이었어요. 그러고는 그동안 몰래 만나던 아파트로 우리 물건들을 옮길 생각이었지요. 11월 2일 밤 12시에 내가 샘에게 이야기하고 그는 아내 샐리에게 고백하기로 서로 약속했거든요. 원래는 11월 1일에 하고 싶었는데 아이들과 핼러윈을 보내야 했기 때문에 미룬 거랍니다. 그날 내가 스타벅스 문을 열었을 때 반짝거리며 떨어지던 눈송이들이 생생하게 기억나요. 그 눈송이들은 우리가 함께할 새로운 생활의 상징처럼 느껴졌거든요.

나는 한밤중에 샘에게 이별을 통보했어요. 샘은 불같이 화를 냈지만, 그건 예상한 일이었죠. 샘이 어찌나 큰 소리로 고함을 쳤던지 집 근처를 지나가던 차 한 대가 속도를 늦췄어요. 그 덕택에 비교적 무난하게 빠져나올 수 있었지요. 우리 부부는 오래전에 끝난 사이였어요. 더는 거짓으로 살 수가 없었어요. 내가 원하는 건 잭과 함께하는 생활이었어요. 나는 프리지아 한 다발을 들고 잭을 만나러 갔지요. 하지만 잭은 오지 않았어요. 7시 30분에 잭에게 문자 메시지를 보냈어요. 혹시 샐리가 창밖으로 뛰어내리려고 한 건 아닐까 싶었죠. 하지만 답장이 없었어요. 전화도 받지 않았어요. 믿을 수 없었지요. 나는 멍하니 앉아 탁자만 뚫어져라 봤어요. 얼마나 오래 앉아 있었던지, 대리석 탁자 위에 놓인 꽃들이 화석처럼 쭈글쭈글 시들었죠. 내 삶은 그때 끝나버린 거예요.

마침내 나는 현실로 돌아와서 용기를 냈어요. 잭이 움직인 방향으로 쫓아갔죠. 아무도 없더군요. 계산대로 가봤지만 그곳에도 잭은 없었어요. 하지만 포기하지 않고 계속 돌아다니다가 그가 늘 사는 돼지갈비, 유기농 커피필터, 작은 각설탕, 수면제, 무광택 치실 따위의 물건들이 담긴 카트 하나를 발견했어요. 나는 그게 잭의 카트라고 확신했죠. 그는 나를 보고 슬쩍 빠져나갔던 거예요. 어차피 그를 만났더라도 무슨 할 말이 있었을지 잘 모르겠네요.

B의 이야기는 소견서나 의사가 진단한 병명보다 그녀의 문제를 훨씬 정확히 알려준다. 그럼에도 진단은 반드시 필요하다. 진단은 증상의 패턴을 축약해서 설명하는 것이다. 공통된 패턴을 인식하는 기술은 평범한 의사들을 독심술사처럼 보이게 한다. 희망과 에너지가 없고 아무 일에도 흥미를 못 느낀다고 말하는 환자에게 "음식이 종잇장처럼 맛없게 느껴지지요? 새벽 4시에 잠에서 깨나요?"라는 질문을 던지면 십중팔구 이런 대답이 돌아온다. "네, 둘 다 맞아요! 어쩜 그렇게 잘 아시나요?" 손을 지나치게 자주 씻는다고 말하는 환자에게 "차를 몰고 가다가 혹시 사람을 친 게 아닌가 싶어서 되돌아간 적이 있나요?"라고 물으면 환자는 깜짝 놀라며 그렇다고 대답한다. 체중이 줄었는데도 비만을 걱정하는 여학생에게 "너는 전 과목 A 학점을 받는 학생이지?"라고 물어본다면 그 여학생은 깜짝 놀랄 것이다. 정신과 의사들은 이런 증상을 묶어서 주요우울증, 강박장애, 신경성 식욕부진증 등의 '증후군'으로 인식한다. 수많은 환자를 만나본 전문 임상의는 마치 식물학자들이 여러 종의 식물을 구별하듯

서로 다른 증후군들을 구별해낸다. 비록 정신상애는 식물들처럼 뚜렷하게 구분되지는 않지만!

내가 정신과에서 일하기 시작했을 무렵에는 전문의들의 소견에 따라 진단이 내려졌다. 당시에 좋았던 점은 교수들이 사례를 발표할 때 환자의 모든 증상과 이력을 상세히 수록하라고 가르쳤다는 것이다. 슈퍼마켓에서 있었던 가슴 아픈 일 같은 것도 전부 발표 내용에 포함됐다. 당혹스러웠던 부분은 교수들의 끝없는 다툼이었다. 특정한 환자의 진단에 대해 의견이 엇갈렸을 뿐 아니라 '진단이란 무엇인가'에 대해서도 의견이 달랐다. 병원에 새로 입원한 환자에 관해 토의하는 자리에서 직급이 높은 어느 의사는 그 환자의 병명이 반복성내인성우울증recurrent endogenous depression이라고 했고, 다른 의사는 불안신경증anxiety neurosis이라고 주장했으며, 또 한 의사는 그 환자가 양가감정을 가지고 있던 아버지의 죽음을 계기로 병적인 죄책감을 느끼고 있다고 주장했다. 똑똑한 교수들은 단지 의견에 불과한 자신의 진단을 옹호하기 위해 화려한 임상 기술과 웅변술을 동원했다.

일관성 없는 진단은 정신의학계의 수치였다. 1971년에 발표된 한 연구에서는 미국과 영국의 정신과 의사들에게 환자들의 상담 장면을 촬영한 동일한 동영상을 보여주고 진단을 요청했다.[2] 그 환자들 중 한 명에 대해 미국 정신과 의사들 중 69퍼센트가 조현병이라고 진단했지만, 영국 정신과 의사들 중 조현병 진단을 내린 사람은 2퍼센트밖에 없었다. 이처럼 진단의 신뢰도가 낮았으므로 연구를 해봐야 소용이 없었다. 1973년 스탠퍼드대학교의 심리학자 데이비드 로젠핸David Rosenhan이 권위 있는 학술지 《사이언스》에 투고한 논문을 통해 이 문제가 세상에 널리 알려졌다. 로젠핸은 정신적인 문제가 없는 '가짜 환자' 열두 명을 응급실로 보내 '텅 비었어' '공허해' 또는 '쾅' 소리 같은 환청을 들었다고 말하도록 했다. 그 결과 열두 명 전원이 정신병동 입원 승인을 받았다. 게다가 입원한 뒤에는 정상적으로 행동했는데도 전원 조현병 진단을 받았다.[3] 신경과나 심장 내과 의사들 역시 가짜 환자에 속을 수 있는데도, 그 논문은 정신의학만 조롱거리로 만들어버렸다. 결정타는 1974년 미국정신의학회 American Psychiatric Association, APA 회원들이 투표를 통해 당시 논란의 대상이던 동성애를 정신장애로 규정한 사건이었다. 정신의학은 정신분석학자의 소파에 의지한 채 의학의 변방에서 간신히 침몰하지 않고 떠다니다가 얼마 전에야 오랜 꿈에서 깨어났다.

새로운 진단체계가 필요하다

정신의학은 의학의 주류에 편입하기 위해 필사적으로 노력하던 중 자신의 진단체계가 매우 엉성하다는 사실을 깨달았다. 예컨대 1968년에 출간된 《DSM-II》는 우울신경증depressive neurosis을 다음과 같이 정의하고 있다. "내적 갈등으로 인한, 또는 사랑하던 대상이나 소중한 물건을 잃는 것과 같은 큰 사건으로 인한 과도한 우울 반응."[4] 그런데 매우 사랑하는 고양이가 죽고 나서 일주일이 지난 시점에 중간 수준의 우울을 느끼는 것이 '과도한' 것인가? 어떤 의사는 이렇게 말할 것이다. "아니요, 전혀 과도하지 않습니다. 사람들은 고양이를 사랑하잖아요." 다른 의사는 이렇게 말한다. "일주일이나 지났으면 그건 과도한 반응이 맞습니다!" 이런 식의 불일치 때문에 정신의학이 학문으로 인정받으려는 노력 자체가 우습게 보였다.

해결책은 대대적 개정이었다. 그 결과 1980년에 《DSM-III》가 간행됐다.[5] 미국정신의학회의 특별 전담팀이 정신의학 연구자 로버트 스피처Robert Spitzer의 지휘 아래 집필한 《DSM-III》는 《DSM-II》에 수록된 정신분석 이론을 삭제하고 182가지 정신장애를 묘사하는 임상 소견서(134쪽 분량)와 265가지 정신장애를 정의하는 증상 목록(494쪽 분량)을 새롭게 수록했다. 그 결과 '우울신경증'이라는 병명은 없어졌다. 새로운 병명인 '주요우울증'에 관한 설명에는 '내적 갈등'과 같은 표현이 빠졌고, 아홉 가지 증상 중 다섯 가지 이상의 증상이 최소 2주 동안 지속되면 주요우울증으로 진단이 가능해졌다. 이제 정신과의 모든 질환은 진단의 필요조건 또는 충분조건이 되는 증상들의 목록으로 정의됐다. 《DSM-III》는 정신의학의 성격을 바꿔놓았다.[6] 《DSM-III》가 출간되자 역학자들이 특정한 질병이 유행하는 정도를 측정하기 위해 사용하는 것과 비슷한 표준화된 인터뷰가 가능해졌다.[7] 신경생물학자들은 이제 특정한 정신장애를 유발하는 뇌병변을 연구할 수 있게 됐다. 여러 지역의 임상연구자들이 여러 치료법의 효과를 비교하고, 치료 가이드라인을 만드는 데 필요한 데이터를 제공할 수도 있게 됐다. 관리 기구, 보험회사, 자금 지원 기관들도 곧 DSM 진단을 요구하게 됐다. 드디어 정신과 의사들도 다른 의사들과 마찬가지로 병명을 구체적으로 진단할 수 있게 됐다. 1970년대의 진단 신뢰도 위기에 대한 해결책으로서 《DSM-III》는 모든 기대를 뛰어넘는 성공을 거뒀다.

새로운 논쟁이 벌어지다

《DSM-III》는 정신의학의 연구와 발전을 위해 반드시 필요한 객관성을 갖추긴 했지만 맹렬한 비판에 휩싸였다. 시간이 흘러도 비판은 수그러들지 않았고 불만은 점점 커졌다. 정신과 임상의들은 DSM 분류가 환자들이 안고 있는 문제의 중요한 측면들을 간과하고 있다고 말했다. 임상의들을 가르치는 교수들은 학생들이 DSM 진단 기준에 지나치게 의존해서 환자들의 문제를 주의 깊게 관찰하지 않는다고 말했다.[8] 연구자들은 DSM 진단 유형에 자신들의 가설이 제대로 반영되지 않았다고 항의했다.[9] 정신과가 아닌 다른 분야의 의사들은 정신과 진단이 왜 그렇게 문제가 되는지 이해하지 못했다. 그리고 의학계 바깥에서 이런 논란을 접하는 사람들은 정신과는 멍청이들만 모여 있는 곳이라고 성급하게 단정하곤 했다.

《DSM-III》는 객관성을 크게 끌어올리는 대신 신중한 임상적 평가를 감소시키는 결과를 불러왔다. 환자 B가 2주가 넘는 기간 동안 다섯 개 이상의 증상을 나타냈다면 그녀는 주요우울증 환자가 된다. 함께 도망치기로 약속한 날에 잭에게 버림받은 것은 정말 안됐지만 말이다. 유명한 생물학 연구자들도《DSM-III》를 보고 기겁했다.《망가진 뇌The Broken Brain》의 저자이자 유명한 정신의학 학술지의 편집자였던 낸시 안드레아센Nancy Andreasen은《DSM-III》가 '의도하시 않은 결과'를 초래했다고 설명한다. "1980년에 《DSM-III》가 출간된 이후 정신병리학 전반에 관한 깊이 있는 지식을 토대로 신중한 임상 평가를 하도록 교육하는 경우가 줄어들었다. 환자 개개인의 문제와 사회적 맥락에 주목하라고 가르치지도 않는다. 학생들은 과거의 위대한 정신병리학자들에게서 풍부한 지식을 배우는 대신 DSM을 달달 외우는 교육을 받고 있다."

문제는 이론적인 데만 있지 않았다. 어느 정신과 수련의는 병례 검토회에서 사례 발표를 마치며 다음과 같이 말했다. "이 환자의 증상은 불면증, 의욕 저하, 집중력 저하, 식욕 부진, 약 3킬로그램의 체중 감소입니다. 따라서 주요우울증 진단 기준에 부합합니다. 항우울제 치료를 시작할 계획입니다." "그 모든 문제가 어디에서 비롯됐나?"라는 질문을 받았을 때 이 젊은 의사는 "가정불화입니다"라고 답했다. "어떤 불화가 있었는데?" "남편이 떠났다고 합니다." "그녀가 남편이 떠날 것이라는 징후를 느끼고 있었나?" "전혀 몰랐습니다." "그녀에게 이번이 첫 번째 결혼인가?" "그건 모르겠습니다." "그녀가 다른 남자와 사귀고 있었나?" "모릅니다." "그녀가 어린 시절에 학대당한 경험이 있나?" "그런 것들은 중요한 사항이 아니라서 물어보지 않았습니다. 병명은 주요우울증이고, 치료 계획은 주요우울증의 증거 기반 가이드라인을 따랐습니다." 환자에 대한 의도적인 무관심도 놀라웠지만 편협한 이데올로기를 무작정 신뢰하고 그대로 따르는 것도 놀라웠다.

《DSM-III》의 객관성은 또 다른 문제들을 부각시켰다. DSM 기준으로 하나의 장애를 가진 환자가 다른 여러 가지 장애의 진단 기준에도 부합하는 경우가 많았다. 이런 환자가 얼마나 많았던지, 미시간대학교 시절 나의 동료이자 지금은 유명한 정신과 역학자인 로널드 케슬러Ronald Kessler는 자신의 가장 큰 프로젝트에 '전국적 공존질환cormorbidity 조사'라는 이름을 붙였다.[10] 복수의 장애 진단 기준을 충족하는 환자가 많기도 했지만, 같은 병명으로 진단받은 환자들의 증상이 상이한 경우도 많았다. 공존질환이 엄청나게 많은 데다 '이질성heterogeneity'까지 나타나자 사람들은 자연히 DSM 진단 유형이 현실을 제대로 반영하는지 의심했다.

여러 가지 정신장애의 경계선이 희미하다는 점도 우려를 자아냈다. 예컨대 우울증 환자들은 대부분 불안 증세를 함께 나타내며, 그 반대도 성립한다.[11, 12, 13, 14] 정신장애와 정상 상태를 가르는 경계선들도 임의적인 성격을 띤다. 암이나 당뇨병을 진단할 때처럼 실험실에서 검사를 해볼 수도 없다. 1980년에《DSM-III》를 집필한 사람들은 뇌병변에 관한 새로운 사실이 발견되면 정신장애 분류법도 개선되리라고 예상했다. 그 후로 약 40년 동안 집중적인 연구가 진행됐지만 아직도 주요 정신장애 가운데 어떤 것도 실험실 검사로 진단하기는 불가능하다.

미국 정신의학계의 지도자들이 문제를 솔직하게 인정했다는 점은 높이 평가받아야 한다.《DSM-IV》집필 전담팀의 책임자였던 앨런 프랜시스는 이렇게 말했다. "지금 우리는 정신의학의 주전원(원의 바깥쪽 또는 안쪽을 도는 다른 원 - 옮긴이) 단계에 있다. 천문학으로 말하자면 코페르니쿠스Corpernicus 이전이고 생물학으로 말하자면 다윈 이전이다. 지금 우리가 가진 어설프고 복잡한 분류체계는 언젠가 완전한 실명직 지식으로 대체될 것이 분명하다. 이질적인 관찰들이 통합되어 더 단순하고 우아한 모델이 만들어질 것이고, 그러면 우리는 정신장애를 더 완전하게 이해할 뿐 아니라 환자들의 고통을 효과적으로 덜어줄 수 있을 것이다."[15]

신경과학자 후다 아킬Huda Akil을 비롯한 이름난 신경과학자들이 《사이언스》에 투고한 논문의 일부를 보자. "불행히도 지난 50년 동안 조현병 치료에는 획기적인 진전이 없었고 지난 20년 동안 우울증 치료에도 마찬가지였다. (…) 절망적일 정도로 더딘 발전을 목격하며 우리는 뇌의 복잡성을 직시하지 않을 수 없다. 특히 인지나 감정 같은 고차원적 기능을 수행할 때 뇌는 정말로 복잡해진다. 그래서 새로운 관점과 참신한 도구와 분석적 방법을 결합할 필요가 있다."[16] 미국 국립정신건강연구소 소장을 지낸 토머스 인셀은 이렇게 이야기한다. "정신장애가 뇌 회로의 이상이라는 점을 인식하면서 정신장애에 대해 다르게 생각해야 할 때가 왔다."[17] "2020년쯤 되면 우리가 가진 자원은 현재의 패러다임을 변화시키는 프로그램이 아니라 진단체계를 바꾸는 프로그램에 투입될 가능성이 높다."[18]

프랜시스는 조금 더 비관적인 입장이다. "정신과 진단에서 '패러다임 전환'을 준비하겠다는 《DSM-5》의 목표는 완전히 시기상조다. (…) 정신장애의 원인에 대한 우리의 이해가 비약적으로 발전하기 전까지 진단체계를 획기적으로 개선하기란 불가능하다. 최근에 신경과학, 분자생물학 그리고 뇌 촬영 기술이 괄목할 만한 발전을 이룬 덕분에 뇌의 정상적인 기능에 대해 많은 것이 알려졌지만, 아직 그 신기술들은 날마다 환자를 진단하는 정신과 의사들의 현실에 직접 영향을 끼치지는 못하고 있다. 이 안타까운 사실을 뒷받침하는 가장 뚜렷한 증거는《DSM-5》의 진단 기준에 포함될 수 있는 생물학적 검사가 하나도 없다는 것이다."[19]

이 과학자들의 용기와 정직한 발언은 그들의 통찰력에 못지않게 귀중하다. 새로운 접근법이 필요하다는 데는 모두가 동의하고 있다. 그럼에도 지금까지 제시된 주된 제안들은 정신장애 진단 유형을 또다시 수정하고 그 진단을 입증해줄 생물학적 표지를 더 열심히 찾아보자는 것이었다.

대부분의 비판은《DSM-III》를 향했고 그 결과 1987년에《DSM-III-R》이라는 이름으로 수정판이, 1994년에《DSM-IV》가, 2000년에는《DSM-IV-TR》이 나왔다. 대대적인 개정판인《DSM-5》를 집필하는 작업은 29명으로 이뤄진 미국정신의학회의 전담팀이 6개의 연구팀과 13개의 실무팀을 지휘하면서 10년에 걸쳐 진행됐다.[20, 21, 22, 23] 오랫동안 치열한 논쟁을 벌인 끝에 2013년이 되어서야 비로소《DSM-5》가 발간됐다.[24]《DSM-5》는 인격장애를 다른 장애들과 같은 유형으로 옮긴다거나 하는 식으로 진단체계의 구조를 약간 손질했다. 일부 유형들을 합치거나 분리하기도 했다. 예컨대 물질의존substance dependence과 물질남용substance abuse을 물질사용장애substance use disorder라는 이름으로 통합했고, 광장공포증은 공황장애와 별개의 질환으로 분류했다. 나름대로 합리적인 변화들이 가해진 덕분에《DSM-5》는 일관성 있고 유용한 편람이 됐다.

그러나 근본적인 변화에 대한 요구는 받아들여지지 않았다. 진단 유형을 아예 없애고 '경미mild'에서 '중증severe'에 이르는 척도를 도입하자는 제안은 비실용적이라는 이유로 거절당했다. "우울증 척도는 15점입니다"보다 "병명은 주요우울증입니다"가 훨씬 단순하고 명쾌하기 때문이다. 진단 유형은 효과적인 소통과 자료 보관에 편리하며, 세상의 모든 일을 실제보다 단순해 보이도록 변형하려는 인간의 욕구에도 부합한다. 우리는 이런저런 증상들의 둘레에 선을 그어서 몇 개의 섬으로 이뤄진 정신장애의 지형도를 만들려고 노력하고 있는 것이다. 하지만 실제 정신장애의 지형은 생태계와 더 비슷하다. 예컨대 북극의 툰드라지대, 한대림, 늪지대가 서로 섞여 들어가 뚜렷한 경계선도 없듯이 말이다.

우리의 두 번째 전략은 명확한 진단을 가능케 하는 유전자, 혈액검사, 단층촬영 결과를 더 열심히 찾아보는 것이었다. 아무도 예상하지 못했겠지만 《DSM-III》가 출간되고 약 40년이 지난 지금도 조현병, 자폐장애, 양극성장애를 진단하는 검사는 없다. 물론 연구를 계속할 필요는 있다. 정신장애의 원인이 되는 유전자를 찾아낸다면 치료법을 발견할 가능성도 높아지기 때문이다. 하지만 수십 년 동안 일관되게 부정적인 결과를 얻었다면 이제는 한발 물러서서 질문을 던져봐야 한다. '정신장애는 다른 질환에 비해 신체적 원인을 찾아내기가 왜 그렇게 어려운가?'

이 질문에 대해 합의된 답변은 우리가 아직 제대로 된 연구를 충분히 해보지 못했다는 것이다. 신경과학자들은 우리가 어떤 분자 또는 뇌의 어떤 위치를 찾는 대신 '뇌의 회로brain circuit'로 초점을 옮겨야 한다고 주장한다.[25] 이러한 제안은 얼굴을 인식하는 것과 같은 특정한 기능을 수행할 때 뇌의 다양한 영역과 신경전달물질이 관여한다는 최근의 인식을 반영한다. 하지만 뇌의 회로에 초점을 맞추면 적응적 기능은 강조되어도, 진화를 통해 형성된 뇌의 시스템을 인간이 설계한 전기회로와 유사하게 취급하는 오류를 범하게 된다. 진화를 통해 형성된 정보처리 시스템은 부분들 간의 경계가 불분명하고 각 부분의 기능들이 서로 겹치며 매우 견고하고 수많이 연결되어 있기 때문에 엔지니어가 상상할 수 있는 어떤 회로와도 다르다. 분자와 신경세포가 아닌 회로에 주목하자는 것은 좋은 발상이지만, 신경과학이 더 빠르게 발전하려면 뇌의 회로가 유기적으로 복잡하기 때문에 엔지니어가 설계할 수 있는 그 어떤 회로와도 다르다는 사실부터 인정해야 할 것이다.

정신장애의 진단 유형을 바꾸는 것으로는 문제가 해결되지 않는다. 생물학적 표지를 더 열심히 찾아본다 해도 결국은 일부 정신장애에 대해서만 명확한 진단법을 찾아낼 수 있을 것이다. 정신장애란 무엇인가에 대해 깊이 생각해보게 만드는 딜레마가 아닐 수 없다.

유기적 복잡성을 인정하라

"정신장애란 무엇인가?" 이것은 뉴욕대학교의 사회복지학자, 임상의, 연구자, 철학자인 제롬 웨이크필드Jerome Wakefield가 던진 질문이다.[26, 27, 28] 그는 정신장애란 "해로운 역기능harmful dysfunction"이라는 간단명료한 답변을 내놓았다. '역기능'이란 자연선택으로 만들어진 유용한 시스템이 제대로 작동하지 않는 것을 뜻한다. '해롭다'는 그 역기능이 환자 개인을 고통스럽게 하거나 다른 형태로 해를 입힌다는 뜻이다.

웨이크필드는 다른 의학 분야에서 정상적인 생리적 기능을 기준으로 병을 이해하는 것과 마찬가지로 정신과 진단 역시 뇌와 정신의 정상적인 기능에 대한 진화적 이해를 토대로 이뤄져야 한다고 주장한다.[29] 하지만 웨이크필드의 설득력 있는 주장은 실제로 정신과 의사들이 진단을 내리는 방식에는 거의 영향을 끼치지 못했다.

나는 남아프리카공화국의 정신의학 연구자인 댄 스타인Dan Stein과 함께 계통분류학적 진화론 분석을 통해 DSM의 개선방안을 찾을 수 있을지 알아보기로 했다. 이 장은 우리 연구를 축약한 기사를 각색한 것이라고 할 수 있다.[30] 나와 스타인은 몇 달간 그 문제와 씨름한 끝에 이끌어낸 결론에 우리 스스로 놀랐다. DSM은 대부분의 정신장애를 잘 묘사하고 있었다. 우리는 큰 문제점을 몇 가지 찾아내긴 했다. 무엇보다 DSM은 증상과 질병을 구별하지 못했다. 그러나 DSM 진단에 대한 사람들의 불만은 대부분 DSM이 임상치료의 현실을 제대로 반영하지 못해서가 아니라 정신장애의 혼란스러운 실태를 지나치게 잘 묘사한 데서 비롯된다. 문제들은 서로 겹친다. 하나의 장애에 여러 가지 원인이 있을 수도 있고, 하나의 원인이 여러 가지 증상으로 나타날 수도 있다. 그리고 우리는 아직까지 정신장애의 표지가 되는 특정한 유전자 또는 뇌병변을 발견하지 못했다. 자, 이제 어떻게 해야 할까?

진정한 의학적 모델을 향하여

정신의학에서 '의학적 모델medical model'이라는 용어는 일반적으로 특정한 정신장애가 특정한 뇌병변에서 비롯하므로 약물과 신체 요법이 최적의 치료법이라는 견해로 통용된다. 하지만 정신의학 외의 분야에서 실제로 사용되는 의학적 모델은 조금 더 유연하다. 그 모델은 특정 질환을 유발한다고 생각되는 특정한 원인을 찾는 일에만 몰두하지 않고, 정상적인 기능 수행이라는 맥락에서 병리 현상을 이해하려고 노력한다. 진정한 의학적 모델을 통해 정신의학의 진단법을 개선할 수 있음을 보여주는 세 가지 사례를 살펴보자.

첫째, 정신의학을 제외한 분야에서는 통증이나 기침 같은 증상을 신체를 보호하기 위한 작용으로 인식하고 증상과 그 증상을 일으키는 질병을 세심하게 분리한다. 반면 정신의학에서는 불안과 우울 같은 감정을 유발하는 상황은 고려하지 않고 그런 감정이 극단적으로 강하게 일어나면 일단 정신장애로 분류한다. 이것은 너무나 초보적이면서도 흔한 실수라서 VSADViewing Symtoms As Diseases(증상을 질병으로 간주한다)라는 용어가 있을 정도다. 정신의학 진단법을 개선하기 위해서는 부정적인 감정들을 특정한 상황에서 유용한 반응으로 인식할 필요가 있다. 적어도 우리의 유전자에게는 부정적인 감정들이 유용할 가능성이 있다.

둘째, 다른 의학 분야에서는 울혈성심부전congestive heart failure처럼, 구체적인 원인이 아니라 기능 시스템의 이상으로 정의되는 '증후군'을 인정한다. 외과 의사들은 심부전의 원인이 열 가지도 넘는다는 사실을 안다. 만약 조현병과 자폐상애가 서로 유사한 시스템 이상에서 비롯되는 질환이라면 특정한 원인을 찾으려는 노력은 무의미할 것이다.

마지막으로 정신의학이 아닌 다른 의학 분야에서는 특정한 원인이나 조직 병리가 없는 이명tinnitus이나 본태성진전essential tremor(특별한 원인 없이 몸의 일부분이 일정한 간격으로 움직이는 현상 – 옮긴이)도 대부분 신체조절 시스템의 장애에서 비롯된 질병으로 판정한다. 섭식장애와 기분장애mood disorder도 마찬가지로 조절 시스템의 문제일 가능성이 있다.

정신과 진단의 핵심 문제는, 신체의 정상적이고 유용한 기능에 관한 생리학적 지식이 있는 다른 분야와 달리 정신의학에는 그런 지식이 부족하다는 것이다. 내과 의사들은 신장의 기능이 무엇인지 알고 있다. 그들은 기침과 통증 같은 방어기제를 폐렴이나 암과 같은 질병과 혼동하지 않는다. 하지만 정신과 의사들에게는 스트레스, 수면, 불안, 기분의 효용에 관한 체계적인 지식이 없기 때문에 정신의학의 진단 유형은 허술하고 혼란스럽다.

정신과 진단을 다른 분야의 진단과 비슷한 수준으로 발전시키려면 증상을 증후군 및 질병과 신중하게 구별하는 작업이 반드시 필요하다. 불안과 우울은 열이나 통증과 마찬가지로 특정한 상황에 대한 유용하고 정상적인 반응이다. 이제 각각의 정신장애에 특정한 원인이 있다는 환상은 포기해야 한다. 그보다는 다른 분야의 질환들과 마찬가지라고 봐야 한다. 말하자면 정신장애 대부분은 증상들의 양극단에서 나타나는 것이며 나머지는 여러 가지 원인이 시스템 장애를 일으킨 것이다. 그렇다고 해서 특정한 뇌병변을 찾으려는 노력을 중단해야 한다는 뜻은 아니다. 언젠가는 특정한 정신장애와 연관되는 뇌병변이 발견될 것이고, 그 발견은 빠를수록 좋다. 하지만 연구의 속도를 높이기 위해서라도 진정으로 의학적인 모델을 채택해야 한다.

3장

감정은 당신의 행복에
관심이 없다

만약 삶의 직접적이고 단기적인 목표가 고
통을 피하는 것이라면, 인간은 그 목표에
가장 부적합하게 적응한 존재일 것이다.

— 아르투르 쇼펜하우어[1]

만약 우리의 정신이 기계라면 그 기계를 설계한 사람은 우주에서 가장 뛰어난 장치를 만들어냈다는 찬사를 받아 마땅하다. 우리의 정신은 수천 개의 얼굴을 알아보고 금방 이름을 떠올릴 줄 안다. 파티에서 당신이 상사에게 소개하고 싶은 고객의 얼굴만 빼고. 우리의 정신은 특별한 노력 없이도 만 3세쯤 되면 중국어, 핀란드어, 영어 등의 언어를 습득할 수 있다. 나아가 언어의 시제, 성별, 동사변화까지도 익힌다. 첼로의 거장 요요마Yo-Yo Ma는 에드워드 엘가Edward Elgar의 첼로 콘체르토 E단조에 나오는 수천 개의 음을 암기해서 순서에 맞게 빠른 속도로 연주한다. 과학을 소재로 랩을 하는 가수 바바 브링크먼Baba Brinkman은 주제가 무엇이든 즉석에서 웃긴 노래를 지어낸다. 고등학교 학생은 미적분학을 배울 수 있다. 노년기의 남자는 70년 전 어느 화창한 날 아침에 어머니와 함께 모래언덕에서 블루베리를 딸 때 사용했던 녹슨 양동이를 정확히 기억한다. 어떤 남학생은 아름다운 여학생을 졸업 무도회에 데려가기 위해 10여 가지 전략을 고안해 예행연습까지 한다. 여학생은 그 남학생의 초대를 예상하고 더 나은 제안을 받기를 바라면서 되도록 답변을 미루려 한다. 인간의 정보처리 능력은 참으로 대단하지 않은가?

인간의 정신은 감정적으로도 뛰어나다. 감정을 느끼는 능력은 우리를 배우자 또는 애인과 친밀한 시이로 만들어주고, 우리가 배우자나 애인과 함께 있을 때 사랑에 흠뻑 젖게 해주고, 떨어져 있을 때는 그 사람을 그리워하게 해주고, 그 사람이 힘들어할 때는 안타까워하고 세상을 떠나면 애도하게 해준다. 애인이 우리를 배신하면 우리는 분노의 감정으로 불타오른다. 애인을 배신할 때면 우리는 죄책감을 느껴서 사죄하게 된다. 정신은 밤낮을 가리지 않고 일하고, 계획을 세우고, 반추하고, 환상을 품고, 꿈을 꾼다. '조의 농담은 친근감을 가장한 모욕이었나?' '내가 그 사람과 정말로 끝내주는 섹스를 할 수 있을까?' '내 꿈에 나온 그 사람이 누구였더라?' 우리가 아는 한 인간의 정신은 세상에서 가장 우수한 장치다.

우리의 정신은 그 능력이 탁월한 한편, 유난히 약하기도 하다. 그래서 너무나 자주 여러 가지 방법으로 엉망이 되고는 한다. 이러다가는 우리 정신의 설계자를 향한 모든 찬양은 머지않아 분노와 소송으로 변할지도 모른다.

누군가는 어린 시절부터 실패를 겪는다. 어떤 아이는 사랑으로 부모와 감정적 유대를 확립해야 하는 시기에 자폐라는 조개껍데기 안으로 쏙 들어가서 다시는 나오지 않는다. 어떤 세 살짜리는 '싫어'라는 단어를 배우더니 다시는 그 말을 알기 전으로 돌아가지 않고 부모의 모든 지시를 거부한다. 대부분의 부모들은 아이들의 행복을 위해 특별한 희생을 감내하지만 극소수의 부모는 아이들을 옷장에 가두거나, 아이들의 손을 뜨거운 가스레인지 위에 올리거나, 아이들에게 강제로 성행위를 시킨다. 이런 경험들은 몹시 끔찍하다. 그렇다고 해도 이런 경험들이 30년이나 지나고 나서도 그 뒤로 일어난 모든 사건보다 더 강한 힘을 발휘하는 이유는 무엇일까?

초등학교 시절에 정신은 잠시 숨을 돌린다. 성장하고 학습하느라 에너지를 많이 쓰기 때문에 이 시기에 새로운 정신장애가 발생하는 일은 드물다. 하지만 얼마 지나지 않아 마치 주먹이 노트북 컴퓨터의 키보드를 쾅 내리치듯이 사춘기가 아이들의 정신과 육체를 강타한다. 이 시기에는 아이들의 사교적 민감성이 높아지고, 아이들을 더욱 예민하게 만드는 여드름이 돋아난다. 어떤 아이는 대인관계에 대한 걱정 때문에 데이트를 못한다. 교실에서 발표를 해야 하는 상황이 두려워서 악몽을 꾸고 학교를 그만두는 아이도 있다.

어떤 아이는 '○○하면 어쩌지?'라는 비관적인 각본을 끊임없이 만들어낸다. '학교 끝나고 내가 집에 갔는데 부모님이 이사를 가고 없으면 어쩌지?' '화장실 변기에 앉았다가 HIV에 감염돼 에이즈에 걸리면 어쩌지?' 어떤 사람은 정반대로 불안이 너무 적어서 위험한 행동을 한다. 술이나 마약을 겁 없이 입에 댔다가 중독자가 되기도 한다. 어떤 중독자는 완치되지만 어떤 중독자는 마치 불꽃 주변을 맴도는 나방처럼 술이나 약물을 중심으로 점점 좁아지는 나선을 그리며 빙빙 돌다가 끝내 죽음에 이른다. 어떤 젊은이들, 특히 젊은 여성들 중 일부는 다이어트를 하다가 극단으로 치닫는다. 이런 사람들은 남들의 눈에 보일 정도로 갈비뼈가 툭 튀어나왔는데도 자기가 지방 덩어리라고 생각한다. 어떤 남성은 사람에게서 성적 흥분을 느끼는 것을 이해하지 못하고 반짝반짝 빛나는 검은색 고무에게만 성적 흥분을 느낀다.

우리가 병에 잘 걸리는 여섯 가지 이유

만약 인간의 정신이 설계의 결과물이라면 정신의 약점들은 설계자가 무능해서 생긴 것일까? 설계자가 치밀하지 못해서? 아니면 설계자에게 악의가 있었을까? 하지만 인간의 정신은 기계가 아니다. 인간의 정신을 설계한 사람은 없다. 계획도 없고 청사진도 없다. 단 하나의 정상적인 뇌는 존재하지 않는다. 우리 몸의 다른 모든 부분과 마찬가지로 뇌는 자연선택에 따라 형성됐다. 조상들에게서 나타난 유전자 변이가 뇌의 차이로 이어졌고, 뇌의 차이에 따라 각기 다르게 나타나는 행동은 자손의 수에 영향을 끼쳤다. 그 결과 인간의 뇌는 탁월한 능력과 동시에 여러 가지 취약성을 가지게 됐다.

이탈리아의 움브리아라는 작은 마을에서는 해마다 7월이면 '스폴레토 과학·철학 축제 Festa di Scienza e Filosofia in Spoleto'라는 이름의 보석 같은 문화행사가 열린다. 1997년 이 축제의 주제는 진화의학이었고, 나는 그곳에서 진화와 정신장애에 관해 강연했다. 박수가 잦아들 무렵 연단에서 내려오는데 다음 강연자가 걸어오는 모습이 보였다. 저명한 진화생물학자 스티븐 제이 굴드 Stephen Jay Gould였다. 굴드는 진화론을 인간의 행동에 적용하는 학문적 경향에 반대한다고 알려졌으므로 나는 조금 걱정이 됐다. 그래서 그가 "잘 들었어요, 랜디"라고 말했을 때는 날아갈 듯 기뻤다. 하지만 굴드는 곧바로 한마디를 덧붙였다. "물론 청중은 당신이 무슨 말을 하는지 못 알아들었을 겁니다." 내가 그렇지 않다고 항변하자 굴드는 이렇게 설명했다. "일반인들은 자연선택이 구체적으로 어떻게 이뤄지는지를 모릅니다. 그리고 그들은 대부분 자연선택의 개념을 잘못 이해하고 있어요. 그런 사람들에게 진화론에 관해 먼저 설명하지 않고 정신장애 같은 질병에 진화론을 어떻게 적용할지 이야기해봐야 아무 소용이 없습니다." 그러고 나서 굴드는 연단에 올라 청중들에게 진화론에 관해 설명했다. 그것은 그해 축제에서 가장 재미있는 강연이었다. 그래서 굴드의 조언대로 진화의학에 반드시 필요한 기본 진화론 개념 몇 가지를 먼저 설명하겠다.

당신이 주머니에서 은전과 동전을 무작위로 꺼내서 유리병에 넣는다고 치자. 유리병 안은 곧 구리와 은의 혼합물이 될 것이다. 이제 당신이 유리병에서 은전을 주로 꺼낸다면 어떻게 될까? 병 안의 반짝이는 은빛은 점차 희미해지고, 나중에는 구리의 바다에서 은을 찾아 헤매야 한다. 자연선택은 유리병 안의 변화를 설명하는 이론으로, 이것과 똑같은 과정이 살아 있는 유기체 속에서 여러 세대에 걸쳐 진행되는 것이다. 만약 유전자 변이가 번식이 가능한 시점까지 살아남은 자손 수에 영향을 준다면 여러 세대를 거치는 동안 그 종의 성격이 변할 것이고, 평균적인 개체는 자손 수가 가장 많은 개체들과 점점 닮아갈 것이다. 이것은 가설이 아니다. 가정이 참이면 무조건 참이 되는 논증이다.

자연선택은 살아가는 데 유리한 형질들을 만든다. 딱따구리의 부리와 혀는 개체마다 조금씩 다른데, 나무 속에 숨어 있는 벌레를 더 잘 꺼내 먹는 딱따구리들이 먹이를 더 많이 얻고 새끼도 더 많이 낳는다. 그 결과 자연선택 과정에서 나무를 재빨리 찍는 날카로운 부리와 꿈틀거리는 벌레를 끄집어낼 수 있는 길고 까칠까칠한 혀가 만들어졌나. 우리에게 익숙한 사례로는 개가 있다. 고작 1,000~2,000년 사이에 사람들은 어떤 개에게 먹이를 주고 어떤 품종을 사육할지 선택했고, 그 결과 양떼를 잘 모는 개, 새를 잡아오는 개, 땅속에서 설치류를 찾아내는 개, 침입자를 무는 개 그리고 사람의 무릎에 올라앉기를 좋아하는 귀엽게 생긴 개가 많아졌다.

어떤 행동은 어리석게 보이지만 알고 보면 현명한 행동이다. 어느 신경과 의사가 점심식사 자리에서 최근에 목격한 거북 무리 이야기를 꺼냈다. 그는 플로리다 해변에서 갈매기들이 한꺼번에 부화한 새끼 거북들을 실컷 잡아먹는 모습을 봤다면서 동물들이 환경에 적응하는 행동을 하는 것 같지 않다고 말했다. 하지만 거북 새끼들이 한꺼번에 알을 깨고 나오면 적어도 몇 마리는 바다에 무사히 도착할 확률이 높아진다. 병사들이 한 명씩 앞으로 나아갈 때보다 군대가 한꺼번에 돌진할 때 일부라도 적진에 도달할 가능성이 높은 것과 비슷한 이치다.

자연선택은 번식이 가능한 시점까지 살아남는 자손 수가 가장 많아지도록 인간의 뇌를 변화시킨다. 이것은 건강을 극대화하거나 수명을 최대한 길게 만드는 것과 다르다. 짝짓기 횟수를 극대화하는 것과도 다르다. 유기체들이 성교 외에 다른 일도 하는 이유가 여기에 있다. 특히 인간이 그런데, 자손 수를 극대화하기 위해 사고와 행동의 상당 부분을 짝짓기나 성교가 아닌 자원 획득에 할당해야 한다. 특히 친구나 지위와 같은 사회적 자원이 중요해 모두 똑같은 일을 하면서 끊임없이 갈등하고 협력하고 사회를 복잡하게 만든다. 그리고 이처럼 복잡한 사회를 이해하려면 커다란 뇌가 필요하다.[2]

자연선택의 원리는 단순하지만 그 과정과 결과물은 상상을 뛰어넘을 만큼 복잡하다. 유전자들은 적합도를 극대화하는 몸과 마음을 만들어내기 위해 상호작용하고 환경과도 상호작용한다. 그러나 이것은 말처럼 간단하지 않다. 때로는 개별 개체들이 다른 개체들을 이롭게 하려고 극단적인 희생을 한다. 일벌은 침을 한 번 쏘면 죽는다. 벌집을 보호하기 위해 생명을 바치는 셈이다. 이 수수께끼에 매달렸던 사람이 영국의 천재적인 생물학자 윌리엄 해밀턴William Hamilton이다. 1964년에 해밀턴은 어떤 유전자 변이가 개별 개체의 생존과 번식 확률을 감소시킨다 해도 그 개체와 똑같은 유전자의 일부를 가진 동종 개체들에게 이롭다면 그 변이는 보편화된다는 사실을 발견했다.[3] 해밀턴의 발견은 20세기 초반에 영국의 유전학자 홀데인J. B. S. Haldane이 내놓은 짤막한 대답으로 이미 예고된 바 있다. "당신은 형제를 위해 목숨을 버릴 수 있습니까?" "아니요. 하지만 형제 두 명이나 사촌 여덟 명을 살리기 위해서라면 기꺼이 죽겠소." 희생하는 개체가 치르는 비용보다 친족집단에 돌아가는 이득이 더 클 경우, 개별 동물들이 무리를 돕도록 유도하는 유전자들은 세대를 거칠수록 늘어난다.

해밀턴은 단순한 공식 하나로 행동에 관한 연구의 양상을 바꿔놓았다.

$$C < B \times r \;\; [4, 5, 6, 7]$$

어떤 형질(또는 그 형질과 연관된 유전자) 때문에 행위자가 치르는 비용(C)이 그 집단이 얻는 혜택(B)과 자손에게 그 유전자가 나타나는 비율(r)을 곱한 것보다 작다면 그 형질은 널리 퍼진다. 사촌지간에는 유전자의 8분의 1이 일치한다. 따라서 사촌들에게 비용보다 10배 많은 이득을 제공하는 대립유전자allele(쌍이 될 수 있는 대립 형질의 유전자)가 있다고 가정하면 그 대립유전자는 세대를 거듭할수록 더 많아질 것이다. 하지만 비용보다 5배 많은 이득을 제공하면서 집단을 돕도록 유도하는 유전자는 도태될 것이다. 이러한 '친족선택kin selection 이론'은 행동 연구에 혁명적인 변화를 일으켰다. 누군가 나에게 진화론이 인간 행동을 설명해주는 예를 들어달라고 할 때마다 나는 이렇게 대답한다. "사람들은 자기 자식을 사랑하고, 자식을 위해 큰 희생도 마다하지 않죠."

해밀턴의 친족선택 이론이 발표된 지 1년 만에 조지 윌리엄스는 해밀턴의 이론을 알지 못한 상태에서 《적응과 자연선택Adaptation and Natural Selection》이라는 얇은 책을 쓰기 시작했다.[8] 그 책이 출간되기 전까지 생물학자들은 자연선택이 집단과 종에게 이로운 방향으로 진행된다고 가정하고 있었다(집단선택론). 윌리엄스는 그런 가정이 오류인 이유를 밝혔다. 그 뒤로 생물학은 이전과는 전혀 달라졌다.

1958년 개봉한 월트디즈니 영화 〈하얀 광야White Wilderness〉는 자연선택이 집단에게 이롭게 작동한다는 사고방식을 뚜렷이 드러낸다. 〈하얀 광야〉는 레밍lemming(나그네쥐) 수십 마리가 피오르로 뛰어내리는 장면을 보여준다. 그리고 해설자가 감미로운 목소리로 레밍이라는 종이 생존하려면 먹이를 충분히 확보해야 하므로 일부 개체의 자발적인 희생이 반드시 필요하다고 설명한다. 1962년 동물학자 코프너 윈에드워즈Copner Wynne-Edwards도 자신의 저서에서 먹이 공급이 부족해지면 생식을 중단하는 동물들을 예로 들며 집단 전체의 소멸을 막기 위해 진화 과정에서 그런 경향이 생겨났다고 주장했다.[9]

윌리엄스는 그런 주장이 합리적이지 못하다고 지적했다. 개별 개체가 생식을 중단하도록 유도하는 유전적 변이는 설사 그 변이가 집단에 이롭고 그 종의 멸종을 막아줄 수 있다고 해도 자연선택에 의해 탈락하게 된다. 집단의 이익을 위해 생식을 중단하는 개체는 집단의 이익에 반하더라도 생식을 계속하는 개체에 비해 자손을 적게 낳을 것이다. 따라서 동물들의 자발적 희생에는 다른 설명이 있어야 했다. 디즈니 영화 속 레밍의 경우는 어떨까? 사실 영화를 촬영한 사람들은 피오르로 뛰어드는 레밍을 발견하지 못했다. 그래서 제작진은 빗자루를 준비하고, 지역 주민들에게 돈을 주면서 레밍을 잡아달라고 한 다음, 문자 그대로 레밍 무리를 바다로 몰래 '쓸어'넣었다.[10]

집단선택론은 설득력이 약하고 친족선택론이 동물들의 이타적인 행동에 대해 유력한 설명을 제공한다는 인식이 생겨나면서 진화론 연구에도 큰 변화가 일어났다. 지금까지 소개한 내용은 자연선택이 유기체가 질병에 저항하는 능력을 더 키워주지 못한 수많은 진화적 이유 중 고작 두 가지일 뿐이다. 우리에게는 질병에 잘 걸리게 만드는 형질이 아주 많다. 우리 몸에 왜 맹장이 남아 있는가? 사랑니는 왜 있는가? 산도는 왜 그렇게 좁은가? 관상동맥은 왜 쉽게 막히는가? 근시인 사람이 왜 그렇게 많은가? 우리는 왜 진화 과정에서 독감에 대한 면역체계를 만들지 못했는가? 폐경은 왜 있을까? 여성 열한 명 중 한 명이 유방암에 걸리는 이유가 무엇인가? 비만인 사람이 왜 이렇게 많은가? 기분장애와 불안장애는 왜 이렇게 흔한가? 조현병 유전자는 왜 없어지지 않았는가? 유기체를 질병에 취약하게 만드는 모든 형질 또는 유전자는 진화론의 수수께끼로 남아 있다.

이 질문들에 대한 오래된 대답은 자연선택에 한계가 있다는 것이다. 예컨대 자연선택이 모든 돌연변이를 제거하지는 못한다. 이외에도 진화의학에서는 인간이 병에 잘 걸리도록 진화한 이유가 적어도 다섯 가지는 더 있다고 본다.[11, 12, 13, 14, 15] 진화론은 인간의 몸이 아주 정상적으로 작동하는 이유는 물론이고 어떤 부위들에 문제가 생기기 쉬운 이유도 설명해준다. 간단한 사례들을 통해 정신장애를 포함한 질병 전반을 살펴보자.

인간의 몸과 마음이 병에 걸리기 쉬운 여섯 가지 진화적 이유

1. **불합치** 현대사회에서 인간의 몸이 환경 변화를 미처 따라잡지 못하고 있다.
2. **감염** 박테리아와 바이러스가 인간보다 빠르게 진화한다.
3. **제약** 자연선택으로 안 되는 일도 있다.
4. **진화적 트레이드오프** 인체의 모든 기관에는 유리한 점과 불리한 점이 있다.
5. **재생산** 자연선택은 건강이 아닌 번식을 극대화하는 방향으로 이뤄진다.
6. **방어 반응** 통증과 불안 같은 반응은 위험이 닥칠 때 유용하다.

1. 불합치

지금 우리를 괴롭히는 만성질환은 대부분 현대 환경에서 비롯한다.[16, 17, 18, 19] 그렇다고 옛날 조상들이 살았던 환경이 인간에게 더 유리하다고 볼 수는 없다. 원시시대의 삶은 불결했고 야만적이었으며 인간의 수명도 짧았다. 치과 의사가 없던 시대에 매복사랑니가 충치균에 감염됐다고 상상해보라. 옛날에는 상처에 작은 염증이 생겨 사람이 죽거나 팔다리를 잃기도 했다. 일반적인 치료법은 상처에 끓는 기름을 붓는 것이었는데 그 방법이 항상 효과적이지는 않았다. 철제 도구들이 만들어지면서 신체 일부를 절단할 수 있게 됐지만 마취약이 없었으므로 절단은 매우 신속하게 이뤄졌다. 아기가 배 속에서 너무 커질 경우 산모는 고통스럽게 죽어갔다. 무엇보다 옛날에는 기근이 있었다. 조상들보다는 지금의 우리가 훨씬 건강하다.

하지만 지금 인류를 괴롭히는 건강 문제들은 대부분 우리가 욕구를 충족하기 위해 만들어낸 환경에서 비롯됐다.[20, 21, 22, 23, 24] 선진국 국민들은 100여 년 전의 왕과 왕비들보다 건강 상태가 좋다. 맛있는 음식을 실컷 먹고, 악천후로부터 스스로를 보호하며, 여가시간과 통증을 덜어주는 약을 가지고 있다. 이런 것들은 모두 훌륭한 성과이지만 동시에 만성질환의 원인이 된다.

만약 당신에게 병원에서 회진하는 의사를 따라다닐 기회가 생긴다면, 담당 환자 모두가 원시시대에 산다고 가정하고 그들 중 누가 살아 있겠는지 생각해보라. 담배를 피우다가 암, 심장질환, 폐질환으로 입원한 환자들은 원시시대 환경에서 살아남지 못할 것이다. 술이나 약물 때문에 병에 걸린 사람들도 마찬가지다. 당뇨병, 고혈압, 관상동맥 질환, 비만 관련 질환으로 고생하는 환자들도 대부분 죽었을 것이다.[25] 반면에 유방암 환자들의 경우 원시시대에 살았다면 애초에 암에 걸리지 않았을 것이다.[26, 27] 원시시대에는 다발성경화증, 천식, 크론병Crohn' disease(장에 원인 불명의 만성적인 염증이 일어나는 질환 - 옮긴이), 궤양성대장염ulcerative colitis 그리고 근래 들어 유행하는 각종 자가면역질환들에 걸린 환자도 거의 없었을 것이다.[28, 29]

현대적인 삶의 가장 큰 혜택은 한편으로 가장 나쁜 악당이다. 가장 큰 혜택이란 음식이 풍족해졌다는 것이다.[30, 31, 32, 33, 34, 35] 아니 음식이라기보다는 우리가 좋아하는 설탕, 소금, 지방을 정확한 비율로 배합해 음식과 유사하게 제조한 물질이라고 해야겠다. 우리의 입맛은 설탕, 소금, 지방이 부족했던 아프리카의 사바나에서는 생존에 유리하게 작용했지만 지금은 비만과 질병을 일으킨다. 담배의 경우 담배를 마는 궐련지가 발명되고 독성이 약한 제품이 나오기 전까지는 중독 문제를 일으킨 적이 없었다. 하지만 오늘날 모든 암과 대다수 심장질환의 3분의 1은 흡연이 원인이다. 옛날에 술은 가끔 마실 수 있는 음료였지만, 이제는 전 세계 어디서나 맥주, 포도주, 독주를 손쉽게 구할 수 있기 때문에 알코올중독자들이 생겨난다. 화학과 교통이 발달하자 헤로인heroin과 암페타민amphetamine 같은 약물을 어디서나 구할 수 있게 됐다. 게다가 주사기 같은 새로운 주입 수단이 보급되면서 약물은 대대적으로 유행하는 질병의 원인이 되고 있다.[36, 37, 38, 39, 40]

영양 상태가 좋아져서 아이들의 성장도 빨라졌다. 요즘 여자아이들은 만 11~12세에 초경을 하는데, 정작 몸과 마음이 임신을 충분히 감당하려면 5년쯤은 더 지나야 한다. 어린 아기를 돌볼 준비가 되지 않은 것은 두말할 필요도 없다.[41] 이 밖에 우리가 의식하지 못하지만 질병의 위험을 높이는 요소들도 있다. 예컨대 밤에 켜지는 조명들은 멜라토닌 호르몬의 정상적인 분비를 방해하기 때문에 현대인의 암 발병률을 높인다.[42] 또 현대 여성들은 피임 때문에 원시시대에 살던 여성들보다 평생 겪는 생리주기의 횟수가 네 배 많으며, 그만큼 호르몬 분비가 많아지고 암 발병률이 높아진다.[43]

일부 정신장애의 원인 역시 현대적 생활방식으로 설명된다. 물질 남용, 섭식장애, 주의력결핍과잉행동장애는 현대화된 나라에서 주로 나타난다. 우울증과 불안장애의 원인을 현대적 생활방식에서 찾는 경우도 많지만, 옛날에도 우울증과 불안장애가 유행했는지 여부는 분명하지 않다. 조현병과 강박장애의 경우 현대사회에 특별히 더 많이 나타나는 것 같지는 않다. 다시 말해 인간이 병에 잘 걸리는 여섯 가지 이유 중 첫 번째인 '불합치' 가설은 일부 정신장애의 원인을 설명하는 데 크게 기여한다.

2. 감염

사람들은 보통 질병이라고 하면 감염을 떠올린다. 이 도식은 참으로 단순하다. 세균이 우리 몸에 들어와서 증식하면 우리는 병에 걸린다. 의사들은 세균을 죽이기 위해 항생제를 처방한다. 하지만 현실은 그보다 훨씬 복잡하고 흥미로우며 한편으로는 실망스럽다.

인간의 한 세대는 약 25년이다. 박테리아의 한 세대는 고작 몇 시간이다. 박테리아가 3만 배쯤 빠른 셈이다. 이런 시각에서 보면 인간처럼 진화 속도가 느리고 덩치는 커다란 유기체가 아직까지 살아남은 것이 신기하다. 아주 작은 생명체들은 무려 30억 년 전부터 지구에 살았고, 더 큰 생명체들은 나중에 출현했다. 어쩌면 다른 행성에서 큰 생명체가 진화하지 못한 이유는 훨씬 빠르게 진화하는 작은 유기체에게 먹혔기 때문이라는 사실이 밝혀질지도 모른다.

항생물질에 대한 내성은 이제 잘 알려진 개념이다. 항생제에 노출되고 나서도 살아남는 소수의 박테리아들은 곧 다수가 된다. 이것은 전형적인 진화 과정이지만 흥미롭게도 의학 학술지들은 세균에 대해 '진화'라는 단어를 거의 쓰지 않는다. 의학자들은 '생성' '발생' '전파' 같은 완곡한 표현을 사용한다.[44] 이런 표현법에는 나름의 의미가 있다. 좋은 의도를 가지고 진화의학을 실천하려는 의사들은 자신이 일하는 병원에서 항생제 내성을 예방하기 위해 모든 과에서 똑같은 항생제를 처방하고 한두 달마다 새로운 항생제로 바꾸는 방법을 쓴다. 직관적으로 생각하면 괜찮은 방법 같다. 하지만 여러 가지 항생물질에 차례로 노출되는 세균은 다양한 약물에 대한 저항성을 키우는 방향으로 빠르게 진화할 가능성이 있다.[45] 의사들 중에는 환자들에게 내성을 방지하기 위해 항생제 한 병을 남김없이 다 먹으라고 말하는 사람도 많다. 하지만 최근의 연구 결과에 따르면 폐렴 치료가 잘 진행되고 있는 환자가 항생제를 필요 이상으로 오래 복용할 경우 투병 기간은 단축되지 않으면서 내성균resistant strains의 종류만 증가한다.[46, 47] 진화론에 대한 지식이 부족한 의료계 종사자들은 본의 아니게 환자의 건강을 해칠 수도 있다.

박테리아와 숙주는 함께 진화한다. 숙주가 진화해서 새로운 저항성을 가질 때마다 병원체도 진화해서 그 저항성을 뚫고 들어갈 방법을 찾는다. 패혈성인후염을 일으키는 연쇄구균streptococci이라는 박테리아는 인간의 세포로 스스로를 위장한다.[48] 그래서 면역체계가 그 박테리아를 공격하기 위해 생성하는 항체들이 오히려 우리의 세포를 손상시킬 수도 있다. 신장이 손상되면 사구체신염에 걸린다. 관절이나 심장 판막이 손상되면 류머티즘열이 발생한다. 뇌의 특정 부위에 위치한 신경세포가 손상되면 기저핵이 비정상적으로 움직이는 '시드남무도병Sydenham's chorea'에 걸리고 어떤 경우에는 강박장애가 나타나기도 한다.[49]

때로는 숙주와 박테리아가 서로를 돕는다. 박테리아가 무조건 나쁘다는 전통적인 견해는 이제 밀려나고, 건강을 유지하려면 복합 마이크로바이옴microbiome(미생물microbe과 생물군biome을 합친 말로 몸에 사는 미생물과 그 유전정보를 일컫는다-옮긴이)이 반드시 필요하다는 진화적 견해가 힘을 얻고 있다. 마이크로바이옴이 파괴되면 현대사회의 유행병인 비만뿐 아니라 다발성경화증, 제1형 당뇨병type I diabetes, 크론병과 같은 자가면역질환이 발생한다.[50, 51, 52] 현대 환경의 어떤 요소들은 심한 염증을 일으키고, 이 염증이 여러 가지 자가면역질환과 죽상동맥경화증을 유발한다. 이 모든 게 항생제가 우리 몸 안의 마이크로바이옴을 교란했기 때문일까?[53] 만약 그렇다면 우리는 박테리아를 피하고 죽인 대가를 아주 비싸게 치르고 있는 셈이다.

3. 제약

자연선택은 만능이 아니다. 어떤 시스템도 유전자를 100퍼센트 정확하게 복제할 수는 없기 때문에 돌연변이가 생겨난다. 자연선택은 물리 법칙을 거슬러 하늘을 나는 코끼리를 만들어내지는 못한다. 자연선택은 생명체가 스스로 에너지를 생성하게 만들지 못한다. 이런 제약은 자연과 기계의 모든 시스템에 적용된다.

기계와 인체가 완벽해지지 못하는 또 하나의 원인은 '경로의존path dependence'이다. 경로의존이란 사물이 어떤 길을 따라 한 번 움직이면 다음번에도 그 길을 따라가게 되는 법칙이다. 컴퓨터 키보드가 좋은 예다. 자판 배열을 더 효율적으로 바꿀 수도 있겠지만, 그러려면 타법을 새로 배워야 하고 원래 쓰던 키보드를 못 쓰게 되기 때문에 비용이 만만치 않다.

몸에서 유용하지 못한 부분들이 자연선택으로 바뀔 확률은 더욱 희박하다. 척추동물의 눈은 종종 완벽한 기관의 예로 인용되지만 여기에도 설계상의 중대한 결함이 있다. 혈관과 신경이 안구 뒤쪽에 있는 하나의 구멍을 통과해 빛과 망막 사이로 빠져나가기 때문에 맹점이 만들어진다. 문어의 눈에서는 혈관과 신경이 안구 뒤쪽의 아무 지점이나 골라서 통과할 수 있지만, 인간의 눈은 그렇지 못하다. 하지만 척추동물의 눈의 설계상 결함은 자연선택으로 고쳐지지 않는다. 눈의 구조를 변화시켰다가는 여러 세대에 걸쳐 앞을 못 보는 개체들이 만들어질 것이기 때문이다.

우리의 뇌도 어설프게 만들어진 측면이 있다. 뇌는 여러 가지 사고의 오류를 쉽게 범한다.[54, 55] 눈에 맹점이 남아 있는 것과 같은 이유에서 뇌의 어떤 오류는 없어지지 않는다. 하지만 그 문제를 해결하기 위해 뇌를 새로 만든다는 것 역시 불가능한 일이다. 꼭 경로의

존이 아니더라도 자연선택의 한계 때문에 우리는 정신장애에 취약하게 된다. 돌연변이는 항상 일어난다.

4. 진화적 트레이드오프

우리 몸의 어떤 부분도 완전할 수는 없다. 한 가지 형질을 개선하면 다른 한 가지가 나빠지기 때문이다. 당신은 4초 만에 시속 100킬로미터까지 속도가 올라가는 자동차를 살 수 있겠지만, 그 차는 휘발유 1리터로 20킬로미터를 달리거나 사람 여덟 명을 한꺼번에 태우지는 못한다. 자동차에 개폐식 지붕을 설치할 수는 있지만 그러면 운전자가 비를 맞을 수도 있다. 빙판 위에서 잘 미끄러지지 않으려면 끈끈한 고무로 만든 타이어를 구입하면 된다. 특히 미시간주의 겨울 날씨에는 그 타이어가 제격이다. 하지만 그 타이어는 비싸고 수명이 짧으며 운전할 때 질척거리는 느낌이 든다.

인간의 몸은 진화적 트레이드오프의 집합체라 할 수 있다.[56, 57, 58, 59, 60] 뭐든지 더 좋게 만들 수 있지만 그러려면 대가를 지불해야 한다. 인체의 면역 반응을 강화하면 조직이 더 많이 손상된다. 손목의 뼈를 더 굵게 만들면 손목 보호대 없이 스케이트보드를 탈 수 있겠지만, 그러면 손목이 돌아가지 않아서 돌멩이를 지금의 절반 정도 거리까지밖에 던지지 못할 것이다. 인간이 1.5킬로미터 떨어진 곳에 있는 생쥐를 발견하는 독수리의 눈을 가질 경우 색채를 구분하는 능력과 주변시야를 잃게 된다. 인간의 뇌를 더 크게 만들 수도 있었겠지만, 그랬다면 태어나는 도중에 죽을 위험이 높았을 것이다. 혈압이 지금보다 낮았다면 움직임은 더 약하고 느려졌을 것이다. 인간이 통증에 덜 민감했다면 부상이 너 잦았을 것이다. 스트레스체계의 반응성이 지금보다 낮았다면 위험에 대처하는 능력 역시 떨어졌을 것이다.

어떤 경우에나 양극단은 불이익으로 이어진다. 비용 대비 이득이 최대가 되는 지점은 양극단의 중간쯤에 위치한다. 통증이나 불안에 지나치게 민감해도 나쁘지만 지나치게 둔감해도 문제가 된다. 일반적으로 자연선택은 어떤 것을 변화시키기보다는 형질을 중간 지점에서 유지하는 역할을 한다. 통증이나 불안이 없는 삶은 매력적일 것 같지만 그런 삶은 길지 못하다.

5. 재생산

우리의 몸은 건강이나 수명을 극대화하도록 진화하지 않았다. 그저 유전자들의 전달을 극대화하는 방향으로 진화했다. 어떤 대립유전자가 우리의 수명을 단축하고 고통을 증가시킨다 할지라도 자손 수를 늘려준다면 그 대립유전자는 보편화된다. 이것은 단순한 이론상의 문제가 아니라 실재다. 현재 살고 있는 인류의 절반은 자연선택의 결과 나머지 절반보다 방탕하게 살고 일찍 죽게 만들어졌다.[61] 여기서 인류의 절반이란 당연히 취약한 성 fragile sex 을 가리킨다. 평균적으로 남자는 여자보다 7년 일찍 죽는다. 선진국의 만 0~10세 여자아이 100명이 사망하는 동안 같은 연령의 남자아이는 150명이 사망한다. 청소년기와 그 직후로 넘어가면 그 비율은 여자 100명당 남자 300명으로 바뀐다.[62, 63] 왜 남성이 더 취약할까? 가장 설득력 있는 설명은 남성호르몬인 테스토스테론이 신체 조직, 면역, 위험 감수 성향에 영향을 끼치기 때문이라는 것이다. 진화적 설명에 따르면 남성들은 힘과 자원을 손상된 조직의 복구가 아니라 경쟁에 투입한다. 경쟁에서 이긴 남자들이 짝짓기를 더 많이 하고 자손도 많이 낳기 때문이다.

하지만 남자들만 비용을 치르는 것은 아니다. 여자들도 남자들과 마찬가지로 번식을 위해 건강을 희생한다. 모든 유기체는 건강과 행복에 불리하더라도 적합도를 높이는 방향으로 진화했다. 당신은 결과가 좋지 않을 것을 알면서도 어떤 사람과의 섹스를 간절히 원했던 적이 있는가? 상당히 많은 사람이 혹독한 대가를 치르면서도 그런 섹스를 한다. 그리고 우리에게는 섹스 말고 다른 욕구들도 있는데, 그 욕구를 다 채울 수는 없기 때문에 불가피하게 고통을 겪는다. 우리는 중요한 사람, 부유한 사람, 사랑과 존경을 받는 사람, 매력적인 사람이 되기를 간절히 원한다. 이런 욕구는 무엇을 위해서 존재할까? 성공할 때 느끼는 좋은 기분은 실패에 뒤따르는 나쁜 기분과 균형을 이룬다. 우리의 감정은 우리 자신보다 우리의 유전자에게 훨씬 큰 이득을 제공한다.

6. 방어 반응

대개 사람들은 질환이 아닌 증상에 대해 도움을 받으려 한다. 그런데 고통, 열, 무기력, 기침, 구역질, 구토, 설사 따위는 몸을 보호하기 위한 반응이다. 불안, 질투, 분노, 우울도 마찬가지다. 이런 감정들은 나쁜 일이 생기고 있을 때 나타난다. 이런 감정들은 유쾌하지 않지만 쓸모가 있다. 만약 당신이 폐렴에 걸렸다면 기침반사 기능에 이상이 없어야 한다. 기침반사가 잘 이뤄지지 않는다면 당신은 죽을지도 모르니까. 부디 당신의 담당의가 기침의 유용성을 알아서 기침을 차단하는 약을 너무 많이 처방하지 않기를 바란다.

그런데도 의사들은 정상적인 방어 반응을 차단하는 약을 꾸준히 처방한다. 천만다행한 일이다! 불필요한 고통, 구역질, 구토, 열을 완화하면 삶이 훨씬 편해지니까. 하지만 바로 여기에 수수께끼가 있다. 만약 방어 반응이 자연선택에 의해 형성된 유용한 반응이라면 그것을 차단할 경우 사람들의 병이 더 심해져야 할 것 같다. 하지만 사람들이 정상적인 방어작용을 차단하는 약을 먹자마자 파리처럼 쉽게 죽어가지는 않지 않는가.

나는 몇 년 동안 이 문제를 곰곰이 생각하다가 드디어 하나의 답을 찾아냈다. 내가 찾아낸 답은 '화재감지기 원리smoke detector principle'다.[64, 65] 인간에게 고통을 안겨주는 반응은 대부분 개별적인 상황에서는 불필요하지만 적은 비용으로 큰 손실을 방지할 수 있다는 점에서 지극히 정상적인 것이다. 우리 몸의 방어 반응은 화재감지기의 거짓 경보와 비슷하다. 화재감지기는 가끔 우리가 토스트를 태웠을 때도 경보를 울리지만, 그런 거짓 경보는 진짜 화재가 발생했을 때 곧바로 경보가 울릴 것이라는 확신을 주기 때문에 나름대로 가치가 있다. 간혹 불필요한 구토나 통증을 경험하는 것도 식중독이나 조직 손상을 방지하기 위한 것이기 때문에 참아낼 가치가 있다. 대개 구토와 통증을 차단하기 위해 약을 복용해도 안전한 이유가 바로 여기에 있다.

만약 당신이 병합파倂合派(생물학에서 종을 나눌 때 보수적으로 분류하는 성향을 가리킨다. 반대로 세분파 분류학자들은 하나의 개체에 미세한 차이점이 있다면 기존 종과 다른 종으로 구분한다 - 옮긴이) 분류학자라면 지금까지 내가 나열한 여섯 가지 이유를 세 가지로 축약할 수 있다고 생각할지도 모른다. 불합치와 공진화共進化(서로 다른 생물들이 상호작용을 하면서 진화하는 현상 - 옮긴이)가 문제가 되는 이유는 인간의 몸이 느리게 진화해서 환경의 변화를 따라잡지 못하기 때문이다. 그다음에 제시한 두 가지 이유는 자연선택의 한계와 관련이 있다. 자연선택은 만능이 아니고, 세상의 모든 것은 양면성을 지닌다. 마지막 두 가지는 사실 우리가 병에 잘 걸리는 이유라기보다 자연선택 결과에 대한 오해를 바로잡는 것이다. 자연선택은 유기체의 건강이 아니라 번식을 극대화한다. 통증, 기침, 불안 같은 불쾌한 방어 반응들은 그 효용의 일부분일 뿐이다.

피해야 할 함정

인간이 병에 잘 걸리는 이유를 진화적으로 설명하는 것은 어려운 일이며 자칫하면 실수로 이어진다. 1장에서 설명한 바와 같이 진화의학에서 가장 흔하고 심각한 실수는 '질병을 적응으로 바라보는 관점', 일명 VDAA다. 그래서 몇 가지 주의할 점을 다시 짚어볼 필요가 있다. 우선 질병 자체는 진화론으로 설명되지 않는다. 질병은 자연선택에 의한 적응이 아니다. 일부 질병과 관련된 유전자 또는 형질들은 자연선택에 영향을 주는 장점과 단점을 지니고 있기는 하다.

히지만 조현병, 중독, 자폐장애, 양극성장애 같은 정신장애 자체의 효용에 관한 가설들은 출발점부터 잘못된 것이다. 올바른 질문은 다음과 같다. '자연선택을 거쳤는데 왜 우리에게는 병에 잘 걸리게 만드는 형질들이 남아 있을까?'

우리가 병에 잘 걸리는 이유를 설명하려면 앞에서 제시한 여섯 가지 요인을 적절히 결합한 진화적 설명이 필요하다. 우리에게는 단 하나의 답을 찾으려는 경향이 있다. 그래서 모든 문제를 현대사회의 환경에서 찾거나 상충관계 또는 자연선택의 한계에서만 찾으려 한다. 하지만 대개는 여러 가지 요인이 함께 작용한다. 예컨대 동맥경화증을 진화론으로 설명하려면 현대인의 식생활, 염증을 유발하는 감염 그리고 동맥 내부의 면역이 활성화될 때의 혜택과 비용을 논해야 한다. 끝으로 진화적 설명은 메커니즘을 묘사하는 설명의 대안으로서 제시되는 것이 아니다. 취약성에 대한 진화적 설명은 정신장애가 존재하는 이유를 이해하고 그 원인과 더 나은 치료법을 찾아내는 데 결정적인 도움을 주기 위한 것이다.

2부

감정의 이기적 기원

Good Reasons For
Bad Feelings

4장

나쁜 기분을 느끼는
좋은 이유

울 때가 있고 웃을 때가 있으며, 슬퍼할 때
가 있고 춤출 때가 있으며 (…) 사랑할 때가
있고 미워할 때가 있으며 (…).

– 전도서 3장 4절~8절

골동품 상점을 구경하는 즐거움 중 하나는 신기한 기계장치들의 기능을 추측해보는 것이다. 지금 내가 들여다보고 있는 기계는 얼룩덜룩한 무쇠로 만들어졌다. 한쪽 측면에 달린 크랭크가 일자형 구멍이 뚫린 원반을 수직으로 회전시켜 작은 컵을 통과하게 한다. 기계를 구석구석 살펴보고 손잡이를 돌려봐도 이 기계의 용도를 도무지 알 수 없어서 판매원에게 물어본다. "체리씨 빼는 기계입니다." 판매원이 대답한다. 그렇지! 기계의 기능을 알고 나니 바로 그 구조를 이해할 수 있다. 길쭉한 구멍 안으로 체리를 떨어뜨리면 막대기가 밑으로 내려와 씨를 발라낸다. 용도를 알고 나니 이 기계가 고장 난 상태라는 사실도 알 수 있다. 크랭크가 매끄럽게 돌아가지 않는다. 그리고 이 기계가 제대로 작동한다 하더라도 오늘날에는 별로 유용할 것 같지 않다. 요즘에 생산되는 체리는 알이 굵은데 이 기계의 원반에 뚫린 구멍들은 너무 작다.

여러 가지 감정도 체리씨 빼는 기계와 같은 이유에서 당혹감을 불러일으킨다. 감정 자체는 아주 자세하게 설명할 수 있지만 그 감정들이 필요한 이유는 여전히 불확실하다. 기본적인 의문들도 아직 해결되지 않았다. 감정이란 무엇인가? 이렇게 물으면 열 명의 전문가가 열 가지 대답을 내놓는다. 가장 기본이 되는 감정은 몇 가지인가? 아무 답이나 말해보라. 그 답이 옳다고 이야기하는 전문가가 틀림없이 있을 테니까. 어떤 감정이 비정상인지 어떻게 판별하는가? 각기 다른 상황에서 각각의 감정이 제공하는 혜택과 비용을 알지 못하고서는 하나의 답에 동의할 수가 없다. 기분장애의 원인은 무엇인가? 어떤 사람은 뇌에 원인이 있다고 하고, 어떤 사람은 식생활, 세균 감염, 조건화conditioning, 사고습관, 정신역동psychodynamics(정신분석 이론의 영향을 받아 개인의 과거 경험과 무의식적 동기가 현재의 문제에 어떤 영향을 끼치고 있는지 설명하고 이에 의거하여 문제를 해결하려는 이론 – 옮긴이), 사회구조를 탓한다. 감정에 관한 논쟁은 감정을 불러일으킨다. 그 감정은 분노와 좌절이다. 한발 물러서서 그 논쟁을 지켜보고 있어도 감정이 유발된다. 바로 소외감과 무력감이다.

감정을 이해하기 어렵게 만드는 장애물이 몇 가지 있다. 큰 장애물 하나는 부정적인 감정이 유용하다는 사실을 인식하지 못하는 것이다. 또 하나의 장애물은 감정이 우리 자신이 아니라 우리의 유전자를 위해 생겨났다는 사실을 깨닫지 못하는 것이다. 그리고 근본적인 장애물은 감정의 메커니즘에 대한 설명이 그림의 절반에 불과하다는 점을 인식하지 못하는 것이다. 가장 큰 장애물은 감정들을 정밀하게 설계된 시스템의 일부로 생각하는 것이다. 그렇게 생각하면 각각의 감정이 다른 기능을 가져야 할 것만 같다. 하지만 모든 감정은 복수의 기능을 수행하며, 대부분의 기능은 복수의 감정에 의해 수행된다. 감정은 각기 다른 기능과 하나씩 짝지어지는 것이 아니라 각각의 감정이 형성된 상황과 짝지어진다.

고통과 통증도 쓸모가 있다

사람들이 치료를 받으려는 이유는 자신이 병에 걸린 것을 알아서가 아니라 고통을 느끼기 때문이다. 사람들은 통증, 기침, 구역질, 구토, 피로에서 벗어나기 위해 일반외과 의사를 찾아간다. 불안, 우울, 화, 질투, 죄책감에서 벗어나고 싶을 때는 정신건강 전문가를 찾아간다. 이런 증상들에 대한 임상적 접근방식은 딴판일 수 있다.

당신이 의사이고 병원에서 젊은 여자 환자를 진찰하고 있다고 상상해보라. 환자는 복통을 호소하고 있으며, 두 달쯤 전부터 통증이 점점 심해졌다고 한다. 환자는 아랫배 한가운데가 꽉 조이는 느낌이나 쑤시는 느낌을 받는다고 말한다. 통증은 밤에 더 심해지지만 음식 섭취나 생리주기와는 상관이 없는 것 같다. 환자는 전반적으로 건강하며 약을 복용하고 있지 않다. 당신은 몇 가지 질문을 더 해보고 나서 통증의 원인을 찾기 위한 검사 계획을 세워야 한다. 이 환자의 병명은 암인가, 변비인가, 과민성대장증후군인가, 아니면 자궁 외 임신인가? 당신은 통증은 증상일 뿐이고, 원인을 찾으면 치료법도 알아낼 수 있을 거라고 가정한다.

이번에는 당신이 정신건강 클리닉에서 근무하는 의사인데, 걱정이 끊이지 않고 잠을 잘 자지 못하며 기력이 없고 어떤 활동에도 흥미가 생기지 않는다고 호소하는 젊은 여자 환자를 진찰한다고 해보자. 환자는 원래 정원을 아주 예쁘게 가꾸는 사람이었는데 정원 가꾸기에도 흥미를 잃었다. 증상이 처음 나타난 것은 몇 달 전이었고, 지난 몇 주 동안 몹시 심해져서 마침내 치료를 받으러 왔다. 환자는 건강한 편이고 복용하는 약도 없다. 약물이나 술은 입에 대본 적이 없고, 최근에 스트레스를 받을 일도 없었다. 아마도 당신은 그녀의 부정적인 감정 자체가 문제라고 판단해 증상을 완화하는 치료를 처방할 것이다.

이른바 '의학적 모델'에 충실한 생물정신의학biological psychiatry에서 생물학의 절반만 활용하면서 의학의 다른 분야와 크게 다른 모델을 사용한다는 것은 역설적인 일이다. 의학에서 통증이나 기침 같은 증상은 몸에 문제가 있음을 알려주는 반응으로 본다. 그리고 이런 반응들은 원인을 찾아보는 계기가 된다. 그런데 정신의학에서는 불안과 우울 같은 증상을 문제로 바라보는 경우가 많다. 수많은 임상의는 불안이나 우울을 유발하는 원인을 찾아보는 대신 그런 감정 자체가 뇌병변이나 왜곡된 사고의 병적인 산물이라고 생각한다.

사람들은 일반적으로 상황을 고려하지 않고 개인의 성격 같은 내적 요인에서 문제를 찾으려고 한다. 이러한 경향을 가리켜 '기본적 귀인 오류fundamental attribution error'라고 한다.[1] 기본적 귀인 오류는 DSM에서도 발견된다. "일정 기간 이상 지속된 심한 불안 또는 우울"과 같은 증상만으로 기분장애를 진단하고 환자가 처한 상황은 고려하지 않기 때문이다.

사회과학자인 앨런 호위츠Allan Horwitz와 제롬 웨이크필드는 기본적 귀인 오류를 줄일 방법을 제안했다. 그들은 《DSM-IV》가 사랑하는 사람과 최근 사별한 경우를 우울증 진단에서 제외한 만큼 인생의 다른 커다란 불행이 닥친 경우도 똑같이 제외해야 한다고 주장했다.[2] 《DSM-5》를 집필한 사람들은 그런 모순을 알고 있었지만, 그들이 선택한 해결책은 사랑하는 사람과 최근에 사별한 경우까지 포함해 모든 예외를 없애버리는 것이었다.[3] 그들은 일관성을 확보하려면 예외가 없어야 하고, 사별 직후라도 증상이 심하게 나타나면 치료가 필요한 우울증일 수도 있다고 설명했다. 또 의사가 환자를 진단할 때 상황의 심각성에 대한 판단을 포함시켜 진단의 신뢰도가 낮아지는 것을 방지하고자 했다.

증상을 질병으로 간주하는 경향은 다른 분야에서도 문제를 일으키고 있다. 다른 분야에서는 이런 경향을 '임상의의 착각clinician's illusion'이라고 부른다.[4] 증상이 문제인 것처럼 보이는 이유는 증상이 환자를 몹시 괴롭고 무기력하게 만들기 때문이다. 통증이 있으면 삶이 비참해진다. 설사는 치명적인 탈수증을 초래하기도 한다. 통증, 설사, 열, 기침 같은 증상들은 대개 약으로 차단해도 문제가 없기 때문에 불필요해 보이기도 한다. 하지만 특정한 상황에서는 이것들이 유용하다. 이 모든 증상은 그 증상과 관련된 어떤 문제가 발생했을 때 정상적으로 표출된다. 그리고 화재감지기 원리에 따라 그런 문제가 있다고 추측될 때도 표출된다. 증상이 지나치게 나타나는 것은 비정상이다. 증상이 너무 약하게 표출되는 것도 모호하긴 하지만 비정상이다. 어떤 반응이 정상인지는 상황에 따라 다르다.[5, 6, 7]

여러 가지 반응은 우리의 몸을 변화하는 상황에 적응시킨다.[8, 9, 10] 생리학자들은 호흡, 맥박, 체온을 상황 변화에 맞게 조절하는 인체의 메커니즘을 연구한다.[11, 12, 13] 행동생태학자들은 인지, 행동, 동기의 변화가 유기체를 상황 변화에 적응시키는 과정을 연구한다.[14, 15, 16] 발한, 오한, 열, 통증과 마찬가지로 두려움, 화남, 기쁨, 질투를 느

끼다는 것 역시 특정한 상황에서 쓸모 있는 일이다.[17]

지금 부정적인 감정을 경험하고 있는 사람들이 그 감정이 쓸모가 있다는 말을 들으면 터무니없는 소리라고 생각할 것이다. 충분히 이해할 수 있는 의심이다. 이제부터 그 의심을 넘어서기 위해 부정적인 감정들이 진화적 기원과 효용성을 지니고 있다고 판단할 수 있는 네 가지 이유를 제시하겠다. 첫째, 불안과 슬픔 같은 증상들은 예측 불가능한 시점에 몇몇 사람에게 나타나는 희귀한 변화가 아니다. 이런 증상들은 땀이나 기침처럼 특정한 상황에서 거의 모든 사람에게 나타나는 일관된 반응이다. 둘째, 감정 표현을 조절하는 메커니즘은 특정한 상황에서 그 상황과 연결되는 감정들의 스위치를 켠다. 그런 조절 시스템은 오직 적합도에 영향을 끼치는 형질들을 위해서만 진화할 수 있다. 셋째, 반응이 없는 것이 오히려 우리에게 해롭다. 기침이 제대로 나오지 않으면 폐렴이 치명적인 상태로 치달을 수도 있고, 높은 곳에서 두려움을 느끼지 못하면 추락할 가능성이 높아진다. 넷째, 이런 증상들은 개개인에게 상당한 비용을 부과하지만 개개인의 유전자에는 이득이 된다.

감정은 우리가 아니라
우리의 유전자를 위한 것이다

1975년의 어느 더운 여름날 저녁, 나는 당직 의사로서 야간병동을 지키고 있었다. 병동에 별다른 문제가 없었고 응급실도 조용했으므로 나는 에드워드 윌슨Edward O. Wilson이 새로 출간한《사회생물학 Sociobiology》을 펼쳐 들었다. 자정이 가까울 무렵, 나는 그 책의 한 문단을 읽고 충격에 빠졌다.

> 사랑은 증오와 결합한다. 공격성은 두려움과 결합한다. 대범함은 소극성과 결합한다. 모든 감정은 이런 식으로 섞인다. 감정이 이런 식으로 설계된 것은 개인의 행복을 증진하기 위해서가 아니라 고집 센 유전자를 최대한 많이 전달하기 위해서다.[18]

이 글을 본 순간 행동과 감정에 대한 나의 견해가 틀렸다는 것을 깨달았다. 그전까지 나는 자연선택이 우리를 건강하고 행복하고 친절하고 협동적인 공동체의 일원으로 만들어준다고 생각했다. 아뿔싸, 그게 아니었다. 자연선택은 우리의 행복 따위에는 관심이 없다. 진화의 계산법은 오직 재생산의 성공만을 따진다. 나는 정상적인 감정에 관해 많은 것을 알지 못한 상태로 10년 동안 매일같이 기분장애를 치료해온 것이다. 밤잠을 설친 뒤 공부를 해야겠다고 마음먹었다. 다음 날 당장 정신의학 교과서에서 감정을 설명한 부분을 찾아봤다. 교과서에는 모호하고 피상적인 설명밖에 없어서 헷갈리고 지루했다. '혼란'과 '지루함'이라는 감정들의 작용으로 나의 관심은 다른 데로 옮아갔다.

얼마 후 한 학생이 질투심을 주체할 수가 없다면서 나를 찾아왔다. "저는 정말 절박해요. 제 여자친구가 아주 예쁘거든요. 제가 그런 여자를 다시 만날 기회는 결코 없을 거예요. 몇 달 전부터 동거 중인데, 여자친구는 제가 계속 질투를 표현하면 떠나겠다고 말합니다. 제가 당장 멈춰야 해요." 그 학생은 여자친구가 다른 남자와 키스하는 장면이 아주 생생하게 떠오른다고 말했다. 하지만 여자친구가 바람을 피운다고 의심할 근거는 하나도 없다고 했다. 때때로 그는 여자친구가 정말로 출근을 하는지 확인하기 위해 그녀를 미행하고, 그녀가 있는 곳을 알아내기 위해 갖은 구실을 만들어 전화를 건다고 했다. 그는 정신이상자가 아니었고 우울증 환자도 아니었다.

나는 그 학생에게 부모님의 결혼생활이 어땠는지, 어린 시절은 어떻게 보냈으며 예전의 연애는 어땠는지 그리고 다른 정신장애 증상은 없는지 물어봤지만 의미 있는 정보를 얻어내지 못했다. 그래서 그의 비합리적인 사고를 교정하기 위해 인지행동치료를 시작했다. 그의 증상은 조금도 나아지지 않았다. 그는 여전히 여자친구가 곧 자기를 떠날 거라고 주장했다. 그래서 우리는 문제를 다시 분석해야 했다.

웬만큼 상대를 알게 되었을 때 나는 그에게 병적인 질투의 가장 흔한 원인을 염두에 두고 다시 한번 물어봤다. "아닙니다. 저는 바람을 피우고 있지 않아요. 대체 왜 그렇게 생각하시죠?" 나는 그에게 여자친구가 바람을 피우고 있다고 짐작할 만한 이유가 하나라도 있느냐고 다시 물었다. 그러자 그는 이렇게 대답했다. "전혀 없어요. 여자친구가 늦게 들어올 때는 항상 제일 친한 친구랑 같이 있는 거라서요." 내가 물었다. "여자친구가 얼마나 늦게 들어오나?" 그는 이렇게 대답했다. "음……. 일주일에 5일에서 6일은 저녁시간을 저랑 같이 보내요. 그런데 가끔 외박을 해요." 내가 다시 물었다. "제일 친한 여자친구랑 단둘이 있다는 이야기를 확실히 들었나?" "아, 그게, 그 친구는 여자가 아니에요. 여자친구랑 제일 친한 친구는 아주 어릴 때부터 알고 지낸 남자거든요. 둘은 그냥 친구 사이고요." 나는 새로운 정보를 소화하기 위해 잠시 침묵했다가 조용히 말했다. "이야기를 좀 해야겠네."

성적인 질투는 아주 고약한 감정이다. 1960년대에 미국과 유럽에서 공동체 생활을 하던 사람들은 성적 질투를 뿌리 뽑으려고 노력했다. 그들은 "질투는 폐지할 수 있는 사회적 관습"이라는 가정 아래 자유로운 연애를 추구했다. 하지만 그런 공동체들은 모두 사라지고 말았다. 질투는 억누르려고 아무리 노력해도 잡초처럼 다시 자라난다. 질투는 연애를 매우 불행하게 만든다. 진화와 질투에 관해 연구한 진화심리학자 데이비드 버스David Buss에 따르면 살인사건 중 배우자 살해가 13퍼센트를 차지한다.[19] 1976년부터 2005년까지 영국에서 발생한 모든 살인사건의 피해자들 가운데 여성의 34퍼센트, 남성의 2.5퍼센트가 배우자 또는 애인에게 살해당했다. 살인은 극단적인 경우지만 질투로 인한 비난, 폭력, 관계 파탄 같은 일상적인 고통은 흔하다. 자연선택은 왜 이처럼 끔찍한 감정을 제거하지 못했을까?

두 남자가 있다고 하자. 한 남자는 아내가 불륜을 저지르고 있다는 것을 감지해 질투를 느끼고, 다른 한 남자는 무슨 일이 벌어져도 느긋하다고 치자. 어떤 남자가 아이를 더 많이 낳게 될까? 항상 느긋한 남자는 더 행복한 삶을 살겠지만 그의 아내가 다른 사람의 아이를 임신할 확률은 평균보다 높다. 아내는 다른 사람의 아이를 임신한 기간 동안 남편의 아이를 가질 수 없을 것이고, 모유수유를 한다면 그 기간은 조금 더 연장된다. 따라서 질투심이 없는 남자들은 질투심이 강해서 혼외임신 가능성을 낮추는 남자들에 비해 아이를 적게 낳는 경향이 있다. 이것은 남녀 모두의 입장에서 불쾌하고, 사회적으로도 불쾌하고 위험하고 혐오스러운 이야기지만 사실이다. 감정이 우리에게 항상 이롭다면 얼마나 좋겠는가! 유감스럽게도 감정은 우리의 유전자를 이롭게 하도록 진화했다.

감정 자료 발굴 프로젝트

감정의 효용을 더 뚜렷이 인식하게 되자 불안과 우울을 없애주려는 나의 노력이 폐렴 환자에게 감기약을 처방하는 것과 같은 행동은 아닌지 걱정스러웠다. 내가 그동안 감정에 대해 잘 몰랐다고 생각하니 새로운 감정들이 몰려왔다. 부끄러웠고 혼란스러웠고 자존감이 낮아졌고, 고맙게도 호기심이 솟아났다. 이 감정들은 동기 유발에 효과적이었다. 나는 정신의학 교과서를 더 주의 깊게 들여다봤다. 가장 널리 사용되는 4,500쪽짜리 정신의학 교과서에서 정상적인 감정에 관한 내용은 고작 0.5쪽을 차지하고 있었다.[20] 하지만 감정을 자세히 설명한 책과 논문은 수없이 많았다. 나는 그 자료들을 검토하는 프로젝트에 착수했다.

한 달이 지나자, 나는 산 정상에 오르기를 기대하며 고개 하나를 넘었더니 저 멀리 희미하게 보이는 더 높은 봉우리들을 발견한 등산가 같은 심정이었다. 봉우리를 넘고 또 넘다가 6개월이 지났을 때는 그만 포기하고 싶었다. 나는 가장 높은 봉우리에서 탁 트인 풍경을 바라보고 있는 것이 아니었다. 내 눈앞에는 무작위적인 사실들과 서로 모순되는 이론들로 이뤄진 흐릿한 풍경이 펼쳐졌다. 내가 발견한 것은 '감정의 주기율표'처럼 깔끔한 결과물이 아니었다. 감정에 관한 대부분의 문헌은 수십 년, 아니 수백 년 동안 이어진 논쟁을 반복하고 있었다. 가장 기본적인 감정은 몇 가지인가? 네 가지? 일곱 가지? 열세 가지? '긍정 ←→ 부정'이라든가 '흥분 ←→ 침착'처럼 감정을 한 평면에 위치하는 좌표와 비슷하게 취급하는 것이 바람직한가? 생리적 작용, 사고, 느낌, 표정, 행동 중에 어떤 측면이 감정의 핵심인가? 분노는 왜 필요한가? 슬픔은 왜 필요한가? 그리고 가장 근본적인 질문, 감정이란 무엇인가? 수십 권의 책과 논문들은 서로 충돌하는 대답을 내놓고 있었다.[21, 22, 23, 24, 25, 26, 27, 28, 29, 30, 31]

나는 절망적인 심정으로 윌리엄 제임스William James가 1890년에 펴낸《심리학 원리The Principles of Psychology》를 집어들었다.

감정에 관한 '과학적 심리학'이라는 주제를 다룬 고전적인 책들은 지겨울 정도로 많이 읽었다. 낑낑대며 그 책들을 다시 읽으니 뉴햄프셔의 어느 농장에 있는 바위들의 모양을 설명하는 글을 기꺼이 읽겠다. 그 책들의 어디에도 중요한 관점이나 연역적 법칙 또는 일반적인 법칙은 나오지 않는다. 그 책들은 끝없이 감정을 분류하고 정제하고 정의하지만 논리의 수준은 한발짝도 더 나아가지 못한다.[32]

나와 마음이 맞는 벗을 찾아서 흡족하긴 했지만, 100년이 지나는 동안 발전이 거의 없었다고 생각하니 맥이 빠졌다. 똑똑한 사람들이 노력을 기울이지 않아서가 아니었다. 만약 감정의 주기율표 같은 것이 존재한다면 감정을 연구하는 똑똑한 학자들이 벌써 찾아냈을 것이다. 답을 찾을 수 없는 질문은 알고 보면 잘못된 질문인 경우가 대부분이다. 이 연구는 목표를 잘못 잡은 것이 아닐까? 만약 감정이 유기적이고 복잡한 것이라 단순화해서 설명하려는 것이 큰 오류라면? 감정이 정교하게 설계된 기계의 부품들과 전혀 다르다면? 지금까지 진화적 시각으로 감정에 접근한 사람이 있기는 했던가?

나는 먼저 찰스 다윈의 《인간과 동물의 감정 표현The Expression of Emotions in Man and Animals》이라는 책을 읽었다.[33] 그 책은 인간과 동물의 감정 표현에 공통점이 많다는 점을 강조했다. 감정 전문가들 중에는 그 책을 감정 연구의 표준으로 간주하는 사람이 많지만,[34] 내가 보기에 그 책은 감정의 진화사를 주로 다뤘기 때문에 감정의 역할에 대해서는 별로 언급하지 않고 있었다. 마침내 나는 어느 책에서 심리학자 앨런 프리들런드Alan Fridlund가 쓴 글 한 편을 발견했다. 그 글의 제목은 나의 의구심과 정확히 일치했다. 《《인간과 동물의 감정 표현》에 나타난 다윈의 반다윈주의〉[35]

프리들런드는 다윈이 신경과 의사이자 화가였던 찰스 벨Charles Bell(의학계에서 안면신경마비를 뜻하는 '벨마비Bell's palsy'라는 용어는 그의 이름을 딴 것이다)에게 반박하기 위해 그 책을 썼다고 했다. 찰스 벨은 사람 얼굴에 32개의 근육이 있는 것이 원활한 소통을 위해 신이 만든 작품이라고 주장했다.[36, 37] 다윈은 여러 종의 감정적인 태도와 얼굴 표정이 놀라울 만큼 연속성을 지닌다는 사실을 들어 벨의 주장에 반박했다. 그러나 그 연속성을 지나치게 강조한 나머지 감정들이 특정한 상황에서 특정한 종의 필요에 맞게 최적화됐다는 사실은 간과했다. 다윈은 소통을 강조하긴 했지만 감정의 생리학적 기능, 인지적 기능, 동기부여 기능은 무시했다. 간단히 말해서 다윈이 감정에 관해 쓴 책은 다윈주의에 반한다. 그리고 그 책의 영향으로 지금도 얼굴 표정을 통한 소통만 강조되고 어떻게 감정들이 정확히 선택 이득selective advantage(한 집단의 어떤 유전자형이 다른 유전자형에 비해 생존과 생식에 유리한 성질-옮긴이)을 제공하는가라는 질문은 상대적으로 소홀하게 다뤄진다.

　감정에 진화적으로 접근한 두 번째 인물은 1960년대의 신경과학자 폴 매클린Paul MacLean이었다. 매클린은 이른바 '삼중뇌triune brain'라는 개념을 제시하고, 진화 과정에서 인간의 뇌를 이루는 세 개 부위가 순차적으로 형성됐다고 주장했다.[38] 가장 원초적이고 가장 먼저 생겨난 부분인 '전파충류뇌(파충류의 뇌reptilian brain)'는 직관적인 행동을 지시한다. 그다음으로 형성된 부분인 '원시포유류뇌(대뇌변연계limbic system)'는 감정의 원천이다. 마지막에 형성된 '신포유류뇌(대뇌피질cortex)'는 추상화 기능을 수행하며 고등 포유류에게서만 발견된다. 하지만 뇌의 각 부분이 담당하는 기능에 대해서는 반론이 제기된 바 있으며 진화의 순서도 지지를 받지 못했다.[39] 무엇보다 매클린의 이론은 감정이 어떻게 선택 이득을 제공하는지를 정확히 설명하지 못한다.

　조지프 르두Jeseph LeDoux 같은 현대의 신경과학자들은 첨단 기법을 활용해 뇌의 특정한 지점, 예컨대 편도체amygdala가 공포와 같은 특정 감정에 관여한다는 사실을 밝혀냈다. 르두의 연구는 공포가 생성되는 두 가지 경로를 찾아냈다. 하나는 빠르게 반응하는 '낮은 길low road'이고 다른 하나는 반응 속도가 느리고 인지적 처리가 더 많이 필요한 '높은 길high road'이다.[40] 이런 접근은 감정의 기능을 이전보다 명시적으로 설명하지만, 감정이 어떻게 적합도를 증가시키는지를 알려주지는 않는다.

또 하나의 진화적 접근법은 각각의 감정에 구체적인 기능을 하나씩 부여함으로써 감정의 기능을 명시적으로 설명하는 것이다. 정신건강 관련 어느 웹사이트에서는 다음과 같이 설명한다. "분노의 유일한 기능은 스트레스를 중단시키는 것이다. 감정적 또는 육체적 흥분이 너무 심해서 고통스러울 정도가 되면 분노가 그 상태에 대한 자각을 없애거나 차단한다."[41] 또 다른 웹사이트에서는 이렇게 말한다. "우리는 분노의 주된 기능을 생명을 지키고 사랑하는 사람들과 이웃을 보호하는 것에서 자아를 보호하는 것으로 재활용해왔다."[42]

신중한 과학자들 중에서도 일부는 "각각의 감정은 고유한 적응 기능을 수행한다"라고 주장한다.[43] 예를 들면 슬픔의 기능은 "사회적 유대를 강화"하고 "정신적 활동과 신체적 활동의 속도를 늦추며" "자신에게 어떤 문제가 있음을 알려주는" 것이라고 한다.[44] 분노는 "다른 사람들의 공격성을 감소시키고, 에너지를 발동하고, 근육으로 가는 혈류량을 늘린다".[45] 그리고 "수치심 또는 수치를 당할 것에 대한 걱정 때문에 개인들은 공동체의 안녕을 위한 자신의 책임을 기꺼이 받아들이게 된다".[46]

이런 접근법은 감정이 유용하다는 점을 설명하는 데 기여했으며,

감정의 기능에 초점을 맞춘 최근의 연구들은 한층 세련되고 진화적 성격도 강하다.[47] 그러나 내가 보기에 이런 접근법들은 대부분 감정을 미리 설계된 기계의 부품처럼 취급하는 오류를 범하고 있다. 기계라면 각 부분의 기능을 알아보는 것도 좋은 일이다. 체리씨 빼는 기계의 크랭크, 원반, 움직이는 막대는 각기 기능이 다르다. 하지만 감정은 설계된 것이 아니라 진화의 결과물이다. 하나의 감정은 하나의 기능이 아니라 여러 가지 기능을 한꺼번에 수행한다.

나의 감정 자료 발굴 프로젝트의 최종 결론은 학자들이 각각의 감정이 가진 기능을 밝히려고 했기 때문에 학문의 발전이 지체됐다는 것이다. 감정은 특정한 '상황'에 대처하는 능력을 키워주는 특별한 상태로 바라볼 때 이해가 더 잘된다.[48] 유기체의 여러 측면을 조정해 특정한 상황과 과제에 효과적으로 대처하도록 해주는 컴퓨터 프로그램처럼 말이다.[49, 50]

가장 근본적인 질문, 감정이란 무엇인가?

'감정이란 무엇인가?' 이 질문은 몇 세기 동안 논쟁거리였다. 심리학자 에릭 플루트치크 Eric Plutchik 가 집필한 감정 교과서는 지금까지 제시된 감정의 수백 가지 정의들 중에 21가지를 골라 소개했다.[51] 해마다 새로 발표되는 논문과 새로 출간되는 책들 역시 새로운 정의를 제안한다. 2013년 성격·사회심리학회의 학술대회 순서 중에 감정에 관한 세미나가 있었는데, 이 세미나는 '감정이란 무엇인가?'라는 제목으로 진행됐다. 지금쯤이면 거의 모든 사람이 하나의 정의에 합의했으리라고 생각하겠지만, 여러 전문가가 감정의 각기 다른 측면을 강조하고 있어 여전히 논쟁은 끊이지 않는다.

진화적 관점은 감정을 형성한 힘들에 근거해 단순한 정의를 제시한다. 감정이란 어떤 종의 진화 과정에서 반복적으로 나타난 도전적인 상황에 적응하기 위해 생리 현상, 인지, 주관적 경험, 얼굴 표정, 행동이 특별하게 조정된 여러 가지 상태를 가리킨다.[52]

진화적 관점에 따르면 다양한 감정은 전자 키보드에 내장된 여러 가지 음악 양식과도 같다. 각각의 양식은 특정한 종류의 음악에 맞게 악기, 리듬, 화성, 음색의 결합을 설정한다. 키보드를 '고전음악'에 맞추면 선명한 음들이 풍부한 울림을 가지고 연주된다. '살사'에 맞추면 경쾌한 드럼 소리를 배경으로 명랑한 호른이 멜로디를 들려준다. '재즈'로 설정하면 살사와는 조금 다르고 고전음악과는 전혀 다른 소리가 난다. 각각의 설정은 여러 가지 요소를 조절해서 각기 다르지만 여러 면에서 다른 소리들과 겹치는 소리를 만들어낸다. 공포, 분노, 사랑, 경외감도 이것과 비슷하다.

자연스럽게 떠오르는 다음 질문은 '감정의 종류는 얼마나 많은가?'일 것이다. '기본적인 감정'의 목록은 문자 기록만큼이나 오랜 역사를 가지고 있다. 20세기 후반에 폴 에크먼Paul Ekman, 캐럴 이자드 Carroll Izard, 에릭 플루트치크, 실번 톰킨스Silvan Tomkins 같은 학자들이 진행한 연구는 새로운 방법으로 이 질문에 접근했다.[53, 54, 55, 56] 그들은 사람들에게 감정 목록을 만들어보라고 부탁한 다음, 그 목록에 공통적으로 수록된 감정들이 무엇인지 알아봤다. 연구방법이 점점 정교해지고 비교문화 연구가 이뤄지자 사람들이 공포, 기쁨, 슬픔, 분노 같은 감정들을 공통적으로 인지한다는 사실이 확인됐다.[57, 58, 59] 하지만 연구자들이 내놓은 목록은 모두 조금씩 다르다. 기본 감정의 수도 세 개부터 열일곱 개까지 제각각이다.

현대 인류의 감정들은 원시시대 인류의 감정들과 달라졌고, 서로 관련은 있지만 각기 다른 상황들에 대처하기 위해 세분화가 이뤄진 상태다. 그래서 기본적인 감정의 개수를 따질 필요가 없다는 주장도 나온다. 모든 감정에는 '원형prototype'이 있다. 원형이란 서로 유사하지만 조금씩 다른 반응 집합 중심에 위치한 표본 반응을 묘사하는 특징들이다.[60] 물론 이 집합들은 서로 겹치기도 한다.

감정의 진화를 가상의 나무 그림으로 표현할 수도 있다. 이 나무는 서로 조금씩 겹치는 감정의 원형들로 이뤄진다.[61] 이 그림은 과학자들이 원했던 깔끔하고 딱 떨어지는 분류는 아니지만 몇 가지 중요한 질문에 답하기 위한 진화적 틀을 제공한다. 예컨대 모든 감정은 긍정적 또는 부정적이다. 위협 또는 기회가 되는 상황들만 적합도에 영향을 끼치기 때문이다. 긍정적인 감정들은 유기체들이 자신의 유전자에게 유리한 기회를 제공하는 상황을 찾거나 그 상황을 지속하도록 한다. 부정적인 감정들은 유기체에게 위협이나 손해가 예상되는 상황을 피하거나 달아나도록 한다.

어떤 감정의 효용은 전적으로 상황에 달려 있다. 위험하거나 손해를 볼 수 있는 상황 앞에서는 불안과 슬픔이 유용하다. 이때 행복하고 느긋한 감정은 쓸모없을 뿐 아니라 좋지 않게 작용한다. 기회가 찾아올 때는 욕망과 열정이 유용하고 걱정과 슬픔은 해롭다. 유

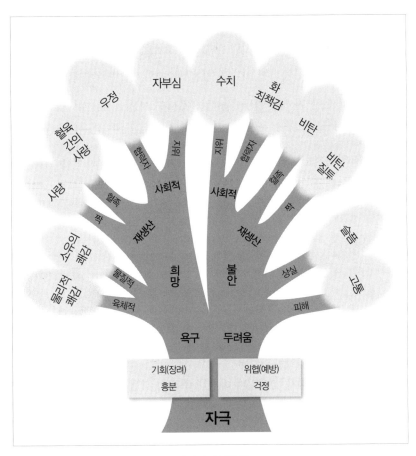

감정의 계통발생

리한 쪽은 항상 슬퍼하고 불안해하고 초조해하는 사람들이나 항상 즐거운 사람들이 아니다. 손해를 볼 가능성이 있을 때 불안을 느끼는 사람들, 사별 후에 슬픔을 느끼는 사람들, 기회와 성공을 앞두고 기뻐하는 사람들이 유리하다.

하지만 모든 상황이 이처럼 단순하지는 않다. 인간들은 지나치게 복잡한 사회적 네트워크 안에서 살아가기 때문에 거의 모든 상황이 기회와 위험, 이익과 손해처럼 상충하는 요소를 포함하며 매우 복잡하고 불확실하다. 정치적 의도를 가진 개인 또는 집단에게서 당신의 연구에 필요한 거액의 자금을 지원하겠다는 제안을 받는다면 당신은 어떻게 하겠는가? 친한 친구의 배우자가 바람을 피우고 있다는 사실을 알아차렸다면 어떻게 하겠는가? 우리의 감정은 24시간 내내 정신적 책략에 연료를 공급하고 때로 잠을 자야 하는 밤에도 책략을 꾸민다.

사람들은 주관적인 느낌이 감정의 정수라고 착각하곤 한다. 하지만 느낌은 감정의 한 측면일 뿐이다. 느낌이 없는 감정도 있다.[62, 63] 내가 만난 환자들 중에는 피로, 체중 감소, 불면증, 의욕 부진을 호소하지만 슬픔이나 절망은 느끼지 않는 사람들이 있었다(이들 대부분은 남자였다). 그들은 우울증 환자였지만 나는 번번이 그들의 정확한 병명을 찾아내지 못하다가 마침내 주관적 경험은 우울증의 한 측면일 뿐이라는 사실을 깨달았다. 감정에 언제나 주관적인 느낌이 포함된다는 생각을 떨쳐버리고 나면 감정의 가계도를 조사해서 거꾸로 행동조절의 기원을 추적할 수도 있지 않을까?

박테리아에게는 느낌이 없다. 하지만 박테리아에게는 필요할 때 스위치가 켜지는 몇 가지 상태가 있다.[64] 가장 극적인 변화는 그들이 서식하는 곳이 건조해질 때 일어난다. 서식지가 건조해지면 스위치가 확 켜지고, 행복하게 헤엄치던 박테리아는 작고 단단한 포자로 변신한다. 안정적인 환경에서도 박테리아는 상황 변화에 적응하는 놀라운 능력을 보여준다.[65] 온도가 높아지면 박테리아는 자신을 보호하기 위해 열충격 단백질heat shock protein(세포나 조직 또는 개체가 생리적 온도보다 높은 온도에 노출될 때 일시적으로 합성하는 단백질 – 옮긴이)을 합성한다. 0.5초 전보다 먹이 농도가 높아지면 편모 꼬리를 시계 반대 방향으로 돌려 먹이를 향해 똑바로 헤엄쳐 나아간다. 만약 먹이 농도가 감소하면 편모 방향을 반대로 틀어 꼬임을 만든 다음 임의의 방향으로 몸을 튕겨 나아간다.[66] 그러다 또 먹이가 많아지면 다시 일직선으로 헤엄친다.[67, 68, 69] 박테리아는 이런 식으로 우리의 몸 안을 이동하면서 자신들이 행복하게 서식할 수 있는 곳을 찾는다.

박테리아는 1초 동안 유지되는 기억력과 몸을 이리저리 돌려 헤엄치도록 해주는 스위치만 가지고도 먹이가 있는 쪽으로 헤엄쳐 가고 위험은 피해간다. 우리의 인생도 이와 비슷할 때가 있지 않은가? 우리가 배를 타고 순조롭게 나아가는데 갑자기 앞이 어둡고 황량해진다고 하자. 그럼 우리는 어떤 계획도 방향도 없이 이리저리 노를 저어댄다. 기분은 좋진 않지만, 아무 데도 가지 않거나 아니면 더 나쁜 방향을 고집하는 것보다는 무작위로 어디든 가보는 것이 낫기 때문이다.

감정과 문화

감정에 어떤 이름을 붙이고 감정을 어떻게 표현하며 어떻게 경험하느냐는 나라마다 천차만별이다. '감정'에 정확히 상응하는 단어가 아예 없는 언어도 많다. 독일어에서 감정에 가장 가까운 단어인

'게퓔Gefühl'은 '감정'이라는 뜻과 '육체적 감각'이라는 의미를 모두 지니고 있다. 사모아어와 프랑스어에는 '느낌을 받다'를 뜻하는 단어는 있지만 느낌, 생각, 육체적 자극을 모두 포괄하는 단어는 없다. 독일인들은 쓰라리지만 달콤한 갈망을 '젠주흐트Sehnsucht'라고 표현하지만, 어떤 나라에는 그런 식의 갈망을 가리키는 단어가 없다. 그리고 단어가 없으면 아무래도 그런 감정을 적게 경험하게 된다. '혐오'는 보편적인 감정으로 보이지만 폴란드어에는 혐오에 정확히 상응하는 단어가 없다. 일본인들은 유아기 아이가 전적으로 엄마에게 의존하면서 느끼는 '아마에あまえ'(우리말로 어리광, 응석 정도로 번역 가능하다–옮긴이)를 쉽게 이해하지만 영어에는 이런 뜻을 가진 단어가 없다. 아마도 서구에는 어리광을 부리는 관계가 별로 없기 때문일 것 같다.

문화는 체중과 혈압 같은 것에 영향을 끼치는 것처럼 감정에도 영향을 끼친다.[70] 문화는 사람들이 인식하는 감정, 사람들이 감정을 묘사하기 위해 쓰는 단어, 감정을 유발하는 상황에 영향을 끼친다. 사람들이 어떤 감정을 경험하는지도 어느 정도는 문화의 영향을 받는다. 하지만 감정을 느낄 줄 아는 능력은 자연선택의 산물이다. 우리는 감정을 느끼는 능력을 다른 사람과 공유하고 다른 종들과도 어느 정도 공유한다.

몇몇 과학자는 감정을 나타내는 얼굴 표정이 만국 공통인지 여부를 알아보기 위해 세계 곳곳을 돌아다녔다. 심리학자이자 감정 연구의 권위자인 캐럴 이자드가 얼굴 사진 32장을 8개국 사람들에게 보여줬더니, 어느 나라에서나 사람들은 한두 가지만 빼고 모든 감정을 정확히 인식했다.[71] 독일의 연구자인 이레네우스 아이블아이베슈펠트Irenäus Eibl-Eibesfeldt 역시 광범위한 연구를 통해 비슷한 결과를 얻었다.[72] 유명한 감정 전문가인 폴 에크먼이 이와 유사한 연구를 진행한 결과 어느 나라에서나 분노, 혐오, 공포, 기쁨, 슬픔, 놀람을 나타내는 얼굴 표정은 공통적으로 인식했지만, 경멸을 비롯한 몇 가지 감정을 인식하는 데는 상당한 차이가 나타났다.[73]

수십 년에 걸쳐 논쟁을 촉발한 이런 연구들은 찬사를 받기도 했지만 비판[74]을 받기도 했고, 반론과 재반론[75]이 이어졌다. 또한 이 연구들은 '본성이냐 양육이냐'라는 논쟁에서 무기로 사용됐다. 이처럼 격렬한 대립 때문에 감정 연구는 야생의 과학들이 가득한 정글처럼 보이기도 한다. 하지만 지표투과 레이더로 캄보디아의 땅속에 묻혀 있던 중세의 잃어버린 도시들을 발굴해낸 것과 마찬가지로, 지나치게 확대된 이 논쟁 아래에는 감정의 공통된 구조가 숨어 있다.

폴란드의 철학자이자 언어학자로서 현재 오스트레일리아에 거주하는 안나 비에즈비츠카Anna Wierzbicka는 감정의 보편성에 대해 심오하면서도 명쾌한 답변을 내놓았다.[76] 비에즈비츠카는 우선 나라별로 감정을 표현하는 어휘들의 편차가 크다는 점을 설명하면서, 인류 공통의 기본적인 감정들을 영어 단어 몇 개로 정리할 수 있다는 발상을 가차 없이 깨뜨린다. 하지만 비에즈비츠카는 모든 인간이 보편적인 '원초적 의미소semantic primitive'를 가지고 있음을 증명했다. 인류는 '크다 – 작다'와 같은 원초적인 개념들을 공통적으로 가지고 있으며, '느낌'이라는 개념도 여기에 포함된다. 영어권에서 쓰이는 '감정'은 문화의 영향을 받는 개념이지만 뭔가를 느끼는 경험 자체는 보편적이다. 공포, 기쁨, 슬픔, 수치와 같은 몇 가지 감정도 보편성을 띤다.

비에즈비츠카의 결론에 따르면, 모든 감정은 특정한 상황과 짝지어지며 그 상황들 대부분은 아주 보편적이다. 비에즈비츠카는 각각의 감정과 짝지어지는 상황들을 규정하는 정교하고 복잡한 시스템을 만들었다. 친구로 생각했던 사람에게 배신당하는 상황이 그 예다. 비에즈비츠카의 시스템은 나라별로 차이는 있지만 감정은 각각의 상황에 대한 일관성 있는 반응들이며, 어떤 상황들은 보편적이기 때문에 보편적인 감정을 형성했다는 사실을 보여준다.

생물학과 문화를 이분법적으로 바라보는 시각은 이제 빛이 바래고, 생물학과 문화가 어떻게 상호작용하는지를 정교하게 고찰하는 시각이 주류로 떠오르고 있다. 리사 펠드먼 배럿Lisa Feldman Barrett은 저작에서 최근의 경향을 소개하며 평가이론appraisal theory(상황 자체가 아니라 상황에 대한 개인의 평가에 따라 정서적 경험이 결정된다는 이론 – 옮긴이)과 사회구성이론social construction theory(상황 자체에 따라 정서적 경험이 결정된다는 이론 – 옮긴이) 사이에 위치한 '심리적 구성 이론psychological construction theory'을 설명한다.[77, 78] 배럿은 감정을 구성하는 기본 요소들이 자연선택에 의해 형성된 것이며 다른 동물들에게서도 발견된다는 사실을 인정하면서도, 감정들이 따로따로 떨어져 있다거나 특정한 뇌의 회로와 고정된 표현의 패턴을 가지고 있지는 않다고 강조한다. 감정들은 서로 겹치고 긴밀하게 엮여 있으며, 문화의 영향을 받는 인지와 지각을 통해 제 기능을 수행한다.[79] 이 이론은 진화한 유기체의 복잡성에 대한 인식과도 전적으로 일치한다.

감정은 열등한 것인가?

감정을 인간의 이성을 방해하고 부적절한 침입자로 바라보는 일련의 사고방식들은 고대 그리스 철학자들에게서 시작된 것 같다. 《파이드로스Phaidros》에서 플라톤Platon은 인간의 삶을 두 마리 말이 끄는 전차에 비유한다. 이성을 상징하는 말은 "고귀하고 (…) 깨끗하게 길러졌으며 똑바로 서 있다". 감정을 상징하는 말은 "천하고 (…) 등이 구부정하고 움직임이 둔한 짐승 (…) 무례하고 오만하며, 귀가 털로 덮여 있어 소리를 못 듣고, 채찍질을 하고 박차를 가해도 아랑곳하지 않는 녀석"이다.[80] 이성을 칭송하고 감정을 폄하하는 일은 철학자들에게 맡겨두자.

플라톤이 이 글을 쓴 지 2,000년쯤 지난 어느 날, 나는 '고삐 풀린 열정Unbridled Passions'이라는 제목의 강연에 오라는 이메일 초대장을 받았다. 열정을 고삐 풀린 말에 비유하는 관습이 오랫동안 유지되는 데는 그럴 만한 이유가 있다. 열정에 들뜬 상태일 때 우리는 애인을 비난하거나 상사를 공격하거나 친구를 모욕하거나 아주 부적절한 상대와 섹스를 할 가능성이 있다. 감정적으로 어떤 행동을 하면 나중에 후회하는 경우가 많은 것이다. 또 감정들은 쓸데없는 고생의 원인이 된다. 근거 없는 공포 때문에 조류공포증이 있는 사람들은 나들이를 못 가고, 비행공포증이 있는 사람들은 여행을 즐기지 못하고, 광장공포증이 있는 사람들은 몇 년 동안 집 안에서만 지낸다. 죄책감과 자신이 가치 없는 사람이라는 느낌 같은 정당하지 못한 감정들은 수많은 사람, 특히 평균보다 도덕성이 높은 사람들의 삶에 부담을 준다. 부러움, 격분, 질투는 사람들의 삶을 망가뜨린다. 부적절한 행동이나 원치 않는 괴로움을 낳고 사회적 갈등을 일으키는 수많은 감정은 천하고 쓸모없어 보인다. 자연선택을 거쳤는데도 우리에게는 쓸모없고 고통스러운 감정이 왜 이렇게 많을까? 이 질문에 답하기 위해서는 우리가 왜 본인의 목표를 그토록 중요하게 생각하는지 그리고 목표를 이루는 데 감정이 어떤 도움을 주는지를 이해해야 한다.

우리 조상들은 감정이 유용하게 쓰이는 상황을 자주 접했다. 그중 몇 가지는 특정한 물리적 단서가 주어지는 물리적 상황이다. 높은 곳에서 떨어지거나 피를 목격하거나 그림자가 다가오거나 갑자기 큰 소리가 나는 상황은 모두 위험을 가리킨다. 따라서 이런 상황들은 직접 또는 신속한 학습을 통해 공포와 연결된다.[81, 82, 83, 84] 하지만 그보다 덜 직접적인 상황들 역시 감정을 형성한다. 특히 목표를 추구하는 과정에서 발생하는 상황들은 각각의 상황과 연결되는 감정을 형성한다.

유기체들은 섹스, 권력, 자원을 획득하고 위험과 손해를 피하기 위해 노력한다. 이러한 목표들을 추구하다 보면 몇 가지 상황에 맞닥뜨린다. 각각의 상황은 각기 다른 적응 과제를 제기하며 그 과제들은 각기 다른 감정 상태를 형성한다. 기회는 열정을 불러일으킨다. 성공은 기쁨을 유발한다. 위험은 불안을 자극한다. 손해는 슬픔을 유발한다. 나는 목표를 추구하는 과정에서 발생하는 네 가지 상황이 네 가지 감정과 잘 맞아떨어지는 것을 발견하고 무척 기뻤다. 내 친구이자 철학자인 앨런 기버드Allan Gibbard와 피터 레일턴Peter Railton이 알려준 바에 따르면 그것은 먼 옛날부터 있었던 주장이다. 플라톤은 서로 긴밀하게 연관되는 네 가지 기본 감정이 있다고 생각했다. 그가 말한 기본 감정은 희망, 공포, 기쁨, 슬픔이었다.[85] 내 친구들의 설명에 따르면 이렇게 감정을 네 가지로 구분하는 도식은 조금씩 변형을 거치긴 했지만 고대 그리스의 대다수 감정 이론뿐 아니라 중세 이후 유럽의 감정 이론에서도 중심에 놓였다. 네 가지 기본 감정이라는 틀은 아래와 같이 물리적 상황과 사회적 상황을 분리한다거나, 예상과 다른 결과에서 비롯되는 감성(기회를 잡으려다 실패했을 때의 실망감, 위험을 잘 피했을 때의 안도감)을 추가해 확장할 수도 있다.

목표를 추구하는 과정에서 발생하는 상황들과 그에 따른 감정

		이전	이후	예상과 다른 결과
기회	물리적	욕망	기쁨	실망
	사회적	흥분	즐거움	
위험	물리적	공포	고통	안도
	사회적	불안	슬픔	

'목표'라는 단어는 인간이 추구하는 다양한 것을 묘사하기에 턱없이 부족하다. 어떤 목표는 '아이들을 행복하게 키운다'와 같이 장기적인 반면, 어떤 목표는 '상대방에게 나의 농담에 공격하려는 의도가 없다는 점을 이해시킨다'와 같이 단기적인 성격을 띤다. 이 책

에서는 단순화를 위해 누군가가 얻거나 찾거나 되거나 버리거나 탈출하거나 회피하려고 하는 모든 것을 '목표'라는 단어로 칭한다. 심리학자들은 목표 대신 임무, 삶의 과업, 사명, 목적, 명분, 대상, 개인적인 의미, 자신의 가장 좋은 모습 등의 표현을 쓰기도 하는데 이 용어들은 모두 감정과 목표 추구를 다룬 풍부한 문헌과 연결된다.[86, 87, 88, 89, 90, 91, 92, 93] 이렇게 심리학자들은 목표 추구가 감정에 어떤 영향을 끼치는지 속속들이 알고 있는 반면, 정신과 의사들은 그만큼 잘 알지 못한다.

감정의 발화

뇌는 언제 어떤 감정의 스위치를 켜야 할지를 어떻게 알까? 앞에서 언급했듯 서서히 다가오는 그림자나 갑작스러운 소음과 같은 특정한 단서가 뇌의 특별한 통로를 따라 빠르게 전달되면 공포심이 생겨나면서 빨리 달리게 된다. 영화감독 앨프리드 히치콕Alfred Hitchcock은 이런 메커니즘을 아주 잘 알았다. 하지만 어떤 단서들은 학습이 일어난 뒤에야 비로소 감정을 유발한다. 기계 신호음이 어떤 사람에게는 약간의 흥미만 유발하지만, 그 소리가 날 때마다 전기 충격을 당한 사람이라면 그 소리를 들을 때마다 공포를 느낀다. 이반 파블로프Ivan Pavlov는 개들을 괴롭혀가며 실험으로 이를 입증했다. 처음에는 빛이 개들에게 아무런 영향을 주지 않았지만, 빛을 비춘 다음에 먹이를 주는 일이 몇 번 반복된 뒤로는 빛을 비출 때마다 개들이 침을 줄줄 흘렸다. 실제로 개를 키우는 사람들은 개에게 비스킷을 주려 할 때 카펫에 개의 침이 뚝뚝 떨어지는 모습을 보곤 한다. 아마도 먹이를 획득하기 직전에 타액이 다량으로 분비되는 형질이 자연선택에 유리했기 때문에 고전적 조건형성classical conditioning 메커니즘이 잘 보존됐을 것이다.

보상과 처벌 역시 감정을 학습하는 원인이 된다. 파티에서 머리에 선등갓을 쓰고 신나게 논 다음 날 아침에 창피해서 어쩔 줄 몰랐던 기억은 불편한 감정을 유발한다. 그런 감정 경험 때문에 당신은 오늘 밤 파티에서 다시 그런 행동을 하고 싶은 충동을 억제할 것이다. 물론 독한 술을 잔뜩 마시고 당신의 불안을 둥둥 떠내려 보낸다면 이야기는 달라지겠지만.

감정을 학습하는 능력은 인간만이 아니라 다른 생명체들도 가지고 있다. 하지만 인간에게는 특별한 능력이 하나 더 있다. 인간의 정신은 세계를 모형으로 만들고 몇 달과 몇 년에 걸쳐 펼쳐질 현재와 다른 미래를 투사한다.[94, 95, 96] 각기 다른 행동에 따라 어떤 결과가 벌어지는지 머릿속에 펼쳐지는 것이다. 이렇게 계획을 세우고 공상에 잠기고 꿈꾸고 상상하는 동안 감정들은 우리를 콕 찔러 어떤 길로 가게 하거나 어떤 길에서 멀어지게 만든다. 재미있는 사람과 결혼하면 어떻게 살게 될까? 재미는 없지만 안정적인 사람과 결혼하면 어떨까? 우리의 정신은 감정이 잔뜩 들어간 환상을 만들어내고, 그 환상은 유전자에게 이로운(그리고 어쩌면 우리에게도 이로울) 계획 쪽으로 우리를 이끌어간다.

정신이 만든 세계 모형으로 다른 미래를 예측하는 능력 덕분에 인간은 다른 어떤 종족들보다 긴 시간을 척도로 삼아 더 큰 목표를 추구할 수 있게 됐다. 이럴 때 우리가 세우는 전략에는 복잡한 인간관계와 까다로운 판단이 포함될 때가 많다. 예컨대 실패를 거듭하는 대형 프로젝트를 포기할 것인가 말 것인가? 나에게 충실하지는 않지만 흥미진진한 사람과 1년 더 같이 살아볼까 말까? 올해 농구팀에 한 번 더 지원하면 어떨까? 승진을 요청할 필요가 있을까? 엔진이 없는 1955년형 선더버드 자동차 복원 작업을 계속할 가치가 있을까? 조현병을 일으키는 유전자를 찾는 연구를 계속해야 할까? 우리는 항상 복수의 프로젝트와 서로 충돌하는 전략들의 요구에 시달린다. 인간이 큰 뇌를 가지고 있는 이유가 이 때문이라는 인류학자 로빈 던바_{Robin Dunbar}의 주장은 나름대로 설득력이 있다.[97]

우리의 목표들 중에는 보편적인 것도 있지만 보편적이지 않은 것이 더 많다. 인간의 가치관과 정체성은 실로 다양하기 때문에, 새로운 정보가 한 사람에게 어떤 감정을 불러일으킬지를 예측하려면 그 사람의 가치관, 목표, 계획, 전략을 알고 있어야 한다. 감정 연구를 통해 밝혀진 중요한 진실은 감정이 정보의 의미에 대한 사람들 개개인의 '평가'에서 비롯된다는 것이다.[98, 99, 100] 예컨대 임신테스트기에 '임신'을 뜻하는 분홍색 선 두 줄이 뜨면 10대 여자아이는 절망의 눈물을 흘리겠지만 오랫동안 임신하려고 애써왔던 여성은 기쁨의 눈물을 흘린다.

감정은 조잡한 자극-반응 모델을 넘어서는 광활한 세계다. 이 세계에는 미묘한 사회적 학습과 정보 처리는 물론이고, 개개인이 정보의 의미를 해석하고 자기만의 전략을 사용해 목표를 향해 나아가는 능력이 포함된다. 사람들은 건강, 돈, 사회적 지위, 매력적인 배우자에 각기 다른 가치를 부여한다. 어떤 사람은 돈을 가장 중요하게 생각한다. 또 어떤 사람은 사랑이나 선행에만 관심을 둔다. 가치관만 다른 것이 아니라 사람들의 사교 전략도 다양하다. 어떤 사람은 기부를 통해 사회적 영향력을 얻으려 하고, 어떤 사람은 파티의 중심인물로서 영향력을 얻으려 하고, 어떤 사람은 남에게 위협을 가해서 사신의 영향력을 키우려고 한다. 앞의 두 사람은 이기심을 겉으로 드러내지 않으려 하고, 세 번째 사람은 되도록 동정심을 드러내지 않으려 할 것이다. 같은 사람이라도 시기에 따라 목표가 달라질 수 있다. 그래서 같은 정보가 전혀 다른 감정을 불러일으킨다. 임신 테스트기의 희미한 분홍색 선 두 줄처럼.

감정에 대한 진화적 관점은 때때로 인간 행동을 경직되고 비인간적으로 바라본다는 오해를 받는다. 하지만 진화적 관점은 모든 사람이 똑같다고 간주하는 것과는 거리가 멀다. 오히려 진화적 관점은 다양한 개인의 희망과 꿈, 두려움 그리고 다면적인 특성에 세심한 주의를 기울이게 해준다.

감정조절

어떤 사람은 극도로 감정적인 반면, 어떤 사람은 무슨 일이 벌어져도 감정을 내비치지 않는다. 어떤 결혼생활에서는 이런 극단적 성격의 차이가 적나라하게 나타난다. 한번은 20년 동안 불행한 결혼생활을 하면서 갈등이 끊이지 않았던 어느 부부가 상담을 받으러 왔다. 남자는 지역의 은행 지점에서 관리자로 일했고 여자는 그래픽 디자이너였다. 남자는 어느 금요일 밤 대학 도서관에서 아내를 처음 만났을 때부터 그녀가 재미있는 사람이라고 생각했다. "그녀는 아름답고 재미있었어요. 그녀 덕분에 나는 껍데기를 깨고 나왔지요. 하지만 그녀는 이성의 소리를 들으려 하지 않아요." 여자는 이렇게 말했다. "그날 나는 술을 몇 잔 마신 상태였어요. 원래는 경영학과 학생을 유혹할 작정이었는데, 결국 누구를 사귀게 됐는지 아세요? …… 계산하는 기계요!" 그들은 지금까지 함께 살면서 현명한 결정을 내린 적도 많았지만, 그 결정을 내리기까지의 과정은 즐겁지 않았고 그 과정에서 사이가 좋아지지도 않았다. 그들이 상상하는 미래는 그다지 행복하지 못했다. 로맨틱한 열정에 취해서 자기 자신을 속이고 있으면 신이 나지만, 그런 자기기만은 우리 자신보다는 우리의 유전자를 이롭게 한다.

어떤 사람은 상대가 눈썹을 치켜올린 이유를 두고 며칠씩 고민한다. 사실은 가벼운 경련이었을 수도 있는데 말이다. 어떤 사람은 직접적인 모욕을 당하고도 알아차리지 못한다. 어떤 사람은 작은 기회에도 무척 기뻐하지만 어떤 사람은 횡재를 하고도 자세조차 흐트러뜨리지 않는다. 양극단에는 대가가 따른다. 강렬한 감정에 쉽게 휩싸이는 사람은 하나의 과제를 끝내지도 않고 열정에 불타올라 다른 과제로 넘어가며, 의욕이 떨어지면 새로운 기회가 있어도 알아차리지 못한다. 감정을 잘 느끼지 못하는 사람은 기회를 충분히 활용하지 못하고 위험으로부터 자신을 완벽하게 보호하지 못한다. 왜 반응성의 편차가 이렇게 클까? 개연성 있는 답변은 반응성이 크든 작든 다원주의적 적합도는 비슷했다는 것이다. 정상적인 유전체genome는 하나만 있는 것이 아니다. 정상적인 성격도 하나로 정해져 있지 않다.

인간은 누구나 괴로운 감정에서 벗어나려고 노력한다. 하지만 괴로운 감정에도 다 이유가 있다. 그런 감정들은 좋지 못한 상황을 변화시키거나 피하거나 벗어나려는 노력을 유도한다. 하지만 좋지 못한 상황을 변화시키거나 피하는 일이 항상 가능한 것은 아니다. 약물에 중독된 자녀나 죽어가는 배우자를 도와주는 것이 불가능할 때 생겨나는 부정적인 감정들은 쓸모가 없다. 우리를 괴롭히는 쓸모없는 감정들은 일상생활 속에도 있다. 사람들이 그런 쓸모없는 감정들을 통제하려고 하는 것은 충분히 이해되는 일이다. 감정을 조절하는 방법을 제시하는 책과 논문만 해도 수십, 수백 건에 달한다.[101] 그 책과 논문의 대부분은 생각하는 습관을 바꾸거나 상황의 의미를 바꾸라고 조언한다. 또 어떤 책에서는 운동, 취미활동, 명상, 항정신성 약물을 통해 직접적으로 감정을 가라앉히라고 한다. 또 어떤 책은 대가가 따르더라도 상황을 변화시키려고 노력하라고 충고한다.

사실 가장 보편적이고 효과적인 전략이 있다. 그냥 기다리는 것이다. 기다리면 상황은 변한다. 감정의 안개가 걷히고 화는 누그러진다. 하반신이 마비되는 것은 끔찍한 일이고 복권에 당첨되는 것은 황홀한 일이지만, 우리가 주관적인 행복을 느끼는 전반적인 척도는 사고 전이나 복권 당첨 전의 수준으로 돌아가려는 경향을 지닌다.[102] 우리는 일생 동안 당근을 좇고 재앙을 피해 달아난다. 성공을 거둘 때는 기분이 아주 좋아지고, 실패할 때는 기분이 나빠진다. 하지만 그런 기분은 얼마 동안만 지속된다. 그 시기가 지나면 '심리적 면역 체계psychological immune system'가 가동되어 우리가 예상보다 훨씬 빨리 실망을 이겨내고 회복하도록 도와준다.[103] 이렇게 되는 이유는 아마도 감정의 척도와 마찬가지로 주관적인 행복의 평균 설정값 역시 적합도에 크게 영향을 끼치지 않기 때문인 듯하다. 중요한 것은 상황이 바뀔 때 적절하게 반응하는 능력이다.

어떠한 감정도 적당해야 알맞다

정상적인 감정에 관한 진화적 관점은 비정상적인 감정을 이해하기 위해 반드시 필요한 토대인데도 간과되는 경우가 많다. 모든 신체 반응은 왜곡될 여지가 있다. 가장 명백한 왜곡은 반응이 너무 약하거나 너무 강한 경우다. 기침을 절대로 하지 않는 사람은 아무런 이유 없이 기침을 하는 사람과 마찬가지로 심각한 병을 앓고 있을지도 모른다. 면역 반응이 부족하면 세균에 감염되기 쉽지만, 면역 반응이 지나치게 강해도 염증성 질환이나 자가면역질환의 원인이 된다. 고통을 느끼는 감각이 없는 사람들은 일찍 죽으며, 만성적인 고통에 시달리는 사람들은 때때로 죽고 싶어한다.

지금까지 기분장애에 관한 연구들은 부정적인 감정, 특히 불안과 우울에 초점을 맞췄다. 그런데 긍정심리학이라는 새로운 학문이 등장해 그동안 주목받지 못했던 '긍정적 감정의 부족'에 주의를 기울이게 됐다.[104] 부정적 감정의 과잉과 긍정적 감정의 결핍에 초점을 맞추는 경향은 '쾌락의 법칙pleasure principle'으로 쉽게 설명된다. 쾌락의 법칙이란 인간이 쾌락을 얻으려 하고 고통은 회피한다는 것이다. 하지만 이 법칙은 두 가지 또 다른 기분장애를 설명하지 못한다.

긍정적인 감정도 과잉이 될 수 있다.[105, 106, 107, 108, 109] 긍정적 감정의 과잉을 조증mania이라고 하는데 이것은 심각한 질환이며 때로는 치명적일 수 있다. 조증 환자들 중 일부는 현실과 맞지 않는 과도한 행복을 느끼지만, 일부는 통제 불가능한 거창한 목표를 추구하다가 여러 가지 주관적 감정이 뒤섞인 폭발 직전의 압력솥 같은 상태에 이른다. 현실과 맞지 않는 긍정적 감정이 적당한 수준이라면 더없이 좋겠지만, 쾌활한 사람들 중 일부는 너무 잘난 체하고, 일부는 사교적 단서를 가볍게 무시해버려서 주변 사람들을 힘들게 한다.

부정적인 감정이 부족한 경우도 있다. 자신에게 부정적 감정이 부족하다고 병원을 찾는 사람은 거의 없지만, 부정적 감정의 결핍도 심각한 질병이다. 불안이 부족한 과소공포증hypophobia 환자는 생명이 위태로울 수도 있다. 마찬가지로 질투심이 전혀 없으면 번식에 성공할 확률은 낮아진다. 슬픔을 전혀 못 느끼는 사람은 어리석은 잘못을 되풀이한다.

긍정심리학과 부정심리학이 모든 관심을 차지하고 있다. 여기에 진화적 관점은 '대각선의 심리학diagonal psychology', 곧 긍정적 감정의 과잉과 부정적 감정의 결핍이 무시되고 있다는 점을 강조한다. 불안, 우울, 수치심, 혐오, 놀라움, 죄책감, 자부심, 부러움, 질투, 사랑 같은 감정들이 지나치게 많거나 지나치게 적다면 주의를 기울일 필요가 있다는 것이다.

대각선의 심리학

	부정적 감정	긍정적 감정
과잉	부정적 감정 과잉	긍정적 감정 과잉
부족	부정적 감정 부족	긍정적 감정 부족

과잉과 결핍은 감정이 가장 뚜렷하게 드러난 상태일 뿐이고, 비정상적인 감정 상태는 그 밖에도 많다. 반응이 지나치게 빠를 수도 있고, 지나치게 느릴 수도 있고, 지나치게 오래 지속될 수도 있고, 상황에 맞지 않을 수도 있다. 너무 쉽게 화를 내는 것도 문제지만, 화를 내지 못하거나 두고두고 원한을 품거나 별다른 이유 없이 기분 나빠 하는 것도 문제다. 분노도 유용할 때가 있다. 화를 낼 만한 상황에서 적당한 속도로 생겨나 적당한 강도로 적당한 시간 동안 지속되는 분노는 유용하다. 하지만 분노는 여러 면에서 잘못될 가능성이 있다.

진화적인 틀은 언젠가 기분장애의 새로운 치료법을 발견하는 데 도움이 되겠지만, 지금도 실용적인 영향을 준다. 감정에는 의미가 있다. 우리는 감정의 메시지를 이해하려고 노력해야 한다. 감정은 보통 우리가 어떤 일을 하도록 만들거나 어떤 일을 멈추도록 유도한다. 우리가 감정에 주의를 기울여야 하는 것은 감정이 지혜로울 때가 있기 때문이다.[110, 111, 112, 113, 114, 115] 물론 감정이 항상 지혜로운 것은 아니다. 때때로 감정은 우리 유전자에는 도움이 되지만 우리에게는 해로운 어떤 일들을 하라고 압력을 가한다. 그리고 우리의 왜곡된 세계관에서 비롯되는 감정도 있다. 어떤 감정은 뇌병변 때문에 발생한다. 이렇듯 모든 가능성을 고려해야 현명한 결정을 위한 토대가 만들어진다. 우리 스스로 현명한 결정을 내릴 수도 있겠지만, 전문가의 조언을 구하는 것도 매우 유용할 수 있는 이유다.

기계 수리공처럼 생각하는 감정 전문가들은 무엇이 문제인지를 진단하고 가장 성공 확률이 높은 치료법을 찾아본다. 그들은 사고의 왜곡이라든가 뇌병변 같은 단 하나의 원인을 지목해서 그 원인에 맞는 치료를 시행한다. 진화적 관점을 가진 감정 전문가들은 엔지니어의 관점으로 환자를 본다. 그들은 감정의 효용을 알고 있으며, 감정의 역사적 제약과 설계상의 제약 때문에 인류가 기분장애에 취약하다는 사실도 안다. 그래서 여러 가지 원인과 적용 가능한 다양한 치료법을 고려한다. 또 긍정적인 감정은 좋은 것이고 부정적인 감정은 나쁜 것이라고 가정하는 대신 어떤 감정이 상황에 적합한지를 분석한다. 그들은 감정조절 메커니즘에 이상이 생겼다고 단정하는 대신 증상의 심각성이 상황에 비례하는지를 평가한다. 정상적으로 발현되는 어떤 증상이 환자에게 좋다고 가정하는 대신, 어떤 감정이 유전자를 이롭게 하기 위해 그 환자 개인을 희생시키고 있을 가능성을 염두에 둔다. 그들은 여러 가지 감정을 유발하는 요인들을 '스트레스'라고 뭉뚱그려 말하지 않으며 개별 환자가 가진 문제의 근원을 깊이 있게 이해하려고 노력하는 수고를 마다하지 않는다. 간단히 말하자면 진화적 관점을 가진 전문가들은 외과 의사들처럼 생각하고 행동한다.

5장

당신의 불안이
당신을 보호한다

불안을 잘 다룰 줄 아는 사람은 궁극의 진
리를 배운 것과 같다.
— 쇠렌 키르케고르, 《불안의 개념》[1]

샌프란시스코 북쪽 외곽에 위치한 포인트레예스. 나는 태평양의 가장자리에 있는 바위 위에 서서 반짝이는 햇빛, 바람 그리고 30~60센티미터 높이의 파도에서 느껴지는 짭짤한 기운을 마음껏 들이마시고 있었다. "위험! 소리 없이 파도가 칠 수 있으니 바위에 올라가지 마시오"라고 적힌 팻말이 있었지만, 날이 워낙 화창해서 내가 자리 잡은 바위를 향해 밀려오는 큰 파도는 없었다. 그때였다. 눈 깜짝할 사이에 얼음장 같은 물이 내 허벅지까지 차올랐다. 바위는 갑자기 미끄러워졌고 파도는 나를 끌어내렸다. 다행히도 나의 일시적 공포결핍증은 치명적이지 않았다. 지금도 나는 해변을 산책할 때마다 그 일을 생생하게 떠올리고, 불안한 마음에 위험을 회피하게 된다.

파도에 휩쓸려 바다에 빠질 뻔했는데도 짜릿한 전율만 느낀 사람들은 어느 순간 사라져버릴지도 모른다. 전율을 아예 못 느낀 사람들에게는 정반대의 문제가 생긴다. 그들은 너무 큰 불안을 경험한 나머지 다시는 바다 근처에도 안 간다. 언제든지 쓰나미가 닥칠 수 있다고 생각한다면 해수욕장에서 놀아도 재미가 전혀 없을 것이다. 불안장애에 시달리는 사람들은 위험의 기미만 보여도 식은땀을 흘리고, 긴장하고, 맥박이 빨라지고, 심장이 두근거리고, 겁에 질려 달아나려 한다.

마사가 우리 병원에 왔을 때 그녀는 몇 년 만에 처음 집에서 나왔다고 했다. 장보기는 남편이 도맡아 했고, 옷은 우편으로 주문했는데 옷 사이즈가 점점 커졌다.

샘은 유능한 목수였지만 점심시간에 동료 목수들과 함께 점심을 먹으려고 하면 너무 불안해져서 아무것도 먹지 못했다. 동료들은 샘이 자기가 잘났다고 생각해서 그런 줄 알았으므로 샘이 말을 건넬 때마다 조롱으로 응답했다. 그럴수록 샘의 불안은 더 심해졌다.

줄리 역시 다른 사람과 식사를 못하는 환자였다. 줄리는 음식이 목에 걸릴까 봐 몹시 걱정했다. 그래서 모든 음식을 걸쭉한 액체 상태로 만든 다음 집에서 혼자 먹었다.

멜은 야외활동을 무척 좋아해서 날마다 조깅을 했다. 그런데 언젠가부터 모기한테 물려 웨스트나일열병West Nile fever에 걸릴까 봐 걱정에 사로잡혔다. 그때부터 그는 좀처럼 집 밖에 나가지 못했다. 불가피하게 외출할 일이 생기면 피부에 벌레 퇴치 스프레이를 듬뿍 뿌렸다.

빌은 섹스가 아니라 공중화장실이라는 통로로 HIV에 감염될까 봐 두려워했다. 이성적으로 생각하면 실제로 그런 일이 벌어지지 않을 것 같긴 했지만, 그래도 그는 집에서 자동차로 한 시간 이상 걸리는 곳에는 가지 않았고 몇 년째 여행도 가지 않았다.

메릴린은 새를 무서워했다. 메릴린이 치료를 받으려고 한 이유는 남편에게 런던에 함께 가자는 얘기를 듣고 한 무리의 비둘기들에게 둘러싸이는 장면이 떠올라 공포에 질렸기 때문이다.

나는 이들 외에도 비슷비슷한 장애가 있는 환자 수백 명을 치료했다. 사람들은 대부분 불안이 얼마나 절망적인지를 잘 모른다. 어떤 사람들은 불안장애란 '그저 소심한 것에 불과'하다고 생각한다. 그것은 하반신 불수를 두고 "그저 걷기가 힘든 것"이라고 말하는 것과 비슷하다. 중증 불안장애는 생각보다 흔한 질환이다. 당신이 뭔가에 공포를 느낀다고 해서 그 감정을 굳이 남들에게 알리지 않는 것과 마찬가지로 다른 사람들도 자신의 공포를 숨긴다. 그래서 불안 때문에 괴로워하는 사람들은 자기만 그런 줄 안다. 실제로는 전혀 그렇지 않다.

평생을 놓고 볼 때 전체 인구의 약 30퍼센트가 의학적으로 진단 가능한 불안장애에 시달리며,[2] 어떤 사람은 불안의 정도가 그보다 낮아도 치료가 필요하다. 사회불안장애는 전체 인구의 12퍼센트 정도만 진단 가능하도록 기준이 설정되어 있지만,[3] 그런 기준은 임의적인 것이다. 예컨대 대중강연을 두려워하는 사람들의 비율은 전체의 50퍼센트에 가깝고, 그들 중 다수는 기꺼이 전문가의 도움을 받으려 한다.

거미와 뱀에서 출발한 최초의 불안 클리닉

의대생 시절 처음으로 수행한 연구 프로젝트에서 내가 맡은 임무는 뱀과 거미를 구해오는 것과 피를 뽑는 일이었다. 1970년대 말, '노출치료exposure therapy'라고 불리는 새로운 공포증 치료법이 진가를 발휘하던 때였다. 노출치료란 행동심리학 연구의 결과물로서 뱀이나 거미에게 극심한 불안을 느끼는 공포증 환자에게 오히려 뱀이나 거미와 접촉하게 해서 공포증을 없애는 방법이었다. 나의 연구 조교였던 조지 커티스George Curtis는 노출치료법을 잘 활용하면 윤리적 문제를 일으키지 않고도 강렬한 불안이 호르몬에 끼치는 영향을 발견할 수 있다고 생각했다.

우리 연구에 자발적으로 참여한 공포증 환자들은 처음부터 열심이었고 나중에도 우리에게 고마워했지만, 연구 중반에는 공포에 시달렸다. 그들은 각자 세 시간씩 다섯 번 치료를 받았다. 우리는 환자의 스트레스 호르몬이 절정에 달한 때를 포착하기 위해 대개 잠자는 시간의 제일 중간 지점에서 세 시간 뒤인 새벽 6시경에 실험을 시작했다.[4, 5] 이 말은 내가 전날 밤에 미리 반려동물 가게에서 뱀, 거미, 생쥐, 새 따위를 빌려와야 했다는 얘기다. 내 여자친구는 동물 손님들과 밤새 함께 지내는 것을 달가워하지 않았지만 잘 참아주었다. 처음에 반려동물 가게에서는 동물들을 빌려주기를 꺼렸으나, 어느 날 증상이 완치된 환자가 그 가게에 와서 독거미 한 마리를 구입하자 가게에서도 기뻐했고 우리도 깜짝 놀랐다. 그 손님은 그 뒤로도 갖가지 동물을 많이 사갔다. 나의 피 뽑는 솜씨도 나날이 좋아졌다.

연구 프로젝트를 수행하는 동안 환자들뿐 아니라 우리도 불안에 시달렸다. 당시 프로젝트 감독을 맡았던 정신분석학 교수들은 공포증을 무의식적 방어기제unconscious defense mechanism 때문에 성본능libido이 원래 자리에서 떨어져나온 결과라고 생각했다. 교수들은 마치 탁구공의 움푹 팬 부분을 복구하면 다른 곳이 움푹 들어가는 것처럼 행동치료 요법으로 공포증을 치료하면 새로운 증상들이 나타날 것이라고 말했다. 그 말을 듣고 나도 걱정이 됐지만, 막상 실험을 해보니 그런 사례는 한 건밖에 없었다. 다중공포증을 앓던 어느 남자 환자가 조류공포증이 개선된 다음 전반적인 불안 수준이 전보다 높아진 경우였다. 다른 환자 수십 명은 오랜 세월 동안 그들을 짓눌렀던 공포증에서 빠르게 회복했다.

치료법은 간단했다. 우리는 조류공포증이 있는 여성 환자가 있는 방에 비둘기가 있는 새장을 가져가 최대한 새장에 가까이 가보라고 요청했다. 환자는 방의 문간에 있는 새를 보더니 몇 분간 덜덜 떨고 흐느껴 울면서 새를 치워달라고 부탁했다. 우리는 새를 치우고 나서 환자에게 물었다. "새와 함께 있는 동안 맨 처음과 맨 끝에 같은 수준의 불안을 느꼈나요?" 환자는 이렇게 대답했다. "아니요. 처음에는 불안이 95 정도였는데 맨 나중에는 90으로 내려갔어요." 우리는 환자에게 불안을 강하게 겪으면서 빠르게 회복하기를 원하는지, 아니면 불안을 약하게 느끼면서 천천히 회복되기를 원하는지 물었다. 환자는 빠른 회복을 선택했다. 그래서 우리는 새장에 들어 있지 않은 비둘기를 데려와서 손에 들고 있다가, 환자가 괜찮다고 말할 때마다 조금씩 가까이 다가갔다. 노출치료를 받는 대다수 환자들과 마찬가지로 이 환자 역시 무척 용감하게 행동했다. 환자의 맥박은 130까지 올라갔다. 땀을 흘리고, 몸을 덜덜 떨고, 겁이 나서 말을 제대로 못하면서도 그녀는 비둘기 쪽으로 조금씩 다가갔다. 환자의 불안은 80으로 떨어지고, 잠시 뒤 70, 그다음에는 50으로 내려갔다. 불안이 50으로 떨어지자 환자가 갑자기 긴장이 풀린 모습으로 말했다. "진작에 이런 식으로 해볼 걸 그랬어요." 그날의 치료가 끝날 무렵 환자는 비둘기에게 한 손을 얹었다. 비둘기도 환자와 똑같이 불안해하고 있었다. 한 달 뒤 그녀는 트라팔가 광장에서 비둘기들에 둘러싸인 채 즐겁게 점심을 먹었다고 자랑스럽게 알려왔다. 치료 효과가 좋다는 것을 확인한 우리는 뛸 듯이 기뻤다.

노출치료는 환자만이 아니라 치료사에게도 만만한 일이 아니다. 노출치료를 잘하려면 자신감, 살살 달래는 기술, 공감, 인내를 솜씨 좋게 배합해야 한다. 처음에는 환자에게 그토록 강한 불안을 견디라고 요청하는 것이 잔인한 일 같아서 스트레스를 많이 받았다. 하지만 환자의 빠른 회복을 눈으로 보면서 자신감을 얻었고, 우리의 자신감은 환자들에게도 전이됐다. 노출치료는 수술과 같아서 어느 정도의 고통을 감내할 가치가 있다고 말하는 사람도 많았다.

나는 노출치료를 하면서 효과가 좋다는 점에도 놀랐지만 증상이 개선되는 패턴에도 놀랐다. 어떤 환자들은 불안이 서서히 가라앉는 모습을 보여줬다. 노출치료가 과거에 형성된 조건화를 뒤집는 과정이라는 점을 생각하면 예상 가능한 결과였다. 그런데 집중 치료를 받던 환자의 불안이 급격히 감소하는 경우도 그만큼 많았다. 방금 전까지 보아뱀을 보며 식은땀을 흘리고 비명을 지르지 않으려고 애쓰던 환자가 갑자기 이렇게 말하는 식이었다. "내가 왜 이딴 걸 무서워했는지 모르겠네요. 자세히 보니 약간 귀엽기도 한걸요. 불안이 40으로 내려갔어요. 이제 한번 만져봐도 될까요?"

놀라운 사례는 또 있었다. 뱀공포증에 시달리던 어느 여성 환자가 손을 뻗어 뱀을 만져보려고 애쓰던 중에 불쑥 말했다. "오, 이럴

수가. 내가 왜 뱀을 무서워하게 됐는지 이제야 생각났어요." 환자가 들려준 이야기에 따르면 그녀가 여섯 살 때 아버지가 도로에서 뱀을 발견하고 차를 세웠다. 아버지는 삽으로 뱀을 토막 내 죽인 다음 항아리에 담아서 그녀에게 건네주고 다리 사이에 끼고 있으라고 했다. 나의 심리치료를 감독했던 정신분석학 교수들은 프로이트Sigmund Freud의 이론에 부합하는 것처럼 보이는 일화를 듣고 반가워했지만, 그 환자가 2년 동안 심리치료를 받는 대신 두 시간 동안 뱀에 노출된 다음 공포의 감정을 이겨냈다는 사실은 믿으려 하지 않았다.

한번은 우리가 치료를 진행하는 동안 한 여자 환자가 잡지를 읽고 있던 방에서 비명이 들렸다. 우리의 실험실은 위생 상태가 완벽하지는 않았는데, 작은 좀벌레가 실험실 벽을 기어오르는 광경을 환자가 봤던 것이다. 환자는 놀란 마음을 진정시킨 다음 우리에게 사연을 이야기했다. 그녀는 일곱 살 때 소아마비 진단을 받았다. 당시 의료진은 쏜살같이 진료실 뒷문으로 그녀를 데리고 나가서 1인 병실에 입원시켰다. 그녀는 마비된 상태로 몇 주 동안 그 병실에 홀로 누워 있으면서 눈앞에 있는 벽에 벌레들이 기어다니는 끔찍한 환각에 시달려야 했다.

공포증을 직접 치료해본 경험은 환자와 이야기를 나누는 것만으로는 얻을 수 없는 통찰을 선사했다. 행동치료는 조건화된 반응을 기계적으로 제거하는 것보다 훨씬 복잡하고 흥미롭다. 어떤 환자는 행동치료를 받으면서 과거의 기억을 생생하게 되살려냈다. 환자들이 치유되는 패턴도 제각각이었다.

공포증을 빠르고 효과적으로 치료할 수 있다는 소문이 퍼지자 전화벨이 자주 울리기 시작했다. 우리가 감당할 수 없을 정도로 많은 사람이 도움받기를 원했다. 그중에는 절박한 사람들도 있었다. 우리는 수업시간에 이름이 불릴 것이 두려워서 고등학교를 졸업하지 못한 학생을 만났다. 또 비행공포증 때문에 회사 부사장 자리를 잃은 사람을 치료했다. 몇 년 동안 작은 이동식 주택 밖으로 나오지 않았다는 한 여성을 찾아가서 치료하기도 했다. 엘리베이터공포증 때문에 사무실이 있는 20층까지 걸어서 올라가려고 아침 일찍 출근하는 증권 거래인도 만났다. 그는 유산소운동을 많이 해서 건강 상태는 좋았지만 이제 계단 오르기가 지겹고 자신이 엘리베이터를 못 타는 이유를 고객들에게 설명하자니 난감하다고 말했다.

우리의 연구 프로젝트는 금방 규모가 커져서 진료소로 발전했다. 불안장애를 전문적으로 치료하는 거의 최초의 진료소였다. 다른 병원에서 치료 효과가 없었던 수많은 사람에게 도움을 줄 수 있다는 것은 고마운 일이었다. 그런데 불안장애가 생기는 이유는 무엇일까? 그리고 재채기와 무분별한 섹스를 무서워하는 사람은 거의 없는데 뱀과 거미를 무서워하는 사람은 왜 그렇게 많을까? 커다란 질문이 서서히 윤곽을 드러냈다.

불안은 왜 존재하는가?

이 질문에 대한 일반적인 답변은 상당히 명쾌하다. 불안을 느낄 줄 아는 개체들은 눈앞의 위험한 상황을 피해 달아나고 앞으로 그런 상황을 피해 다닐 확률이 높기 때문이다. 우리는 불안 전문가인 아이작 마크스Isaac Marks와 장시간 대화를 나눈 뒤, 과도한 불안만이 아니라 불안 결핍도 병으로 인식해야 한다고 생각하게 됐다.[6, 7] 다른 모든 보호 반응도 마찬가지다. 과도한 면역 반응도 각종 질병의 원인이 되지만 면역 부족은 생명을 앗아갈 수도 있다. 그런데 불안이 해롭다고 주장하는 논문은 수십 편이 나와 있지만 불안의 이로움을 설명하는 논문은 거의 없다. 나는 불안장애를 주제로 순회강연을 할 때마다 청중에게 불안의 이점을 입증한 연구를 알고 있느냐고 물어봤다. 사람들은 내가 허튼소리를 한다고 생각했다. 그러다 마침내 누군가가 나에게 뉴질랜드 학자 리치 풀턴Richie Poulton이 발표한 고소 공포증에 관한 논문을 한번 찾아보라고 말해줬다.

그 무렵에 우세했던 가설은 사람들이 높은 데서 떨어져 크게 다치는 경험을 하고 나면 고소공포증이 생긴다는 것이었다. 직관적으로는 그 가설이 맞는 것 같았지만 그것을 확실히 입증한 사람은 없었다. 풀턴은 5세에서 9세까지의 높은 데서 떨어져 다친 적이 있는 아이들 집단과 그런 경험이 없는 아이들 집단을 비교했다.[8] 그 아이들이 18세가 됐을 때, 어린 시절 낙하 사고를 경험한 집단에서 중증 고소공포증 환자의 비율은 2퍼센트였고 어린 시절 낙하 사고를 경험하지 않은 집단에서는 그 비율이 7퍼센트였다. 결과는 가정과 정반대였다! 중증 고소공포증만이 아니라 경미한 고소공포증까지 통계에 포함시킨 경우에는 차이가 더 확연했다. 어린 시절 낙하 사고를 당한 집단에서 고소공포증 환자가 7배나 더 적었다.[9] 지금 다시 생각해보면 그 이유는 간단하다. 어린 시절에 공포를 너무 적게 느껴서 추락 사고로부터 자신을 보호하지 못했던 아이들은 18세에 이르러서도 공포를 너무 적게 느낀다.

나는 다른 과소공포증 사례들도 찾아봤다. 우리 주변에는 일반인들과 달리 위험한 동물, 사회적 비난, 과속 운전, 약물 복용 그리고 목숨을 잃을 수도 있는 곡예를 두려워하지 않는 무모한 사람이 꼭 하나쯤 있다. 캘리포니아의 스키장에서는 무모한 젊은이들이 남들이 무서워하는 가파른 경사면(사실은 절벽에 가깝다)을 스키로 활강한다(사실은 뛰어내리다시피 한다). 이런 사람들(대부분 남성이다)은 여자들에게 스키 실력이 뛰어나고 용감하다며 칭찬을 받는다. 그리고 해마다 이런 사람들 중 몇 명이 사망한다.

언젠가 나에게 치료를 받으러 왔던 모터사이클 선수가 생각난다. 중요한 경주를 앞둔 밤이면 그는 먹은 음식을 모조리 토하고 잠도 못 잤다. 그의 친구가 경주 도중 사망한 직후부터 나타난 증상이었다. 그의 말에 따르면 해마다 경주 도중에 동료 선수 두세 명이 죽거나 심각한 부상을 입었다. 그도 몇 번 다친 적이 있지만 영구적인 손상을 입은 적은 없었다. 그는 겁이 나지 않는다고 주장했지만 경주 전날만 되면 구토를 하고, 심장박동이 빨라지고, 식은땀을 흘리고, 숨이 가빠지고, 근육이 팽팽하게 당겨졌다. 그는 그 증상들을 완화하는 약을 처방해달라고 했다. 그는 광고 제안을 많이 받는 프로 선수였으므로 그에게 선수 생활은 생계가 걸린 문제였다. 내가 "당신의 불안이 당신을 보호해주는 것 같다"라고 말했을 때까지만 해도 그는 예의 바르게 듣고 있었다. 하지만 "불안을 없애기 위해 약을 복용하는 건 당신에게 위험한 일"이라고 말했더니 그는 화를 내며 진료실을 나가버렸다. 그가 아직 살아 있는지는 나도 잘 모른다.

과소공포증은 생명을 앗아갈 수도 있는 매우 심각한 질환이지만 잘 알려져 있지 않고 치료가 진행되는 경우도 드물다. 과소공포증 환자들은 불안 전문 진료소를 찾지 않는다. 그들을 만날 수 있는 곳은 실험 비행체, 위험한 변경지대, 전쟁이나 사회운동의 최전선이다. 그들은 교도소, 병원, 실업자 행렬, 파산신청 법원, 영안실에서도 자주 발견된다. 제약회사들이 과소공포증 치료제 개발에 달려든 적은 없지만, 몇 가지 약은 과소공포증에 효과적일 것도 같다. 그중 한 가지는 몇몇 환자라면 기꺼이 복용할 것 같다. 요힘빈yohimbine이라는 약인데, 과소공포증을 치료하는 동시에 강렬한 오르가슴을 유발한다고 알려져 있다. 과소공포증 전문 진료소를 만든다면 그 사람들의 건강 상태가 좋아지고 부상이 감소하겠지만 수익성이 높을 것 같지는 않다.

불안이 존재하는 이유를 더 진지하게 탐구하자 더 많은 연결고리가 보이기 시작했다. 나의 환자들이 호소했던 공황발작panic attack은 1939년 위대한 생리학자 월터 캐넌Walter Cannon이 《인체의 지혜The Wisdom of the Body》라는 고전적인 저서에서 처음으로 제시한 '투쟁 – 도피 반응fight-or-flight response'과 본질적으로 동일해 보였다.[10] 캐넌은 심장박동이 빨라지고, 숨이 가빠지고, 땀이 나고, 그 자리에 얼어붙고, 도주하는 것 모두가 생명을 위협당하는 상황에서 유용한 반응이라고 지적했다. 그것은 나의 환자들이 보이는 반응과 표면적으로는 똑같았다. 하지만 두 가지가 정말 동일할까?

어느 날 저녁 병원에서 힘든 하루를 보낸 나는 해 질 무렵 집 앞에 차를 세우고 있었다. 토끼 한 마리가 자동차 헤드라이트 불빛에 놀랐는지 꼼짝 못하고 서 있었다. 나는 그 장면을 보며 생각에 잠겼다. 공황발작을 일으키는 환자들이 나에게 '몸이 얼어붙는 증상'을 호소한 적은 없었다. 하지만 내가 그걸 물어본 적도 없었다. 당장 다음 날부터 몸이 얼어붙는 증상이 있었는지 물어보기 시작했다. 첫 번째로 만난 환자가 대답했다. "아, 맞아요. 때로는 온몸이 마비된 느낌이 너무 강력해서 다시는 못 움직일 것만 같아요." 이후 몇 주일 동안 내가 치료 중이던 공황발작 환자 전원에게 같은 질문을 해봤다. 그들의 절반 정도는 공황발작이 시작된 뒤에 한순간 온몸이 마비되는 느낌을 받는다고 대답했다. 내가 오래전에 알았어야 했던 것을 진화적 관점 덕분에 비로소 알게 된 순간이었다.

불안 과잉이 많은 이유는?

화재감지기 원리는 쓸모없는 불안에 관해 많은 것을 설명해준다. 3장에서 언급한 대로 구토와 통증처럼 보호 반응을 조절하는 시스템은 비용보다 혜택이 커질 때마다 그 반응을 일으킨다. 설사 그것이 착오에 따른 반응일지라도. 대체로 보호 반응의 비용은 위험 회피라는 혜택에 비해 낮다. 따라서 위험이 있든 없든 간에 반응에 대해 적은 비용을 치르면 더 큰 피해로부터 확실하게 보호받는다. 우리가 화재감지기 경보가 잘못 울려도 참아주는 이유가 바로 여기에 있다. 구토와 통증 같은 반응들을 차단하기 위해 약을 먹어도 안전한 이유도 여기에 있다. 쓸모없는 불안이 아주 많은 이유도 여기에 있다.

화재감지기 원리는 전기 기술자들이 전화기의 딸깍 소리가 진짜 신호인지 단순한 소음인지 판별할 때 사용하는 '신호탐지 이론signal detection theory'(자극의 탐지가 관찰자의 신호에 대한 민감도와 반응 기준에 달려 있다는 이론 – 옮긴이)을 토대로 한다.[11] 올바른 결정의 기준이 되는 것은 소음 대 신호의 비율, 거짓 경보에 따르는 비용 그리고 위험이 실제로 존재할 때 경보의 비용과 혜택이다. 자동차 절도가 자주 발생하는 도시에서는 설사 경보가 잘못 울릴 때가 있더라도 민감한 자동차 경보체계를 사용할 가치가 있다. 하지만 절도가 별로 없는 시골에서 민감한 자동차 경보체계는 골칫거리일 따름이다.

공황발작은 비상시 반응체계의 경보가 잘못 울려서 생기는 현상이다. 비상시 반응체계는 생존을 위협당할 때 재빨리 도망치도록 훈련되어 있다. 당신이 고대 아프리카 초원지대에 사는 원시인인데 지금 목이 마른 상태이고 연못이 바로 앞에 있다고 하자. 그런데 수풀에서 무슨 소리가 들린다. 사자일 수도 있고 원숭이일 수도 있다. 당신은 달아나야 할까? 그것은 비용에 달려 있다. 겁을 집어먹고 달아나려면 100칼로리가 소모된다. 도망치지 않는 경우 수풀 속 동물이 원숭이라면 비용은 0이지만, 만약 사자라면 비용은 10만 칼로리가 된다! 사자가 당신을 점심으로 먹을 때 얻게 될 에너지의 양을 기준으로.

큰 소리가 난다면 수풀 속 짐승은 사자일 가능성이 높다. 소리가 얼마나 크면 달아나는 것이 맞을까? 계산을 해보자. 수풀에 사자가 있을 때 당신이 달아나지 않는 것에 따르는 비용은 공황발작을 일으키는 비용의 1,000배에 달한다. 따라서 최적의 전략은 소리를 들어보고 수풀에 사자가 숨어 있을 가능성이 1,000분의 1보다 크다고 판단될 때마다 쏜살같이 달아나는 것이다. 이렇게 하면 1,000번 중에 999번은 불필요한 도망을 치게 된다. 하지만 1,000번 중에 한 번은 달아난 덕분에 목숨을 건진다.

공황발작이 대부분 정상적이지만 쓸모없는 현상이라는 이치를 파악하니 나와 내 환자들이 문제를 이해하는 데 도움이 됐다. 이것은 새로운 개념은 아니다. 일찍이 철학자 블레즈 파스칼Blaise Pascal은 이와 비슷한 방법을 써서 신을 믿는 것이 합리적인 행동임을 증명했다. 신을 믿을 경우 비용은 낮지만, 신을 믿지 않았는데 알고 보니 신이 존재할 경우에는 영원히 지옥불에 화형을 당해야 하니까.[12] 파스칼의 논증에 약간의 수학과 진화론을 더하면 인간에게 불필요한 감정적 고통이 왜 이렇게 많은지를 설명할 수 있다. 또 이런 사고방식은 의사들이 당면한 상황에서 별로 필요하지 않은 통증, 열, 기침, 불안 같은 정상적인 반응들을 차단하기 위해 약을 처방하는 것이 안전한지 여부를 판단하는 데도 도움이 된다.[13, 14, 15]

진화론으로 바라본 공포증

뱀과 거미를 무서워하는 사람은 정말 많다. 다리, 높은 곳, 엘리베이터, 비행기에 대한 공포도 제법 많다. 대중연설을 두려워하는 사람은 훨씬 많다. 광장공포증의 특징은 집 밖으로 나가기를 두려워하고 열린 장소에서 공포를 느끼는 것이다. 그러나 책, 나무, 꽃, 나비를 지나치게 무서워하는 환자는 한 번도 만나지 못했다. 칼, 전선, 알약, 화학물질, 오토바이는 실제로 위험한 것들인데 이런 것들에 공포를 느끼는 환자도 드물다. 왜 그럴까? 이것은 진화적인 질문이다.

나는 아이작 마크스와 함께 한 해 여름 내내 이 질문에 매달렸다. 우리는 여러 종류의 불안장애가 각기 다른 위험한 상황과 짝지어지는지 여부를 알고 싶었다. 아래의 표에서 확인할 수 있는 것처럼, 불안장애의 유형별로 그에 상응하는 위험이 하나씩 있다.[16]

불안장애	상황
작은 동물에 대한 공포증	동물에게 해를 입을 가능성
고소공포증	높은 곳에서 떨어져 다칠 가능성
공황발작	포식자 또는 다른 사람의 공격
광장공포증	포식자 또는 다른 사람의 공격
사회불안장애	사회적 지위를 상실할 가능성
심기증hypochondriasis	질병
매력 상실에 대한 공포	사회적 따돌림
주삿바늘과 실신에 대한 공포	부상/출혈

공포의 감정 중 한두 가지는 인간에게 내장된 자동적인 반응이지만,[17] 가장 흔한 공포의 감정들은 선천적인 것으로 보기 어렵다. 예

컨대 뱀에 대한 공포는 타고나는 것이 아니다. 대신 1970년대에 심리학자 수전 미네커Susan Mineka의 연구진이 수행한 훌륭한 실험으로 입증한 것처럼, 인간의 뇌는 뱀에 대한 공포를 빠르게 학습하는 구조를 가지고 있다. 실험실에서 자란 아기 원숭이들은 먹이를 얻기 위해 뱀 장난감을 넘어가며 즐거워한다. 그러나 다른 원숭이가 그것과 똑같이 생긴 뱀 장난감을 보고 겁에 질려 달아나는 동영상을 보여준 뒤로 원숭이들은 줄곧 그 뱀을 무서워했다. 하지만 다른 원숭이가 꽃을 보고 명백한 공포를 드러내며 달아나는 동영상을 보여준 뒤에도 원숭이들은 꽃에 공포를 느끼지 않았다.[18] 동물의 뇌는 특정 단서들에 대해 훨씬 빠르게 공포를 학습하도록 만들어졌다.

이런 식의 사회적 학습은 매우 유용하다. 자연선택은 몇 가지 정확한 단서에만 반응하는 시스템이 아니라 다른 개체에게서 얻은 정보도 사용할 줄 아는 시스템을 발달시켰다. 이렇게 학습된 공포는 한 세대에서 다음 세대로 전해진다. 예컨대 찌르레기에게 조작된 동영상을 보여줬더니 자신들에게 아무런 해를 입히지 않는 꿀빨이새를 두려워하게 됐다. 그리고 그 불필요한 공포를 다른 찌르레기 여섯 마리에게 전달했다.[19] 이와 마찬가지로 거미나 뱀 또는 공중화장실을 무서워하는 부모는 자녀들에게 그 공포를 물려줄 수 있다.

인간이 학습을 통해 전기 콘센트, 약물, 칼 따위의 낯설고 위험한 물건들을 무서워하게 될 수도 있지만, 그런 단서들은 미리 뇌에 입력된 것이 아니기 때문에 학습이 느리게 이뤄진다. 특히 운전의 위험성에 대해서는 확실하고 비극적인 사례가 많이 있다. 자동차 운전은 젊은 사람들이 하는 일들 중에 가장 위험한 일이다. 사망과 영구적 신체 손상의 가장 큰 원인이 자동차 운전이다. 2014년에 15세부터 24세까지의 집단에서 발생한 사망자의 4분의 1이 자동차나 오토바이 사고로 죽은 사람들이었다.[20] 전 세계에서 하루에 3,000명꼴로 교통사고 사망자가 발생한다.[21] 운전면허 교육은 과속운전과 음주운전의 위험을 강조하지만 운전자가 자신을 확실하게 보호할 정도로 충분한 경각심을 불러일으키지는 못하는 듯하다.

잘못 울린 경보, 공황장애

공황발작은 예상치 못한 순간에 일어난다. 최초의 공황발작은 책을 읽고 있거나 텔레비전을 보고 있거나 비행기 탑승 시간을 기다리고 있을 때 찾아올 수도 있다. 아무런 예고 없이 심장이 쿵쾅거리고, 근육이 팽팽하게 당겨지고, 숨이 가빠지고, 재앙이 닥칠 거라는 느낌이 들고, 가슴이 답답해지고, 당장 도망치고 싶어질 수 있다. 그럴 때 사람들은 심장마비나 심장발작인 줄 알고 응급실로 달려가 각종 검사를 받는다. 의사들이 공황장애라는 진단을 미처 생각지 못해서 젊고 건강한 사람들이 관상동맥 조영검사를 받는 일이 지나치게 많다.

우리를 찾아온 환자들은 대부분 응급실에서 다음과 같은 말을 들었다고 했다. "검사 결과 심장에 특별한 이상은 확인되지 않았습니다. 그래도 조심하셔야 해요. 만약 아픈 곳이 있으면 곧바로 병원에 오세요." 이런 충고는 통상적인 불안발작anxiety attack을 공황장애로 변화시킬 가능성이 높다. 이런 충고를 받은 환자는 똑같은 발작이 또 시작될 조짐이 있는지를 꼼꼼히 살핀다. 얼마 후 잔디 깎는 일을 하거나 누군가와 말다툼을 하는 중에 심장박동이 빨라지고 숨이 가빠지는 느낌이 든다. 이런 증상들이 나타나기만 해도 발작이 시작된다는 공포에 휩싸인다. 공포 때문에 심장박동은 더 빨라지고 호흡이 곤란해져서 통상적인 불안이 완전한 공황발작으로 바뀐다.

일부 연구자들은 공황발작의 원인을 스트레스조절 메커니즘의 이상에서 찾는다. 뇌의 중심부인 시상하부에서 부신피질자극호르몬분비호르몬CRH이 빠르게 분출되면 생리학적 흥분이 일어나는데 이것이 공황발작의 경험과 흡사하다.[22] CRH는 뇌간에 있는 청반 내 세포를 흥분시킨다. 청반은 뇌 아래쪽에 자리한 청색 점으로, 노르아드레날린noradrenaline을 포함해 신경세포의 80퍼센트가 이곳에 위치한다.[23] 청반에 전기 자극을 가하면 전형적인 공황장애와 비슷한 증상들이 유발된다. 일부 연구자들은 CRH 또는 청반이 정상적으로 기능하지 못해서 공황발작이 생긴다고 주장한다. 물론 그런 사례도 있겠지만, 일반적으로 청반은 뇌의 훨씬 위쪽에서 전해지는 신호로 활성화된다.

공황발작을 일으킬 가능성은 보편적인 형질에 가깝다. 설문조사 결과에 따르면 성인들 대부분은 공황에 가까운 증상들을 경험한 기억이 있다. 공황발작은 식은땀, 심장박동 증가, 호흡 곤란, 근육 긴장, 좁은 시야, 예민한 청각, 기절할 것 같은 느낌, 도망치고 싶은 충동 등의 증상을 한꺼번에 유발한다. 앞에서 설명한 대로 월터 캐넌은 이런 반응들이 위험 앞에서 유용하다고 주장했다. 우리 조상들은 맹수나 적대적인 사람과 마주쳤을 때 그런 반응을 나타냈을 것이다. 이 이야기가 추상적으로만 들린다면, 연못가에 무릎을 꿇고 앉아 가족을 위해 물을 길으려고 하는데 저 멀리 둑에서 어슬렁어슬렁 내려오는 사자를 봤다고 치자. 우리 조상들의 반응은 제각각이었다. 어떤 이는 사자의 힘에 감탄하고, 어떤 이는 아무런 반응을 보이지 않았다. 그들은 사자의 밥이 됐다. 또 어떤 이들은 짐을 다 내던지고 제일 가까운 나무 위로 달아났다. 그들은 다음 날에도 살아남았다. 그들의 유전자는 지금도 우리 안에 살아 있다.

나는 몇 년째 이동식 주택에서 한 발짝도 나가지 않은 여성 환자의 집을 방문한 적이 있다. 그녀는 집 앞 계단에 한쪽 발을 올려놓기만 해도 공포에 휩싸였다. 몇 달 동안 약을 복용하고 친지들의 도움을 받은 끝에 그녀는 마침내 다시 외출할 수 있게 됐다. 그녀처럼 광장공포증을 앓는 사람들은 집 밖으로 나갈 때 극심한 공포를 느낀다. 그리고 탁 트인 장소와 밀폐된 장소를 두려워한다. 조금 이상한 조합이다. 탁 트인 장소가 무섭다면 밀폐된 장소는 괜찮아야 하지 않겠는가?

광장공포증은 대부분 공황발작과 함께 나타나고, 광장공포증 환자들은 집 밖으로 나가려고 할 때 공황발작 증상을 나타내곤 한다. 그들은 외출을 하더라도 집에서 가까운 곳만 가고 자기가 신뢰하는 친구들에게 바짝 붙어 다닌다. 광장공포증과 공황장애의 연관성에 대해서는 여러 가지 가설이 있다. 신경과학자들은 두 가지 질병에 공히 영향을 끼치는 뇌의 부위를 찾아봤다. 프로이트는 거리에 나가기를 두려워하는 것은 매춘부가 되고 싶은 무의식적인 성적 충동의 산물이라고 굳게 믿었다. 지금 들으면 미친 소리 같지만 프로이트의 시대에는 그렇게 이상한 말이 아니었다. 프로이트가 만난 환자들은 대부분 섹스를 더 많이, 더 즐겁게 하고 싶다는 소망을 가진 사람들이었고, 당시에는 거리에 혼자 있는 여자들이 성적 접촉의 기회를 얻기도 했다. 그러나 광장공포증과 공황발작의 연관성을 더 쉽게 설명할 방법은 따로 있다.

당신이 수렵채집 시대에 사는 원시인인데, 어제 사자를 가까스로 피했다고 상상해보라. 오늘 당신은 어떻게 행동해야 현명할까? 움집 안에만 있을 수 있다면 그 편이 좋다. 만약 꼭 나가야 한다면 멀리 가지 말고, 혼자 가지 않아야 한다. 탁 트인 들판과 밀폐된 장소는 포식자에게 발견되기 쉽기 때문에 피해야 한다. 위험 징후가 하나라도 나타나면 재빨리 집이나 안전한 장소로 달려가야 한다. 행동생태학자인 스티븐 리마Steven Lima와 로런스 딜Lawrence Dill은 이를 다음과 같이 표현했다. "포식자를 피하지 못하는 것만큼 가혹한 실패는 없다. 죽음을 당하면 미래의 적합도는 크게 감소한다."[24]

오늘날의 공황장애 환자는 사자와 마주친 경험이나 그만큼 위험한 경험을 해본 적이 없는 사람들이다. 그들의 공황발작은 위험 앞에서 유용하게 쓰일 수 있는 시스템이 잘못 울린 경보에 해당한다. 이 거짓 경보들은 몸 상태를 계속 살피게 만들고, 흥분의 수위를 높이고, 시스템을 민감하게 만든다. 그리하여 앞으로 또 발작이 일어날 가능성이 높아지는 악순환에 빠져든다.

언젠가부터 나는 공황장애 환자들에게 "당신은 심장질환이나 뇌전증(간질)에 걸린 것이 아니라 공황발작을 일으키고 있는 것이니

의학적인 검사는 그만 받고 정신과 치료를 받아야 한다"라고 설명하고 있다. 환자들 중 다수는 예의상 내 말을 끝까지 듣고 나서 이렇게 대답했다. "하지만 선생님, 정신이 아니라 몸에 문제가 있는데요? 발작이 일어나면 심장이 쿵쾅거리고 숨이 가빠지는 게 느껴져요. 혹시 좋은 심장내과 의사를 알고 계시나요?"

진화론의 기초를 이해하고부터 내가 환자들을 대하는 방식도 달라졌다.[25] 나는 환자들에게 공황발작 때 나타나는 증상들은 생명이 위협당하는 상황에서 달아나기 위해 필요한 것이며 공황발작은 마치 토스트가 탈 때 화재경보기가 울리는 것과 같은 잘못된 신호라고 설명하기 시작했다. 이렇게 설명하면 환자들의 4분의 1 정도는 이렇게 대답했다. "고마워요, 선생님. 이제 이해가 됩니다. 그걸 알고 나니 마음이 편해지네요. 혹시 문제가 생기면 전화할게요."

나머지 환자들은 추가 치료가 필요했다. 대개 공황장애 환자들에게는 행동치료가 효과적이지만 더러는 약물치료로 효과를 보기도 한다. 몇 주 동안 항우울제를 꾸준히 복용하면 대부분 공황발작이 멈춘다. 일부 환자들은 공황발작이 다가오고 있다고 느끼는 '소규모 발작'을 계속 경험하지만, 마치 재채기를 억누른 것처럼 발작은 시작 단계에서 멈춘다. 어떤 환자는 약을 복용하면 "증상이 표면적으로만 없어지고 약을 끊으면 다시 발작이 시작될 것 같다"라고 염려하지만 그런 일은 드물다. 우리 몸은 환경의 위험성을 기준으로 불안 시스템의 민감도를 조절하기 때문이다. 몇 달 동안 공황발작을 일으키지 않고 지내면 불안 시스템은 덜 민감해진다. 그래서 약을 끊더라도 공황발작이 다시 나타날 가능성은 별로 없다.

외상후스트레스장애는
시스템의 장애인가, 거짓 경보인가?

죽음의 문턱까지 가본 사람은 종종 정상적인 생활이 불가능할 정도의 변화를 겪는다. 전쟁을 겪어본 적이 없고 늘 안전한 동네에 사는 사람은 친구가 갈가리 찢겨 죽는 광경을 목격하는 것이 얼마나 끔찍한지 쉽게 상상하지 못한다. 어떤 환자의 이야기는 듣기만 해도 충격적이다. 불타는 차 안에 친구들을 남겨두고 간신히 기어나온 남자, 납치되어 강간당하고 칼에 찔린 뒤에 방치됐던 여자, 세탁소에서 혼자 일하다가 끔찍하게도 15분 동안이나 다리미의 뜨거운 금속판 사이에 팔이 끼어 있었던 여자.

이처럼 죽음에 가까워지는 경험을 하면 사람이 완전히 달라진다. 그 충격적인 경험은 악몽이나 연상을 통해 되살아난다. 어떤 사람은 매 순간 그 공포에 짓눌리며 살아간다. 저 멀리서 헬리콥터 소리가 들린다거나 문이 쾅 닫힌다거나 낯선 사람이 다가오는 것과 같은 작은 단서만 있어도 실제 위험과 똑같이 강렬한 공포를 느낀다. 어떤 사람은 그런 단서들과 공포를 피하기 위해 지하실에 살거나, 시골로 이사하거나 아예 외출을 중단한다. 어떤 사람은 갑작스럽게 분노에 사로잡히거나 공황 상태가 되는 것을 제외한 어떤 감정도 느끼지 못하고 감정이 메마른 채로 살아간다.

연구자들은 왜 어떤 사람은 트라우마에 더 취약한가를 알아내려고 노력했다. 미시간주립대학교의 심리학자 나오미 브레슬로Naomi Breslau의 연구진은 디트로이트의 어느 건강관리 단체 회원 1,007명을 대상으로 연구를 수행했다.[26, 27] 연구 대상자의 39퍼센트는 트라우마를 경험한 적이 있었는데 그들 중 24퍼센트는 외상후스트레스장애post-traumatic stress disorder, PTSD 증상에 시달렸다. 끔찍한 경험이 PTSD로 발전한 사람들은 어릴 때 부모의 이혼을 겪었거나 가족 중에 불안장애 환자가 있었거나 그 사건 이전에도 불안장애 또는 우울증을 앓고 있었을 확률이 높았다.

브레슬로의 연구진은 놀라운 일을 해냈다. 3년 뒤에 똑같은 사람들을 대상으로 한 번 더 조사를 실시한 것이다. 그 3년 동안 연구 대상자의 19퍼센트가 새로운 트라우마를 경험했고, 그중에서 11퍼센트가 PTSD 증상을 나타냈다. PTSD 발병률과 상관관계가 가장 높은 변수는 과거의 트라우마 경험이었고 트라우마를 일으키는 일들은 과거에 끔찍한 일을 경험한 사람들에게 더 많이 발생했다. 그리고 끔찍한 일들은 신경질적이면서도 외향적인 사람에게 더 많이 일어났다. 따라서 우울한 감정에 가장 취약한 사람들이 다시 트라우마를 경험할 가능성이 가장 높았다.[28] 브레슬로의 연구진은 이 연구 결과와 다른 여러 편의 연구를 함께 검토해서 어떤 사람이 트라우마를 겪은 뒤에 PTSD에 걸릴 확률이 가장 높은지 알아봤다. 가장 강력한 요인은 사회적 지지의 결핍이었고, 두 번째로 강력한 요인은 어린 시절에 경험한 방임 또는 트라우마였다.[29]

트라우마를 겪은 뒤에 오래 지속되는 변화들은 쓸모가 있는 것인가 아니면 단순한 시스템의 고장인가? 나는 PTSD가 유용한 적응이라고 생각하지는 않는다. 그러나 화재감지기 원리에 따르면 극단적인 방어 반응은 생명을 위협하는 상황과 아주 조금만 유사한 단서에 의해서도 촉발될 수 있다. 하마터면 죽을 뻔한 경험을 하고 나서 전반적으로 흥분 수준이 높아지는 것은 비용이 크더라도 가치 있는 반응이다. 아주 작은 일에 깜짝깜짝 놀라는 반응들도 유용할 수 있다. 같은 이치로, 치명적인 위험이 눈앞에 있을 확률이 1,000분의 1밖에 안 되더라도 그런 위험을 가리키는 단서에 노출될 때 극단적인 공포를 느끼는 것 역시 유용하다. PTSD 환자들은 이제 자신들이 전쟁터에 있지 않다는 사실을 분명히 알고 있다. 하지만 *그*들의 몸과 마음은 마치 전쟁터에 있는 것처럼 반응한다. 오스트레일리아의 연구자 크리스 캔터Chris Cantor는 자신이 쓴 책에서 이처럼 극도로 예민한 반응이 단순한 고장인가 아니면 극단적인 거짓 경보라는 큰 비용이 따르지만 유용한 적응의 일부인가를 검토했지만 확실한 결론을 내리기는 쉽지 않아 보인다.[30]

진화한 시스템의 악순환, 범불안장애

범불안장애generalized anxiety disorder, 일명 GAD는 PTSD를 일으키는 심각한 트라우마 경험과는 멀찌감치 떨어져 있음에도 늘 불안에 시달리는 상태를 말한다. 범불안장애는 구체적인 사건 또는 위험과 긴밀하게 연관된 증상들 대신 갖가지 걱정과 물리적인 불안 증상들로 나타난다. '걱정'이라고 하면 별로 심각하게 들리지 않지만 GAD에 시달리는 사람들과 이야기를 나눠보면 그 심각성을 알 수 있다. GAD의 심각성을 평가하기 위해 나는 다음과 같은 질문을 던진다.

"당신은 정신활동의 몇 퍼센트를 걱정하는 데 사용하나요?" 환자들 대부분은 "90퍼센트 이상이요. 걱정하는 것 말고 다른 생각은 아예 없어요"라고 대답한다.

전형적인 GAD 환자는 돈, 태풍, 건강, 자녀 그리고 직장과 부부 관계에 관해 걱정한다. 보통 사람들 같으면 쉽게 털어버릴 일들이 GAD 환자에게는 성가신 집착으로 변한다. "나는 62세밖에 안 됐어요. 우리 회사가 파산해서 내가 보험 혜택을 못 받게 되고 정부 의료보장을 받는 나이가 되기 전에 병에 걸리면 어떡하죠?" "딸아이가 뒤뜰에서 놀고 있는데 사슴 한 마리가 울타리를 훌쩍 넘어 들어올 수도 있잖아요. 딸아이가 사슴에게 물려 라임병에 걸렸는데 내가 발진을 못 보고 지나치면 어쩌죠?" 이들의 머릿속에서는 '만약 ○○하면?' 하는 식으로 잠재적 재앙에 관한 질문들이 끊임없이 이어진다. 그리고 이들은 근육 긴장, 피로, 전율, 발한, 복통 같은 육체적인 증상을 경험하는데, 이런 증상들 자체가 걱정의 대상이 된다.

GAD 환자들의 위험 감지 시스템은 머리카락 한 올만 움직여도 작동하도록 설정돼 있다. 이들의 머릿속은 극단적인 상상으로 가득 차 있다. 그들은 딸이 고등학교 졸업 무도회장으로 출발할 때 자부심과 기쁨을 느끼는 대신 딸이 사고를 당하거나 임신하게 되리라는 상상에 시달린다. 배우자가 집에 조금 늦게 오면 그 시간만큼 여유를 즐기는 대신 사고나 심장마비가 일어났을까 봐 계속 걱정한다.

최근에 발견된 흥미로운 사실은 GAD를 일으키는 유전적 성향이 유전적 우울증 성향과 상당 부분 겹친다는 것이다.[31] GAD를 일으키는 특정한 대립유전자가 발견되지는 않았지만 GAD를 앓는 사람들의 친척들은 GAD와 우울증에 걸릴 위험이 높았으며, 우울증 환자의 친척들 역시 마찬가지였다. GAD와 우울증은 모두 역경 앞에서 조심스럽게 행동하는 상태를 반영한다. GAD와 우울증이 급속도로 심해지는 것은 나쁜 일이 생긴 다음에 반응성이 더 높아지도록 진화한 시스템이 악순환을 유발하기 때문이다.[32]

그 밖에도 정신과적 문제들 중에는 보호 반응의 과잉으로 해석할 수 있는 것이 많다. 섭식장애는 비만에 대한 극도의 공포에서 비롯된다. 병적인 질투는 애인에게 버림받거나 애인이 바람을 피울 것에 대한 공포 때문에 발생한다. 편집증은 남들이 나를 상대로 음모를 꾸미고 있다는 공포에서 생겨난다. 자신을 보호하는 일에 적당량의 에너지를 사용하는 것은 현명한 일이지만, 어떤 사람은 화재감지기 원리를 감안하더라도 에너지를 지나치게 많이 쓴다.

우리가 무엇을 바꿔야 할까?

불안의 진화적 기원과 기능을 이해한다고 해서 특별한 치료법을 제시할 수 있는 것은 아니지만, 불안을 진화적으로 이해하고 나면 확실히 치료에도 변화가 생긴다. 정신과 진료를 처음 하던 시절에 나는 불안장애 환자들에게 연민을 느꼈다. 내가 아무리 신중하게 단어를 선택해도 그들은 내 말에서 자신이 나약하거나 자신에게 문제가 있다는 느낌을 받았다. 그런데 내가 "불안은 유용한 반응인데 종종 지나치게 커진다"라는 점을 강조하자 환자들은 자신이 정상적인 사람으로 대우받고 자신감을 얻는 느낌을 받았다고 말했다.

여자들은 불안장애를 일으킬 확률이 남자들보다 두 배나 높다. 호르몬, 뇌의 메커니즘, 사회적 역학관계를 원인으로 보는 갖가지 가설들이 제기됐지만 그 가설들은 모두 여자들에게 문제가 있다는 편견을 내포하고 있었다. 진화적 관점은 이런 분석을 완전히 뒤집는다. 진화적 관점에 따르면 평균적으로 여성들은 자신의 행복과 안전을 위해 딱 적당한 만큼 불안을 느끼는 반면, 남성들은 자신의 건강을 위태롭게 하더라도 유전자 전달을 극대화하기에 적합한 정도로 불안을 느낀다.

공황장애, 범불안장애, 사회불안장애가 근본적으로 같은 질환인가, 별도의 질환인가라는 논쟁은 불필요하다. 이것은 모두 불안의 아류로서 우리 조상들이 다양한 상황에서 위험에 대처하기 위해 활용했던 전조 상태precursor state에서 조금씩 분화되어온 것이다. 여러 가지 불안의 진화적 기원이 같다는 점에 비춰본다면, 왜 어떤 사람들은 둘 이상의 불안장애를 동시에 가지고 있는가에 대해 특별한 이론을 찾으려 하기보다 여러 종류의 불안장애를 연결해서 생각하는 것이 합리적이다. 진화적 관점은 모든 불안을 과잉이라고 가정하는 대신 화재감지기 원리에 주목하며 과소공포증 연구의 필요성을 알려준다.

또한 진화적 관점은 불안장애들이 대부분 물리적인 것인가, 정신적인 것인가에 관한 추상적인 토론은 제쳐두고 한 개인이 불안을 느끼는 모든 원인을 분석하는 데 주의를 기울인다. 어떤 환자는 평생 동안 불안에 시달리고 있는데 가족들도 다 같은 문제로 고생한다. 어떤 사람은 가족력이 없고 과거에 심한 불안을 느낀 적도 없는데 살면서 겪은 어떤 사건 때문에 불안장애에 걸린다. 진화적 관점은 임상의와 환자들에게 '특정 원인이 존재하리라는 믿음'에 의거해서 치료법을 선택해야 한다는 잘못된 관념을 버리라고 이야기한다. 주로 유전적 또는 생리학적 원인 때문에 발생하는 문제들은 심리치료를 통해 개선되는 경우가 많다. 어떤 상황 때문에 발생한 문제들은 약물치료로 효과를 얻곤 한다.

또 진화적 관점은 치료가 효과를 내는 원리를 밝혀준다. 불안장애 치료약은 부족한 신경전달물질을 채워주지는 못하면서 불안 시스템을 교란한다. 마치 아스피린이 열과 통증 체계를 교란하는 것처럼. 또 행동요법은 우리의 뇌를 변화시킨다. 행동요법은 환경이 더 위험해지거나 덜 위험해지면 불안 반응을 조절하도록 진화한 메커니즘들을 이용한다. 단순히 조건화를 역전시키는 것이 전부는 아니다. 노출치료는 전두엽에서 새로운 억제 충동이 만들어지도록 하고, 그 억제 충동이 아래쪽으로 내려가서 불안하다는 신호가 의식에 도달하지 못하도록 막는다.[33] 그래서 우리가 스트레스를 받으면 현재 상황과 무관한 과거의 공포가 되살아나기도 하는 것이다. 파블로프는 조건화를 통해 개들이 어떤 소리를 들을 때마다 공포를 느끼도록 만들었다가 다시 그 공포를 제거하는 데 성공했다. 하지만 개들의 우리 안에 물이 차서 개들이 익사할 뻔한 뒤부터는 그 공포가 되살아난 모습이 확인됐다.[34]

'양성 되먹임 나선positive feedback spiral'은 불안을 기하급수적으로 증가시킨다. 양성 되먹임 나선이란 뉴캐슬대학교의 생물학자 대니얼 네틀Daniel Nettle과 멜리사 베이트슨Melissa Bateson이 인간의 반응 조절을 설명하기 위해 화재감지기 원리를 변형해서 만든 개념이다.[35] 위험에 반복적으로 노출된다는 것은 불안 시스템이 충분히 보호해주지 않는다는 뜻이다. 그러면 불안 시스템은 더 민감해지는 방향으로 조절된다. 이렇게 해서 양성 되먹임의 위험이 야기된다. 앞에서 언급한 대로 자기를 조절하는 시스템은 불균형 상태에 빠지기 쉽다. 그래서 환자가 스스로 공황의 징후를 면밀히 살피다 보면 작은 생리적 변화가 본격적인 공황발작으로 확대될 가능성이 높다.

겁이 없는 사람은 종종 칭찬을 받지만, 그들의 용기는 불안장애 환자가 마음을 굳게 먹고 대중연설을 하고, 치과에 가고, 비행기에 탑승하고, 외출을 하고, 불안 치료를 받으러 가는 것에 비하면 작다. 불안장애 환자의 고통은 치료를 받으면 줄어들 수 있고, 진화적 관점이 반영된 치료를 받으면 더 빠르게 줄어들기도 한다. 불안장애로 고생하는 사람은 증상에 시달리면서도 온전한 삶을 살기 위해 날마다 결심을 다지고 용기를 낸다는 점에서 인정받아 마땅하다.

6장

'가라앉은 기분'이
멈춰야 할 때를 알려준다

모든 통증이나 고통은 오랫동안 지속될 경
우 사람을 우울하게 만들고 활동성을 떨어
뜨린다. 그러나 통증이나 고통은 생명체가
엄청나거나 갑작스러운 불행에 맞서 스스
로를 지켜내기 위한 적응의 산물이다.
– 찰스 다윈, 《찰스 다윈의 생애와 서신》[1]

처음에 성공하지 못하면 다시 도전하라.
그래도 안 되면 다시 해보라. 그래도 안 되
면 그만둬라. 바보처럼 그 일에만 매달릴
필요는 없다.
– 천재 코미디언 W. C. 필스의 말로 알려져 있음

한 젊은 남자가 중도 중증 우울증 치료를 받으려고 우리 병원을 찾아왔다. 환자는 거의 모든 일에 흥미를 잃었고 불면증에 시달렸으며 체중이 줄고 있었다. 그는 자신이 실패한 사람이고 미래에 아무런 희망이 없다고 말했다. 환자는 전문대학에 다니는데 잠을 깊이 못 자고 늘 우울하다 보니 성적이 점점 떨어지고 있었다. 그의 아버지는 석공이고 어머니는 교사인데 가족 중에 우울증을 앓는 사람은 없었다. 약물이나 알코올 문제는 없고 다른 질병도 없었다. 그의 증상은 주요우울증 진단 기준과 정확히 일치했다. 우리는 그에게 항우울제를 처방하고 인지행동치료를 시작했다.

한 달 뒤, 그 환자를 담당하던 정신과 레지던트가 그의 상태가 호전되지 않았다면서 나에게 한번 더 봐달라고 부탁했다. 환자는 자신이 학교에서 퇴학당하기 직전이며 그런 일이 생기면 여자친구도 떠나버릴 것이라고 말했다. 내가 여자친구에 대해 묻자 그는 여자친구가 아름답고 똑똑한 사람이라며 그녀를 잃지 않기 위해서라면 뭐든지 할 수 있다고 말했다. 여자친구는 아직 고등학생이지만 곧 졸업한다고 했다. 나는 여자친구의 장래 계획을 물었다. "동부에 있는 배서칼리지에 간대요. 선생님도 그 학교 이름을 아실걸요." "아, 맞아요. 나도 압니다."

엄청난 딜레마였다! 그 환자는 학교가 싫은데 여자친구를 지키려면 학교에 계속 다녀야 했다. 하지만 그도 마음속 깊은 곳에서는 여자친구가 명문으로 손꼽히는 대학에 다니기 위해 다른 주로 떠나고 나면 그들의 연애가 유지되기가 어렵다는 사실을 알고 있었을 것이다. "여자친구가 동부로 이사하면 어떻게 될 것 같아요?" 나의 물음에 그는 자기도 생각을 해봤는데 거리가 멀어지면 힘들긴 하겠지만 여자친구를 사랑하기 때문에 관계를 지속하기 위해 최선을 다할 작정이라고 대답했다. 나는 멀리 떨어진 곳에 사는 사람과 연애를 한다는 것이 항상 쉬운 일은 아니라고 말했다. 그러자 그 환자는 침울한 말투로 자신이 여자친구의 수준을 따라가지 못한다고 느낄 때도 있지만 둘은 서로 사랑하는 사이라고 대답했다. 상담이 끝나갈 무렵 나는 그에게 예전에 다른 여자와 사귄 적이 있는지, 지금 다른 여자와 데이트를 해볼 생각이 있는지를 물었다. 환자는 전혀 없다고 대답했다.

한두 달 뒤에 레지던트가 그 환자를 다시 데려왔다. 그는 딴사람이 돼 있었다. 구부정한 자세에 행동이 느리고 말투는 나긋나긋하며 단정치 못한 차림새로 바닥만 내려다보던 침울한 남자는 간데없고, 열정이 넘치는 깔끔한 청년이 걸어왔다. 환자는 내 눈을 똑바로 보면서 더 이상 치료는 필요 없을 것 같다고 말했다. 우리는 그의 증상을 하나씩 점검했는데, 대부분이 사라져 있었다. 무엇 때문에 그렇게 좋아졌는지 물었더니 그는 이렇게 대답했다. "약이 효과가 있었던 거겠죠?" 하지만 환자는 몇 주 전부터 처방약 복용을 중단한 상태였다. 그래서 나는 다른 질문을 던졌다. "학교생활은 어때요?" "이제 그런 고민은 없어요. 학교를 그만두고 아버지가 하시는 일을 돕기로 했거든요." "여자친구하고는 어떻게 되고 있나요?" 그러자 그가 대답했다. "잘되고 있지요. 우리는 아주 재미있게 지내요. 정말 좋습니다." 그때가 여름이었기 때문에 나는 이렇게 물었다. "여자친구가 9월에 배서칼리지로 떠난다고 했지요?" 그러자 그가 대답했다. "아, 그때 그 여자친구 말씀이시군요! 걔는 너무 거만했어요. 새로 사귄 여자친구는 제가 하는 일이면 뭐든지 즐거운 마음으로 같이 해요. 정말 좋은 사람이죠."

누락된 지식

기분장애는 인간이라는 종에게 가장 긴급하고 절망적인 의학적 문제를 제기한다. 우울증에 걸린 사람은 다른 어떤 질병에 걸린 사람보다도 오랜 시간 동안 능력을 발휘하지 못한다.[2] 미국에서 자살은 가장 큰 사망 원인이며 1999년부터 2014년까지 자살률이 24퍼센트나 증가했다.[3] 심장질환과 암의 예방 및 치료는 효과가 점점 좋아지고 있지만, 우울증과 자살에 대해서는 수십 년 동안 집중적인 연구와 치료를 위한 노력이 이뤄졌는데도 환자의 비율과 자살률은 동일하거나 심지어 증가했다. 지금까지 진행된 노력은 대부분 우울증을 직접 공격하는 방식이었다. 우리는 우울증을 정의하고, 진단하고, 원인과 치료법을 찾으려 했다. 그러나 DSM의 우울증 진단 기준을 수정하는 과정에서 궁극적인 질문에 관해 의견 불일치가 드러났다. 병적인 우울증은 정상적인 우울과 어떻게 구별되는가?

제롬 웨이크필드의 연구진은 이 질문을 던지면서《DSM-IV》에 명시된 것처럼 배우자와 사별한 지 두 달 이내인 경우만이 아니라 배우자 외의 소중한 사람을 잃은 직후인 경우도 우울증 진단 기준에서 배제해야 한다고 주장했다. 3장에서 설명한 대로《DSM-5》의 집필진은 웨이크필드의 견해를 채택하지 않았을 뿐 아니라 사별을 예외로 하는 조항을 아예 없애버렸다.[4] 그래서 이제는 어떤 사람이 자동차 사고로 아들이나 딸을 잃고 중환자실에 있다 할지라도 2주이상 다섯 가지 이상의 우울증 증상을 나타내면 주요우울증으로 진단할 수 있다. 누가 봐도 말이 안 된다. 신문지상에서도 열띤 논쟁이 벌어졌다. 수많은 사람이 블로그를 통해 의견을 개진했다. 과학자들은 그 문제를 해결하기 위해 우울, 슬픔 그리고 사별에 대한 반응의 차이점과 공통점을 연구했다. 하지만 그런 연구들은 논쟁을 매듭짓는 데 별다른 도움이 되지 못했다. 한쪽에서는 사별을 경험한 사람들의 심각한 우울증을 가볍게 생각해서 치료시기를 놓칠 위험을 강조했다. 다른 한쪽에서는 정상적인 슬픔을 질병으로 취급해 과잉 치료를 행할 위험에 주목했다. 그리고 이 양쪽 입장의 중간지대에 관해서는 잘 알려져 있지 않다.

소중한 사람을 떠나보낸 후에 우울증 증상을 일부 나타내는 것이 정상적인 일이라는 데는 누구나 동의한다. 우울증 증상들이 극단적으로 나타난다면 비정상이라는 데도 누구나 동의한다. 하지만 정상적인 우울과 비정상적인 우울증을 어떻게 구별할 것인가에 대해서는 오래도록 해결되지 않는 격렬한 의견차가 존재한다. 다수의 똑똑한 사람이 의견을 모으지 못할 때는 뭔가가 빠져 있게 마련이다. 우울증 논쟁에서 빠져 있는 것은 정상적인 우울의 기원, 기능, 조절에 관한 지식이다.

정상적인 우울의 진화적 기원과 효용을 알지 못한 채 병적인 우울증을 이해하려고 하는 것은 정상적인 통증의 원인과 효용을 인식하지 못한 상태에서 만성적인 통증을 이해하려고 하는 것과 비슷하다. 통증에는 효용이 있다. 물리적인 통증은 조직 손상을 막아준다. 그리고 유기체가 조직을 손상시키는 상황을 피해 달아나게 해주고 앞으로도 그런 상황을 피하도록 유도한다. 정신적인 통증은 사회에 해를 입히거나 에너지를 낭비하는 행동을 중단시킨다. 정신적 통증과 물리적 통증은 때때로 그것이 유용하게 쓰이는 상황일지라도 둘 다 똑같이 고통스러울 수 있다. 그런데 이 둘은 유용하지 않은 경우에도 과잉이 되기 쉽다. 바로 이것이 만성적인 통증과 병적인 우울증이다.

우울증 증상들이 정상인가 비정상인가를 판단하는 일은 물리적 통증이 조직 이상의 결과인가 통증 시스템의 이상인가를 판단하는 일과 비슷하다. 다리가 부러졌거나 종양이 척수를 압박하고 있을 때 느끼는 통증은 당연히 정상이다. 하지만 통증은 있는데 특별한 원인이 발견되지 않을 경우 의사들은 통증 시스템이 비정상일 가능성을 고려한다. 상담 전문 정신과 의사로서 나 역시 내과와 외과 환자들의 통증 시스템을 확인해달라는 요청을 자주 받았다.

물리적 통증에 대해서는 판단하기 어려울 때도 있지만, 종양을 발견하거나 염증을 일으킨 부위를 찾아내면 대개 문제가 해결된다.

정신적인 고통에 대한 판단은 훨씬 어렵다. 환자 내면세계의 동기 구조에 원인이 있기 때문이다. 외과 의사들이 찾아낼 수 있는 물리적 통증의 구체적인 원인에 가장 가까운 것은 사랑하는 사람과의 사별 같은 구체적인 사건들이다. 하지만 다른 상황들 역시 기분을 가라앉히고 우울증을 유발할 수 있다.

우울은 어떤 때 정상이고 어떤 때 비정상인가? 기분조절 메커니즘에 관해 아무리 아는 게 많아도 이 질문에 답할 수는 없다. 이 질문에 답하려면 기분의 진화적 기원과 적응적 의미를 이해해야 한다. 또 정상적으로 기분을 변화시키는 능력이 선택 이득을 제공한다는 사실을 알고, 들뜬 기분과 가라앉은 기분이 어떤 상황에서 유용한지 그리고 기분은 어떻게 조절되는지를 알아야 한다. 기분 변화 중에는 정상적이지만 유용하지 않은 것도 많다는 사실을 인정해야 한다. 이러한 지식은 기분장애를 이해하고 기분조절 메커니즘이 망가지기 쉬운 이유를 발견하기 위해 반드시 필요한 토대지만 번번이 누락되곤 한다.

기분에 관한 몇 가지 정의

기분 상태를 묘사하는 단어들은 그때그때 다르게 사용되기 때문에 혼란이 많이 발생한다. '기분mood'은 일반적으로 장기간 지속되는 상태를 가리키며, '정동affect, 情動'은 특정한 시점의 정서 상태emotional state를 표현한다. 기분이 '기후'라면 정동은 그날그날의 '날씨'

에 비유할 수 있다. 그러나 기분, 정동, 정서 사이에 경계가 뚜렷한 것은 아니며 정서장애와 기분장애라는 용어도 혼용되고 있다. 이 책에서 '기분'은 우울감, 가라앉은 기분, 들뜬 기분, 조증을 다 포괄하는 용어로 쓰인다. 그리고 '우울'이라는 단어는 질병과 아주 긴밀하게 연결되기 때문에, 이제부터는 질병으로 판단되지 않는 경미한 우울증의 증상들을 설명할 때 '기분저하low mood'라는 용어를 사용하려 한다.

'기분고양high mood'은 열정과 에너지를 가지고 유쾌하게 낙관적으로 활동하는 상태로서, 일반적으로는 행동을 하면 좋은 보상이 따를 것으로 예상되는 상황에서 생겨난다. 기분고양은 즐거움 및 행복과 밀접하게 연관된다. 즐거움이란 자신이 원했던 것을 얻는 단기적인 기쁨이며 행복이란 욕구의 상당 부분이 충족될 때 지속될 수 있는 장기적인 기쁨을 가리킨다.

반면에 기분저하는 의욕 저하, 에너지 부족, 비관주의, 사회적 위축이 특징인 괴로운 상태로서 목표를 실현하기 위해 노력했으나 실패하는 것과 같은 특정한 상황에 의해 유발된다. 슬픔은 기분저하와 아주 흡사하지만 구체적인 손실에서 비롯되는 감정이다. 슬프다고 해서 반드시 장기간 의욕을 상실하지는 않는다. 의욕 상실은 기분저하와 우울증의 특징이다. 애도는 사랑하는 사람의 죽음 또는 커다란 손실을 경험할 때 발생하는 특별한 종류의 슬픔이다. 여러 종류의 슬프고 우울한 기분들을 구별하는 책들이 수두룩하지만, 감정은 미리 설계된 것이 아니라 진화의 산물이기 때문에 어지럽게 서로 겹치고 정확하게 묘사하기도 어렵다.

기분저하	기분고양
비관주의	낙관주의
위험 회피	위험 감수
억제	진취성
에너지 저하	에너지 충만
사회적 위축	활발한 사회 참여
말수 적음	수다스러움
생각하는 속도가 느림	생각하는 속도가 빠름
상상력 부족	상상력 발휘
순종적	지배적
자신감 부족	자신감 충만
낮은 자존감	높은 자존감
분석적 사고	주관적 사고
비판을 두려워함	칭찬을 기대함

기분저하가 언제, 어떻게 유용한가?

우울증에 관한 혼동은 대부분 특정한 사물에 특정한 기능들이 있어야 한다고 생각하는 경향에서 빚어진다. 우리가 만드는 물건들, 이를테면 창이나 바구니에는 특정한 기능이 있다. 눈과 엄지손가락 같은 우리 몸의 각 부분도 각기 다른 기능을 수행한다. 따라서 "기분저하의 기능은 무엇인가?"라고 묻는 것은 자연스러운 일이다. 하지만 감정에 대해 이야기할 때라면 그것은 틀린 질문이다. 제대로 된 질문은 다음과 같다. "기분저하와 기분고양은 어떤 상황에서 선택 이득을 획득하는가?" 그러나 기분의 효용에 관한 주장들은 대부분 그 기분의 기능에 대한 추측이었으니 우리도 기능에서 시작해보자.

한 가지 가설은 정상적인 기분 변화도 유용하지 않다는 것이다. 이에 따르면 정상적인 기분 변화는 마치 뇌전증 발작이나 경련처럼 아주 작은 이상에서 비롯되며 효용도 아주 적다. 이것이 부정확한 가설이라고 생각할 이유는 충분하다. 인체의 어떤 결합에서 비롯되는 뇌전증 발작이나 경련 같은 증후군은 어떤 사람에게만 나타나는 반면, 기분은 거의 모든 사람이 느낀다. 사람은 누구나 지금 일어나고 있는 일에 맞게 기분을 좋거나 나쁘게 변화시키는 시스템을 가지고 있다. 기분조절 시스템은 유용한 반응을 위해 형성됐을 것이다. 고통, 열, 구토, 불안, 기분저하는 그런 반응이 필요한 시점에 나타난다. 그렇다고 해서 그런 반응이 항상 유용하다는 것은 아니다. 거짓 경보도 정상적인 현상이지 않은가. 하지만 우리가 조절 시스템을 이해할 때는 그 시스템이 언제, 어떻게 효용을 발휘하는가를 기준으로 삼아야 한다.

런던의 심리학자 존 볼비John Bowlby는 기분저하의 기능에 관한 진화적 학설을 최초로 수립한 사람들 중 하나다. 그는 오스트리아의 비교행동학자 콘라트 로렌츠Konrad Lorenz와 영국의 생물학자 로버트 하인드Robert Hinde와 대화를 나누고 나서 엄마와 분리된 아기들의 행동을 진화적 관점으로 바라보기 시작했다.[5] 아기들을 엄마와 잠시 떨어뜨려놓았을 때 어떤 아기는 금방 엄마와 애착을 회복했지만 어떤 아기는 냉담하게 행동하고 한두 명은 분노를 드러냈다. 더 긴 시간 엄마와 떨어뜨려놓았을 때는 대부분 일정한 순서로 반응이 나타났다. 아기들은 처음에 울면서 저항했고, 그다음에는 절망에 빠진 성인들과 똑같이 몸을 둥글게 말고 조용히 흔들거렸다.[6, 7]

볼비는 아기들의 울음이 엄마들을 돌아오게 만든다는 점을 확인했다. 그리고 긴 울음은 에너지를 낭비하고 포식자를 끌어들이기 때문에, 만약 엄마가 금방 돌아오지 않는다면 조용히 숨어 있는 것이 더 유용한 행동이 된다고 판단했다. 이런 생각들을 토대로 볼비는 애착이론attachment theory을 만들어냈다.[8] 이 이론은 엄마와 아기의 유대감을 이해하는 토대가 되었다. 애착에 문제가 생길 때 아기는 병에 걸리기도 한다. 애착이 엄마와 아이 양쪽의 적합도를 모두 높여주기 때문에 진화 과정에서 발달할 수 있었다는 통찰을 제시한 볼비는 진화정신의학의 창시자로 인정받을 자격이 있다.

최근 들어 진화적 성격이 더 뚜렷한 연구들은 안정애착만 정상이라는 관념에 도전했다. 어떤 상황에서는 회피 또는 불안정애착 유형을 활용하는 아기가 엄마에게서 더 많은 보살핌을 이끌어낸다.[9, 10, 11] 여느 때처럼 미소와 옹알이로 문제가 해결되지 않는다면, 엄마가 떠날 때마다 아주 길게 비명을 지르거나 엄마가 돌아왔을 때 쌀쌀맞게 대하는 편이 나을지도 모른다.

로체스터대학교의 정신과 의사로서 '생물심리사회 모델'이라는 용어를 처음 만든 조지 엔젤은 우울증이 애착과 연관된 기능을 수행한다고 주장했다. 엔젤의 주장에 따르면 엄마를 잃어버린 아기 원숭이는 한 장소에 조용히 머물러 있어야 에너지를 아낄 수 있고 포식자를 유인하지 않을 수 있다. 엔젤은 아기 원숭이의 이런 행동을 '유지-철수conservation-withdrawal' 반응이라고 불렀다. 그는 이 반응이 우울증 증상과 비슷하다는 점에 주목하고 우울증과 동면의 유사성을 강조했다.[12, 13]

런던의 정신의학연구소Institute of Psychiatry 설립자인 오브리 루이스Aubrey Lewis는 우울증이 도움이 필요하다는 신호일 수도 있다고 생각했다.[14] 루이스의 견해를 더 발전시킨 사람은 스탠퍼드대학교 정신의학과 과장을 지낸 데이비드 햄버그David Hamburg였다.[15] 일부 진화심리학자들은 여기에 냉소적인 시각을 가미해서 우울증의 증상들은 다른 사람들을 조종해서 도움을 받아내기 위한 전략이라고 주장했다. 대표적인 예는 자살하겠다는 협박이다. 에드워드 헤이건Edward Hagen은 산후우울증을 가족이나 친지들을 협박해서 도움을 얻어내기 위해 진화 과정에서 형성된 특별한 적응으로 파악했다.[16, 17] 그의 견해에 따르면 산후우울증의 증상들은 아기를 버리겠다는 수동적인 위협이다. 그는 남편의 도움을 받지 못하고 경제적으로 어려운 경우와 아기에게 장애나 질병이 있어서 특별한 보살핌이 필요한 경우에 산후우울증 발병률이 높다는 점을 근거로 제시했다. 물론 우울증과 자살 위협은 사람들을 조종하는 데 쓰이기도 한다. 하지만 어려운 상황에 처한 산모들 중 대다수가 우울증이라는 반응을 나타낸다는 증거는 거의 없으며, 산모가 우울감을 더 많이 드러낸다고 해서 원래 도와줄 생각이 없던 친지들이 더 많은 도움을 주는지 여부도 불분명하다. 또 헤이건의 이론은 우울증에 걸린 산모가 친지들에게 따뜻한 반응과 도움을 받는 것은 잠깐이라는 심리학자 제임스 코인James Coyne의 선행연구와도 일치하지 않는다. 친지들에게 일시적인 도움을 받고 나면 그들은 다시 혼자가 된다.[18]

캐나다의 심리학자 데니스 드카탄자로Denys deCatanzaro는 한층 더 불쾌한 주장을 펼쳤다. 자살은 어떤 개인의 유전자를 이롭게 하는 행위라는 것이다.[19] 만약 어떤 개인이 척박한 환경에 놓여 있어서 앞으로 번식을 하지 못할 형편이라면, 그 개인의 자살은 한 사람분의 식량과 자원을 아끼는 행동이기 때문에 그의 친척들이 그 자원을 활용해서 아이들을 낳아 기를 수 있다. 그리고 그 아이들이 자살한 개인의 유전자 일부를 다음 세대로 전달할 수 있다. 그야말로 개인을 희생시키더라도 유전자를 이롭게 하는 형질을 발달시키는 자연선택의 결정판이다. 그러나 이 발상은 창의적이긴 하지만 명백하게 틀린 생각이다. 아무리 척박한 환경에서도 자살은 절대로 일반적인 경로가 아니다. 더 이상 번식을 할 수 없는 아픈 노인들도 대개는 오래 살려고 애쓴다. 그리고 자원 확보를 위해 구태여 스스로 목숨을 끊을 이유가 있을까? 그냥 멀리 떠나거나 식사량을 줄이면 그만이지 않을까?

영국의 정신과 의사 존 프라이스John Price는 닭들을 세심하게 관찰하다가 우울증 증상의 중요한 기능을 발견했다.[20] 싸움에서 져서 서열이 낮아진 닭들은 사교적인 활동에 적게 참여하고 순종적으로 행동해서 서열이 높은 닭들에게 또다시 공격당하지 않도록 한다. 프라이스는 사바나원숭이 무리에서도 같은 현상을 목격했다.[21] 사바나원숭이들은 수컷 몇 마리와 암컷 몇 마리로 이뤄진 작은 무리 단위로 살아간다. 수컷 중에 가장 힘이 센 으뜸 수컷alpha male이 암컷들과의 짝짓기를 독점하다시피 하는데, 으뜸 수컷 원숭이의 고환은 연한 파란색이다. 그러다가 그 으뜸 수컷 원숭이가 다른 수컷과의 싸움에서 패배하면 상황이 바뀐다. 원래 으뜸이었던 수컷 원숭이는 몸을 둥글게 말고 앞뒤로 흔들거린다. 잘 나서지 않고 우울한 모습을 보이며 고환도 흐릿한 회색으로 변한다. 프라이스는 원숭이의 이런 변화를 '비자발적인 복종involuntary yielding'의 신호로 해석한다.[22, 23] 싸움에서 패배한 수컷 원숭이는 자신이 위협이 되지 않는다는 신호를 보냄으로써 새로 으뜸 수컷이 된 원숭이의 공격을 피한다. 공격을 당하기보다는 복종한다는 의미의 신호를 보내는 편이 낫다는 것이다.

프라이스는 정신과 의사인 레온 슬로먼Leon Sloman과 러셀 가드너Russell Gardner와 함께 이런 개념을 임상에 적용했다.[24] 그들이 관찰한 결과, 많은 환자가 우울증 삽화가 나타나기 전에 지위 경쟁에서 졌는데 그 사실을 받아들이지 못하고 있었다. 연구자들의 주장에 따르면 기분저하는 경쟁에서 패배한 데 대한 정상적인 반응이며 우울증은 불필요한 지위 경쟁을 계속한 결과다. 그들은 후자의 상황을 "복종에 실패"했다고 표현했다. 영국의 심리학자 폴 길버트Paul Gilbert를 비롯한 연구자들은 프라이스의 이론을 더 발전시켰다.[25] 그들은 스트레스 요인이 되는 다양한 사건을 지위의 상실로 해석한다. 환자들이 승산 없는 지위 경쟁을 포기하고 나서 우울증에서 벗어나는 사례도 많이 관찰되고 있다.

인류학자 존 하텅John Hartung은 프라이스의 가설과 비슷하지만 조금 다른 이론을 독자적으로 제시했다. 그는 '가짜로 몸 낮추기deceiving down'라는 흥미진진한 개념을 만들었다. 하텅의 주장에 따르면 어떤 사람이 자기보다 능력이 떨어지는 다른 사람에게 복종해야 하는 것은 위태로운 상황이다. 그렇다고 본능적인 충동에 따라 자신의 능력을 보여줬다가는 위협으로 간주되어 십중팔구 공격을 당하거나 무리에서 추방당할 것이다. 그러면 해결책은 무엇인가? 가짜로 몸 낮추기, 곧 일부러 능력을 숨기는 것이다.[26] 몸을 낮추는 가장 좋은 방법은 자신이 실제보다 덜 유능하고 가치도 없다고 스스로를 속이는 것이다. 프로이트가 '거세 불안'의 원인으로 꼽았던 신경증적 억압 neurotic inhibition 이나 자기파괴 self sabotaging 와도 유사한 패턴이다.

지위 상실과 우울증의 연관성을 뒷받침하는 또 하나의 증거는 영국의 역학자 조지 브라운 Geroge Brown 과 티릴 해리스 Tirril Harris 가 수집한 특별한 데이터에서 발견된다.[27] 그들이 런던 북부에 사는 여성들에 관해 상세한 정보를 수집한 결과 우울증을 앓는 여성의 80퍼센트는 그 직전에 신중하게 정의해둔 '심각하다'라는 기준에 맞는 일을 겪은 것으로 나타났다. 심각한 일을 겪은 모든 여성들 가운데 우울증에 걸린 사람은 22퍼센트에 지나지 않았다. 그렇더라도 심각한 일을 겪지 않은 여성들 가운데 우울증에 걸린 사람의 비율인 1퍼센트와 비교하면 22배 높은 수치다. 심각한 사건을 경험한 여성들 중 나머지 78퍼센트는 그 이듬해에 우울증에 걸리지 않았다. 여기에서 '회복탄력성 resilience'에 관한 새로운 접근이 시작된다.[28] 브라운과 해리스의 신중한 연구는 삶 속의 고통스러운 사건들이 우울증을 유발한다는 가설에 확실한 증거를 제공한다. 그리고 이 가설은 그 이후로도 수십 편의 연구를 통해 입증되고 확장됐다.[29, 30, 31, 32, 33, 34, 35, 36, 37]

어떤 사건들은 다른 사건들보다 우울증을 유발하기 쉽다. 브라운과 해리스의 연구에서 '모욕을 당하거나 함정에 빠진' 사건을 겪은 사람들이 우울증에 걸린 비율은 75퍼센트에 달했다. 사별의 경우는 20퍼센트, 위험했던 사건의 경우는 5퍼센트밖에 되지 않는다.[38] 이런 수치들은 프라이스의 이론과도 맞아떨어진다. 모욕이나 함정에 빠진 사건이 사회적 지위 다툼과 관련이 있다고 가정한다면 더욱 잘 맞아떨어진다. 환자들이 겪은 일들을 포괄적인 수치로 측량하거나 '스트레스'로 통칭하기보다 이렇게 구체적인 상황으로 묘사한다면 우울증 발병 여부를 훨씬 정확하게 예측할 수 있다.

비자발적인 복종 가설은 지금까지 내가 치료했던 우울증 환자들의 사례와도 대체로 맞아떨어지는 것 같다. 수많은 기혼자가 안정적인 결혼생활을 위해 자신의 성공에 한계를 짓고, 자신이 더 능력을 발휘할 수 있다는 생각조차 하지 않고 있었다. 가짜로 몸 낮추기라는 사회적 전략을 쓰면 우울증이라는 대가를 치르는 대신 힘센 사람들의 공격을 예방할 수 있다. 나에게 치료를 받았던 야심만만한 젊은 변호사 한 사람은 몸을 낮추지 않았다. 그는 무능한 상사인 파트너 변호사를 누르고 프레젠테이션을 대단히 훌륭하게 진행했다. 그러자 파트너 변호사는 젊은 신예 변호사의 성과를 깎아내리는 데 탁월한 솜씨를 발휘했다. 머지않아 젊은 변호사는 우울증에 걸렸다.

공격을 예방하기 위해 복종 신호를 보내는 행위에 다른 이름을 붙일 수도 있다. 그런 신호가 유용하게 쓰일 만한 상황을 기준으로 이름을 붙이면 '지위 경쟁의 포기'가 된다. 이런 명칭을 통해 우리는 그런 상황에서 기분저하가 가지는 다른 효용들을 떠올릴 수 있다. 사회적 전략 재점검하기, 다른 무리에 들어갈 방법 찾아보기, 내 편이 될 수 있는 사람을 몇 명 골라서 투자하기, 적당한 시기가 올 때까지 조용히 지내기.

하지만 이 이론은 어떤 상황에 대한 반응으로 재구성해봐도 단하나의 영역(사회적 자원)과 그 영역의 한 가지 측면(위계사회에서의 지위)에 고유한 것이다. 승산 없는 지위 경쟁을 계속하는 것은 목표를 실현하기 위해 노력하는 과정에서 성공하지 못했다는 더 일반적인 상황의 하위 영역이다. 지위를 상실한 뒤에 복종하겠다는 신호를 보내면 권력을 가진 개체들의 공격은 중단되지만 다른 노력을 하다가 실패하는 경우는 어떤가? 지위 경쟁에서 패배한 뒤에 상대방의 공격을 방지하는 것이 우울증 증상의 주요한 기능일까?

내가 환자들을 만나본 경험에 따르면 답은 '아니요'다. 사회적 지위와 관련된 범위 내에서도 우울증 증상들은 복종 신호를 보내는 것외에 다른 역할도 한다. 예컨대 우울증 증상이 나타나면 환자에게는 대안적인 전략과 새로운 동맹군을 찾아볼 동기가 생긴다. 또한 내가 치료했던 우울증 환자들의 절반 정도는 실현 불가능한 목표에 집착하고 있긴 했지만, 그들의 목표 중에는 사회적 지위와 무관한 것도 있었다. 그렇다면 보답받지 못하는 사랑은 사회적 지위를 추구하는 행동일까? 암에 걸린 아이를 위해 치료법을 찾으려고 애쓰는 행동은 또 어떤가?

논쟁으로는 이 질문들의 답을 얻을 수 없다. 우리에게는 어떤 사건과 상황이 우울증의 어떤 증상을 유발하는가에 관한 데이터가 필요하다. 우울증에 걸린 사람들의 뇌병변을 찾는 연구에는 이미 수십억 달러가 투입됐고 '스트레스'의 기능을 알아보는 연구에는 수백억 달러가 들어갔다. 연구자금을 후원하는 기관들이 정확히 어떤 종류의 사건과 상황들이 어떤 우울증 증상을 유발하는가를 규명하는 연구에 자금을 지원하지 않았다는 것은 학문적으로 수치스럽고 불행한 일이다.[39, 40, 41]

고민거리에 관해 생각을 많이 하는 것은 기분저하의 특징이다. 그럴 때 하는 생각은 사실상 반추다. 머릿속에서 문제가 쳇바퀴처럼 빙빙 돌지만 해결책은 영영 찾지 못한다. 젖소가 풀 한 줌을 씹다가 꿀꺽 삼키고, 되새김질을 하고, 다시 씹는 것과 비슷하다. 예전에 나의 동료였던 심리학자 수전 놀런혹세마Susan Nolen-Hoeksema는 생각의 반추를 '부적응 인지maladaptive congnitive' 패턴으로 파악한다. 부적응 인지는 우울증의 주요한 증상이며 최대한 빨리 멈춰야 하는 행동이다.[42] 우울증과 반추 경향에 관한 자료를 수집하고 있었던 놀런혹세마는 1989년 캘리포니아주의 로마 프리타 대지진이라는 불운 속에서 놀라운 행운을 얻었다. 대지진이 발생한 이후에 동일한 주제로 상담을 진행한 결과, 생각을 반추하는 경향이 있는 사람들이 우울증에 더 많이 걸렸던 것이다. 우울증에 대한 취약성을 결정하는 다른 변수들을 통제했을 때도 결과는 같았다.[43]

생물학자 폴 앤드루스Paul Andrews와 정신의학자 앤더슨 톰슨 주니어Anderson Thomson, Jr.는 2009년 《심리학 리뷰Psychological Review》에 발표한 논문에서 거의 정반대 견해를 내놓았다.[44] 그들의 논문은 광범위한 토론을 불러일으켰다. 그들의 주장에 따르면 생각의 반추는 큰 난관을 헤쳐나가는 데 도움이 된다. 그리고 우울증은 행동과 외적인 삶에 대한 흥미를 없애는 대신 문제를 해결하기 위한 반추에 필요한 시간과 정신적 에너지를 확보해준다. 이 논문은 앤드루스와 생물학자인 폴 왓슨Paul Watson이 2002년에 다른 논문에서 제시한 이론의 연장선상에 있었다. 앤드루스와 왓슨의 이론은 우울증이 '사회적 탐색social navigation'이라는 기능을 수행하기 위해 진화했다는 것이다.[45] 이런 주장에 단호히 반대하는 뉴캐슬대학교의 진화심리학자 대니얼 네틀은 생각의 반추가 인간관계 문제를 해결한다거나 우울증에 걸리면 해결책을 더 빨리 찾는다는 가설은 근거가 없다고 지적했다.[46] 노르웨이의 진화임상심리학자인 레이프 케네어Leif Kennair도 같은 입장이며, 나도 그들의 비판에 동의한다.[47]

그럼에도 삶의 막다른 골목에 다다랐을 때는 사회적 위축과 생각의 반추가 유용할 수도 있다. 나는 스웨덴의 정신분석학자 에미 구트Emmy Gut가 1989년에 출간한《생산적인 우울증과 비생산적인 우울증Productive and Unproductive Depression: Its Functions and Failures》이 대단히 훌륭한 책이라고 생각한다.[48] 구트는 역사적인 인물들의 실제 사례를 인용하면서 기분이 가라앉을 때 은둔하면서 집중적인 사색에 잠기면 커다란 변화의 요구에 대처하는 데 도움이 되기도 하지만, 어떤 사람은 생산적이지 못한 우울감에서 벗어나지 못한다고 주장했다. 인생의 큰 실패들은 새로운 전략을 찾는 데 노력을 기울이도록 동기를 부여할지도 모른다. 하지만 구트, 네틀, 놀런혹세마 같은 연구자들이 지적한 것처럼 생각의 반추와 사회적 위축이 큰 실패에 대한 최적의 반응은 아니다.

앞의 몇 단락에 요약해서 설명한 기능들은 기분저하와 우울증을 설명하기 위해 지금까지 제시된 가설 중에서 가장 매력적인 것들이다. 지금까지는 기분저하의 여러 가지 기능이 다 같이 연관될 수 있는데도 하나를 선택해야만 한다고 봤기 때문에 쓸모없는 논쟁이 많았다. 하지만 기분저하의 기능에서 그런 기분이 유용할 수 있는 상황으로 프레임을 옮기면 기분저하의 의미와 상호관계가 좀 더 분명해진다.

기분은 상황에 따라 변한다

대부분의 행동은 목표 추구와 관련이 있다. 뭔가를 얻기 위한 노력도 있고, 뭔가에서 도망치거나 뭔가를 예방하기 위한 노력도 있다. 어느 쪽이든 간에 개인들은 어떤 목표를 향해 나아가려고 노력한다. 목표를 추구하는 과정에서는 여러 가지 상황이 기분을 들뜨게도 하고 가라앉히기도 한다. 어떤 상황들이 있을까? 구체적이진 않지만 유용한 답변을 해보자. 기분고양과 기분저하는 순조로운 상황과 순조롭지 못한 상황에 대처하기 위해 진화했다.[49] 순조로운 상황이란 적게 투자하고 상대적으로 큰 보상을 받는 바람직한 상황이다. 만약 한 무리의 마스토돈mastodon(신생대 3기에 서식했던 코끼리와 비슷한 포유동물 – 옮긴이)이 골짜기로 내려오고 있다면 위험을 감수하고 있는 힘껏 쫓아갈 가치가 있을 것이다. 만약 당신이 새로 출시된 차를 판매하는 직업을 갖고 있다면 호황기 1년 동안 평소보다 얼마나 많이 노력하느냐에 따라 그만한 보상이 따를 것이다. 순조롭지 못한 상황에서는 노력이 낭비되기 쉽다. 만약 몇 달 동안 마스토돈이 한 마리도 보이지 않았다면 더 찾아다녀봤자 시간과 에너지를 낭비하기 쉽다. 경기가 하강 국면일 때 자동차를 판매하려고 애쓴다면 성과가 아주 없진 않겠지만 재미를 보진 못할 것이다.

순조로운 상황에서 기분이 들뜨는 사람은 기회를 십분 활용할 수 있다. 순조롭지 못한 상황에서 기분이 가라앉는 사람은 위험을 피하고 에너지를 낭비하지 않으면서 전략이나 목표를 바꿀 수 있다. 기회의 유무에 따라 기분을 달리하는 능력은 선택 이득을 제공한다.

이야기는 점점 더 흥미로워진다. 일이 잘 풀리고 앞으로도 순조로울 것 같은 시기에는 노력을 쏟아부을 필요가 없다. 만약 날마다 마스토돈이 지나간다면 마스토돈을 떼로 봤다고 해서 흥분할 이유가 없다. 만약 곡식을 아무 때나 수확할 수 있다면 지금은 편히 쉬어도 좋다. 하지만 마스토돈을 목격하는 것이 드문 일이라면 지금 당장 필사적으로 쫓아갈 가치가 있다. 역설적인 이야기 같지만 들뜬 기분은 한시적인 기회가 찾아올 때 유용하다. 가라앉은 기분은 장기적으로 순조롭지 못한 시기보다는 일시적으로 일이 잘 풀리지 않는 시기에 더 도움이 된다. 갑작스럽게 큰 손실을 입은 사람들은 시간이 흐르면 형편이 나아지지만, 우울증이 왜곡되면 형편이 나아지는 것도 알아보지 못한다.

인생에서 중요한 세 가지 결정

적합도를 극대화하기 위해서는 세 가지만 잘 결정하면 된다. 야생 산딸기를 따는 과제를 통해 가장 중요한 세 가지 결정을 하는 데 기분이 어떻게 도움이 되는지를 살펴보자. 첫째, 지금 내 앞의 덤불에 얼마나 많은 에너지를 쏟아야 할까? 산딸기를 최대한 빠른 속도로 딸까, 여유롭게 딸까? 둘째, 언제 일손을 멈춰야 할까? 이 덤불에서 산딸기를 계속 딸까, 그만 따고 다른 덤불을 찾아볼까? 셋째, 산딸기를 다 따고 나서는 무엇을 해야 할까? 다른 식량을 구하러 갈까, 다른 일을 할까, 아니면 그냥 집에 갈까?

우리의 삶은 다양한 시간 척도에 맞게 이런 결정들을 계속하는 과정이다. 나는 이 단락을 계속 수정해야 할까, 아니면 다음 단락으로 넘어가야 할까? 글을 계속 쓸까, 아니면 잠시 멈추고 점심을 먹을까? 이 책을 쓰는 일을 계속할까, 아니면 책 집필을 포기하고 골프나 치러 갈까? 나의 집필 속도는 느려지고 열정은 식어가고 있다. 그러니까 점심을 먹는 게 좋겠다.

음, 점심을 먹으니 훨씬 낫군. 잠시 휴식을 취하고 오니 우리의 중심 주제를 약간 변형한 질문에 다시 집중할 수 있게 됐다. 상황에 맞게 기분을 바꾸지 못하는 사람들은 왜 진화적으로 불리할까? 기분 변화가 반드시 필요한 것은 아니다. 기분 변화가 없다면 우리는 늘 똑같은 기분으로 살아갈 수 있다. 잘 익은 열매가 잔뜩 달린 나무를 뜻밖에 발견해도 신이 나지 않고, 몇 시간 동안 걸어왔는데 나무에 열매가 하나도 없는 것을 봐도 실망하지 않는다. 방 안에서 가장 매력적인 사람이 자꾸 나를 향해 눈웃음을 지어도 두근거리지 않고, 그 눈웃음이 다른 사람을 향한 것이었음을 알아도 실망하지 않는다. 기분 변화가 없으면 복권에 당첨되거나 파산을 하더라도 에너지와 열성, 위험에 대한 태도, 적극성, 낙관의 정도가 달라지지 않는다. 산딸기를 따는 가장 좋은 방법은 삶의 여러 가지 일에 적용 가능한 모델을 제공한다. 지금 직장에 계속 다닐 것인가, 지금의 배우자와 계속 같이 살 것인가와 같은 지극히 개인적인 결정에 대해서도 마찬가지다.[50]

산딸기 따기와 기분 변화

오후 내내 야생 산딸기를 따본 적이 있다면 당신은 열매를 찾는 데 도움이 되는 감정 변화를 경험했을 것이다. 잘 익은 산딸기가 주렁주렁 열린 덤불을 찾으면 작은 전율이 느껴진다. 당신은 기분 좋은 열정에 휩싸여 산딸기를 잔뜩 딴다. 어떤 산딸기는 얼마나 맛있게 생겼는지 바구니에 들어가기도 전에 없어진다. 덤불의 산딸기가 줄어들수록 열매 따는 속도는 느려진다. 나중에는 속도가 더 느려지고 열정은 줄어든다. 마침내 당신은 마지막 남은 못생긴 산딸기 하나를 따기 위해 가시덤불을 헤치고 손을 내민다. 이제 그 덤불에서 산딸기를 따려는 의욕은 사라졌다. 그것은 좋은 일이다. 모든 덤불에서 산딸기를 하나도 남김없이 따려고 하는 것은 현명하지 못한 일이니까. 그러나 이쪽 덤불에서 저쪽 덤불로 너무 빨리 옮겨가는 것도 현명하지 못하다. 같은 시간에 가장 많은 산딸기를 따려면 한 덤불에 얼마나 오래 머물러야 할까? 추상적인 질문처럼 보이지만, 이런 결정을 잘하는 능력은 거의 모든 동물의 적합도에 지대한 영향을

끼친다.[51]

수학행동생태학자 에릭 차르노프Eric Charnov는 아름다운 해법을 제시한다. 그의 해법은 우리가 일상생활에서 느끼는 기분에 관해 많은 것을 알려준다.[52] 설명을 단순화하기 위해 새로운 덤불을 찾는 데 걸리는 시간은 항상 일정하다고 가정하자(그래프에서 '수색 시간' 항목). 새로운 덤불을 찾고 나면 처음에는 산딸기를 빨리 따지만 시간이 갈수록 속도가 느려진다. 그래서 처음에는 곡선의 기울기가 크지만 점점 수평에 가까워진다. 당신은 이 곡선의 아무 지점에서나 산딸기 따는 동작을 멈출 수 있다. 덤불에 오래 머물수록 그 덤불에서 따는 산딸기의 개수는 늘어나겠지만, 시간당 채집하는 열매의 개수가 가장 많아지려면 최적의 시점에 손놀림을 멈추고 다음 덤불을 찾아봐야 한다.

하던 일을 멈춰야 하는 최적의 시점은 당신이 시간당 채집하는 산딸기의 개수가 최대가 되는 시점이다. 그래프에서 산딸기의 개수는 세로축(점선으로 표시된 수직선)이고 시간은 가로축이다('수색 시간' 더하기 '채집 시간'). 따라서 가장 가파르게 경사진 선(실선으로 표시된 선)과 곡선이 만나는 지점에서 멈출 때 시간당 얻는 산딸기 개수가 가장 많아진다. 당신이 너무 일찍 다른 덤불로 이동하거나(가장 아래쪽 점선), 한 덤불에 너무 오래 머문다면(가운데 점선) 시간당 얻는 산딸기 개수는 줄어들 것이다.

차르노프는 여기에 '임계치 정리Marginal Value Theorem'라는 이름을 붙였다. 모든 행동이 '한계에 이르는' 지점에서 일어나기 때문이다. 현재의 덤불에서 따는 산딸기의 개수가 당신이 새로운 덤불로 옮김으

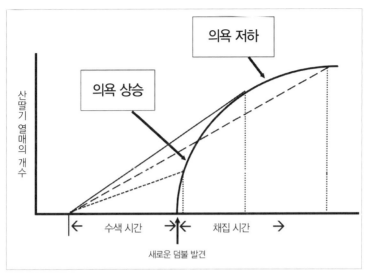

의욕 저하

의욕 상승

산딸기 열매의 개수

수색 시간

새로운 덤불 발견

채집 시간

임계치 정리

로써 시간당 얻을 수 있는 산딸기의 개수보다 낮아지는 순간, 당신은 새로운 덤불로 옮긴다. 핵심 개념은 단순하지만 심오하다. 올바른 답을 얻어내기 위해 계산할 필요가 없다. 그저 당신의 감정을 따라가면 된다. 하루 동안 따는 산딸기의 개수를 최대로 하려면 당신이 현재의 덤불에 흥미를 잃을 때마다 새로운 덤불을 찾아가라. 자연선택에 의해 프로그래밍된 당신의 감정 덕분에, 당신이 현재의 덤불에 흥미를 잃는 순간은 현재의 덤불에서 1분 동안 얻는 산딸기 개수가 여러 덤불에서 얻을 수 있는 산딸기 개수의 분당 평균치보다 낮아지는 순간과 대체로 일치한다. 이러한 의사결정 메커니즘은 거의 모든 유기체의 뇌에 내장되어 있다. 무당벌레, 꿀벌, 도마뱀, 얼룩다람쥐, 침팬지 그리고 인간은 채집과 관련된 이런 식의 결정을 능숙하게 해낸다. 계산은 필요 없다. 행동을 전환하기에 가장 좋은 시점에 우리의 의욕이 신호를 보낸다.

언제 한 가지 활동을 중단하고 다른 일을 할 것인가에 관한 결정도 동일한 법칙을 따른다. 만약 덤불이 별로 없고 산딸기도 조금밖에 없어서 당신이 한 시간 동안 열매 따기에서 얻는 칼로리보다 돌아다니느라 소모하는 칼로리가 더 많다면 최선의 방책은 산딸기 따기를 중단하는 것이다. 설령 산딸기가 아주 많이 열려 있다 해도 따기를 중단하는 것이 최선인 시점은 온다. 당신이 이미 1,000개의 산딸기를 땄다면 더 따봤자 무거운 양동이를 질질 끌고 돌아가서 며칠 내내 부엌에 틀어박혀 당신이 1년 동안 먹고도 남을 만큼 잼을 만들어야 할 판이다. 그 시점에 도달하기 한참 전에 우리의 의욕은 부정적으로 변하기 때문에 그것을 느낄 줄 아는 사람들은 집에 간다.

우리의 생활리듬도 임계치 정리를 따른다. 우리는 열정적으로 하나의 활동을 시작하고 한동안 그 활동을 지속한다. 그러다 흥미를 잃으면 다른 일로 옮겨간다. 우리가 한 가지 활동을 지속하는 시간은 그 일을 시작하는 비용, 그러니까 새로운 산딸기 덤불을 찾는 비용과 시간이 지나면서 보상이 감소하는 정도 그리고 다른 활동의 보상 수준에 따라 달라진다. 예컨대 당신이 책을 읽기 위해서는 책을 가져와야 하고, 의자에 앉아서 자세를 잡아야 하며, 불을 켜야 하고, 독서를 시작해야 한다. 만약 몇 분 만에 다른 활동으로 넘어간다면 당신은 결코 많은 분량을 읽지 못할 것이다.

주의력결핍과잉행동장애, ADHD가 있는 사람들은 이 점을 무척 잘 안다. 그들은 눈앞의 일에 대한 의욕을 금방 잃어버린다. 그들에게는 새로운 기회가 네온으로 된 간판처럼 환하게 번쩍인다. 그들은 한 가지 활동에서 다른 활동으로 너무 자주 옮기기 때문에 많은 것을 성취하지 못한다. ADHD 환자들이 산딸기를 어떻게 따는지 연구해보면 흥미로울 것이다. 짐작건대 그들은 모든 덤불에서 지나치게 빨리 포기할 것이다. 반대로 하나의 덤불에 너무 오래 머무르는 것도 현명하지 못한 일이다. 어떤 활동을 지나치게 끈질기게 하는 사람들도 사실은 주의력과잉장애attention surplus disorder로 진단해야 마땅하다.[53] 흥미롭게도 ADHD를 치료하는 데 사용되는 약물은 도파민dopamine 분비를 증가시키는데, 우리가 보상을 받을 때도 뇌에서 도파민이 분비된다. 도파민 분비량이 증가하면 우리의 뇌는 마치 눈앞의 덤불에서 실제보다 더 많은 산딸기를 얻는 것처럼 반응하기 때문에 지금 하는 일을 계속하기가 쉬워진다.

모든 활동을 중단해야 할 때

모든 활동을 중단하고 집에 가야 하는 시점은 언제인가? 아니, 애초에 바깥에 나가지 말아야 할 때는 언제인가? 이 두 가지 결정은 서로 연관이 있으며 기분저하나 우울증을 이해하는 데도 도움이 된다. 일반적인 대답은 간단하다. 지금 당신이 할 수 있는 활동에서 1분 동안 얻을 수 있는 칼로리보다 1분 동안 소모하는 칼로리가 더 많다면 집에 가서 때를 기다리는 것이 최선이다.

호박벌은 따뜻한 여름날이면 온종일 꽃가루와 꿀을 모은다. 저녁이 되면 공기가 시원해지므로 호박벌이 날아다니는 비용이 더 높아지고, 꽃잎들은 닫혀서 꽃을 찾기가 어려워진다. 황혼이 짙어지면 적절한 시점에 벌집으로 돌아가는 것이 최선이다. 이 점에서 호박벌들은 탁월한 의사결정 능력을 보여준다.[54] 호박벌의 조상들 중에 너무 일찍 벌집으로 돌아갔거나 너무 오래 밖에 머물렀던 개체들은 하루 동안 칼로리를 더 적게 얻었으므로 자손도 적게 낳았을 것이다. 토끼의 경우에도 동일한 법칙이 적용되지만 토끼가 바깥에 너무 오래 머무를 때의 비용은 더 극적이다. 토끼가 너무 늦게까지 돌아다니다가는 여우의 저녁밥이 되니까. 어느 종이든 간에 활동의 비용이 혜택보다 클 때 최선의 전략은⋯⋯ 아무것도 없다. 아무것도 하지 말고 그 자리에 가만히 있어라! 안전한 장소를 찾아서 좋은 때를 기다려야 한다. 이런 분석을 통해 우리는 기분저하와 우울증에 가까이 다가간다.

어떤 동물은 밤이 되면 에너지를 극도로 아끼는 상태로 전환한다. 생쥐와 비슷한데 얼굴에 줄무늬가 있는 오스트레일리아산 유대목 동물(캥거루나 코알라처럼 새끼를 주머니에 넣어 기르는 동물-옮긴이)인 더나트dunnart는 먹이가 거의 없으며 일교차가 매우 크고 황량한 사막지대에 산다. 더나트가 낮 시간 동안 얻는 칼로리는 차가운 겨울밤 내내 체온을 유지하기에 충분하지 못하다. 그래서 더나트는 어둠이 내리면 대사율이 낮아지고 체온은 20도나 떨어져 일종의 미니 동면 상태로 바뀐다.[55] 때때로 최선의 전략은 아무것도 하지 않는 것보다도 적게 활동하는 것이다.

어떤 동물은 생사가 달린 결정에서 큰 위험을 감수하는 것이 최선이다. 행동생태학자인 토너스 캐러코Thomas Caraco의 연구진이 실시한 고전적인 실험을 보자. 그들은 방울새들에게 두 개의 모이통에서 씨앗을 찾을 수 있다는 것을 학습시켰다. 방울새들이 양쪽 모이통에 갈 때마다 얻는 씨앗의 평균 개수는 똑같았지만, 한쪽 모이통에는 매번 아주 조금씩 주고 다른 한쪽에는 매우 불규칙하게 주었다. 온도가 정상일 때 방울새들은 양이 적지만 정확한 개수의 씨앗을 주는 모이통을 선호했다. 그러나 온도가 낮아져서 씨앗을 일정하게 조금씩 주는 모이통에서 얻는 칼로리로 밤새 생존이 가능할지 의심스러워지자 방울새들은 다른 모이통으로 갔다. 방울새들은 얼어 죽을 것이 틀림없는 길 대신 위험한 도박이지만 생존 확률이 조금이라도 있는 길을 선택했다. 마치 교도소에서 평생을 보내야 하는 무기수들이 총을 든 경비원이 있는데도 울타리를 향해 달려가는 것처럼.[56]

어려운 시기에는 큰 위험이 따르는 까다로운 결정을 내려야 한다. 나의 할머니는 1884년 2월 노르웨이 해안에서 조금 떨어진 작은 섬에서 태어났다. 할머니의 세례식 날에 할머니의 아버지, 그러니까 나의 증조할아버지는 해변에서 물고기 떼를 발견했다. 식량이 부족한 겨울철에 먹여 살릴 식구가 하나 더 늘어난 증조할아버지에게 그 물고기 떼는 하늘이 보낸 선물 같아 보였다. 증조할아버지는 동료 어부와 함께 파도를 무릅쓰고 바다로 노를 저어 나갔다. 두 사람은 배가 꽉 찰 때까지 그물을 끌어올리고 또 끌어올렸다. 그들은 고기를 더 잡아야 했을까, 아니면 집에 돌아갔어야 했을까? 물고기들은 아직 더 있었고 다시는 이런 기회가 없을 수도 있었다. 그래서 두 사람은 그들이 탄 배에 사슬로 연결된 비상용 보트까지 물고기로 가득

채웠다. 그런데 바람이 불기 시작하더니 비상용 보트가 뒤집어졌고, 사슬을 끊을 수가 없어서 큰 배까지 가라앉고 말았다. 증조할머니는 갓 태어난 딸을 품에 안고 해변에 서서 남편이 물에 빠지는 광경을 보면서도 어찌할 도리가 없었다. 낙관주의와 대담성은 귀중하게 쓰일 때가 많지만 때로는 치명적인 결과를 불러온다. 척박한 환경에서 무모한 행동을 하면 위험하다는 것을 경험했기 때문에 증조할아버지의 후손들 가운데 살아남은 사람들은 하나같이 불안과 비관주의 성향을 가지고 있는지도 모른다.

채집이나 어로에 관한 결정은 지금도 우리 삶에서 매우 중요한 부분이지만, 오늘날 대부분의 사람들은 복잡하게 얽힌 관계 속에서 장기적인 사회적 목표를 추구한다. 그래서 성과가 없을 수 있는데도 노력을 계속할 것인가라는 까다로운 결정을 해야 한다. 어떤 대회는 소수의 승자에게 막대한 보상을 제공하지만 나머지 사람들의 입장에서는 몇 년 동안 들인 노력이 허사가 된다. 프로축구 선수가 된다는 것은 정말 멋진 일이지만 프로축구 선수를 지망하는 사람들 1,000명 중에 999명은 실패한다. 소설을 쓸 경우 성공하더라도 보상은 프로축구 선수보다 작지만 소설 쓰기에 도전하는 사람이 프로축구 선수가 되려는 사람보다 더 많다. 커리어를 추구하는 것도 마찬가지다. 체중 감량, 일자리 구하기, 까다로운 상사 또는 배우자와 잘 지내기, 날마다 고통을 안겨주는 관절염 치료 같은 개인적인 목표와 관련해서도 기분은 안내자 역할을 한다. 삶을 구성하는 여러 가지 계획을 추진하는 동안 그 속도는 빨라졌다 느려졌다 하며, 그에 따라 우리의 기분도 좋아졌다 나빠졌다 한다.

여기서 임계치 정리가 제기하는 중요한 질문으로 돌아가보자. 인생의 가장 큰 목표를 포기하는 것이 최선일 때는 언제인가? 나는 사회생활을 처음 시작했을 때 늘 환자들에게 노력하고 또 노력하라, 당신이 성공할 수 없다는 것은 우울증 증상의 거짓말이니 속지 말라고 이야기했다. 그것이 좋은 충고일 때도 많았다. 의과대학원 입시를 준비하던 어떤 사람은 네 번째 지원한 끝에 합격했다. 가수를 지망하던 어떤 사람은 테네시주 내슈빌에 온 지 5년 만에 라디오 프로그램 〈그랜드 올 오프리Grand Ole Opry〉에서 공연을 했다. 그러나 실패가 거듭되면서 점점 의기소침해지는 사람이 더 많았다. 물론 5년 동안 약혼한 상태로 있다가 결혼이 성사된 경우도 있었고, 로스앤젤레스에 1년 더 머물면서 노력한 끝에 영화감독이 된 사람도 있었지만 흔한 일은 아니었다.

현실적인 경험이 쌓이고 진화적 관점을 가지게 되면서 나는 환자들이 느끼는 기분의 의미를 존중하기 시작했다. 종종 환자들의 증상은 인생의 중요한 계획들 중 어떤 것들이 영영 이뤄지지 않을 거라는 숨겨진 인식에서 나오는 것처럼 보였다. 여자는 남자친구가 동거하자고 해서 기뻤지만, 시간이 갈수록 남자친구가 결혼을 원치 않는다는 것이 분명해진다. 상사는 이제 가끔 친절하게 굴기도 하고 승진 이야기를 슬며시 던지기도 하지만 실제로 내가 얻을 것은 없어 보인다. 암 치료법이 나올 거라는 희망이 있었지만 지금까지 시도한 실험은 모두 실패했다. 어떤 남자 환자는 2주일 동안 술을 입에 대지 않았지만 과거에 금주 상태를 유지하기로 했던 10여 차례의 약속은 모두 술을 진탕 마시는 것으로 끝났다. 기분저하의 원인이 항상 뇌병변에 있지는 않다. 기분저하는 실현 불가능한 목표를 추구하는 데 따른 정상적인 반응일지도 모른다.

동물 실험이 알려준 뜻밖의 사실

어떤 약이 항우울제로서 효과가 있는지를 시험하는 가장 일반적인 방법은 그 약을 먹은 동물이 쓸모없는 노력을 계속하는지를 확인하는 것이다. 포솔트Porsolt 테스트는 물이 가득 찬 비커에 실험용 쥐를 빠뜨리고 쥐가 얼마나 오래 헤엄치는지를 측정하는 방법이다.[57] 프로젝Prozac 같은 항우울제를 복용한 쥐들은 약을 복용하지 않은 쥐들보다 오래 헤엄친다. 포솔트 테스트는 항우울제를 검증하기 위한 실험이기 때문에 4,000편이 넘는 과학 논문이 이 실험을 토대로 하고 있으며, 지금도 하루 한 편꼴로 새로운 논문이 발표된다. 끈기 있게 노력하는 것은 좋은 일처럼 보인다. 학술 논문들도 대부분 쥐가 헤엄을 치다가 멈추는 것을 기분저하 또는 절망의 신호로 파악한다. 하지만 헤엄을 중단한다는 것이 모든 걸 포기하고 물에 빠져 죽겠다는 뜻은 아니다. 전략을 바꿔서 코만 물 밖에 내놓은 채 둥둥 떠 있겠다는 뜻이다. 실험용 쥐들은 적당한 시점에 이 전략으로 전환한다. 오히려 약을 복용하고 더 오래 헤엄치게 되는 쥐들은 기운이 빠져서 익사할 가능성이 높다.[58]

끈질긴 노력은 좋은 것이라고 가정하는 또 하나의 동물 모델은 '학습된 무기력learned helplessness'이다. 심리학자 마틴 셀리그먼Martin

Seligman은 중간에 울타리를 세워 칸을 나눈 상지에 개들을 집어넣었다. 전기충격을 받은 개들은 재빨리 울타리를 뛰어넘어 다른 칸으로 달아나면 된다는 것을 금방 학습했다. 하지만 그전에 달아날 곳이 없는 환경에서 전기충격에 노출된 개들은 이제 탈출할 수 있는데도 울타리를 뛰어넘지 않았다. 이것을 '학습된 무기력'이라고 부른다. 학습된 무기력은 우울증을 잘 설명해주는 모델로 인식되고 있다.[59] 하지만 헤엄치는 쥐의 사례와 마찬가지로 울타리를 뛰어넘는 개들이 어리석은 것일지도 모른다. 야생에는 전기충격이 존재하지 않지만, 들개들은 자기 지위를 유지하는 데 필요하다면 자기 영역으로 넘어온 개에게 언제든지 고통을 가할 수 있다.

기분저하가 유용한 상황들

나는 2000년에 발표한 〈우울증은 적응인가? Is Depression an Adaption?〉라는 논문에서 실현 불가능한 목표를 추구하는 상황을 강조했다.[60] 지금에 와서 생각해보면 그때 내가 너무 좁게 생각했던 것 같다. 기분저하가 유리하게 작용하는 다른 상황들도 있다. 사회적 지위를 얻기 위한 경쟁에서는 종종 실현 불가능한 목표가 생기지만, 복종해야 하는 처지의 사람에게는 만성적인 우울감이 유용할 수도 있다. 나는 아이가 어리고 직장생활을 하지 않으며 가까이 사는 친척도 없는데 남편에게 학대를 당하는 여성 우울증 환자를 많이 봤다. 우리는 그런 여성들을 보호소로 보내려고 노력했지만, 한두 명을 빼고는 누구도 보호소에 가려 하지 않았고 다시 치료를 받으러 온 사람도 거의 없었다. 만약 우울증을 진단할 때 원인을 기준으로 삼는다면 '배우자의 학대에서 도망치지 못하는 사람의 우울증'이라는 병은 아주 흔한 정신장애가 될 것이다.

지금까지는 사회적인 상황에 초점을 맞췄지만, 물리적인 상황 역시 기분에 영향을 끼친다. 특히 굶주림, 계절에 따른 날씨 변화, 감염이라는 세 가지 상황이 큰 힘을 발휘한다.

2차 세계대전 시기에 양심상의 이유로 참선을 거부했던 자원봉사자들을 대상으로 수행된 '미네소타 기아 실험Minnesota Starvation Experiment'은 감정 변화의 극적인 증거들을 보여준다. 실험 시작 시점에 모든 피험자는 건강하고 정서적으로도 안정된 상태였다. 그들은 체중을 25퍼센트 감소시키는 식사를 하는 데 동의했다. 목표 체중에 도달했을 때 그들은 대부분 피로를 느끼고, 우울하고, 희망을 잃고, 거의 온종일 음식 생각만 하면서 지내고 있었다.[61, 62] 우리의 조상들도 때때로 열량 부족을 경험했을 것이고, 지금도 세계 곳곳에 굶주리는 사람들이 있다. 이러한 상황에서는 격렬한 경쟁 활동을 피하는 것이 현명하다.

사람들은 햇빛을 못 보면 기분이 가라앉는다. 그래서 계절성정동장애seasonal affective disorder는 흔한 질병이다. 어둠 속에서 기분이 가라앉는 것이 적응의 산물인지 다른 메커니즘의 부산물인지를 확실히 알아내기는 어렵지만, 활동을 하면 위험해지거나 보상을 못 받을 것 같은 상황에서는 기분저하가 유용할 것 같다.[63, 64, 65]

잠에서 깼는데 갑자기 감기에 걸린 것처럼 몸이 무겁다고 느껴지면서 아무것도 하고 싶지 않은 기분이 든 적이 있는가? 1980년대에 동물행동학자 벤저민 하트Benjamin Hart는 이런 증상을 '앓기 행동sickness bahavior'이라고 불렀다.[66, 67] 하트는 앓기 행동이 세균 감염과 싸우기 위해 에너지를 보존하고, 포식자를 피하고, 자신이 우두머리가 아닐 때 갈등을 피하는 등 진화적 이점을 가지고 있다고 주장했다. 실제로 감염된 상태에서 우울증 증상들이 함께 나타난다는 연구 결과가 많이 있다.[68] 가장 극적인 사례는 인체의 면역 반응을 촉진하는 천연 화학물질인 인터페론interferon(바이러스에 대항하여 체내에서 생산되는 항바이러스성 단백질 – 옮긴이) 치료를 받은 환자에게 중증 우울증이 발생한 경우다. C형 간염 때문에 인터페론 치료를 받은 환자들 중 약 30퍼센트가 중증 우울증 증상들을 나타냈다. 그들은 단순한 피로를 넘어 절망을 느끼고 가치 없는 존재가 된 것 같은 느낌에 시달렸다.[69] 이것은 면역 반응이 임상적 우울증을 유발할 수 있으며, 기분저하의 어떤 측면들은 몸이 감염과 싸우는 데 도움이 될 수도 있음을 보여준다.[70]

몸의 어떤 부분이 감염된 상태일 때 피로하고 의욕이 줄어드는 것은 쉽게 이해된다. 그런데 죄책감과 무능감 같은 나쁜 감정들은 왜 생겨나는 걸까? 이런 증상들은 정교하지 못한 시스템의 부산물일 수도 있다. 이것과 연관되는 또 하나의 가능성은 목표 추구를 조절하는 시스템들의 일부가 감염과 싸우는 시스템에서 진화했다는 것이다. 아니면 원시시대의 환경에서 감염은 단순히 피로만을 유발했지만 현대사회에서는 영양 과잉과 마이크로바이옴의 혼란 때문에 사람들의 면역체계가 지나치게 활성화해서 심각한 우울증이 발병하는 것인지도 모른다.

요약하자면 감염은 기분저하의 원인이 되는 또 하나의 상황이다. 물론 모든 우울증이 면역체계의 산물이라고 볼 수는 없다. 하지만 자연선택이 면역체계의 몇몇 측면을 선택해서 기분조절 시스템을 만들어냈다면 동맥경화증과 같은 염증성 질환과 우울증의 강한 상관관계에 대한 설명이 가능해진다.[71, 72, 73, 74]

기분고양의 효용은?

지금까지 기분고양은 별다른 관심을 받지 못했다. 기분고양이 훌륭하고 유용하다는 것은 너무 빤한 사실이기 때문에 그 진화적 의미에 관한 연구는 최근에야 시작됐다. 기분고양은 기분저하의 반대로서 순조로운 상황, 특히 일시적일 가능성이 큰 좋은 상황에서 보이는 유용한 반응들의 모음이다. 기회가 찾아올 때 의욕과 에너지가 솟구치는 사람들은 기회가 찾아와도 평소와 같은 속도로 일을 계속하는 사람들에 비해 선택 이득을 지닌다. 기분고양에는 에너지 증가, 창의성 발휘, 위험 감수 그리고 새로운 일을 시작하려는 열정이 포함된다. 윌리엄 셰익스피어William Shakespeare는 이를 다음과 같이 표현했다. "사람의 일에는 조수 간만이 있다. 밀물 때를 잘 잡으면 큰 행운을 얻는다."[75]

미시간대학교 시절 나의 동료였던 바버라 프레드릭슨Barbara Fredrickson은 기분고양의 이점이 '확장과 구축broaden and build'에 있다고 주장했다. 바버라의 실험과 다른 학자들의 후속 실험들은 기분이 들뜨면 더 넓은 시야로 세상을 보게 되고 새로운 도전을 감행할 확률이 높아진다는 점을 입증한다.[76] 이런 변화들은 기회를 최대한 활용하게 해주는 입장권에 불과하다. 그런데 기분고양의 이점을 기능으로만 파악하다 보면 기분고양의 다른 측면들과 다른 영역에서 유용하게 쓰이는 아류형들을 간과하게 된다. 예컨대 사랑에 빠진 지 얼마 되지 않은 사람들은 아주 강렬한 행복을 맛본다. 그들은 사랑하는 사람을 위해 무슨 일이든 하려는 의욕을 얻는다. 그들의 그런 행동은 애인과의 관계 그리고 아마도 섹스와 자손으로 보답받을 가능성이 높다.[77] 이와 마찬가지로 지위 경쟁이 벌어지는 세계에서 높은 자리에 새로 임명된 사람은 신이 나서 새로운 일에 착수하고 새로운 동맹군을 만들려고 한다. 그러면 나중에 커다란 보상을 받을 확률이 높다. 그런 기회들은 다른 사람들과 경쟁이 붙기 전에 일찍 활용하는 것이 좋다.

컴퓨터 모델이 알려준 사실

생리학자들은 인체의 일부 기관을 제거하면 어떤 문제가 생기는지 알아보는 방법으로 각 기관의 기능을 연구한다. 예컨대 갑상샘을 제거했을 때 나타나는 갑상선기능저하증hypothyroidism(갑상선호르몬의 양이 인체에 필요한 양보다 부족해 체내 에너지 대사가 저하된 상태로, 피로감, 집중력 저하, 감기, 변비 등이 증상으로 나타난다 – 옮긴이)은 갑상샘이 어디에 필요한 기관인지를 알려준다. 그러나 기분을 제거할 방법은 없다. 감정을 많이 경험하지 않는 사람(감정표현불능증alexithymia)들에 관해 연구해볼 수는 있겠지만, 그들이 진짜로 감정 반응을 일으키지 않는 것인지 아니면 감정에 대한 지각을 억압하는 것인지는 불분명하다.[78]

나는 기분 변화가 있는 것이 항상 일정한 기분으로 지내는 것보다 나은 전략인지 여부를 알아보기 위해 간단한 컴퓨터 모델을 만들었다. 이 모델을 통해 나는 그동안 상상하지 못했던 것을 볼 수 있었다. 이 모델에서는 각각 100번씩 각기 다른 양의 자원을 투자하는 세 가지 전략이 경쟁을 벌인다. 모든 전략은 자원 100을 가지고 시작한다.

'기분 없음' 전략은 항상 10씩 투자한다. '중도' 전략은 매번 자기가 보유한 자원의 10퍼센트를 투자한다. '기분 변화' 전략은 바로 직전의 투자에서 수익을 얻은 경우 자원의 15퍼센트를 투자하고 직전에 손해를 본 경우 5퍼센트를 투자한다. 자원을 한 번 투자할 때의 손익은 임의의 숫자와 직전에 이뤄진 투자의 손익이 결합해서 정해지기 때문에 어느 정도 예측이 가능하다. 평균 수익률은 1퍼센트지만 경우에 따라 투자 금액 전체를 잃을 수도 있고 투자 금액의 두 배를 얻을 수도 있다.

게임이 진행되는 과정을 지켜보는 일은 정말 재미있었다. 1회 클릭을 하면 100번의 투자가 진행되고 컴퓨터 화면에 네 개의 선이 그려졌다. 이 네 개의 선 중 세 개는 세 가지 전략을 각각 표시한 것이고 나머지 하나는 매 차례 투자의 손익을 나타낸다. 임의적인 요소가 조금씩 가미되기 때문에 게임을 진행할 때마다 결과는 다르게 나온다.

어느 전략이 승리했을까? 결과는 환경에 따라 달랐다. 보통은 세 가지 전략이 엇비슷한 결과를 얻었다. 보상이 어느 정도 예측 가능할 때는 '기분 변화' 전략이 승리하는 경향이 있었다. '기분 변화' 전략은 수익률이 높을 때 유리하고 수익률이 낮을 때는 위험을 회피하기 때문이다. 하지만 보상이 예측 불가능한 상황에서는 '기분 변화' 전략이 점점 불리해졌다. 위험을 많이 감수하고 손실을 많이 보기 때문이다.

컴퓨터 모델을 실행하면 항상 예상 밖의 결과를 얻게 되는데, 이 모델에서도 예상치 못한 결과들이 나왔다. 뒤쪽의 그림은 똑같은 공식과 초기값을 가지고 게임을 네 번 실행한 결과를 보여준다. 브라질에서 나비 한 마리가 날개를 펄럭이면 미국 플로리다에 허리케인이 불어온다는 유명한 이론처럼,[79] 임의의 숫자들을 조금만 바꿔도 확연히 다른 결과가 나온다. 대개는 세 가지 전략의 결과가 모두 비슷하다. 때로는 어떤 전략도 특별히 좋은 결과를 얻지 못한다. 다만 누군가가 큰 차이로 승리하거나 패배하는 경우 그 주인공은 대부분 '기분 변화'였다.

이 단순한 모델에서 얻은 결과는 개개인의 기분조절 메커니즘이 천차만별인 이유를 설명하는 데 도움이 될지도 모른다. 다른 조건이 모두 동일하다 해도 환경이 조금만 달라지면 각기 다른 기분조절 메커니즘에 주어지는 보상의 차이가 커지기도 한다. 항상 승리를 거두는 시스템은 없다. 결과는 상당 부분 운에 좌우된다.

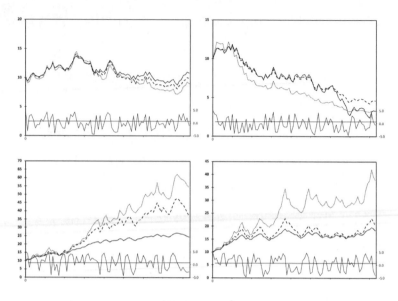

기분 모델을 네 차례 실행한 결과

기분 모델을 네 차례 돌려본 결과, 보상의 무작위 변동에 따라 세 전략의 결과가 크게 달라진다. 기분 변화는 점선, 중도는 대시점선, 기분 없음은 실선이다. 맨 아래의 가느다란 선은 게임이 진행되는 동안 이뤄진 모든 투자 결정에 따른 보상의 변화를 나타낸다.

대학원생 시절 내 연구실에 있었던 에릭 잭슨Eric Jackson은 이 모델을 더 발전시켰다. 그는 어떤 유형의 기분 변화가 최선인지를 알아내기 위해 컴퓨터가 게임을 1만 회 진행하도록 프로그램을 짰다. 그가 얻은 결론은 간단하다. 보상의 변화 폭이 크고 어느 정도 예측 가능하다면 최선의 전략은 직전의 수익률에 따라 그때그때 다른 금액을 투자하는 것이다. 다시 말해 '기분 변화' 전략을 쓰면 된다. 하지만 보상이 예측 불가능할 때는 일정한 금액을 투자하는 전략이 승리를 거두고 '기분 변화' 전략은 금방 파산한다.

심리학자들은 오래전부터 알고 있었다

내가 기분이 상황의 순조로움을 따라간다는 생각을 하게 된 계기는 동물들의 먹이 수집에 관한 나의 연구였지만, 그런 생각은 새로운 것이 아니었다. 심리학자 친구들은 그런 현상을 자세히 서술한 논문을 많이 추천해줬다. 특히 미네소타대학교의 심리학자인 에릭 클링어Eric Klinger는 1975년에 이미 그런 주장들을 명백하게 제시했다.[80] 사람들은 인생의 주된 목표를 향해 순조롭게 나아갈 때 기분이 좋다. 장애물이 생기면 절망을 느끼는데, 절망은 종종 분노와 공격성으로 표출된다. 목표를 향해 나아갈 수 없을 때는 의욕이 떨어지고 일시적으로 위축된다. 한 가지 전략이 계속 실패할 경우 의욕은 매우 낮아지고 대안을 찾게 된다. 목표에 도달하는 새로운 경로를 찾으려고 무진 애를 썼는데도 실패한다면 기분이 몹시 가라앉아 그 목표에 대한 의욕을 잃어버린다. 실현 불가능한 목표를 깨끗이 포기하고 나면 가라앉은 기분은 목표 상실에서 비롯되는 일시적인 슬픔으로 바뀌고, 그 사람은 실현 가능한 다른 목표들을 추구하기 시작한다. 하지만 그 사람의 입장에서 그 목표를 절대로 포기할 수 없을 때도 있다. 예를 들면 일자리를 구한다거나 배우자를 찾는다거나 치명적인 질병에 대한 치료법을 찾는 일들이 그렇다. 그런 상황에서 사람들은 실현 불가능한 목표를 추구하면서 진퇴양난에 빠지게 되고, 원래는 정상적이었던 기분저하가 중증 우울증으로 발전할 수도 있다. 정신과 임상의들은 모두 에릭 클링어의 논문을 읽어볼 필요가 있다.

어떤 연구자들은 이런 이론을 확장해서 연관성 있는 현상들을 연구했다. 독일의 심리학자로서 현재 미국 캘리포니아에서 활동하고 있는 유타 헤크하우젠Jutta Heckhausen은 아이가 없는 중년 여성들 중에 아이를 갖고 싶어하는 사람들을 연구했다. 폐경기가 가까워지자 그들의 정신적 고통은 점점 커졌다. 하지만 폐경기가 오고 나서 임신에 대한 희망을 내려놓은 사람들은 우울증 증상에서 벗어났다.[81] 이렇게 심오한 역설이 또 있을까. 우울증의 근원에 희망이 있다니.

헤크하우젠의 뒤를 이어 캐나다의 심리학자 카스텐 로슈Carsten Wrosch는 암에 걸린 자녀를 돕기 위해 애쓰는 부모들을 연구했다. 그 결과 그들 중에 목표의식이 확고한 부모들이 우울증에 더 취약했다.[82] 목표를 유연하게 조정하거나 포기하는 부모들은 우울증에 덜 걸리는 경향이 있었다.[83]

미국의 심리학자인 찰스 카버Charles Carver와 마이클 샤이어Michael Scheier는 목표의 긴급성이 기분에 끼치는 영향에 관해 일련의 연구를 수행했다.[84] 그들은 기분을 좌우하는 가장 큰 요인은 목표의 성공 또는 실패가 아니라 목표를 향해 나아가는 속도라는 결과를 얻었다.[85] 예상했던 것보다 빠르게 전진할 경우 기분은 좋아졌고 예상보다 속도가 느리면 기분은 가라앉았다. 당연한 이야기 같지만 사실은 그렇지 않다. 대개 사람들은 지금 얼마나 많은 것을 가지고 있느냐에 따라 기분이 좌우된다고 생각한다. 이것은 착각이다. 부유하고 건강하고 존경까지 받는데도 우울해하는 사람도 많다. 사람들은 행복해지기를 기대하면서 이런저런 것들을 손에 넣으려 하지만 그 행복은 오래가지 않는다. 사람이 무엇을 가지고 있느냐는 기분에 그리 큰 영향을 주지 않으며, 성공과 실패도 단기적으로만 기분에 영향을 끼친다. 대부분의 사람들에게 기분 기준선_{baseline mood}은 놀라울 정도로 일정하게 유지되며 기분의 변화는 목표를 향해 나아가는 속도를 반영한다.[86, 87]

불리한 상황, 낮은 의욕, 나쁜 기분

인생의 가장 중요한 목표를 향해 나아가다가 속도가 느려지거나 멈춰 서게 되면 기분저하 증상들이 나타난다. 이 증상들은 의욕을 떨어뜨리고 당분간 기다리면서 다른 전략을 모색하도록 유도한다. 만약 다른 전략들 중에 실행 가능한 것이 하나도 없어 보이면 목표를 포기하게 만든다. 그런데 그런 상황에서 의욕 저하가 정말로 최적의 반응일까? 의욕 저하는 불필요한 노력에 에너지를 낭비하는 것을 막아주긴 하지만, 인생에서 하나의 전략이 실패했다고 해서 반드시 방 안에 틀어박혀 울적하게 지내야 할까? 열정이 높아지고 위험을 감수하려는 태도가 생겨야 다른 좋은 전략을 찾아낼 가능성이 더 높지 않을까? 왜 인생에 역경이 닥칠 때 우리의 정신은 자기 자신과 세계와 미래를 더 낙관적으로 바라보면서 유용한 프로젝트로 옮겨갈 에너지를 생성하지 않을까?

물론 그럴 때도 있다. 어떤 사람은 직장에서 해고를 당하고 집에 오자마자 자신이 수십 년 동안 고된 일만 하며 살 뻔했는데 이제 자유로워졌다는 사실을 깨닫는다. 이혼을 하고 나면 처음에는 절망하지만 대개 시간이 흐르면 더 나은 관계를 맺을 수 있겠다고 생각하게 된다. 잘되지 않는 연구 프로젝트를 포기했다 할지라도 더 흥미로운 연구를 수행할 새로운 기회가 열린다면 신이 날지도 모른다. 토니 호글랜드Tony Hoagland의 〈실망Disappointment〉이라는 시는 이런 순간을 포착했다. "그 사람이 취직을 못했다— / 그녀의 아버지는 이야기를 듣지 못하고 돌아가셨다 / 가장 중요한 한 가지를— / 그리고 모든 것이 조용해졌다…… 이제 다시는 그 무엇을 위해 노력하지 않아도 돼요 / 다 끝났고 / 자유를 얻었어요."[88]

삶을 낙관적으로 바라보면 어떤 장점이 있는지는 아주 명백하다. 예컨대 낙관적인 견해를 가지고 있으면 우울증을 피할 수 있고 우울증과 연관된 다른 질병에도 잘 걸리지 않는다.[89] 낙관주의자들이 심장마비로 사망할 확률은 비관주의자들의 반밖에 안 된다.[90] 낙관주의자들은 장밋빛 안경을 쓰고 살아가기 때문에 남들처럼 회의에 빠져들지 않고 행복한 상태를 유지한다. 그런데 그 때문에 '콩코드 효과Concorde Effect'(손실을 예상하면서도 지금까지 투자한 것이 아까워 그만두지 못하는 상황을 의미한다-옮긴이)가 나타나서, 희망이 없는 일에 계속해서 노력을 쏟아붓는 실수를 저지를 우려도 있다. 만약 당신이 사냥할 곳을 찾기 위해 몇 시간 동안 걸어왔는데 처음 한 시간 동안 사냥감으로 적합한 동물이 한 마리도 나타나지 않았다면, 조금 더 기다려볼 가치는 있겠지만 며칠 동안 기다릴 가치는 없다. 언제 포기할지 현명하게 결정하는 일은 더없이 중요하다.

인생의 큰일들에서는 대체로 끈기와 낙관주의가 그만한 보답을 받는다. 새로운 직장이나 동업자를 찾으려면 막대한 비용이 들기 때문이다. 보통은 문제가 좀 있더라도 다른 길을 거들떠보지 않고, 언젠가 일이 더 잘 풀리리라는 희망을 가지고 지금 하는 일을 계속하는 편이 낫다. 그리고 낙관주의자들은 보통 그렇게 한다.

하지만 어떤 시점에 이르면 계속 노력하는 것이 실수가 된다. 만약 끈질기게 노력해도 성공할 것 같지 않다면 냉정한 눈으로 객관적인 분석을 해봐야 한다. 기분저하가 사람들을 더 현실적으로 만든다는 이른바 '우울한 현실주의depressive realism'는 10여 건의 연구로 입증된 현상이다.[91] 일반적으로 사람들은 정당화하기 어려울 정도로 낙관적이다.[92] 임의의 시각에 불이 들어오는 전등을 주고 조절 단추를 눌러달라고 부탁하면 대부분의 피험자들은 자신이 단추를 눌러서 빛이 들어온다고 생각한다. 하지만 우울증에 걸린 피험자들은 자신들이 전등에 아무런 힘을 행사하지 못한다는 사실을 금방 알아차린다. 우울한 현실주의는 여러 나라의 문헌에 기록되어 있다.[93] 슬픈 이야기나 슬픈 영화를 사용해 기분저하를 유도하면 사람들은 자기 자신과 미래에 관해 훨씬 정확하게 분석한다.[94, 95, 96] 비록 그 효과가 과거에 생각했던 것만큼 크지는 않지만.[97]

열심히 노력하는데도 인생의 주된 목표에 다가가지 못하고 있을 때의 기분저하는 낙관적인 환상을 떨쳐버리고 객관적인 자세로 대안을 고려하도록 유도한다. 그런 전환 과정은 고통스럽게 느껴진다. 나는 부부관계가 회복 가능하다고 생각했다가 한순간에 모든 희망을 잃은 환자를 많이 만나봤다. 마치 그들의 눈을 가리고 있던 장밋빛 렌즈가 갑자기 검게 변한 것 같았다. 하지만 우울증 렌즈는 색만 어두운 것이 아니다. 우울증 렌즈는 현실을 왜곡해 다른 사람들의 눈에는 또렷하게 보이는 기회도 못 보게 만든다. 실직 상태인 사람들 중 일부는 자신이 영원히 다른 직업을 구하지 못할 거라고 굳게 믿는다. 최근에 이혼한 사람들 중 일부는 자신이 애초에 누군가에게 사랑받을 수 있는 사람이 아니었다고 생각한다. 프로젝트가 실패로 돌아가서 좌절한 연구자들은 자신의 경력이 끝났다고 믿는다. 세상이 무너지기라도 한 것 같다.

비관주의는 성급한 움직임을 막아준다. 만약 우리에게 결혼, 직장 또는 집필 계획과 관련해서 좋지 않은 시기가 찾아올 때마다 곧바로 다른 일에 대한 희망이 생겨난다면, 우리는 새로 시작하는 비용은 생각지도 않고 재빨리 방향을 바꿀 것이다. 반대로 우리 자신과 미래를 비관적으로 바라볼 경우에는 당장 큰 변화를 시도하지 않으면서 얼마간의 시간을 두고 원래의 계획을 정상화하려고 노력하게 된다. 때로는 닻을 올리고 다른 장소로 이동해서 고기를 잡는 것이 최선이지만, 파도나 날씨 때문에 항해가 위험한 상황이라면 더 깊은 고려와 신중한 태도가 필요하다. 새로운 도시로 이사하거나 직장을 옮기거나 결혼하는 것 같은 일은 비용과 위험이 더욱 크다. 나는 인생의 중요한 일이 실패하고 있는데도 계속하는 것과 그에 수반되는 기분저하는 더 나은 대안을 찾는 비용과 위험에 비례할 것으로 짐작하고 있다. 하지만 내가 알기로 이 가설은 아직 검증된 바가 없다.

마지막으로 우리는 정상적인 기분저하에서 기분장애로 초점을 옮길 준비를 하면서, '기분이 가라앉는 것이 왜 그렇게 나쁜 일로 느껴지는가'라는 질문을 던져봐야 한다. 왜 기분조절 시스템은 우리가 헛된 노력을 기울이고 있을 때 자기비하나 생각의 반추나 정신적 고통 없이도 내안을 객관적으로 평가해서 적절한 시기에 차선의 계획으로 옮겨가게 만들어주지 않을까? 이 질문에는 여러 가지로 답할 수 있겠지만, 내 생각에 그 이유는 우리가 육체적 고통을 느끼는 이유와 마찬가지일 것 같다. 구역질, 구토, 설사, 기침, 열, 피로, 통증, 불안, 기분저하에 따르는 고통은 현재의 나쁜 상황에서 탈피하고 앞으로도 비슷한 상황을 피해가려는 동기를 제공한다. 육체적 고통을 아예 느끼지 못하는 사람들은 계속 부상을 입다가 일찍 죽게 마련이다. 실현 불가능한 목표를 추구하면서도 기분이 나빠지지 않는 사람들은 평생 동안 자기만족에 젖어 헛수고를 한다. 자주 기분이 가라앉을수록 유전자에게는 이롭겠지만, 기분저하에 대해 긍정적으로 이야기하는 진료소는 사람들을 더 불안하게 만들어주는 진료소만큼이나 인기가 없을 것 같다.

우울증을 해결할 수 있을까?

각각의 기분 상태와 특정 기능을 연계해서 생각하는 것은 잘못이지만, 기분을 느끼는 능력에는 보편적 기능이 있다고 말할 수 있다. 기분은 그때그때 다른 상황에서 다윈주의적 '적합도'를 극대화하기 위해 시간, 노력, 자원, 위험 감수 등의 투자를 재분배한다. 기분의 좋고 나쁨은 인지와 행동을 조절해서 순조로운 상황 또는 순조롭지 못한 상황에 대처하도록 한다.

이렇게 포괄적으로 요약하면 '기분은 하나다 The mood is one thing '라는 광범위하고 암묵적인 가정이 도출된다. 확실히 기분은 하나인 것처럼 보인다. 우리의 언어에는 기분을 포괄적으로 칭하는 단어가 있고, 대부분의 사람들은 기분저하와 기분고양에 대한 설명을 쉽게 이해한다. 하지만 기분저하와 기분고양의 여러 부분은 항상 비슷한 것끼리 묶여서 함께 나타나는 것일까? 열정, 위험 감수, 신속한 판단, 낙관주의는 항상 같이 나타나는가? 낮은 자존감에는 항상 비관주의, 걱정, 에너지 상실이 뒤따르는가?

기분저하의 여러 측면이 함께 나타나는 것은 감기의 여러 증상이 한꺼번에 나타나는 것과 비슷하다. 기분저하의 여러 측면은 긴밀하게 엮여 있지만 그 패턴은 문제의 구체적인 성격에 따라 달라진다. 매슈 켈러 Matthew Keller 는 문제의 종류에 따라 우울증 증상들도 다르게 나타나는지를 알아보기 위해 조금은 위험한 프로젝트를 수행했다. 세 편의 다른 연구가 그의 가설과 일치했다. 특히 배우자나 애인과 사별한 경우 울음, 정신적 고통, 사회적 지지를 향한 갈망 증상이 나타났고, 노력이 허사가 된 경우에는 비관주의, 피로, 기쁨을 느끼지 못하는 증상이 나타났다.[98] 나의 제자였던 아이코 프리드 Eiko Fried 는 켈러의 가설을 한 단계 발전시켜 일련의 연구를 수행했다. 프리드의 연구는 증상의 개수와 강도를 합산해서 우울증의 심각한 정도를 측정하는 일반적인 방법이 가장 중요하고 흥미로운 변수들을 배제하고 있다는 사실을 밝혀냈다. 개별적인 증상들을 분석해서 데이터를 얻어낼 수 있다면, 항우울제의 효과를 입증하는 일이라든가 중증 우울증 환자의 뇌 메커니즘 이상을 발견하는 일에 도움이 될 것이다.[99]

정신적 고통은 완화해야 한다

마지막으로 일반적이지만 위험한 논리적 오류에 대해 경고하고 싶다. 어떤 사람은 기분저하가 유용할 수 있다는 사실을 알고 나서 우울증 치료를 받지 않겠다고 마음먹는다. 이것은 마취제가 처음 발명됐을 때 사람들이 저질렀던 것과 비슷한 실수다. 당시 일부 의사들은 통증은 정상적인 것이라는 이유를 대며 수술에 마취제 사용을 거부했다. 기분저하의 효용에 대해 새로운 지식을 얻었다고 해서 정신적 고통을 완화하려는 노력을 그만둬서는 안 된다는 이야기다.

사람들은 고통스럽기 때문에 치료를 받으러 온다. 고통이 육체적인 것이든 정신적인 것이든 간에 원인을 찾아서 제거하는 것이 가장 좋은 해결책이다. 때때로 기분저하는 정상적인 것으로 간주되어야 하며 어떤 사람의 의욕과 삶의 방향을 조정하는 데 유용한 것으로 인정받아 마땅하다. 그러나 나쁜 상황을 바꿀 수 없을 때도 많다. 친구가 세상을 떠났거나 학대가 계속되거나 일자리를 구하지 못하거나 매일 밤 아이가 약을 끊게 하려고 애쓰거나 만성적인 통증에서 해방되지 못하는 상황은 모두 기분저하의 충분한 이유가 되지만, 그 결과로 생기는 나쁜 감정들은 정상적이라 해도 우리에게 해를 입힌다. 또 어떤 상황에서는 기분저하가 정상적이고 그 사람의 유전자에게 유용하지만 그 사람에게는 해로울 수도 있다. 어떤 기분저하는 화재감지기의 거짓 경보처럼 정상적이지만 당면한 순간에는 쓸모가 없다. 어떤 기분저하는 정상적이지만 진화하기 전과 확연히 다른 사회환경에서 생활하는 지금의 우리에게는 불필요하다. 그리고 기분조절 시스템에 이상이 생겨서 기분이 가라앉는 경우도 있다. 이 모든 가능성을 고려하면 의사와 환자는 우울증을 치료할 때 육체적 통증을 치료할 때와 동일한 의학적 접근법을 사용할 수 있다. 우울증의 원인을 찾아서 그 원인을 제거하려고 노력하되, 고통을 완화하기 위해 당장 할 수 있는 일이 있다면 반드시 해야 한다.

· 7장 ·

좋은 이유라곤 없는
끔찍한 기분

슬픔과 우울증의 관계는 정상적인 성장과
암의 관계와 같다.
　　　　　　　　－ 루이스 월퍼트, 《독이 되는 슬픔》[1]

누구든 자기가 절대로 가질 수 없는 것을
갈망한다면 영원히 절망에 빠져 지낼 수밖
에 없다.
　　　　　　　　－ 윌리엄 블레이크, 〈자연 종교란 없다〉

일반적인 기분저하는 다리가 부러졌을 때 느끼는 고통과 비슷하다. 비정상적인 기분저하는 고통조절 메커니즘에 이상이 생겨서 발생하는 만성 통증과 비슷하다. 조증은 조종사 없는 엔진과 비슷하다. 기분장애는 기분 자동조절 장치에 문제가 생긴 결과다.

언젠가 새로운 환자를 만났을 때의 일이다. 그 남자 환자는 60대 초반의 교수였다. 그는 병원 침상에서 몸을 일으켜 창밖을 내다보면서 고통스러운 말투로 느릿느릿 말했다. "연기가 걷히고 있군."

"무슨 연기 말씀이시죠?" 나의 물음에 환자가 대답했다. "이제 모든 게 사라졌어요. 도시 전체가 타버렸잖아요. 그래도 매캐한 냄새는 아직 남아 있네요."

화재는 없었고 도시도 멀쩡했다. 연기 냄새를 맡았다는 사람도 없었다. 환자는 느린 말투로 다시 말했다. "나도 나가서 돕고 싶지만 전 재산을 잃었어요. 치료비를 낼 수가 없으니 지금 여기서도 나가야겠어요. 교도소에 들어갈지도 모르겠군."

환자의 아내가 입을 열었다. "몇 주 전부터 이런 소리를 해요. 우리에겐 퇴직연금이 있다고 내가 입이 닳도록 말했는데도 이 사람은 우리가 무일푼이 됐고 어차피 자기는 곧 죽을 테니 상관없다는 말만 계속하지 뭐예요." 환자는 정신병적 우울증 때문에 무일푼이라는 착각에 빠지고, 가짜 냄새를 맡고, 재앙이 벌어지는 환영을 보는 경우였다. 몇 주 동안 전기경련 치료를 받은 뒤에 그의 증상은 개선됐다.

경찰들은 조증 환자들을 자주 상대한다. 내가 병원 당직이었던 어느 날 저녁, 경찰이 신고를 받고 고급 레스토랑에 출동하니 30대 초반의 여성이 옷을 벗고 탁자 위에서 위태롭게 빙글빙글 돌면서 목청껏 노래를 불러대고 있었다. 여자는 자신이 그날 저녁에 초대를 받은 무용수라고 우겼지만, 그 레스토랑은 지루하고 고급스러운 곳이어서 공연을 계획한 적이 한 번도 없었다. 경찰이 탁자 위의 여자를 끌어내리려 하자 그녀는 소리를 고래고래 지르며 격렬히 저항했다. 응급실에 실려와서도 여자는 말을 속사포처럼 쏟아냈다. 텔레비전 댄스 경연대회에서 우승해 팬들을 위해 깜짝 공연을 해주고 싶다느니 하는 앞뒤가 맞지 않는 말들이었다. 여자는 술이나 약물에 취한 상태도 아니었다. 과거의 의료기록을 찾아보니 조증 삽화로 병원에 다섯 번이나 왔던 환자였다. 한 친구의 말에 따르면 여자는 2주 전부터 "댄스 경연을 준비하기 위해" 원래 복용하던 약을 끊은 상태였다.

정신병적 우울증과 조증에는 정상적이거나 유용한 요소가 없다. 둘 다 감정조절 메커니즘이 잘못되어 생긴 심각한 질병이다. 어떤 사람의 감정조절 메커니즘에 이상이 생기는 이유를 찾기 위한 탐구는 막대한 자금이 투입된 거대 프로젝트가 되어 천천히 앞으로 나아가고 있다. 어느 아늑한 휴양지의 호텔에서 열린 기분장애 콘퍼런스에서 지금까지 진행된 연구의 성과와 한계에 대한 발표가 있었다. 나도 그 콘퍼런스에 참석했다. 최근에 나온 연구 결과들을 우아하게 요약한 발표를 듣기 위해 300명의 정신과 의사들도 함께 모였다.

콘퍼런스는 우울증 발병률이 높다는 보고로 시작됐다. 그 수치가 어찌나 심각한지 거기서 의욕을 얻어야 할지, 아니면 실망해서 그 자리를 떠야 할지 망설여질 정도였다. 무려 3억 5,000만 명이 매일같이 기분장애 때문에 불행하게 살고, 업무를 수행하지 못하며, 그중에는 삶을 중단해버리는 경우도 너무나 많다.[2] 미국만 보더라도 우울증으로 인한 경제적 손실이 2,100억 달러에 달했다. 이것은 모든 영양 공급 프로그램에 들어가는 예산의 세 배에 달하는 금액이다. 하지만 《네이처Nature》에 실린 〈만약 우울증이 암이라면If Depression Were Cancer〉이라는 강렬한 제목의 기고문에 따르면 미국 국립보건원National Institues of Health은 해마다 우울증 연구에 4억 달러를 투입하는데, 이것은 암 연구에 투입하는 금액의 10퍼센트도 안 된다고 한다.[3, 4] 기분장애는 대중의 건강을 심각하게 위협하고 있으므로 그 원인을 찾고 치료법을 개선하려는 노력이 시급하다.

콘퍼런스에 참석한 전문가들은 뇌가 기분에 어떤 영향을 끼치며 약물은 뇌에 어떻게 작용하는가를 다룬 수백 편의 연구 결과를 요약해서 발표했다. 첨단과학이 동원된 훌륭한 연구들이었지만 그 연구들의 결과가 전하는 메시지는 한마디로 '우울한' 것이었다. 우울증을 유발하는 특정한 뇌병변이나 유전자 이상은 발견되지 않았다. 치료법에 관한 연구도 복잡하긴 마찬가지였고 원인에 관한 연구에 비해 크게 낙관적이지도 않았다. 해당 연구에 참여한 환자들은 대부분 어느 정도 도움을 받았지만 치료에 저항하거나 극심한 부작용을 경험하는 경우도 많았다. 완전하고 지속적인 효과를 얻은 환자는 소수에 지나지 않았다.

새롭게 발견된 사실들 중에는 놀라운 것도, 뚜렷한 발전도 있었다. 양극성장애 증상의 일환으로 발생하는 울증에는 일반적인 항우울제가 효과를 발휘하지 못하지만 다른 약으로 효과를 볼 수 있다고 밝혀졌다. 좋은 소식 하나 더. 항우울제는 다른 약물에 비해 섹스에 끼치는 부작용이 적다고 한다. 종합해서 말하자면 그 콘퍼런스는 기분에 영향을 끼치는 뇌의 메커니즘을 이해하는 연구의 놀라운 진전과 정신질환의 원인과 더 나은 치료법을 찾는 연구의 더딘 진전을 확인하는 자리였다. 콘퍼런스에 참가한 의사들은 환자에게 가장 좋은 치료법을 제공할 준비를 갖춰서 돌아갔다.

나는 점심시간 직전에 진행된 아주 전문적인 발표를 듣던 중 '개가 밤에는 짖지 않았다'는 사실에서 결정적인 단서를 찾았던 셜록 홈스 이야기를 떠올렸다. 왜 나는 발표를 듣다가 그렇게 엉뚱한 생각을 했을까? 논의에 뭔가가 빠져 있었나?

점심시간에 다른 정신과 의사들에게 물었다. "기분이 가라앉는 능력이 존재할까요?" 그러자 생물학과는 거리가 먼 답변이 돌아왔다. "우울해할 줄 아니까 인간이지요." "의미 있는 관계를 맺으려면 우울한 감정도 필요합니다." "저는 그런 생각은 해본 적이 없네요. 꼭 이유가 있어야 하나요?" "우울증은 뇌병변이고, 우울해서 좋을 건 없습니다."

내가 인류의 진화 과정에서 기분을 느끼는 능력이 형성된 데는 반드시 어떤 이유가 있을 거라고 말했더니 의사들은 당황해하거나 충격을 드러냈다. "진화론에 대한 반박도 있지 않나요?" "제가 보기에는 생물학이 아니라 학습과 문화에서 원인을 찾아야 할 것 같은데요." "그건 꼭 옛 사람들이 자연현상을 설명하려고 지어낸 이야기 같군요." "기분의 원인은 진화가 아니라 화학적 불균형입니다." 고등교육을 받은 친절한 의사들에게서 이런 말을 듣고 나니 정신과 의사들은 기분의 진화적 기원은커녕 효용에도 관심이 없다는 현실을 인정할 수밖에 없었다.

그날 하루를 마친 나는 희망을 잃고 좌절했다. 외톨이가 된 것처럼 고독했고 불안과 피로와 비관에 젖었다. 나의 뇌가 달라져 있었다. 그것은 아주 짧은 우울증 삽화였을까? 온종일 운동도 안 하고 햇빛도 못 보고 쿠키만 잔뜩 먹어서 내 몸이 화학적 불균형을 일으켰던 걸까? 아니면 내가 정신과 의사들을 상대로 기분의 진화에 대해 생각하게 하려고 오랫동안 노력한 것이 허사였다는 걸 깨달았기 때문에 발생한 증상이었을까?

만약 이런 증상이 2주 동안 지속됐다면 나는 주요우울증 진단 기준에 부합했을 것이다. 다행히 콘퍼런스 둘째 날, 친구인 신시아 스토닝턴Cynthia Stonnington이 내 옆자리에 앉았다. 스토닝턴은 애리조나의 메이오병원Mayo Clinic 정신과를 책임지는 사람이었다. 그녀가 귀엣말을 하고 때때로 눈썹을 치켜올리는 모습을 본 나는 그 콘퍼런스에 뭔가가 빠져 있다고 생각하는 사람이 나 혼자가 아니라는 사실을 알아챘다. 우리는 제약회사가 제공하는 점심식사를 건너뛰고 햇볕이 잘 드는 베란다에 앉아 오전 시간의 발표 내용에서 마음에 들지 않았던 점에 관해 이야기를 주고받았다.

잠시 후 우리는 그 콘퍼런스에서 발표했던 전문가들이 우울증에 섭게 걸리는 일부 개인들에게 어떤 문제가 있는지를 찾아내는 데만 집중하고 있다는 결론에 이르렀다. 그들은 사람은 누구나 삶 속의 여러 가지 상황에 기분이 좌우된다는 사실을 언급하지 않았다. 요약 발표문에 '스트레스'라는 단어가 포함되긴 했지만, 배우자에게 학대를 당하거나 전망 없는 일을 계속하고 있는 환자들 이야기는 한마디도 없었다. 정신장애를 앓는 10대 자녀가 밤마다 소리를 지르면서 자해하겠다는 협박을 하는데 아무런 도움을 주지 못해서 절망과 피로와 공포와 우울감에 찌든 부모를 치료했다는 이야기는 아무도 하지 않았다. 약물중독으로 열 번째 치료를 간절히 요청하는 환자와 암이 재발했다는 소식을 막 들은 환자의 절망에 관해서도 아무도 이야기하지 않았다.

그 콘퍼런스는 전적으로 환자 개인의 특성에 초점을 맞추고 있었으며 삶 속의 여러 가지 상황은 고려되지 않았다. 나는 사회심리학이라는 학문을 창시한 쿠르트 레빈Kurt Lewin의 사회심리학 제1 원칙을 떠올렸다.

$$B = f\,(P,\ E)$$

행동(Behavior)은 어떤 사람(Person)과 그 사람이 처한 환경(Environment)의 함수다. 유전자와 성격 같은 개인의 특성은 고정되어 있지만[5] 환경은 수시로 바뀐다. 정신장애를 온전히 설명하기 위해서는 개인의 특성과 환경을 모두 고려해야 한다.

앞 장에서 정신장애 진단에 관해 설명한 대로, 우리는 개개인의 특성을 탓하고 환경과 상황의 효과를 간과하는 '기본적 귀인 오류'를 범하기 쉽다.[6, 7] 기본적 귀인 오류에 대해 알고 나면 그런 오류가 매우 흔하다는 사실도 쉽게 알 수 있다. 어떤 사람이 기부금 항아리에 돈을 넣지 않고 자선용 커피포트에서 커피를 한 잔 따라 마신다고 해보자. 우리는 그 사람이 어제 5달러를 넣었을 가능성은 고려하지 않고 그 사람에게 '정직하지 못하다'는 딱지를 붙이기 쉽다. 어떤 사람이 당신과 아는 사이였는데 당신에게 인사를 하지 않고 지나간다면? 당신은 그 사람을 무심한 유형으로 간주하기 쉽다. 하지만 알고 보면 그 사람은 방사선 치료를 받으러 가는 길이었을지도 모른다. 어떤 사람이 고개를 푹 숙이고 있다면 그 사람이 원래 비관적인 성격일 거라고 단정하기 쉽다. 언젠가 나는 개인병원에서 일하는 동료와 대화를 나누다가 바람을 피우는 심리치료사들의 이야기를 듣고는, 섹스에 특별히 관심이 많은 사람이 심리치료사가 될 가능성이 높아 그런 일이 벌어질지도 모른다고 말했다. 동료의 대답은 다음과 같았다. "심리치료사들은 보통 사람들과 다르지 않아. 문제는 개인 진료실이 있다는 거야. 유혹을 거부할 이유가 없어서 바람을 피우기가 무척 쉽거든. 나중에 개인병원을 차리면 너도 알게 될걸."

어느 학자의 우울증

콘퍼런스가 끝난 다음 날 아침, 나는 조금은 낙심한 상태로《애틀랜틱The Atlantic》잡지를 훑어보다가 유명한 아동심리학자인 앨리슨

고프닉Alison Gopnik이 쓴 〈18세기 철학자의 도움으로 중년의 위기를 극복한 이야기How an 18th-Century Philosopher Helped Solve My Midlife Crisis〉라는 글을 우연히 보게 됐다.[8] '중년의 위기'를 겪는 수많은 사람과 마찬가지로 고프닉도 전형적인 우울증 삽화를 경험했다. 증상은 20년 동안의 결혼생활을 끝내고 자녀들도 집을 떠나 혼자 새 집으로 이사하면서 시작됐다. 얼마 후 고프닉은 이제 그 어떤 의미 있는 일도 해내지 못할 것이라고 확신했다. 그녀의 증상은 그런 결론을 정당화하는 것 같았다. 날마다 몇 시간씩 울기만 하고 아무 일도 하지 못했기 때문이다. 치료가 필요하다고 생각하긴 했지만, 고프닉은 의사의 말을 잘 따르는 환자가 아니었다. "내가 만난 의사들은 프로잭, 요가, 명상을 처방했다. 나는 프로잭이 정말 싫었다. 요가에는 소질이 없었다. 명상은 도움이 되는 것 같았고 적어도 재미는 있었다. 사실은 명상에 관해 알아보는 것만으로도 실제로 명상을 하는 것처럼 도움받는 것 같았다. 명상은 어디에서 유래했는가? 명상은 왜 효과가 있는가?"

학자였던 고프닉은 인간 경험의 주관적 성격에 관한 예리한 통찰로 기억되고 있는 18세기 스코틀랜드의 철학자 데이비드 흄의 책을 펼쳤다. 흄은 인간의 욕구를 만족시키기란 영원히 불가능하다고 주장하면서도 뛰어난 유머를 구사한 철학자였다. 하지만 흄의 일생은 순조롭지 못했다. 그는 23세 때 정신장애에 시달렸고, 고프닉과 마찬가지로 앞으로 자신이 아무것도 성취하지 못하리라고 생각했다. 그러나 그때부터 3년 동안 흄은 지금도 서양철학사의 위대한 저작들 중 하나로 인정받는 《인성론A Treatise of Human Nature》을 집필했다. 그로부터 300년 뒤에 우울증에 걸린 야심만만한 학자에게는 그보다

좋은 역할모델이 없었다.[9]

흄의 저서를 읽으면서 욕망을 대하는 그의 태도에 불교의 영향이 녹아 있다는 점을 알아차린 고프닉은 마치 피에 굶주린 사냥개처럼 그 흔적을 따라갔다. 불교사상은 욕구가 우울증을 유발한다는 사실에 관해 아주 많은 이야기를 들려주기 때문에 나는 고프닉의 탐구에 커다란 흥미를 느꼈다.[10, 11, 12] 1700년대 초반 유럽에 불교를 아는 사람이 과연 있었을까? 고프닉은 예수회 선교사였던 이폴리토 데시데리Ippolito Desideri가 1716년부터 1721년까지 티베트의 어느 사원에서 불교를 공부했다는 사실을 알아냈다. 데시데리는 유럽에 돌아온 지 1년 만인 1728년에 불교에 관한 책을 완성했다. 예수회에서는 경쟁 종교에 관한 책 출간을 허용하지 않았으므로 흄은 데시데리의 책을 읽어보지 못했을 가능성이 높다. 하지만 고프닉은 놀라운 우연의 일치를 발견했다. 데시데리는 파리 남쪽의 소도시 라플레슈의 수도원에 머무른 적이 있었고, 그로부터 8년 뒤에는 데이비드 흄이 라플레슈에 살면서 《인성론》을 집필하는 동안 그곳의 수도사들과 이야기를 나눴던 것이다.

얼마 후 고프닉은 자신과 마찬가지로 열정적으로 그 수수께끼를 파헤치던 한 남자를 만났고, 그와 사랑에 빠졌다. 우울증은 싹 나았다. 고프닉이 회복된 것은 우연이었을까? 혹시 새로운 연애, 새로운 인간관계, 새로운 직업적 기회 그리고 욕구는 영영 충족될 수 없는 환상일 뿐이라는 새로운 깨달음이 병을 치유한 것이 아닐까?

고프닉은 아주 감동적인 설명을 들려준다. 그녀는 자신이 겪은 끔찍한 우울증은 인생의 가장 중요한 두 가지 과업이 막다른 골목에 이르렀기 때문에 시작된 거라고 단언했다. 고프닉은 다른 유명한 자가들처럼 자신의 증상을 우연히 생긴 뇌병변 탓으로 돌리면서 개인적 갈등과 손실을 감추거나 최소화하지 않았다. 그녀는 어둠 속으로 직접 들어가서 새로운 통찰과 목표를 가지고 나왔다.

고프닉의 장애는 중증이었으므로 더 공격적인 치료법을 썼더라면 효과가 좋았을지도 모른다. 만약 고프닉이 나를 찾아왔다면 나는 그녀를 설득해서 항우울제를 계속 먹게 했을 것이다. 그리고 그녀의 설명을 있는 그대로 믿지 않고, 그녀가 가족력이라든가 이전 병력을 축소하고 있다고 생각했을 수도 있다. 사실 고프닉의 우울증은 이혼의 원인이 되고 연구 활동의 장애물이 됐을지도 모른다. 그럼에도 정신장애의 발병과 회복에 관한 그녀의 생생한 묘사는 내가 스스로 절망을 극복하고 다시 기분이 존재하는 이유를 알아본다는 과제에 도전하는 데 도움이 됐다. 정상적인 기분을 기준으로 기분장애를 이해할 수 있는 체계를 만들 수 있다면 나는 기꺼이 그 일에 최선을 다할 것이다. 하지만 먼저 해결해야 할 문제가 있었다. 그 많은 똑똑한 의사는 기분장애를 이해하려면 정상적인 기분의 기원과 기능을 이해해야 한다는 사실을 왜 모를까?

근본적 오류

현재 정신의학계에서 우울증에 관해 이뤄지는 연구들은 기본적 귀인 오류를 잘 보여준다. 기본적 귀인 오류는 흔하기도 하고 심각하기도 하다. 언젠가 나는 우울증 때문에 병원을 찾은 젊은 여자 환자의 평가척도rating scale를 작성하라는 지시를 받았다. 상담을 진행하는 동안 그 환자가 말했다. "모든 증상은 내가 강간을 당한 뒤에 시작됐어요." 환자의 진료 차트에는 강간에 관한 언급이 없었으므로 나는 그녀의 담당의에게 그 사실을 아느냐고 물었다. 담당의는 이렇게 대답했다. "그래, 알고 있어. 하지만 강간을 당했다고 모두가 우울증에 걸리진 않지." 이 말은 담배를 피운다고 모두가 폐암에 걸리지는 않는다는 말과 같다.

증상을 유발하는 원인에 주의를 기울이지 않고 증상만 치료하는 일은 비단 정신과만의 문제는 아니다. 의학의 다른 분야에도 증상을 곧 병으로 보는 관점(VSAD)이 만연해 있다. 때때로 의사들은 원인을 모르는 상태에서 통증, 구토, 기침, 열을 완화하기 위해 약을 처방한다. 하지만 기침이 심한 환자를 치료하는 의사들은 대부분 천식, 심장질환, 폐렴의 징후가 있는지, 아니면 정상적인 기침반사를 유발하는 다른 원인이 있는지 주의 깊게 살핀다. 기침을 조절하는 시스템이 고장 나서 멋대로 움직이고 있을 가능성은 맨 나중에 고려한다. 복통을 치료하는 전문가들은 과민성대장증후군, 크론병, 암, 궤양 등의 통증을 유발하는 원인을 찾아보는 한편, 통증조절 시스템에 이상이 생겼을 가능성도 고려한다. 하지만 기분장애 콘퍼런스에 모인 전문가들은 기분 변화를 일으키는 삶 속의 상황이나 사건들을 어떻게 찾아내는지에 대해서는 한마디도 하지 않았다. 그들은 증상 자체를 질병으로 보고 있었다.

기분장애를 진단할 때 VSAD의 오류가 더 많이 발생하는 데는 충분한 이유가 있다. 기침과 복통을 유발하는 문제들은 명백하다. 폐렴은 X선 촬영을 해보면 진단 가능하고 궤양은 위내시경으로 확인된다. 하지만 기분을 좌우하는 상황들은 눈에 보이지 않을 때가 많다. 우울증 증상들은 욕구와 기대 사이의 보이지 않는 틈새에서 수증기처럼 올라온다. 그것만으로도 충분히 어려운데 환자 개개인은 모두 다른 욕구를 가지고 있고, 좌절과 실패에 대처하는 방식도 각기 다르며, 불쾌한 생각과 감정을 피하는 방법도 각기 다르다. '불결한 생각'에 마음이 흔들리는 수녀, 중요한 승진에서 누락된 임원, 헤로인을 복용하는 자녀를 둔 아버지. 이들은 모두 커다란 실패에 대처하려고 애쓰고 있지만 상황은 제각각이다.

스트레스 척도와 사건 목록은 기분에 영향을 끼치는 구체적인 상황들을 묘사하기에 역부족이다. 나는 어느 중년 여성과 한 시간 동안 이야기를 나누면서 우울증의 원인을 알아내려고 애썼지만 성과가 전혀 없었다. 환자는 무엇을 잃지도 않고, 절망한 일도 없고, 부부관계에도 문제가 없고, 약물을 남용하지도 않고, 원인이 될 만한 다른 일반적인 문제들도 없다고 말했다. 하지만 환자는 진료실을 나서려고 문고리를 잡으면서 이렇게 말했다. "그런데요, 선생님. 우울증이 정확히 언제 시작됐는지는 기억이 나요." 내가 물었다. "그게 언제였죠?" "6개월 전이었어요. 막 집을 나서려는데 전화벨이 울렸죠. 고등학교 시절의 남자친구였어요. 오랫동안 소식을 듣지 못했는데 전화가 왔더군요. 우리는 그냥 인사만 나누고 다른 얘기는 안 했어요. 별일 아니었죠. 그런데 그날 밤부터 우울해지기 시작했어요."

다음 진료시간에 나는 그 환자의 부부관계와 옛 남자친구에 관해 자세히 물었지만, 그녀는 다 괜찮다고만 대답했다. 어쩌면 환자는 실제로 일어났을 수도 있는 일에 대해 생각하지 않으려고 마음먹고 있었는지도 모른다. 환자의 무의식이 다른 길로 삶이 흘러갈 수도 있었다는 생각을 억누르고 있었는지도 모른다. 어쩌면 그 전화는 그저 우연의 일치였고 환자의 우울증은 별 이유 없이 시작됐는지도 모른다. 위 내시경으로 위궤양을 발견하는 것처럼 인간 생활의 문제들을 찾아내는 '인생 내시경'이 있다면 얼마나 좋을까?

정신의학은 왜 뒤처져 있을까?

VSAD는 기분장애에 대한 올바른 이해를 가로막는 가장 큰 장애물이다. 생리학자는 열이나 스트레스 같은 특별한 상태의 진화적 기원과 효용을 연구한다. 행동생물학자와 심리학자는 기분에 영향을 끼치는 상황들과 기분 변화가 사고와 행동에 끼치는 영향을 설명하기 위해 연구를 상당히 많이 했다. 하지만 정신의학에서는 VSAD가 표준으로 남아 있다.

왜 그럴까? 어떤 이는 의학계의 자금과 보상이 '정신장애는 뇌병변입니다'와 같은 슬로건을 지지하고 약물치료를 홍보하는 사람들에게 제공되기 때문이라고 주장한다. 나는 그렇게까지 냉소적으로 생각하지 않는다. 신경과학자와 정신의학자들이 기분장애는 일반적으로 뇌병변에 의해 발생한다고 생각하는 데는 이유가 있다. 대표적인 이유는 의사들이 진료실에서 만나는 중증 정신장애의 대부분이 실제로 뇌병변에서 비롯된 것이기 때문이다. 예컨대 양극성장애는 개개인이 처한 상황의 변화와 거의 무관하게 조증과 울증이 주기적으로 반복되는 유전성 뇌질환이다. 또 어떤 환자에게는 특별한 이유 없이 중증 우울증 삽화가 나타났다 사라진다. 어떤 사람은 항상 기분이 가라앉아 있거나 작은 사건에도 극단적인 감정 반응을 나타내는 기질을 타고났다. 이런 경우에는 감정조절 메커니즘 이상에 따른 과도한 증상들을 질병으로 봐야 한다.

그리고 환자들 중에는 자신의 증상을 특정한 사건 탓이라고 오인하는 사람이 많다. 나는 현재 직장에서 느끼는 업무 스트레스 때문에 자신이 우울증에 걸렸다고 고집을 피우는 여자 환자를 만난 적이 있다. 면밀히 살펴보니 환자는 어릴 때부터 계속 그런 증상을 경험했고 그녀의 형제자매와 부모도 마찬가지였다. 또 내가 부부관계 상담을 했던 환자들 중에 다수는 배우자와의 관계보다 오히려 기분장애가 원인으로 드러났다.

이와 반대되는 오류도 똑같이 흔하다. 어떤 환자는 자기 삶의 문제를 인정하기 싫어서 뇌를 탓한다. "화학적 불균형이 틀림없다"라면서 항우울제를 달라고 했던 젊은 여자 환자가 있었다. 그녀는 새로운 일을 시작하면서 수입이 두 배로 늘어났는데 바로 그달에 우울증이 찾아왔다고 말했다. 심도 있는 상담을 진행하고 나서야 환자가 지난 10년 동안 그래픽 아티스트로 성공하려고 노력했다는 사실이 밝혀졌다. 그런 그녀에게 증권거래인의 조수로 취직했다는 것은 꿈이 사라졌다는 뜻이었다. 나는 자신의 증상을 어떤 사건이나 뇌병변 탓이라고 착각하는 환자를 많이 만났기 때문에, 환자가 증상의 원인에 대해 지나치게 강한 주장을 펼칠 때마다 의심해보게 됐다.

환자가 겪고 있는 중요한 문제를 놓치는 경우도 많다. 친숙하지 않은 의사가 "최근에 스트레스 받은 일이 있나요?"라고 물으면 환자들은 학대, 불륜, 도박으로 돈을 잃은 일, 아픈 아이를 돌보는 어려움 같은 불편하고 효과도 없을 것 같은 이야기를 피하기 위해 모호하게 대답한다. 어떤 환자는 문제의 근본 원인을 꼭꼭 숨긴다. 가족관계도 좋고 직장도 괜찮은 어느 남자 환자가 중증 우울증을 앓고 있었는데, 몇 달 동안 매주 상담치료를 받고 나서도 증상에 차도가 없었다. 그러던 어느 날, 그는 상담 중에 흐느껴 울었다. 그제서야 말문이 열린 그는 몇 년 전부터 몰래 만나던 애인이 갑자기 세상을 떠났다는 가슴 아픈 사연을 털어놓았다. 그는 애인의 장례식에 참석할 수 없었고 그 누구와도 슬픔을 나눌 수 없었다.

환자들의 상황을 대충 짚고 넘어가게 되는 네 번째 이유는 자세히 안다고 해서 반드시 도움이 되지는 않기 때문이다. 쉬운 해결책이 있는 문제는 어차피 해결되지만, 주요 기분장애를 유발하는 문제들은 대부분 해결이 어렵거나 불가능하다. 어느 남자 환자는 부와 권력을 가진 장인과 장모에게서 항상 질책과 무시를 당했는데 아내는 부모에게 아주 헌신적인 사람이었다. 그로서는 아내와 아이들을 버리는 일은 상상도 못할 일이었고, 처가 식구들의 행동을 개선해보려는 노력은 번번이 실패했다. 처가와의 접촉을 최소화했더니 어느 정도 괜찮아졌고, 장인과 장모의 비난이 사실과 다르다는 사실을 인지하자 조금 더 괜찮아졌으며, 항우울제를 복용하자 증상이 완화됐다. 하지만 그는 여전히 우울했다. 그 환자는 불행한 상황에 갇혀 있었고, 야간의 죄책감을 느끼면서도 연로한 장인과 장모의 사망을 학수고대하고 있었다.

마지막으로 기분저하가 유용할 수도 있다는 주장 자체가 터무니없게 여겨지는 것이 크다. 사별의 슬픔은 사랑하는 사람을 떠나보낸 뒤에 찾아오기 때문에 도움이 되기에는 너무 늦어 보인다. 비관주의, 무기력, 사회적 은둔 그리고 우울증 환자의 낮은 자존감은 상황에 대처하는 능력에 지장을 준다.

우울증 사례들 가운데 몇 퍼센트가 주로 상황 때문에 발생한 것이고, 몇 퍼센트가 환자의 성격 때문에 발생한 것이고, 몇 퍼센트가 상황과 성격의 상호작용에 의한 것일까? 20세기 중반에 런던 정신의학연구소 소장을 지냈던 오브리 루이스의 대표적인 우울증 연구에서 대략적인 답변을 얻을 수 있다. 오브리 루이스가 자신이 진료한 중증 우울증 환자 61명에 관한 자세한 기록을 분석한 결과 3분의 1가량은 어떤 상황과도 관계없이 우울증이 발병했고, 3분의 1은 원래 우울증에 취약한 사람들이어서 부정적 경험의 효과가 극대화됐고, 나머지 3분의 1은 누군가의 죽음이나 이혼 같은 구체적인 사건으로 우울증이 생겼다.[13]

그 뒤에 더 정교하게 진행된 수십 편의 연구가 루이스의 기본 가설과 대체로 일치했다.[14, 15, 16, 17] 중증 우울증 환자들의 경우 최초의 우울증 삽화는 대부분 불행하고도 끔찍한 사건이 일어난 다음에 발생하지만, 세 번째 또는 네 번째 삽화는 아무 사건이 없어도 발생하는 경향이 있다.[18, 19, 20] 특정한 사건과 무관한 우울증 삽화를 과거에는 '내인성우울증endogenous depression'이라고 불렀다. 그 반대의 개념은

특정한 사건이 전조가 되어 발생하는 '외인성우울증exogenous depression'
이다.21, 22 하지만 내인성이든 외인성이든 증상의 패턴과 치료에 대
한 반응은 매우 비슷했으므로 이런 구분은 사라지고 VSAD에 힘이
실렸다.

　증상의 패턴은 어떤 사건에 대한 반응으로 발생한 우울증인지 아
니면 광범위하고 장기적인 패턴에 포함되는 우울증인지 구별하는
데 도움이 된다. 제롬 웨이크필드와 마크 슈미츠Mark Schmitz는 사람
들을 여러 집단으로 나누고 우울증이 재발하는 빈도를 확인했다.23
단순 우울증(증상이 유지되는 기간이 2개월 미만이고 자살 충동, 정
신이상, 무능감, 둔한 움직임 등이 없는) 환자들의 경우 나중에 다시
우울증에 걸릴 확률은 다른 집단과 별 차이가 없었다. 웨이크필드와
슈미츠는 정상적인 슬픔을 겪는 사례들은 이른바 '멜랑콜리아 우울
증melancholia'으로 불리는 중증 우울증 사례들과 크게 다르다는 결론
을 얻었다. 중증 우울증 환자들에게는 본인의 의지와 무관하게 우울
증 삽화가 반복적으로 나타났다.

기분은 얼마나 다양한 방식으로
망가질 수 있는가?

　정상적인 기분 변화의 효용을 알고 나면 다른 분야의 의사들
이 질환을 이해하기 위해 사용하는 것과 똑같은 틀을 적용할 수 있
다. 우리에게는 인체를 상황의 변화에 적응시키는 메커니즘이 10

여 가지 있다. 발한과 떨림은 기온 변화에 대처하기 위한 메커니즘이다. 불안의 상승은 위협에 대한 반응이다. 위협을 받을 때나 운동을 할 때는 혈압이 높아지고 차분하게 휴식을 취하면 혈압이 낮아진다. 무엇이 정상이냐는 상황에 따라 달라진다. 휴식시간에 혈압이 170/110으로 측정됐다면 비정상이지만 운동을 하는 중에 같은 수치가 나왔다면 정상이고 유용한 것이다. 기분저하나 기분고양의 정상 여부도 상황에 따라 판단해야 한다.

조절 시스템에는 적어도 여섯 가지 문제가 나타날 수 있다. 조절 시스템을 이해하려면 이 여섯 가지를 구별할 줄 알아야 한다.

조절 시스템이 무너지는 여섯 가지 이유

1. 기준선이 지나치게 낮다.
2. 기준선이 지나치게 높다.
3. 반응이 불충분하다.
4. 반응이 과도하다.
5. 부적절한 단서에 반응한다.
6. 단서와 무관하게 반응한다.

기준선이 너무 높거나 낮은 것은 흔한 문제다. 혈압이 너무 낮은 사람은 운동경기에서 승리하기보다 기절할 가능성이 높다. 만성적으로 기분이 가라앉는 사람(전문용어로 기분부전증이라고 한다)은

불행덩어리로서 일의 성과는 적고 항상 남에게 도움을 청한다. 혈압이 너무 높은 사람은 발작이나 심장마비를 일으키기 쉽다. 항상 기분이 들떠 있는 사람(경조증hypomania)은 많은 것을 성취하며 남에게 도움을 청하지 않는다. 그들의 장애는 웬만해서는 알아보기 힘들다. 가족과 동료들은 분통이 터지지만.

기준선이 정상인데 반응이 불충분해도 문제다. 예컨대 당신이 앉아 있다가 일어설 때 혈압이 높아지지 않는다면 당신은 쓰러질지도 모른다. 만약 당신의 기분이 절대로 변하지 않는다면 뭔가가 잘못된 것이다. 기분저하를 아예 느끼지 못하는 사람은 남들이 충격을 받는 사건에 동요되지 않을 때 말고는 거의 눈에 띄지 않는다. 우리가 진행한 사별에 관한 연구에 따르면, 생각보다 많은 사람이 배우자가 사망한 뒤에 슬픔의 증상들을 전혀 나타내지 않았는데도 정신장애 진단을 받지 않았다.[24, 25] 기분이 전혀 들뜨지 않는 사람들은 긍정심리학이 등장하고 나서야 주목을 받았다.

과도한 반응은 금방 드러난다. 어떤 사람은 운동을 하면 혈압이 급격하게 상승한다. 그들은 만성 고혈압이 생기기 쉽고 그에 따른 합병증에도 취약하다. 사소한 일에 과도한 감정 반응을 나타내는 사람도 꽤 많다. 내가 만난 한 여자는 냉장고에서 상한 우유 1리터를 발견했다면서 격하게 울음을 터뜨렸고, 큰 잘못을 했다며 스스로를 탓했다. 이것이 전부였다면 그저 우울증이었을 수도 있지만, 몇 분 뒤 그녀는 아들이 밴드에 들어갔다면서 열광적으로 기뻐했다. 경계성인격장애 환자는 기분이 극단적으로 변화한다. 배우자의 얼굴이 실룩거리거나 말투만 조금 바뀌어도 격분하거나 울음을 터뜨린다.

부적절한 반응도 또 다른 종류의 문제다. 어떤 사람은 피 한 방울이나 바늘만 봐도 혈압이 급격히 상승한다. 나는 어떤 환자가 높은 침상에 앉아 있다가 기절해서 떨어진 다음부터 환자가 높은 침상에 앉아 있을 때는 피를 뽑지 않는다. 텔레비전 드라마는 원래 감정을 불러일으키려는 의도로 제작된 것이지만, 내 환자들 중 〈브래디 번치The Brady Bunch〉 1회분을 시청하고 며칠이 지났는데도 언짢아하던 사람에게는 심각한 문제가 있었다.

마지막으로 조절 메커니즘의 이상은 갑작스러운 변화를 일으킬 수 있다. 특별한 이유 없이도 갑자기 혈압이 상승하거나 급격히 하락할 수도 있다. 심각한 조증이나 우울증 역시 삶 속의 어떤 사건과도 무관하게 저절로 나타났다 사라졌다 한다.

기분조절 시스템이 취약한 이유

기분조절 시스템은 인체의 다른 시스템과 똑같은 진화적 이유로 고장이 잘 난다. 때로는 그 고장이 눈에 잘 띈다. 때로는 우리가 살아가는 현대 환경이 고장의 원인이 된다. 때로는 진화적 트레이드오프 또는 자연선택의 한계 때문에 고장이 발생한다. 그리고 모든 고장은 생각해볼 만한 가치가 있다.

정상이지만 과도한 기분 반응의 일부는 화재감지기 원리로 설명된다. 기분저하는 칼로리를 보존하고 위험을 회피하도록 해준다. 기분고양은 비싼 대가를 요구하며 위험을 부르기도 한다. 결과를 예측하기 힘들 때는 기분이 가라앉는 것이 유리할 수도 있다. 거친 환경에서는 더욱 그렇다. 나쁜 기분이 정상이지만 쓸모는 없을 수 있다는 점을 인식하면 현명한 치료 결정을 내릴 수 있다.

어떤 기분 변화는 우리 자신을 희생시키면서 우리의 유전자를 이롭게 한다. 완벽한 짝과 훌륭한 섹스를 하려는 욕구가 충족될 경우 큰 기쁨을 얻을 수 있지만, 그런 갈망 때문에 만성적인 좌절에 빠지는 사람도 많다. 높은 지위와 부를 얻기 위해 필사적으로 노력한다면 몇몇 사람은 큰 보상을 얻을 수 있지만 대다수 사람들은 삶이 망가지기 십상이다.

나는 우울증에 걸린 고위층 환자를 많이 치료했다(또는 치료하려고 노력했다). 그런 환자들 중에는 기업의 부회장이나 학장이 많았는데, 대개 문제의 핵심은 상당히 많은 것을 성취했는데도 지나친 야심 때문에 만족을 모른다는 것이었다. 욕구를 다 채울 수 없다는 사실을 받아들이면 고통은 상당 부분 완화된다.[26] 하지만 그런 욕구를 쉽게 무시했던 우리 조상들에게는 자손이 적었다. 그래서 우리의 뇌는 열심히 노력해서 우리의 유전자를 이롭게 하라고 충동질한다.

플라톤은 쾌락을 추구하다 보면 불행해진다고 경고했고, 싯다르타는 욕망을 영원히 채울 수 없다고 가르쳤다. 모든 종교는 향락의 쳇바퀴에서 빠져나오고 마음의 부담을 내려놓으라고 충고한다. 그러나 그런 충고는 다이어트에 관한 충고와 비슷하다. 옳고, 좋은 의도를 가지고 있고, 아주 많고, 진화적 이유도 충분하지만 실제로 따르기란 불가능에 가깝다.

현대 환경의 위험

저항하기 어려운 음식이 넘쳐나는 것은 동맥경화, 비만, 고혈압의 원인이지만, 현대사회는 음식 말고도 진기한 유혹과 피곤한 일이 아주 많은 곳이다. 수렵과 채집을 하던 원시인들은 NBA에 들어가려고 노력한 적이 없다. 그들은 밤늦게까지 트위터를 들여다보지 않았다. 관료주의와 싸울 필요가 없었고, 아이를 낳을지 말지를 두고 고민에 빠지지 않았다. 이혼 재판을 몇 달 동안 준비할 일도 없었다. 하지만 그 원시인들도 우울해지곤 했다.

20년 전부터 나는 인류학자들에게 각자가 연구하는 시대와 지역의 우울증 환자 비율이 어떻게 되는지를 물어봤다. 인류학자 킴 힐 Kim Hill은 아마존 정글지대에 사는 아체 Ache 족과 함께 장기간 생활한 사람이다. 1년에 한 번 그가 아마존에서 돌아올 때마다 나는 우울증 환자를 몇 명이나 봤는지 물어봤다. 해마다 그는 썩은 사랑니, 결핵 그리고 사람을 불행하게 만드는 다른 질병에 걸린 사람은 많지만 우울증 환자는 거의 없다고 대답했다.

내가 같은 질문을 열 번째로 하고 나서야 드디어 다른 대답이 나왔다. 킴 힐은 동료들과 함께 그 지역에 진료소를 설립했는데, 환자들이 생각지도 못했던 증상 이야기를 해서 깜짝 놀랐다. 진료소를 찾아와 비관적인 생각, 절망감, 흥미 저하, 식욕부진, 불면증, 소화불량, 아무것도 하고 싶지 않은 마음에 관해 이야기하는 사람이 많았다. 그의 경험담에서 특히 흥미로웠던 부분은 누구든 아체족의 족장으로 뽑히면 반드시 한두 달 만에 진료소를 찾아와 불안과 우울 같은 증상을 호소했다는 점이다.

우리가 사는 환경과 원시 인류가 살던 환경의 차이는 점점 커지고, 차이가 생기는 속도도 점점 빨라진다. 기분장애는 현대사회에서 더 많이 발생한다는 증거들이 있다.[27] 하지만 정밀한 연구를 해봐도 최근 수십 년 동안 주요우울증 발병률이 높아졌다는 증거는 나오지 않았다.[28] 그런데도 우울증이 유행하고 있는 것처럼 보인다. 항우울제 광고가 늘어나고 정신장애에 대한 낙인이 줄어들면서 우울증이 평범한 화제가 됐기 때문이다. 또 언론 캠페인이 우울증 환자가 많다는 점을 강조한다. 중증 우울증 발병률은 증가하지 않을지라도, 정상적인 범위 안에서 기분저하를 느끼는 사람은 늘어나고 있기도 하다. 마지막으로 기억의 별난 특성 때문에 일어난 인지 왜곡도 여기에 기여한다. 어느 대규모 설문조사는 젊은 사람들이 나이 든 사람들보다 우울증 삽화를 더 많이 경험했다는 답변을 근거로 우울증 발병률이 빠르게 증가하고 있다고 추측했다.[29] 하지만 그런 답변이 나오는 건 세월이 흐르면 우울증에 관한 기억도 희미해지기 때문이라는 견해가 더 그럴듯하다.[30, 31]

우리에게는 불행했던 시기를 쉽게 잊어버리는 경향이 있기 때문에 우울증 발병률은 실제보다 축소된다. 현재 미국의 우울증 발병률은 9퍼센트 정도로 집계된다.[32] 세계 각국을 대상으로 수행한 148개 조사에 따르면, 1년 동안 모든 유형의 기분장애가 발생하는 비율은 평균 5.4퍼센트였고 평생 동안의 발병률은 9.6퍼센트였다.[33] 하지만 젊은 사람들에게 몇 달마다 증상에 관한 질문을 던져보면 다른 그림이 그려진다. 위스콘신주의 여성들을 대상으로 대규모 연구를 수행한 결과, 여성의 24퍼센트와 남성의 15퍼센트가 20세 이전에 주요우울증 또는 기분저하증을 경험한 것으로 나타났다.[34] 17세에서 22세까지의 여성들을 1년 단위로 추적했더니 47퍼센트가 주요우울증 삽화를 1회 이상 경험했다.[35] 대학생 집단에서 1년에 1회 이상 주요우울증 삽화를 경험한 사람의 비율은 30퍼센트 정도로 나타났다.[36]

우울증 발병률은 한 나라에서는 수십 년 전과 큰 차이를 보이지 않는 반면 나라별 편차는 상당히 크다. 타이완에서는 평생 동안의 우울증 발병률이 1.5퍼센트인데 레바논의 수도 베이루트에서는 19 퍼센트에 달한다.[37] 다른 연구에서는 체코슬로바키아의 우울증 발병률은 1퍼센트, 미국은 17퍼센트로 집계됐다.[38] 나라마다 발병률이 크게 다른 이유는 무엇일까? 그것은 기분장애 연구의 미해결 과제 중에서도 가장 중요한 의문이다.[39] 만약 모든 나라가 타이완과 체코슬로바키아처럼 우울증 발병률을 1~2퍼센트로 낮출 수 있다면 우울증 치료에 들어가는 모든 노력을 합친 것보다 더 큰 효과다. 가정의 안정성과 가족의 지지는 중요한 변수일 것으로 짐작된다. 가치관의 차이와 성공에 대한 기대 그리고 경쟁도 기분에 영향을 끼칠 것같다. 식생활, 약물 복용 여부, 사회구조, 공통의 가치관도 변수가 될 것이다. 국가별 우울증 발병률의 큰 차이는 여러 가지 요인의 특정한 결합으로 설명될 것이다. 그 결합 비율을 알아내는 일이 연구의 최우선 과제가 돼야 한다.

현대사회의 대중매체는 삶을 흥미진진하게 만들기도 하지만 사회적 비교를 강화해 불만을 증가시키기도 한다.[40, 41] 다른 사람들의 명성과 부유한 생활에 관한 생생한 보도는 욕망에 불을 지피지만 그 욕망을 충족하기란 거의 불가능하다. 영국 귀족들의 생활을 그린 〈다운튼 애비Downton Abbey〉라든가 〈4차원 가족 카다시안 따라잡기 Keeping Up with the Kardashians〉 같은 텔레비전 프로그램에는 특별히 부유하고 매력적이며 성공을 거둔 사람들이 나오기 때문에 평범한 사람들은 자신이 보잘것없는 사람이라는 느낌을 받는다(우월감을 느끼거나 그들을 경멸할 수도 있다). 배우들조차 자신이 연기하는 주인공들이 불러일으키는 기대에 부합하는 삶을 살 수 없다.

대중매체를 보고 있노라면 우리 자신에 대해서는 물론이고 친구와 배우자에게도 불만이 싹튼다. 우리의 친구와 배우자는 대부분 대중매체에 나오는 다른 친구와 배우자를 따라가지 못하기 때문이다. 수십 편의 연구에 따르면 자기보다 많은 것을 가진 사람과 자기 자신을 비교할 때 기분이 급격히 나빠진다.[42, 43, 44] 페이스북에 올리는 글은 긍정적인 쪽으로 기울어질 수밖에 없는데도 우리는 친구들의 페이스북 포스트를 훑어보면서 자기 자신과 삶에 대해 부정적인 느낌을 받는다.[45, 46] 소셜미디어가 불만족을 야기할 가능성을 입증하는 문헌은 많지만 소셜미디어 사용이 병적인 우울증의 발병률을 증가시킨다는 증거는 거의 없다. 하지만 허황된 목표를 추구하는 일과 우울증 발병은 상관관계가 있을 것 같다.

대중사회에서 가장 큰 보상은 거창한 목표를 외곬으로 좇고 다른 곳은 쳐다보지도 않는 사람들에게 돌아간다. 그런데 이렇게 외곬으로 목표를 추구하다 보면 삶의 균형이 깨진다. 어떤 분야에서든 최상위권에 진입하기 위해서는 자아, 건강, 배우자, 자녀, 친구에게 신경을 쓰지 않아야 한다. 이런 경우에 뻔히 예상되는 문제들은 유명인들의 불행을 이용해 내중에게 '샤덴프로이데$_{schadenfreude}$'(다른 사람의 불행에서 기쁨을 느끼는 심리를 가리키는 독일어 표현 – 옮긴이)를 제공하는 텔레비전 프로그램의 소재로 쓰인다. 연예잡지들은 탁월한 성과를 거둔 사람들에게 경의를 표하기도 하지만 평범한 대중에게 위안을 선사하기도 한다. 잡지는 매 호마다 부유해지고 날씬해지고 매력적이 되고 유명해지기 위한 충고를 제공하는 동시에 소외된 느낌과 불안감과 낮은 자존감을 해결하는 방법도 조언해준다.

현대 생활의 물리적 측면들 역시 사람들을 기분장애에 잘 걸리게 만든다. 전기가 제공하는 조명과 오락은 수면을 방해한다. 비만[47]이나 오메가6 지방산 수치[48]가 높아서 생기는 염증 역시 우울증의 원인이다. 현대사회에서 일부 우울증은 운동 부족에서 기인하며,[49, 50] 일반적인 경우 운동량을 늘리면 증상이 조금은 완화된다.[51]

안식년 휴가를 떠나기 일주일 전, 나는 절박한 처지에 놓인 새로운 환자를 만났다. 그 여자 환자는 10년 동안 자살 충동이 동반되는 만성 중증 우울증에 시달렸는데 행동치료와 인지치료, 정신분석, 각종 약물치료로도 아무런 효과를 보지 못했다. 환자는 증상에서 벗어날 수 있다면 뭐든지 하겠다고 말했다. "뭐든지요?" 나의 물음에 그 환자가 대답했다. "네, 뭐든지요." 나는 환자에게 헬스클럽에 등록하고 날마다 최소 한 시간씩 운동하면서 러닝머신 위에 머무르는 시간을 점차 늘리고, 헬스클럽 운동이 끝나면 장시간 산책을 하라고 지시했다. 나도 치료 효과를 낙관했던 건 아니지만 시도해보지 않은 방법이 그것밖에 없었다.

안식년 휴가가 한두 달쯤 지났을 무렵 나는 이메일을 한 통 받았다. 그 환자가 병원에 전화를 걸어 자신의 증상이 깨끗이 사라졌고 나에게 얼마나 고마운지 모르겠다는 말을 전해달라고 부탁했다는 메일이었다.

자연선택의 한계

기분조절 메커니즘은 자연환경에서도 고장이 잘 나는 것 같다. 그 이유에 대한 설명 중 하나는 자연선택이 만능은 아니라는 것이다. 예컨대 자연선택은 유전자 돌연변이를 막아내지 못한다. 어쩌면 기분장애가 존재하는 이유는 돌연변이가 생겨나 유전자군에서 제거되기까지 오랜 시간이 필요하기 때문인지도 모른다. 우울증 취약성의 차이 중 3분의 1가량이 유전자 변이로 설명된다. 어떤 사람의 형제자매나 부모가 주요우울증 환자인 경우 그 사람이 주요우울증에 걸릴 확률은 그렇지 않은 사람들보다 2.8배 높다. 다시 말해 미국인이 평생 동안 우울증에 걸릴 확률이 평균 10퍼센트라면 가까운 친척 중에 우울증 환자가 있는 미국인의 경우 그 확률은 30퍼센트로 증가한다. 그 증가분은 거의 공통의 유전자에서 비롯된다. 신기하게도 어린 시절의 가정환경은 별다른 영향을 끼치지 않는다.[52]

우울증이 유전된다는 증거가 나오자 우울증을 유발하는 유전자를 찾으려는 연구가 활발하게 이뤄졌다. 21세기 첫해에 이뤄진 연구들은 여러 개의 유전자를 용의자로 선정했지만, 그 뒤에 이뤄진 연구들 덕분에 그 용의자들은 모두 혐의를 벗었다. DNA 염기 서열을 분석하는 비용이 낮아지자 연구에도 큰 변화가 찾아왔다. 아홉 개의 연구에서 얻은 데이터를 사용해 대대적으로 분석하면 해답을 얻을 수 있으리라는 희망이 생겨났다. 연구자들은 주요우울증 병력이 있는 사람 9,240명과 대조군 9,519명의 유전자 위치loci를 120만 개 이상 분석했다. 하지만 2013년에 발표된 그 연구의 결과에 따르면 120만 개의 위치 중 어떤 것으로도 누가 우울증에 걸릴 것인가를 높은 신뢰도로 예측하지 못했다.[53] 연구자들은 동질성이 높은 사람들을 대상으로 규모가 더 큰 연구를 진행해야만 한다고 주장했다.

그 뒤로 유전적 동질성이 높은 중국 한족 혈통의 여성 1만 명 이상의 유전자 변이를 살펴보는 연구가 진행됐다. 1만 명 가운데 절반은 주요우울증을 앓은 적이 있었다. 이 연구는 10번 염색체상의 두 위치를 통해 우울증 발병률을 예측할 수 있다는 사실을 밝혀냈다. 그러나 그 두 위치를 합쳐도 설명 가능한 유전자 변이는 전체의 1퍼센트 미만이었다.[54] 데이터를 더 자세히 분석해본 결과는 놀라웠다. 염색체가 클수록 우울증에 영향을 주는 위치가 많았다. 염색체 크기와 우울증에 영향을 주는 위치의 상관관계는 60퍼센트였다.[55] 이러한 결과는 일부 염색체의 대립유전자 한두 쌍이 아니라 유전체 전체에 비교적 균등하게 퍼져 있는 수천 개의 대립유전자가 우울증을 일으킨다고 해석된다.

규모가 더 큰 연구도 있었다. 30만 명이 넘는 사람들이 직접 작성한 우울증 관련 데이터와 유전체 스캔 업체인 23앤드미23andMe의 데이터를 활용한 연구였다. 2016년에 발표된 이 연구는 우울증 위험을 약간 증가시키는 염색체상의 위치 열일곱 개를 찾아냈다. 그러나

중국 한족 여성들을 대상으로 한 연구에서 찾아낸 두 위치는 이 열일곱 개에 포함되지 않았다.

우울증 정도를 측정하는 일은 혈압이나 당뇨 수치를 측정하는 일처럼 쉽지 않다. 그것이 유전자 연구로 우울증에 결정적인 영향을 끼치는 대립유전자를 찾아내지 못한 이유일까? 그런 것 같지는 않다. 2형 당뇨병과 고혈압도 유전성이 높지만 이 질병들을 일으키는 공통의 대립유전자가 있는 것은 아니다.[56]

아주 쉽게 측정 가능한 키도 마찬가지다. 키 차이의 90퍼센트는 유전자 변이에 의해 결정되지만 큰 영향력을 행사하는 '키 유전자'는 존재하지 않는다. 2008년에 1만 3,665명을 대상으로 진행한 한 연구에서는 키를 2~6밀리미터 더 크게 만드는 유전자 변형체genetic variant 스무 개를 발견했지만, 이 스무 개를 다 합쳐도 유전자 변이의 3퍼센트밖에 설명하지 못했다.[57] 약 2만 5,000명의 사람들에게서 얻은 유전자 정보를 모두 합치면 키 변이의 4퍼센트 정도가 설명됐다. 13만 명의 표본으로는 키 변이의 10퍼센트를 설명할 수 있었다. 키와 관련된 유전자 변이의 절반을 설명하기 위해서는 25만 명을 대상으로 하는 79편의 연구가 필요했다.[58]

수많은 유전자 변이는 키, 당뇨, 혈압 그리고 우울증에 영향을 끼친다. 하지만 각각의 영향은 아주 미미하다. 또 이런 변이를 비정상으로 규정할 수는 없다. 주요우울증이 대부분 비정상적 유전자에서 비롯된 질환일 것이라는 희망은 잘못된 것이다. 우리에게는 새로운 접근이 필요하다.

양성 되먹임이 만드는 악순환

오늘날에는 뭐든지 '인공'이라는 말을 붙이지만, 원래 '인공두뇌학'은 노버트 위너Norbert Wiener가 1948년에 출간한 《사이버네틱스Cybernetics》라는 훌륭한 책에 설명된 과학적 접근법을 가리킨다.[59]《사이버네틱스》는 되먹임 메커니즘이 혈압이나 기분을 안정시키는 역할을 하며 이에 실패할 때 심각한 결과가 초래된다고 이야기한다. 이 책은 한 장을 할애해 되먹임 조절에 실패해서 발생한 정신장애를 깊이 있게 다루고 있다.

양성 되먹임positive feedback은 상사에게서 나왔다면 좋은 것이지만 인공두뇌학에서는 의미가 조금 다르다. 인공두뇌학의 양성 되먹임은 언덕을 굴러 내려가는 눈덩이라든가 도주하는 트럭과 같은 악순환을 가리킨다. 인지치료를 창시한 정신의학자 아론 벡Aaron Beck을 비롯한 몇몇 우울증 전문가가 양성 되먹임의 순환으로 우울증이 더 심해질 수도 있다는 사실에 주목한[60] 적이 있지만 양성 되먹임의 실제 메커니즘은 아직 더 연구가 필요한 부분이다. 양성 되먹임의 순환은 우울증을 심화시킨다. 기분이 가라앉으면 사람들은 집에 가서 문을 걸어 잠근 뒤 전화와 이메일을 차단하고 침대에 누워 있다. 모든 접촉을 차단하고 나면 곧 아무도 자신에게 신경을 써주지 않는다는 생각이 든다. 식사를 제대로 하지 않고 운동도 안 해서 우울증은 더 심해지고 혼자 지내는 시간은 더 늘어나는 하강 나선이 만들어진다.

현대사회에서 하강 나선이 더 많이 생겨날까? 흥미로운 질문이다. 먼 옛날 사람들은 배가 고프면 밖에 나가서 먹을거리를 찾아야 했다. 그러면 자연히 친구도 만나고 운동도 하게 됐을 것이다. 오늘날에는 흥미가 없더라도 삶에 활발하게 참여하도록 유도하는 치료법을 통해 선순환을 만들어낼 수 있다. 활동을 하면 기분이 나아지고, 기분이 나아지면 더 많은 활동을 하면서 상승 나선을 통해 회복으로 나아가게 된다.[61, 62]

우울증 삽화가 한 번 발생하면 다음번에도 삽화가 발생할 가능성이 높아진다. 이를 작은 나무토막들이 모여 큰 불꽃을 일으키는 것과 비슷하다고 해서 점화kindling라고 부른다.[63] 비슷한 예로 뇌전증 발작을 일으켰던 환자에게는 다음번 발작이 더 쉽게 시작된다는 관찰 결과가 있다. 우울증의 경우 최초의 삽화는 대개 현실의 어떤 사건이 발생한 뒤에 일어나지만, 삽화의 횟수가 늘어날수록 사건의 역할은 줄어든다. 나중에는 별다른 이유 없이도 삽화가 일어나는 것처럼 보인다.[64, 65] 이런 관찰 결과를 설명하기 위해 우울증이 뇌를 손상시켜 삽화가 발생할 가능성을 더 높인다는 가설이 제시되기도 한다.

점화를 설명하는 또 하나의 방법은 유기체를 불리한 환경에 적응시키는 메커니즘으로 보는 것이다. 강렬한 불안 삽화가 여러 번 나타나는 것이 불안이 특별히 유용해지는 위험한 환경을 알려주는 것이라면, 기분조절 시스템이 여러 번 고장을 일으키는 것은 기분저하가 더 유용해지는 순조롭지 못한 사회환경을 반영하는 것인지도 모른다. 이렇게 나쁜 시기가 찾아오면 우울감이 더 자주 나타나도록 조절하는 메커니즘은 결함이 아니라 특징이라고 봐야 할 것 같다.[66, 67] 다른 설명도 가능하다. 우울증 삽화는 사람의 사회적 네트워크를 손상시킨다. 증상들이 사라신 뒤에도 인생의 중요한 목표를 가로막고 우울증을 유발하는 장애물들이 그대로 남아 있다면 삽화는 또 발생할 가능성이 높다. 이처럼 오래 지속되는 문제들은 삶의 중요한 사건 목록에 포함되지 않을 수도 있다. 그래서 우울증 삽화들은 갑작스럽게 나타나는 것처럼 보이지만, 사실은 장기간 지속된 문제들 때문에 발생한다. 예컨대 그 사람의 배우자가 아직도 알코올중독에서 벗어나지 못했을 수도 있다. 그 사람의 장모가 같은 집에 살면서 계속 트집을 잡을 수도 있다. 사랑하는 자녀가 아직도 전화를 걸어오지 않아서 초조할 수도 있다.

기분조절 시스템의 고장, 양극성장애

양극성장애(조울증)는 일반적인 우울증과 다르며, 조증은 행복감과 상당히 다르다.[68] 양극성장애는 기분조절 시스템이 완전히 망가져서 생긴 병이다. 정상적인 시스템은 기분을 상황 변화에 따라 가라앉히거나 들뜨게 하고, 상황이 끝나면 그 사람의 기분 기준선으로 되돌린다. 우리가 새로운 직장이나 새 집이나 배우자를 얻기 위해 열심히 노력하는 것은 그런 것을 얻으면 마침내 영원한 행복이 찾아오리라는 믿음 때문이다. 하지만 그런 것을 얻었더라도 일시적으로는 큰 행복을 느끼지만 얼마 후 기분은 원래 수준으로 돌아간다. 온도조절기와 마찬가지로 기분조절 장치는 기분을 기준선에 가깝게 유지한다.

양극성장애를 앓는 사람들은 고장 난 기분조절 장치를 가지고 있는 것과 같다. 새로운 기회를 잡으면 그들의 기분은 상승하지만 시간이 지나도 그 기분은 도로 내려오지 않는다. 높아진 에너지와 야심, 위험 감수 성향, 낙관주의 때문에 그들은 미래의 성공을 상상하고 더 거창한 목표에 더 큰 에너지를 투입하게 된다. 그러는 동안 양성 되먹임은 극도의 흥분 속에서 최대치에 이르는데, 이때는 생리학적 피로만으로도 치명적인 결과가 초래될 수 있다. 대개는 그 지점에 이르기 직전에 일종의 과부하 차단기가 그 의욕을 한순간에 완전히 꺼버리고, 황홀한 기분은 순식간에 우울한 기분으로 바뀐다. 우울한 기분 역시 악순환되기 때문에 기분은 몇 주에서 몇 달 동안 매우 부정적인 상태를 유지한다. 마치 온도조절기를 없애버리고 최대로 들뜬 기분과 모든 의욕의 상실이라는 단 두 가지만 선택 가능한 스위치로 대체한 것과 같다.

요즘 쓰는 온도조절기는 온도가 기준점 아래로 떨어질 때 난로를 켜고 온도가 다시 기준점에 도달하면 난로를 끄는 방식이 아니다. 그렇게 하면 온도가 심하게 오르락내리락한다. 난로가 가동되기까지는 기온이 계속 내려가고, 기온이 다시 기준점에 도달하고 나서도 한동안 열기가 나오기 때문이다. 이처럼 급격한 변화를 피하기 위해 요즘 온도조절기에는 기준점에 도달하기 몇 분 전에 난로를 미리 끄거나 켜는 '예감기'가 달려 있다. 예감기가 고장 나면 온도 변화가 심해진다. 그러면 어떤 사람의 기분이 크게 오락가락하는 이유를 고장 난 예감기 메커니즘으로 설명할 수 있을까? 평소보다 기분이 크게 변화하는 '순환성장애cyclothymia'라는 질환은 설명할 수 있지만 시스템이 들뜬 기분 또는 가라앉은 기분에 고정되는 이유는 설명하지 못한다.

제어 시스템을 설계하는 엔지니어들은 '쌍안정 시스템bistable systems'이라는 전문용어를 쓴다. 쌍안정 시스템이란 스위치를 움직여 두 가지 극단적인 상태로 재빨리 전환 가능하며 중간 상태로 맞출 수는 없는 시스템을 뜻한다.[69, 70] 대표적인 예로 전등 스위치가 있다. 전등 스위치는 '켜짐'과 '꺼짐' 둘 중 하나에 위치하며 중간 지점이 없다. 생물의 시스템은 대부분 쌍안정이다. 예컨대 박테리아 포자 형성을 촉발하는 메커니즘은 한번 켜지면 도중에 멈출 수 없다. 포자가 형성되는 도중에 멈추면 치명적일 수도 있기 때문이다. 생물이 양성으로 진화한 것도 쌍안정의 좋은 예다. 상당히 오래 유지되는 커다란 난자를 만들거나 아주 작고 빠르게 헤엄치는 정자를 수백만 개 만드는 개체들이 유리성을 지닌다. 중간 속도로 헤엄칠 수 있는 중간 크기의 생식세포는 성공 확률이 낮다. 그래서 대다수 종들은 두 가지 성을 가진다.[71] 재미있는 사실은 쌍안정 시스템이 작동하려면 양성 되먹임이 필요하다는 것이다. 쌍안정 시스템이 중앙에서 살짝 이탈하면 양성 되먹임이 마치 전등 스위치처럼 그것을 극단으로 밀어준다. 마치 양극성장애와 비슷하다.[72]

자연선택은 왜 기분조절 메커니즘을 조절장애에 특별히 취약한 상태로 남겨놓았을까? 나는 앞에서 소개한 이론을 확장해서, 기분장애에 취약한 형질이 거창한 목표를 추구하는 것에 따른 적합도 이득과 관련이 있는지 알아보고 싶었다. 야심찬 노력을 촉구하는 메커니즘이 선택된 이유는 간혹 소수의 사람들이 그런 노력을 통해 큰 보상을 받았기 때문이 아닐까? 이 가설에 따르면 수많은 사람이 실패를 수없이 경험하면서도 거창한 목표를 이루기 위해 필사적으로 노력해야 한다. 양극성장애를 앓는 사람들을 보면 잘되지 않는 일에서 손을 떼게 해주는 통상적인 기분저하를 느끼지 못하는 것 같다. 그렇게 가다가는 긍정적인 기분이 어느 때보다 맹렬한 노력으로 이어져 결국에는 그들을 중증 우울증에 빠뜨릴지도 모른다.

야심이 자연선택에 유리하다는 가설은 인간이 우울증에 잘 걸리는 이유와 기분이 급격하게 변하는 이유를 설명하는 데 도움이 될 수도 있다. 야심은 단지 돈과 명성을 얻기 위한 것만은 아니다. 인정을 받으려는 욕구도 크게 반영된다. 뭔가를 성취하면 만족감을 얻고, 그 만족감은 야심을 더 키워주곤 한다. 현대 대중매체와 부모와 멘토들이 좋은 의도에서 던지는 격려 때문에 야심은 이미 커질 대로 커져 있는데 말이다. 윌리엄 제임스는 이런 문제를 다음과 같은 간단한 공식으로 표현했다.

자존감 = 성공 / 허세[73]

삽화가 발생할 때 양극성장애 환자들은 자신들의 극단적인 기분이 합리적인 것이라고 생각한다. 나는 그런 예를 많이 목격했다.

어느 조각가는 자신의 새로운 조각기법을 배우기 위해 학생 수백 명이 자신의 스튜디오로 몰려올 것이라고 확신했다. 그녀는 이미 평생 모은 돈을 투자해 스튜디오를 임대했고, 실내장식을 하려면 대출이 필요한데 은행의 승인을 받지 못해 격노하고 있었다.

밤중에 갑자기 잠에서 깨어난 어느 사업가는 상점 앞에 딸린 빈 공간을 개조하면 새로운 고급 레스토랑 체인의 1호점을 열 수 있겠다는 아이디어를 떠올렸다. 그는 유명한 사람들을 공항에서 그 레스토랑으로 바로 데려오기 위해 메르세데스 차를 샀지만, 주방장 후보자 여러 명이 번번이 거절하자 동요와 좌절이 점점 커졌다.

어느 교수는 자신이 새로 개발한 훌륭한 계산법으로 주식시장을 예측할 수 있다고 확신했다. 그는 아내가 반대하는데도 현금을 확보하기 위해 다시 집을 저당 잡혔다. 큰 손실이 거듭되자 그는 경쟁자들이 자신의 공식을 훔쳐가서 시장을 조작했다고 말했다.

어떤 목표를 향해 나아가다가 장애물이 생기거나 속도가 느려지면 일반적으로 기분이 가라앉으면서 노력을 아끼고 선택지를 다시 생각해보게 된다. 조증 상태에서는 이런 시스템이 작동하지 않는다. 조증인 사람들은 실패의 조짐이 보이면 더 거창한 목표에 도달하기 위해 노력을 더 투입한다. 역경 앞에서 포기하지 않는 태도는 대개 칭찬을 받지만 자칫 큰 실패로 이어질 수도 있다. 조증인 사람들은 그렇게 큰 실패를 하고 나면 자신에게 능력도 미래도 없다고 생각해버린다. 어느 조각가는 침대에 누운 채로 일어나려 하지 않았다. 그녀는 자신이 재능 없는 사기꾼이고 나중에 여자 노숙자가 될 거라고 말하면서 꼼짝하려 들지 않았다. 어느 사업가는 은행에 저당 잡혔던 차를 몰수당하고 나서 자신이 아무 데도 취직할 수 없다는 생각에 빠져들었다. 어느 교수는 병원에 입원하고 며칠이 지나자 우울증에 걸렸다. 양극성장애를 앓는 사람들은 기분조절 메커니즘이 고장 나 있으며, 삽화를 여러 번 겪는 동안 손실이 계속 발생해 객관적인 상황은 더 나빠진다.

양극성장애는 하나의 특정한 질환이면 좋겠지만 경계선이 흐릿하고 많은 아류형을 가지는 질환이다. 제1형 양극성장애는 전 세계 인구의 약 1퍼센트에게 나타나며 울증 상태와 조증 상태일 때 모두 심각한 삽화가 동반된다. 하지만 양극성장애의 스펙트럼을 넓혀서 경미한 조증까지 포함시키면 환자 비율은 인구의 5퍼센트까지 올라간다.[74] 주요우울증 진단을 받은 환자들 중 31퍼센트는 경미한 조증 증상을 함께 나타낸다.[75]

양극성장애는 예측하지 못한 시점에 찾아와서 몇 주에서 몇 달 동안 지속되다가 어느 날 갑자기 사라진다. 환자들은 전체 발병 기간 중 10퍼센트 정도는 조증을 경험하며 약 40퍼센트는 우울증 그리고 50퍼센트 정도는 중립적인 기분을 느낀다.[76] 가장 골치 아픈 사례는 조증과 울증을 동시에 경험하는 이른바 '혼재성 증상mixed state'이다. 혼재성 증상의 발현은 들뜬 기분과 가라앉은 기분이 1차원적인 정반대 관계가 아니라는 증거다. 기분저하와 기분고양은 동시에 나타날 수 있다.

기분장애를 일으키는 나쁜 유전자가 있다?

어떤 사람이 양극성장애에 걸리는가? 이것은 거의 전적으로 유전자 변이로 설명된다. 양극성장애에 취약한 사람은 유전자 변이가 원인일 확률이 80퍼센트 이상이다. 만약 당신의 일란성 쌍둥이 형제에게 양극성장애가 있다면 당신이 양극싱징애 환자가 될 위험은 일반적인 경우의 43배에 달한다.[77] 유전자 변이의 영향이 이렇게 강력하다니, 양극성장애를 유발하는 대립유전자를 발견하는 일이 가능할 것만 같다. 하지만 다른 유전성 질환들과 마찬가지로 양극성장애에 보편적으로 뚜렷한 영향을 끼치는 대립유전자는 확인되지 않는다. 이런 수가! 하지만 우울증 대립유전자를 찾는 연구만큼 절망적인 상황은 아니다. 양극성장애 환자가 많은 가족을 조사해보면 DNA의 특정 덩어리들이 빠져 있거나 양극성장애에 걸리는 개인들에게만 어떤 덩어리가 복제된 경우가 있다.[78] 이 DNA 덩어리들은 유전체 전체에 걸쳐 있긴 하지만, 이것들의 기능을 추적하면 양극성장애의 결정적 원인이 되는 유전자 또는 뇌 회로를 찾을 수 있으리라는 희망이 있다.

기분장애의 복잡성 인정하기

마지막으로 온도조절기와 기분조절 장치로 돌아가자. 지금까지 기분장애를 이해하려는 시도는 문제에 대해 단 하나의 원인을 찾으려고 하는 인간의 성향을 뚜렷이 보여준다. 우울증을 유전자 탓이나 성격 탓 또는 특정한 사건 탓으로 돌리면 치료하기도 쉬울 것 같다. 하지만 기분장애는 여러 가지 원인에서 비롯되며, 다양한 개인이 가지고 있는 다양한 경로를 통해 증상이 발현되고, 심지어는 한 개인 안에서도 여러 원인이 복잡한 상호작용을 하면서 서로 다른 시점에 증상을 나타낸다.

기분장애의 복잡성은 점차 현실로 받아들여지고 있다. 정신의학자 케네스 켄들러Kenneth Kendler는 논문에서 우울증의 원인이 "얼룩덜룩"하다고 표현하면서 유전자에서 문화에 이르는 열한 개 범주의 원인을 나열했다. 켄들러는 정신/뇌와 같이 "서로를 강화하는 이분법"이 "정신의학에 심한 악영향을 끼쳤고" 연구 결과를 설명하지도 못한다고 지적했다. "정신장애의 원인들은 얼룩덜룩하며 복수의 범주에 폭넓게 걸쳐 있다. 우리는 데카르트주의와 컴퓨터 기능주의에 근거한 이분법을 버려야 한다. 이분법은 과학적으로 부적절하며 정신장애에 관한 다양한 정보를 통합하지 못하게 만든다."[79]

일부 사람들의 증상을 유발하는 원인을 묻는 대신, 왜 우리 모두가 크든 작든 불안정한 기분조절 시스템을 가지게 됐는가라는 질문으로 돌아가보자. 앞에서 나는 순조로운 상황과 순조롭지 못한 상황에서 기분저하와 기분고양의 효용을 설명했으며, 실현 불가능한 목표를 계속 추구할 때 기분저하가 임상적 우울증으로 발전한다는 점을 강조했다. 하지만 그것은 기분장애의 일부일 뿐이다. 때로는 환자의 노력이 문제가 아니라 삶에 뭔가가 빠져 있어서 문제가 된다.[80] 때로 우울증은 실현될 가망이 없는 욕구에서도 유발된다. 우리의 욕구는 자연선택에 의해 형성됐다. 욕구를 다 포기하기란 이제부터 음식을 먹지 않겠다고 마음먹는 것과 마찬가지로 불가능하다. 정말로 우울증을 없애려면 모든 사람에게 기회가 돌아가는 사회를 만들거나, 뇌와 정신을 조작해서 욕구를 통제해야 한다. 하지만 자연선택은 우리보다 훨씬 앞서가고 있다. 자연선택은 이미 우리의 욕구와

불만을 통제하는 방법들을 만들어냈다. 10장에서 다룰 억압repression
과 무의식적 방어기제가 바로 그 예다.

새로운 이해, 새로운 치료

기분저하는 정신적 고통이다. 우울증은 정신적 고통이 만성화된
상태를 가리킨다. 우리는 이 정의를 토대로 우울증을 진단하고 치
료해야 한다. 맨 먼저 할 일은 고통을 유발하는 특정한 원인이 있는
지 알아보는 것이다. 때때로 상담을 하다 보면 환자가 실현 불가능
한 목표를 포기하지 못한다는 사실이 드러난다. 대개 '사회의 덫social
trap'에 원인이 있다. 사회의 덫은 한때 나의 동료였던 존 크로스John
Cross와 멜빈 가이어Melvin Guyer가 공동으로 집필한 흥미로운 책의 제
목이다.[81] 대학원 졸업이 얼마 남지 않은 한 학생은 수업료와 집세를
낼 수 없는데 20만 달러의 채무가 있어 대출을 더 받을 수도 없는
처지였다. 어느 정치인은 사적인 사진들을 공개하지 않는 대가로 점
점 큰 돈을 요구하는 옛 애인에게 협박을 당하고 있었다. 어느 화가
는 바람피우는 남편과 이혼하고 싶었지만 그러려면 스튜디오를 포
기하고 취직을 해야 했다. 사회적인 삶은 종종 덫을 만든다. 그리고
그 덫에서 탈출하려면 큰 희생을 감내해야 한다.

늪지대를 걸어서 통과해본 적이 있는가? 질퍽거리는 땅에서 잔디
가 촘촘히 자란 부분을 골라 신중하게 발을 내디디면서 앞으로 나아
가야 한다. 그나마 높아 보였던 바닥도 푹 꺼지고 발은 질퍽거리는

진흙 속에 잠기기 일쑤지만, 주위를 아무리 둘러봐도 진흙탕에 무릎까지 담그지 않고는 높은 지대로 건너갈 방법이 없다. 인생에도 그런 시기가 있다. 우울증을 앓는 사람들은 늪으로 가라앉는 기분에 젖는다. 그들은 자신이 첫발을 내딛자마자 진흙탕에 빠질 것을 두려워하는데, 그런 감정에는 충분한 이유가 있다. 직장을 그만두거나 이혼하고 갈 곳이 없는 경우 상황은 더 나빠진다. 우울증 치료는 상황을 변화시킬 용기를 불러일으키고, 높은 지대로 건너가는 동안 발디딜 곳을 찾도록 도와주는 역할을 한다.

기분저하는 유용한 반응이고 우울증은 기분저하의 과잉이라고 이해하면 치료에도 다르게 접근할 수 있다. 우울증의 원인은 어떤 상황, 그 상황을 바라보는 관점 그리고 환자의 뇌에 있다. 따라서 상황을 바꾸거나 상황을 바라보는 관점을 바꾸거나 뇌를 바꾸는 방법으로 치료할 수 있다. 하지만 세 가지 원인은 그물처럼 얽혀 상호작용하기 때문에 한 가지만 바꾸려고 하면 치료의 가능성을 놓치게 된다.

새로운 관점은 항우울제의 원리를 이해하는 데도 함의를 지닌다. 항우울제가 '화학적 불균형'을 바로잡는다는 관념은 매력적이고 약물치료를 정당화하긴 하지만, 특정한 화학적 이상이 우울증을 유발한다는 증거는 하나도 없다. 더 유력한 가설은 정신적 고통에 대한 항우울제의 작용이 육체적 고통에 대한 진통제의 작용과 비슷하다는 것이다. 다시 말해 항우울제와 진통제는 모두 정상적인 반응체계를 교란한다. 그동안 사람들은 항우울제의 종류에 따라 영향을 받는 뇌 안의 화학물질이 다른데 어떻게 그 약들이 모두 효과가 있는지 궁금해했다. 알고 보면 신기할 것도 없다. 아스피린, 아세트아미

노펜, 이부프로펜, 모르핀 등의 진통제는 모두 각기 다른 경로로 통증조절 메커니즘과 연결된다. 여러 종류의 항우울제도 각기 다른 연결고리를 가지고 기분조절 시스템에 작용한다. 항우울제와 진통제의 유사성은 여기에 그치지 않는다. 정신적 고통을 완화하기 위해 일반적으로 쓰는 전략은 육체적 고통을 완화하기 위해 쓰는 전략과 효과가 비슷하다. 항우울제와 진통제는 고통을 조금 또는 어느 정도 덜어주고, 종종 부작용을 초래하며, 금단현상이 발생할 위험도 있다. 그래도 인류에게는 엄청난 도움이 된다.

실현 불가능한 목표를 추구하는 것과 항우울제가 의욕에 영향을 끼치는 것 사이에는 관련이 있을지도 모른다. 항우울제는 종종 의욕 시스템을 교란해서 모든 것을 덜 중요해 보이게 만든다. 강한 욕구를 누그러뜨리고 남들의 비위를 맞추는 일을 중요하지 않은 것으로 만든다. 세로토닌 계열의 항우울제를 복용하는 환자들 중 절반 이상은 성욕이 감퇴하고 오르가슴이 늦어지거나 아예 사라지는 경험을 한다.[82, 83] 성욕이 크게 감퇴한다고 느끼는 환자에게 항우울제의 효과도 크게 나타나는지 여부를 알아보면 무척 흥미로울 것이다.

봄에 항우울제를 복용하기 시작해 중도 중증 우울증에서 말끔히 회복한 어느 교수 환자가 생각난다. 그녀는 가을에 다시 나를 찾아와서는 학생들을 가르치는 스트레스를 거뜬히 이겨낼 수 있게 됐다고 말했다. 12월이 되자 그녀는 다시 병원에 왔다. 여전히 기분이 좋지만 교수직을 잃을 위기에 놓여 있다고 했다. 걱정이 아예 없어진 나머지 한 학기 내내 학생들의 보고서와 시험지를 채점하지 않았던 것이다. 그녀는 항우울제 복용을 중단하기로 결심했다.

우울증을 이해하는 새로운 관점은 인지치료와 행동치료에도 함의를 지닌다. 상황의 의미를 다르게 정의하는 것은 가장 강력한 개입이다. 배우자가 말없이 떠나버려서 혼자가 된 사건은 절망해서 흐느낄 이유가 되기도 하지만, 한편으로는 신뢰할 수 없는 냉혹한 배우자에게서 달아날 축복 같은 기회일 수도 있다. 새로운 인지치료는 '메타meta' 접근법을 사용한다. 메타란 특정한 상황에 관한 잘못된 생각을 교정하는 것을 넘어 기분조절 시스템 전반과 인생의 가치 있는 목표에 대한 부정확한 생각들을 교정하는 것이다.[84] 영국의 심리학자 폴 길버트 같은 사람들은 복잡한 진화적 원리를 이용해 그런 인지치료의 효과를 높이는 방법에 관해 논문을 쓰기도 했다.[85, 86, 87]

환자 개인의 요소도 중요하다

지금까진 내가 상황을 강조한 것은 심리학과 신경의학에서 정신장애를 개인의 성격 탓으로 돌리는 경향에 반대하기 위해서였다. 하지만 사람들이 기분장애를 경험하는 모습은 무척 다양하다. 개개인의 차이가 내적인 요인들로 설명되는가, 아니면 경험으로 설명되는가는 '본성 대 양육'이라는 끝없는 논쟁의 핵심이기도 했다. 현대 정신의학을 지배하는 신경과학의 도식에는 본성이라는 요소가 반드시 필요하다. 그래서 본성을 강조하는 견해가 많았다. 그러나 어린 시절 양육의 문제점, 특히 방임과 학대가 사람에게 평생에 걸쳐 해를 입힐 가능성을 설명하는 문헌도 아주 많다.[88, 89, 90, 91, 92, 93]

수많은 정신과 의사는 어린 시절에 상처를 입은 사람들에게 자신의 경험을 극복하거나 적어도 그 경험에 짓눌리지 않도록 해주려고 헌신적으로 노력한다. 경우에 따라서는 그런 치료가 큰 효과를 거둔다. 초보 의사 시절 나는 환자 개개인의 과거 경험들 가운데 어떤 것이 그 환자의 성격 형성에 영향을 끼쳤고 어떤 것이 정신장애에 취약하게 만들었는지를 알아내기 위해 오랜 시간을 들였다. 때때로 결정적인 통찰을 얻기도 했다. 어떤 환자는 자기 어머니가 최고의 어머니였다고 생각하고 있었는데 실제로는 항상 자신의 기를 죽였다는 사실을 발견했다. 다른 환자는 부모의 이혼이 자기 탓이라고 생각했는데 자신과 그 일이 전혀 무관하다는 사실을 깨달았다. 또 다른 환자는 아버지와의 성적 접촉에 대한 죄책감은 자신이 아닌 아버지의 몫이라는 것을 알게 됐다.

이 책은 상황의 효과를 강조한다. 정신장애에 잘 걸리는 사람들에게 어린 시절의 경험이 큰 영향을 끼친다는 것도 똑같이 중요하지만, 그런 영향 중 어느 정도가 유용한 시스템의 산물이고 부산물인지를 알아내려면 많은 노력이 필요하다. 또 그런 영향 중에 신경내분비 메커니즘을 통해 전달되는 비율과 어린 시절의 경험에 의해 만들어진 자신과 다른 사람들에 대한 믿음을 통해 전달되는 비율이 각각 어느 정도인지를 알아내야 한다. 그리고 어린 시절의 경험들은 당연히 개개인의 내적인 측면과 상호작용해서 특정한 상황이 발생할 가능성을 높인다. 어린 시절의 경험이 정신장애에 끼치는 영향에 관해 우리가 이미 알고 있는 것과 앞으로 알아내야 할 것을 점검하는 일은 이 책의 범위를 훨씬 넘어서는 중대한 프로젝트다.

3부

사회적 삶의
기쁨과 슬픔

Good Reasons For
Bad Feelings

8장

한 사람을 이해하려면
삶과 감정의 맥락을
읽어야 한다

사회과학이라는 학문이 직면한 가장 큰 문제는 측정 가능한 지표들이 무의미하고, 진정 유의미한 것들은 측정 불가능한 경우가 많다는 것이다.[1]
— 조지 베일런트(하버드대학교 의과대학 교수,
《행복의 조건》의 저자)

1990년대에 나는 화요일마다 조금 불쾌하지만 심오한 가르침을 받는 방법으로 정신의학의 두 가지 접근법을 실험했다. 오전에는 사회조사연구소Institute for Social Research에서 스프레드시트에 기록된 숫자들을 뚫어져라 들여다봤다. 수천 명에게서 얻은 나이, 성별, 소득, 우울증 증상 외에 십여 가지 다른 지표에 관한 상세한 데이터였다. 나의 목표는 그 수치만 가지고 누가 우울증에 걸릴지를 예측하는 것이었다.

그러다가 굉장한 사실을 발견했다. 일부 집단의 우울증 발병률이 다른 집단의 발병률보다 높게 나타났다. 예컨대 생애 초기에 우울증을 앓는 비율은 여성이 남성의 두 배에 달했다. 자녀 수, 연령, 신앙 생활 여부, 체중, 인종, 어린 시절에 부모를 여읜 경험, 1년 사이에 겪은 불행한 사건의 개수 등 다른 수십 가지 요인들은 발병률에 그만큼 큰 영향을 끼치지 않았다. 모든 개인은 여러 집단에 동시에 속해 있었기 때문에 그 프로젝트를 수행하려면 통계학적으로 까다로운 계산을 수행해야 했다. 예컨대 건강이 좋지 않은 사람들은 고령자, 독신, 약물 복용 중인 집단에 속할 확률이 높았고 교회에 나가기가 불가능했다. 각각의 요인은 모두 우울증에 영향을 끼치는 동시에 서로에게도 영향을 끼쳤기 때문에 무엇이 무엇의 원인인지를 알아내기가 어려웠다.

화요일 정오가 되면 몇 블록 떨어진 정신과 병원으로 걸어가서 오후 내내 환자들을 개별적으로 진료하고 레지던트들의 업무를 감독했다. 오후 근무는 고통스러웠다. 이제 나는 사람들을 수치화하고 일반화해서 집단별로 정리한 결과가 아닌, 과체중에 연한 금발이 헝클어진 55세 여자 환자 H와 함께 진료실에 앉아 있다. H는 절망에 빠져 흐느끼면서 말한다. 자신이 남편의 위협을 진지하게 받아들이지 않았기 때문에 남편이 자살을 했다고. 그래서 자기도 죽어서 남편을 만나러 가겠다고. 남자 환자인 J는 상사가 자기를 해고하려 한다고 확신하고 있는데, 그런 조짐이 보일 때마다 심장마비를 일으킨다고 한다. 자신이 심장병과 우울증을 앓고 있으니 장애인으로 등록해서 보조금을 받고 싶다고도 덧붙인다. 여자 환자 K는 원예클럽 회장을 뽑는 선거에 나갔는데, 자신이 악의적인 소문에 휘말리는 바람에 다른 여자가 당선됐다고 한다. 그 이후로 그녀는 집 밖에 나가지 않고 전화도 받지 않으며 다른 어떤 일도 하지 않는다. 그리고 10년째 우울증 치료를 받고 있는 사무직 관리자인 35세 여자 환자 L은 이번 달에 증상이 더 심각해졌다. 아마도 그녀가 다시 데이트를 해보려고 하는데 우울증 약이 오르가슴을 억제한다는 이유로 약을 복용하지 않았기 때문인 듯하다. 아니면 새 애인인 유부남이 지난번 애인보다 더 큰 상처를 안겨줄 거라는 그녀의 직감이 우울증을 악화시킨 걸까?

병원에서 오후 진료를 마치고 나면 의사와 간호사, 심리학자와 사회복지사들이 한자리에 모여 환자들의 사례를 하나씩 검토한다.

우리에게는 내가 오전에 통계를 분석할 때 사용하는 것과 똑같이 모든 환자의 성별과 연령, 혼인 여부, 고용 상태, 건강 상태 등의 데이터가 있었다. 우리는 환자 개개인이 왜 우울증에 걸렸는지 알아내기 위해 이 데이터를 사용했을까? 전혀 사용하지 않았다. 우리는 환자들이 우리에게 들려준 말들을 토대로 개개인이 어떻게 특정한 질병에 걸리게 됐는가를 설명하는 이야기를 만들어냈다.

여자 환자 D의 사례 기록을 보자.

D는 45세의 백인 여성이고 기혼이며 보험설계사 일을 한다. 엔지니어인 남편과 함께 10대 자녀 둘을 키우고 있다. 원래 불안감이 높고 부정적인 경향이 있었지만 6개월 전부터 증상이 심해져서 일주일에 1회 또는 2회 울음을 터뜨린다. 울음은 주로 저녁에 터져나오는데 이유는 잘 모르겠다고 말한다. 해밀턴 우울척도Hamilton Depression Rating Scale로 평가해보니 중간 정도인 22에 해당한다. 얼마 전부터는 주 3~4회 새벽 4시에 깨어나서 30분쯤 지나야 다시 잠이 든다. 식욕이 왕성해져서 체중이 4.5킬로그램 늘었고, 거의 항상 피로를 느낀다. 자살 충동은 없지만 희망도 없고 일상 활동에 흥미를 못 느낀다. 예전에는 지역 활동에 활발히 참여했지만 몇 달 전부터는 참여하지 않고 있다. 그녀의 어머니는 만성적인 불안 증세가 있었고, 아버지는 알코올중독자고 때때로 우울증 증상을 나타냈다. 어머니에게 비난을 많이 듣긴 했지만 학대를 당한 적은 없다고 기억한다. 건강 상태는 전반적으로 괜찮지만 혈압이 높은 편이고 특별한 원인이 발견되지 않은 만성적인 허리 통증이 있다. 음주는 가끔씩만 한다. 혈압약, 이부

프로펜(소염진통제) 그리고 통증 때문에 필요할 경우 마취제를 복용한다. 일주일에 3일 정도는 잠을 자기 위해 신경안정제를 복용한다. 남편은 아이들 교육비를 마련하려고 두 가지 일을 한다. 딸은 공부를 곧잘 하지만 아들은 좀 걱정이 된다. 아들은 6개월 전쯤 미성년자 음주로 체포되었다. 하지만 6월이면 아들도 고등학교를 졸업할 예정이다. 그녀의 진단명은 주요우울증이며 부부관계 및 가족관계에 문제가 있고, 만성적 통증, 물질남용일 가능성도 있다고 판단된다.

짧은 사례 요약문이지만 여기에는 D의 의료기록에 기재된 사실의 대부분이 포함되어 있다. 하지만 이 요약문은 그녀의 우울증이 무엇 때문에 생겨났는지를 제대로 알려주지 않는다.

D에게 질문을 더 해보자, 부부싸움을 하다가 남편에게 "종일 누워 있기만 하고 아이들이 뭘 하는지도 모른다"라는 소리를 듣고부터 증상이 더 심해졌다는 대답이 나온다. 그날 D가 그 말을 듣고 주체하지 못해 왈칵 울음을 터뜨리자 남편은 문을 쾅 닫고 집 밖으로 나가버렸다. 다음 날 남편은 전화를 해서 며칠 동안 출장을 다녀오겠다고 말했다. D는 남편이 다른 여자를 만나고 있는 것은 아닌지 의심스럽지만 사실은 알고 싶지도 않다고 말한다. 그러면서도 온종일 남편이 누구와 함께 있을지, 자신과 이혼하려고 할지, 그러면 어떻게 할지에 대해 생각하고 또 생각한다. D는 남편이 이혼을 요구하고 아들의 미성년자 음주를 자신 탓으로 돌려 양육권을 가져갈까 봐 남편에게 따지지도 못하고 있다.

이처럼 가슴이 미어지는 이야기를 들으면 통계로 이뤄진 나의 깔끔한 모델들은 몹시 냉정하고 공허하게 느껴진다. 심지어는 의료차트에 적힌 임상 요약도 환자 개인이 가진 문제의 핵심을 제대로 짚어내지 못할 때가 많다. 우리가 팀 회의에서 엮어낸 이야기들은 문제의 핵심을 담아내긴 했지만, 과연 정확했을까?

화요일 저녁 퇴근시간이 되면 나는 머리가 핑핑 돌아서 독한 술이라도 한잔 마시고 싶었다. 모든 것이 혼란스러웠다. 아침에 나는 과학자로서 우울증에 잘 걸리는 사람들의 집단과 우울증을 앓지 않는 사람들의 집단이 어떻게 다른지를 조사했다. 오후에는 임상의로서 그 통계들을 모두 창밖으로 던져버리고 동료들과 마주 앉아 어떤 환자의 자잘한 삶의 요소들을 엮어서 그 사람이 우울한 이유를 설명해줄 이야기를 만들었다. 둘 중 어느 방법도 완전히 만족스럽지는 않았다.

개인을 이해하는 방법

인터넷 검색을 하다가 찾아낸 아주 오래된 논문 한 편이 나의 혼란을 줄여줬다. 1894년 5월, 독일 철학자 빌헬름 빈델반트Wilhelm Windelband는 스트라스부르대학교 총장으로서 개교 273주년을 기념하는 연설을 했다.[2] 그는 미국의 대학 총장들이 곧잘 하는 학교 자랑을 생략했다. 그 대학의 스포츠팀 이야기도 하지 않았고 학교 발전기금을 내준 후원자들에게 감사하다는 말도 하지 않았다. 대신 그는 짧은 연설을 통해 설명에는 두 종류가 있다는 점을 확실하게 설명했다. 하나는 모든 시대와 환경에 적용되는 일반 법칙에 근거하는 설명이다. 중력의 법칙이나 경제학 법칙들이 여기에 포함된다. 다른 하나는 어떤 특정한 사물이 지금처럼 만들어진 과정을 해명하기 위해 구체적인 사건들의 역사를 추적하는 설명이다. 달의 기원이라든가 미국이라는 국가의 형성 과정이 여기에 포함된다.

빈델반트는 이 두 가지 설명법에 멋있는 이름을 붙였다. 항상 참인 일반 법칙에 근거한 설명은 '법칙정립적_{nomothetic}'(nomos는 '법칙'을 의미하고 thetic은 '가설'을 의미한다)이다. 단 한 번 일어난 역사적 과정에 근거한 설명은 '개별기술적_{idiographic}'(idio는 '개별적이고 독특한 사건'들을 뜻하며 graphic은 '묘사'를 의미한다)이라고 부른다. 각각 '일반화_{generalization}'와 '서사_{narrative}'로 부를 수도 있지만, '법칙정립'과 '개별기술'은 전문용어로서 손색이 없다.

나의 경우 미처 의식하지는 못했지만 화요일 아침에는 법칙정립적 과학을 탐구하고 있었다. 즉 사람들의 집단에서 얻은 대량 데이터에서 우울증의 원인에 관한 일반 법칙을 추출하려고 노력했다. 화요일 오후에는 개별기술적 접근법을 사용해 연속적으로 발생한 별개의 사건들이 한 개인에게 지금의 증상을 유발한 과정을 이해하려고 노력하고 있었다. 내가 혼란에 빠졌던 이유는 법칙정립적 설명과 개별기술적 설명이 서로 다른 것인 줄을 몰랐기 때문이다.

1899년 휴고 뮌스터베르크_{Hugo Münsterberg}는 미국심리학협회_{American Psychological Association} 회장 취임 연설에서 이 두 가지 설명법을 '신세계_{New World}'(미국)에 소개했다.[3] 하지만 법칙정립과 개별기술이라는 구분이 널리 알려진 것은 그의 제자이자 현대 사회심리학의 아버지인

고든 올포트Gordon Allport가 1937년《성격Personality》을 출간한 뒤였다. 올포트는 개별기술적인 '개인에 관한 학문'을 옹호했다는 명성을 얻었지만, 사실 그는 두 가지 접근법을 통합하는 쪽을 지지했다. 그가 쓴 글의 일부를 보자.

지금까지 심리학은 완전히 법칙정립적인 학문이 되기 위해 노력했다. 역사, 전기, 문학 같은 개별기술적인 학문들은 (…) 자연이나 사회 속의 어떤 구체적인 사건을 이해하려고 노력한다. 개인의 심리를 탐구하는 학문은 반드시 개별기술적인 성격을 띤다.[4]

개별기술적 설명은 현재 인류가 하고 있는 많은 연구의 토대가 되며, 심리학과 사회학 분야에서는 '질적 연구qualitative research'라는 이름으로 아직도 개별기술적 설명이 이뤄진다. 하지만 정신의학에서 개인들의 서사는 희미한 기억으로만 남아 있다. 단순히 희미해진 것이 아니라 공격적으로 추방당했다. 의사들이 사례 검토를 위해 모이는 자리에는 항상 개별기술적 접근이 존재하지만 학술지들은 사례 연구의 출판을 허용하지 않는다. 개별기술적 설명법은 훨씬 큰 성공을 거둔 법칙정립적 설명법이 창피해하면서 숨기려고 하는 형제와 비슷하다. 법칙정립적 접근은 객관적인 정의, 측량 가능한 변수들, 반복 가능한 실험, 통계적인 일반화가 가능하며 거액의 연구 보조금이 따라다닌다.

어떤 정신과 의사는 개인적인 사항에 관해 묻지 않는다. 그들은 목록에 있는 증상들을 확인하고 환자들을 진단 기준에 따라 분류한

다음 그 병명에 맞게 환자에게 도움이 될 만한 치료법을 권한다. 이렇게 법칙정립적으로 접근하면 시간과 노력이 절약되며 환자 개개인과 관계를 맺으면서 복잡한 감정에 시달리지 않아도 된다. 한밤중에 전화가 걸려올 일도 별로 없다. 한편 어떤 정신과 의사는 환자마다 다른 문제를 가져오는 이유를 알아보려고 노력한다. 개개인의 우울증을 설명하기 위해 동기와 전략과 사건들을 연결하는 개별기술적 서사의 한두 가지 예를 살펴보자.

W는 가족 중에 우울증 환자가 상당히 많고 장기간 기분부전증과 범불안장애를 앓는 중년 여성이다. W는 지난 6개월 동안 우울하게 지냈고 일과 섹스에 흥미를 잃었다. 지금 중요하게 여기는 것은 아이들밖에 없다. 하지만 아이들은 점점 손이 많이 가는데 W는 점점 위축되어간다. 남편은 아내를 도울 방법을 몰라서 점점 멀어지기만 한다.

X는 어렸을 때 가족을 버리고 떠난 아버지에게 줄곧 화가 나 있었다. 아버지가 떠났기 때문에 X는 엄마 손에 자랐는데, 엄마는 항상 일하러 나가고 없었고 그나마 집에 있는 시간에는 늘 우울해했다. X는 세상의 모든 남자에게 여전히 화가 나 있고, 남편이 일 때문에 일주일 정도 출장을 떠날 때면 증오와 우울감에 젖어든다.

Y는 만성적인 불면증에 시달리는데, 주된 원인은 만성 통증이지만 불안한 마음도 원인으로 작용한다. 10년 전쯤 불면증 때문에 벤조디아제핀benzodiazepine을 복용하기 시작했고, 지금은 그걸 먹지 않으면 잠을 제대로 자지 못한다. 때때로 그녀는 저녁에 약을 먹으면서 술을 한잔 마신다. 아침에 일어나기가 힘들고 종일 피로를 느끼며,

때로는 직장에서 잠이 쏟아져 곤란해지기도 한다. 남편은 Y가 집안일을 제대로 하지 않고 아이들을 방치한다고 나무란다.

Z는 평생 아이들에게 헌신하며 살았는데, 그녀의 남편은 실망하고 소외되는 느낌을 받았다고 한다. Z는 아이들을 정성껏 돌보며 만족을 느꼈지만, 아이들이 어느 정도 자라고부터는 말썽을 부리기도 하고 엄마에게 고민을 이야기하지도 않는다. 남편과는 오래전부터 멀어진 데다 아이들과도 거리가 생기자 Z는 절망에 빠져서 아이들이 심각한 문제를 일으킬 것 같아도 손을 쓰지 못하고 있다.

당신도 짐작했겠지만, 이 네 가지 사례는 모두 같은 사람에 관한 것이다. 이 장의 도입부에서 소개한 D가 그 주인공이다. 다섯 가지 설명은 모두 개연성이 있다. 만약 정신과의 사례 발표회에서 저명한 교수가 이 다섯 가지 이야기 중 하나를 발표했다면 어떤 이야기든 설득력 있게 들릴 것이다. 바로 이 점이 심각한 문제다. 진짜 이야기와 가짜 이야기를 구별할 방법이 없다면 우리는 과학을 하고 있는 것이 아니지 않은가. 우리에게는 참과 거짓을 구별할 수단이 없다. 이제 어떻게 해야 할까?

한 가지 방법은 다섯 가지 이야기를 각기 다른 가설로 취급하고 어느 가설이 증거와 가장 많이 일치하는지 확인하는 것이다. 그렇게 하면 흥미로운 토론이 벌어질 수도 있다. 하지만 다섯 가지 이야기 중 어느 것도 완벽하게 정확하지는 않으며 각각의 이야기가 강조하는 요소들은 다 의미가 있다. 그러면 이 가설들을 유리병 하나에 다 집어넣고 그 유리병을 완전한 설명이라고 말할 수 있을까? 아니다. 어떤 요인들은 다른 요인들보다 중요하고, 각각의 가설이 제시하는 인과관계도 다르다.

개별기술적 설명도 과학적인 설명이 될 수 있다. 천문학과 지질학에서는 개별기술이 일반적인 설명법이다. 우주론은 별과 블랙홀에 관한 일반적인 설명을 위해 일반물리학 법칙에 의존하지만, 특정한 청색왜성이나 적색거성을 설명하려면 그 별의 형성, 쇠퇴, 소멸에 이르는 일련의 과정을 파악해야 한다. 달을 설명하려면 중력의 법칙이 반드시 필요하지만, 특정한 달 하나가 존재하게 된 이유를 설명하려면 중력의 법칙만으로는 부족하다. 우리 달은 먼지가 뭉쳐서 형성됐을 수도 있고 소행성이 지구에 붙잡혀서 만들어졌을 수도 있지만, 45억 년 전쯤 화성 크기의 테이아Theia 행성이 지구를 스치고 지나가면서 지구의 한 조각이 떨어져나갔는데 그것이 달이 됐다는 가설을 뒷받침하는 증거가 상당히 많다.[5]

지질학도 개별기술적 설명을 활용한다. 골짜기 하나를 설명하려면 일반적인 중력의 법칙, 수력학 법칙, 기후학 법칙을 특정한 장소에서 순차적으로 벌어진 특정한 사건들에 적용해야 한다. 어떤 골짜기는 빙하가 움직일 때 밑에서 솟아났고, 어떤 골짜기는 침식으로 이뤄졌고, 또 어떤 골짜기는 대륙판이 이동할 때 만들어졌다. 골짜기마다 고유의 설명이 있으며 어떤 경우에는 생성 원인이 서너 가지가 되기도 한다.

안타깝게도 개별기술적 설명을 심리학에 적용하는 일은 우주론이나 지질학에 적용하는 일보다 까다롭다. 인간 행동의 법칙들은 중력의 법칙만큼 구체적이지 못하다. 그리고 자신의 환경을 스스로 선택하고 만들어가는 인간이 탄생한 것은 복수의 원인들이 상호작용한 결과다. 일반 법칙들 중에는 유용한 것도 있다. 그 예시로서 제인 오스틴Jane Austin의《오만과 편견Pride and Prejudice》맨 첫 문장이 자주 인용된다. "부유한 독신 남자가 신붓감을 원한다는 것은 누구나 인정하는 진리다." 하지만 부유한 남자인 빙리는 동성애자일 수도 있고 악당일 수도 있으며 신붓감을 구하는 일에 전혀 관심이 없는 고독한 학자일 수도 있었다. 어떤 개인의 감정과 행동을 예측하기 위해서는 그 개인의 개별기술적 특성들과 법칙정립적인 틀을 결합해야 한다. 이와 관련해 감정에 관한 신화적 관점은 특별한 비법이 있는 것은 아니지만 좋은 길을 하나 열어준다. 그전에 우선 표준적인 방법부터 살펴보자.

삶의 스트레스를 연구하다

정신의학 분야의 연구들은 대부분 어떤 사람은 정신장애에 걸리고 어떤 사람은 걸리지 않는 이유를 법칙정립적으로 일반화하려고 한다. 스트레스가 정신장애를 촉진하는 요인이라는 점은 널리 알려져 있지만, 정신의학 연구에서는 일부 사람들이 스트레스에 더 취약한 이유가 강조된다. 유전자, 뇌의 화학물질, 어린 시절의 양육, 트라우마가 되는 경험, 성격, 사고습관 등이 그 이유로 꼽힌다. 이런 접근법을 뒤집으면 끔찍한 경험을 하고도 '회복탄력성이 강해서' 꿋꿋이 살아가는 사람들에 관한 연구가 된다. 여기에는 취약한 사람들에게 뭔가 문제가 있으며 사람들의 회복탄력성을 강하게 만들 수 있는 방법을 찾으면 좋다는 전제가 깔려 있다. 어느 쪽이든 초점은 '개인'에게 맞춰진다. 그러면 '상황'은 어떤가?

정신과적 증상의 원인을 연구할 때 상황의 역할은 보통 '스트레스'로 단순화해서 표현되고, 스트레스는 삶 속의 사건들을 기준으로 수량화된다. 이렇게 하면 한 개인이 사건에 어떤 의미를 부여하느냐가 증상을 유발한다는 점은 간과되지만 복잡한 문제들은 피해갈 수 있다. 사람들에게 무엇이 불안이나 우울을 유발하는지 물어본다면 학대, 유기, 공격 그리고 온갖 종류의 역경에 관한 이야기를 말할 텐데, 얼마나 나쁜 일을 겪어야 정신장애가 발생하는가? 다양한 사건을 어떻게 계산할 수 있는가?

1960년대에 정신의학자 토머스 홈스Thomas Holmes와 리처드 라히Richard Rahe는 생애사건 연구의 새 시대를 열었다. 홈스와 라히의 연구진은 미국 정신의학의 선구자인 아돌프 마이어Adolf Meyer의 선례를 따라 환자의 생애에서 중요한 사건들을 날짜별로 표시하고 그 사건들과 증상의 관계를 기록한 표를 만들었다. 하지만 그 데이터는 연구에 사용하기가 어려웠다. 그래서 그들은 사람들에게 삶에서 일어날 수 있는 43가지 사건의 목록을 주면서 각자가 경험한 사건들에 표시를 하라고 요청했다. 단순히 사건의 개수를 세어보기만 해도 응답자들 가운데 누가 병에 걸릴 것인지, 심지어는 누가 감염성 질환에 걸릴 것인지도 예측 가능했다.[6] 객관적인 사건들을 수량화한 최근경험일람표Schedule of Recent Experiences, SRE는 빠른 속도로 발전했고 수백 편의 간행물이 나왔다.

하지만 사건의 발생 여부만 중요한 것이 아니다. 런던의 연구자 조지 브라운과 티릴 해리스는 환자들의 세부적인 사항들을 파악하기 위해 '생애사건 및 역경척도Life Events and Difficulties Scale'를 만들었다.[7] 이 척도는 작성하는 데만 몇 시간이 소요되고 활용법을 익히려면 몇 주가 필요하다. 환자와 상담할 때마다 결과를 기록하고, 그 환자를 만난 적이 없는 연구진이 수치화 작업을 한다. 입력이 마무리되는 단계에서 각각의 사건은 '심각' 또는 '심각하지 않음'으로 평가된다. 런던에서 이 수고스러운 방법을 여성 458명에게 적용했더니 확실한 결론이 나왔다. 6장에서 제시한 요인들과 더불어 '배우자의 지지' 같은 요인들이 강력한 보호 효과를 발휘했다. 브라운과 해리스의 연구는 훌륭했다. 하지만 그 척도를 활용하기가 어려워서 실제로는 거의 사용되지 않는다.

그 뒤로도 환자의 스트레스를 측량하는 방법은 꾸준히 개발됐지만[8, 9] 아직 남은 과제가 많다.[10] 장시간 상담을 하려면 비용이 많이 들기 때문에 대부분의 연구는 체크리스트를 활용한다. 더 큰 문제는 '스트레스'의 개념이다. '스트레스'라는 단어는 스트레스가 하나의 실체라는 착각을 일으킨다. 이런 착각은 스트레스 호르몬 수치를 통해 스트레스를 측정할 수 있다고 생각하는 경향 때문에 널리 퍼졌다. 어떤 개인의 의욕 시스템에 발생한 문제들을 '스트레스'의 심각성을 나타내는 숫자로 환원하려는 것은 뇌의 모든 변화를 '뇌 활동성 수준'이라는 지표 하나로 환원하려는 것과 비슷하다.

연구자들은 스트레스를 유발하는 요인의 성격에 대해서도 관심을 기울였다. 예컨대 앞에서 설명한 대로 굴욕감이나 덫에 걸린 느낌을 일으키는 사건들은 우울증과 연관성이 높다.[11, 12] 그러나 사건이 감정을 만들어내지는 않는다. 감정은 한 개인이 중요한 목표를 달성하는 과정에 그 사건이 어떤 의미를 지니는가에 대한 본인의 평가에서 비롯된다.[13, 14, 15]

진화론으로 이해하는 개인

어떤 사람은 진화적 접근법이 인간의 본성을 일반화하는 데 초점을 맞출 것이라고 생각하지만, 사실 진화적으로 접근하다 보면 다양성을 인정할 수밖에 없다. 단 하나의 정상적인 유전체, 뇌, 성격은 존재하지 않는다. 변이는 본질적인 속성이다. 수십 년 동안 진화와 인간 본성에 관해 격론이 벌어졌다. 자연선택은 인간의 본성이라는 것이 하나의 합당한 개념이 되도록 공통된 핵심 속성을 형성했는가? 아니면 인간과 그 모습을 결정하는 문화가 매우 다양하기 때문에 그런 생각 자체가 무의미한가?

인간이 추구하는 목표는 보편적이다. 우리는 음식, 친구, 섹스, 안전, 사회적 지위를 얻으려고 하며, 무엇보다 건강하고 행복한 자손을 통해 자기 자신을 복제하려 한다. 하지만 사람마다 목표의 우선순위가 다르고 그 목표를 추구하는 방법도 제각각이다. 존이라는 사람은 명성과 사회적 인정을 얻는 일에 모든 에너지를 투입하고 데이트는 아예 안 한다. 메리는 다른 어떤 것보다 아이들을 훨씬 소중하게 여긴다. 잭은 젊은 시절부터 육체적 매력을 높이기 위해 많은 노력을 기울이고 있다. 샐리가 가장 중요시하는 목표는 부자가 되는 것이다. 그래서 친구와 가족, 사랑과 건강을 희생해가며 성공가도를 달리고 있다. 도나는 일주일에 70시간씩 일하는데 절반은 직장에서 일하고 나머지 절반은 노모를 보살핀다. 샘은 매일 18홀씩 골프를 치고 저녁시간은 게임에 관해 이야기하며 보낸다. 레이철은 자신이 신앙생활을 하며 얻는 평화의 의미를 남들에게 전파하고 싶어서 선교활동을 열심히 한다.

대부분의 사람들은 균형 잡힌 삶을 살고 싶어하며, 여러 가지 목표를 동시에 추구하면서 삶의 여러 가지 과업에 갖고 있는 자원을 분배한다. 모든 것에 시간과 에너지를 충분히 투입할 수는 없지만 그럭저럭 대처해나간다. 하지만 정신과 병동의 응급실에 가보면 정말로 손을 쓸 수 없는 상황에 처한 사람을 많이 만날 수 있다. 아이들이 병에 걸렸고, 아이들의 아빠는 가족을 버렸고, 자동차 시동이 걸리지 않는데 차를 고칠 돈도 베이비시터를 구할 돈도 없다. 게다가 지난주에는 상사가 한 번만 더 결근하면 해고라고 엄포를 놓았다. 정신장애 증상을 일으키는 원인은 하나의 사건이나 스트레스만이 아니다. 꼭 해야 할 일을 하지 못하는 상황도 증상을 유발한다. 나는 우울증에 걸린 젊은 부부를 치료하려고 했던 적이 있다. 그들은 부부관계도 좋지 못했다. 남편과 아내가 같은 슈퍼마켓에서 최저임금을 받으며 일하고 있었는데, 두 사람이 12시간 교대제로 일했기 때문에 언제나 둘 중 하나는 집에 있으면서 어린아이 세 명을 돌봤다. 부부가 서로를 만나는 시간은 교대할 때와 가끔 있는 휴일이 전부였고, 그들의 빚과 좌절감은 다달이 쌓여만 갔다.

우리가 다른 사람에게 영향을 끼치기 위해 사용하는 전략도 가치관과 목표만큼이나 다양하다. 피디는 직원들을 통제하기 위해 "당신들은 언제든지 해고될 수 있다"라는 말을 입에 달고 산다. 샐리는 따뜻한 마음과 유머감각 덕분에 사랑을 받는다. 댄은 모든 것을 협상으로 해결하며 남들도 자기만큼 합리적이고 성실하기를 기대한다. 샘은 위협적인 태도를 취하기 때문에 사람들이 그와 부딪치지 않으려고 한다. 거트루드는 상냥하고 사교성이 좋지만 자신과 경쟁하려드는 사람을 뒷담화의 표적으로 삼는다. 빌은 조직에서 자기 몫을 다하지 못할 때도 있지만 유머감각이 있어서 환영받는다. 원한다면 이런 것들을 '전략'이 아니라 '성격'이라 불러도 좋다. 어쨌든 우리가 다른 사람들에게 영향을 끼치는 방법이 무척 다양하기 때문에 삶은 흥미진진하고 감정에 관한 연구는 어려워진다.

사람들은 가치관과 목표와 성격도 서로 다르지만 성공과 실패에 대한 반응도 다르다. 어떤 사람은 결과를 자신의 노력과 연관시킨다. 이들은 성공을 거둘 때는 즐거워지만 결과가 좋지 않을 때는 무기력해진다. 어떤 사람들은 늘 남 탓을 하거나 실패를 인정하지 않는다. 그들은 현실을 부정하고 계속 앞으로 나아간다. 하지만 어떤 사람은 실패를 경험하면 곧 그 일을 그만두고 다른 일에 노력을 투입한다.

이처럼 목표와 전략과 성격이 사람마다 다르기 때문에 사람의 감정 상태를 예측하기란 정말로 쉽지 않다. 법칙정립적 접근은 개인들로 이뤄진 집단에 관해 수십 가지 데이터를 얻어서 그 수치를 분석하는 방법으로 누가, 언제, 어떤 감정을 느낄지를 예측한다. 그렇게 해서 얻는 일반화된 결론은 어떤 특정한 개인이 지금 경험하고 있는 감정이 무엇일지를 예측하지는 못한다. 개별기술적 접근법은 더 풍부한 설명이 가능하지만 신뢰도가 떨어진다. 심리치료사들은 몇 시간 동안 환자의 말을 듣는다. 소설가들은 몇 달 동안 단어와 줄거리를 구상한다. 평범한 사람들은 이야기를 듣기도 하고 들려주기도 하면서 자신의 삶과 다른 사람들의 삶을 이해하려고 애쓴다. 감정을 연구하는 과학자들은 무엇을 해야 할지 궁리한다.

사회체계별 문진

당신이 의사를 찾아가서 피로와 같은 일반적인 증상을 호소한다면 의사는 몇 가지 질문을 던질 것이다. "만성적으로 기침을 하시나요?" "소화는 잘되나요?" "계단을 올라갈 때 힘이 드나요?" 이 질문들은 당신이 이야기한 증상과 무관해 보일 수도 있지만, 대답에 따라 호흡기, 위장, 심혈관에 어떤 문제가 있다는 것이 밝혀질지도 모른다. 예컨대 당신의 복부 통증은 출혈성 궤양이 있다는 징후일 수 있고, 그 궤양이 빈혈을 일으켜서 당신이 피로한 것인지도 모른다. 이런 잠재적 요인들을 알아내기 위해 의사들은 30개 정도의 표준화된 질문을 던지는 이른바 '계통적 문진review of systems'을 진행한다. 증상의 잠재적인 원인을 하나도 놓치지 않으려면 계통적 문진이 반드시 필요하다.

신체 증상들의 원인을 밝히기 위해 계통적 문진을 수행하는 것과 마찬가지로, 정서적인 증상들의 원인을 밝혀내기 위해서는 '사회체계별 문진Review Of Social Systems, ROSS'이 필요하다. 그런데 어떤 시스템에 관한 질문을 던져야 할까? 다양한 사회적 시스템들은 간이나 신장처럼 경계가 명확하지 않다. 그래도 동물들의 행동을 연구하는 과학자들은 동물들이 구하려고 하는 자원을 몇 가지로 분류했다.

건강, 매력, 능력과 같은 개인적 자원(♙)은 반드시 필요하다. 음식, 주거, 돈과 같은 물질적 자원($)도 없어서는 안 된다 현대인들은 식장에서 일을 하거나 다른 사회적인 역할(✖)을 수행함으로써 이 자원들을 획득한다. 짝을 찾고, 유혹하고, 보살피는 일에도 상당한 노력(♥)이 요구된다. 자녀와 친척을 돕고 보호하기 위한 노력(♟)도 마찬가지다. 마지막으로 집단 내부에서 자기편을 만들고 지위와 역할을 인정받는 일(☺)은 다원주의에서 말하는 적합도의 열쇠가 된다. 이렇게 총 여섯 가지 자원(♙ $ ✖ ♥ ♟ ☺)이 있다고 생각해보자.

한 가지 자원을 획득하기 위해서는 다른 자원을 구하는 데 들어갈 수도 있는 시간과 노력을 투입해야 한다. 집에서 멀리 떨어진 곳에서 식량을 채집한다면 식량을 더 많이 얻을 수 있겠지만 안전이 확보되지 않는다. 아이들을 돌보는 데 쓰는 시간은 일을 하거나 짝이 될 상대에게 구애하는 데 쓸 수가 없다. 일반적으로 뇌는 복잡한 의식적 사고를 거치지 않고도 노력을 어떻게 배분할지를 현명하게 결정한다. 진딧물에서 얼룩말에 이르는 모든 동물이 자원 배분에 관한 결정을 스스로 한다.

정서는 의사결정 시스템의 한 부분이다. 특정한 개인 안에서 특정한 정서가 생겨나는 원인을 밝혀내기는 쉽지 않지만, 그럼에도 체계적인 조사는 반드시 필요하다. 유의미한 정보를 수집하기 위해 수십 개의 질문을 던지고 구조화된 인터뷰를 진행할 수도 있겠지만, 그런 질문들은 사람이 자기만의 목표를 추구하는 과정에서 여러 가지 감정이 나타나는 역동적인 과정을 포착해내지 못한다. 짧은 질문지로는 구체적인 정보를 얻지 못한다. 긴 면담을 하면 풍부한 정보의 영역에 도달하긴 하겠지만 그 많은 정보를 다 관리한다는 것은 비실용적인 일이고 요약도 쉽지 않다.

우리에게는 아프가점수Apgar score와 비슷한 척도가 필요하다.[16] 산부인과 의사였던 버지니아 아프가Virginia Apgar는 신생아의 상태를 기록하기 위한 단순한 시스템이 필요하다고 생각했다. 편리하게도 그녀의 이름은 신생아의 상태에 관한 다섯 가지 정보의 첫 글자와 일치했다. 피부색Appearance, 심장박동Pulse, 자극에 대한 반응Grimace, 근긴장력Activity, 호흡Respiration. 각각의 항목에 대해 신생아 상태를 평가해서 0, 1, 2 중 하나로 점수를 매긴 것이 아프가점수다. 이 단순한 척도는 신생아의 상태를 기록하고 생존률을 예측하는 데 요긴하게 사용됐다.

인간에게 반드시 필요한 자원들은 다른 유기체들에게 필요한 자원들과 동일하다. 다만 인간에게는 한 가지가 더 추가된다. 인간은 남들이 가치 있게 생각하고 그것을 위해 대가를 지불하기도 하는 특수한 사회적 역할을 가지고 있다. 바로 직업이다. 아프가와 마찬가지로 '사회적'이라는 뜻의 SOCIAL을 머리글자로 사용하면 사회체계별 문진을 할 때 고려해야 할 자원들을 암기하기가 쉬워진다.

어떤 개인의 동기 구조를 분석하려면 각각의 자원에 관해 서너

사회체계별 문진

- **사회성Social**에는 친구, 집단, 사회적 영향력 등이 있다(☺).
- **직업Occupation**은 대개 돈을 받고 하는 일을 의미하지만, 돈을 받지 않더라도 가치 있는 일이라고 인정받는 사회적 역할들도 포함한다(🛠).
- **자녀Children**와 가족(친척도 포함)(👪).
- **소득Income**과 물질적 자원(💲).
- **능력Abilities**, 외모, 건강, 시간 등의 개인적 자원(👤).
- **사랑Love**을 나누고 섹스를 하는 친밀한 관계(♥).

가지 질문을 해서 대답을 들어야 한다. "당신에게는 이 자원을 충분히 확보할 안정적인 수단이 있습니까?" "이 자원은 당신에게 얼마나 중요한가요?" "당신이 원하는 것과 지금 가진 것에 차이가 있습니까?" "이 영역에서 당신이 하려고 하는 일, 얻으려고 하는 일 또는 피하려고 하는 일들은 무엇인가요?" "당신은 노력에 대해 어떤 태도를 취하나요?" "최근에 손해를 보거나 이익을 내거나 어떤 변화를 겪은 적이 있나요?" "좋은 기회나 위험이 다가오고 있나요?" "당신은 이 영역에서 무엇을 해야 할지 결정하기가 어렵나요?" "당신이 성취하려고 노력하는데 잘되지 않는 중요한 일이 있나요?" "전반적으로 이 영역에서 당신의 노력은 어떤 결실을 맺을 것 같나요?"

이런 식으로 한 개인의 동기 구조를 포괄적으로 분석하는 것은 귀중한 작업이다. 에릭 클링어가 제안한 것과 같은 훨씬 더 길고 구조화된 인터뷰가 연구에 큰 도움이 되는 것은 맞다.[17] 하지만 사회체계별 문진을 제대로 하려면 적어도 한 시간이 소요된다. 늘 시간과 에너지가 제한되어 있다는 진리를 감안해 환자에게 모든 영역의 질문을 다 던지지 못할 때도 있다. 바쁜 임상의들에게는 아프가점수와 같은 짧고 단순한 방법이 필요하다.

평가의 목적은 증상을 유발하는 문제가 무엇인지 알아내는 것이다. 그러려면 영역별로 활용 가능한 자원과 문제의 심각성을 판단할 필요가 있다. 자원을 많이 가진 사람에게 문제가 많을 수도 있기 때문에 자원과 문제는 따로 기록해야 한다. 예컨대 젊고 매력적이어서 얼마든지 짝을 찾을 수 있는 사람이 현재의 애인과 결혼할지 말지에 대해 양가감정을 느껴서 정신적으로 황폐할 수도 있다. 유능하고 매력적이며 현재 건강 상태가 아주 좋은 사람도 미래에 대한 불안 때문에 마음고생이 많을지도 모른다. 아주 똑똑한 과학자가 죽음에 대한 공포 때문에 아무것도 못하겠다면서 치료를 받으러 온 적도 있다. 그는 동맥경화증에 관한 세계적인 전문가로 35세의 나이에 벌써 명문 대학의 종신교수 자리를 얻었고 세계 각지에서 초청을 받는 사람이었다. 그러나 그의 아버지와 형제자매가 모두 40세 전에 심장마비로 사망했다는 사실은 아무도 몰랐다. 그리고 백만장자들 중에도 도박으로 빚을 많이 져서 주택담보대출을 갚기가 불가능한 사람이 있었다. 또 많은 분야에서 성공을 거뒀는데도 자신에 대한 기대가 지나치게 높아 스스로 실패자라고 생각하는 사람이 있었다.

아프가점수와 같은 수치화된 점수는 조사와 연구에는 유용하게 쓰일 수 있지만, 나는 일반적인 상황에서 자원 점수의 합을 계산하는 데는 반대하는 입장이다. 오해를 불러일으키거나 사람들에게 상처를 입힐 가능성이 있기 때문이다. 우리가 다른 사람의 외모에 대해 1에서 10까지 점수를 매기는 것만 해도 바람직하지 않은데, 다른 사람이 가진 자원들을 수치화해서 비교하는 것은 어떻겠는가. 정신과적 증상의 원인을 알아내려면 개인들의 의욕 시스템이 매우 복잡하다는 현실을 반드시 인식해야 한다. 나는 점잖고 효율적인 방법으로 진료에 필요한 정보를 얻기 위해 다음과 같은 질문들을 활용한다. 질문들은 항상 환자에 맞게 변형된다.

환자의 상황을 파악하기 위한 영역별 질문들

- **사회성Social**: 당신이 함께 시간을 보내는 친구들 또는 모임이 있습니까? 그들은 당신을 소중하게 여기나요? 그들과의 관계에 별 문제는 없나요?

- **직업Occupation**: 요즘 직장에서는 어떻습니까(부모나 자원봉사자 같은 다른 중요한 사회적 역할도 포함)? 일에서 만족을 느낍니까? 일자리는 안정적인가요?

- **자녀와 가족Children and Family**: 아이들이 있습니까? 아이들은 잘 자라고 있나요(자녀가 없는 성인들에게는 다음과 같이 묻는다. 자녀가 없어도 괜찮다고 생각하시나요)? 가족 중에 가깝게 지내는 사람이 있나요? 그들은 잘 지내나요?

- **소득Income**: 경제적 형편은 어떻습니까? 감당하기 어려운 빚이 있나요?
- **능력과 외모Abilities and appearance**: 심각한 질병이 있습니까? 당신의 외모 또는 능력에 관한 걱정이 있습니까?
- **사랑과 섹스Love and sex**: 당신에게 중요한 사람과의 관계는 어떻습니까?

나는 각 자원에 대한 환자의 접근 가능성과 각 영역에 존재하는 문제의 심각성을 기록하는 한편, 각 영역의 전반적인 상황을 요약하기 위해 몇 가지 감정 단어를 사용한다. 우리가 목표를 추구하는 과정에서 발생하는 다양한 상황을 아주 정확하게 묘사하는 단어들이 존재한다는 것은 흥미롭고도 의미심장한 사실이다.

각 영역에서의 상황에 대한 감정들

- **신이 난다**: 새로운 기회가 생겨서 신이 난다.
- **안정적이다**: 대체로 만족스럽고 안정적이다.
- **희망적이다**: 현재에는 불만이 있지만 미래의 성공으로 보상받으리라는 희망이 있다.
- **불만족스럽다**: 목표를 달성할 수 없어서 불만족스럽다.
- **걱정이다**: 손실 위험이 있어서 걱정된다.

- **슬프다**: 손실을 입었기 때문에 슬프다.

- **혼란스럽다**: 무엇을 해야 할지 몰라 혼란스럽다.

- **절망한다**: 목표를 향해 나아가지 못하게 하는 장애물 때문에 절망하고 있다.

- **맥이 빠진다**: 중요한 목표를 향해 나아가지 못하거나 나아가는 속도가 너무 느려서 맥이 빠진다

- **기다린다**: 목표를 추구하기에 더 좋은 시기와 기회를 기다리고 있다.

- **인정한다**: 목표를 실현할 능력이 없다는 사실을 인정한다.

- **덫에 걸렸다**: 실현 불가능한 목표 추구에서 벗어나지 못하고 있다.

- **열정이 식었다**: 목표 달성에 실패한 후에 열정이 식었다.

- **흥미를 잃었다**: 목표들이 이제는 중요하지 않기 때문에 흥미가 없다.

병원에서 임상의들이 모여 개별 사례들을 토의하던 시절, 우리는 때때로 환자들의 삶과 상황을 잘 이해하기 위해 사회체계별 문진, 곧 ROSS를 활용했다. 그러자 많은 환자에 대한 우리의 시각이 달라졌다. 어떤 환자는 중증 정신장애를 앓고 있었지만 친구와 친척, 소득과 능력이 있고 배우자와 잘 지내고 있었다. 중증 강박장애로 고생하던 한 여성은 매일 몇 시간씩 손을 씻었다. 남편은 그녀가 많은 시간을 낭비하고 부부의 사교생활도 제약을 받아 너무나 답답했지

만 전반적으로는 아내를 지지했다. 그녀는 증상이 나타나는 동안에도 일을 계속하고 아이들을 보살피고 친구들과도 계속 연락했다. 이런 환자들은 대부분 증세가 호전된다.

어떤 환자는 상황이 그렇게 좋지 못했다. 심각한 우울증에 시달리던 어느 젊은 여성은 중증 다발성경화증을 앓고 있었다. 그녀는 비좁은 아파트에 혼자 살면서 장애인 생활보조금으로 겨우 생계를 해결하고 있었고, 휠체어를 움직일 수 없었기 때문에 마음대로 돌아다니지도 못했다. 그 환자에게는 직업도 없고, 친구와 친척도 없고, 의지할 집단도 없고, 갈 곳도 없었다. 이처럼 심한 곤경에 처한 사람에게는 항우울제도 큰 도움이 못 된다.

ROSS가 증상이나 생애사건들을 평가하는 공인된 방법을 대체할 수는 없으며, 장시간의 임상 상담만큼 풍부한 정보를 얻어내는 도구도 못 된다. 하지만 ROSS는 개별기술적 정보를 법칙정립적인 틀 안에 넣어준다. 일반외과의들이 통증의 원인을 발견하기 위해 인체의 여러 시스템을 점검하는 것과 마찬가지로, 정신과에서는 부정적인 감정들의 원인을 찾는 데 ROSS를 활용할 수 있다.

ROSS처럼 개별기술적 접근과 법칙정립적 접근을 통합하는 방법들은[18, 19] 둘 중 한 가지 접근법만 사용하는 측정법에 비해 치료에 대한 환자의 반응과 재발 가능성을 더 정확하게 예측한다. ROSS를 통해 얻은 영역별 의욕 지수는 항우울제의 효과를 증명하는 데 도움이 되고 신경과학 연구에 근거를 제공할 수도 있다. 예컨대 최근에 사랑하는 사람과 사별하고 우울증에 걸린 사람들의 뇌를 스캔한 결과는 실현 불가능한 목표를 추구하다가 우울증에 걸린 사람들의 뇌

스캔 결과와는 다를 것이고, 뚜렷한 이유 없이 평생 우울증에 시달리는 사람들의 뇌 스캔 결과와도 다를 것으로 짐작된다. 실현 불가능한 직업적 목표를 추구하다가 우울증에 걸린 사람에게 항우울제를 투여했을 때의 효과는 사별을 겪어서 우울한 사람이나 감염으로 고생하는 사람에게 항우울제를 투여했을 때의 효과와 다를 것이다. 어느 정도 효과가 있는 항우울제 하나를 출시하는 데 약 2.0조 달러의 비용이 든다.[20] 그 금액의 1퍼센트 정도만 투자하면 ROSS를 더 발전시켜서 각기 다른 상황에 처한 사람들에 대한 약의 효과와 신경과학적 소견을 평가하는 데 활용할 수 있다.

사회적인 덫에 갇혔는데 출구도 없는 사람들은 자살 위험이 높다. ROSS를 사용해서 자살 위험이 높은 사람들을 가려낸다면 생명을 구할 수 있을 것이다. 샌프란시스코의 사회복지사 헬렌 헤릭Helen Herrick은 대학생들에게 정신의학 관련 직업으로 관심을 유도하려고 여름방학 체험활동을 마련했다. 나도 운 좋게 그 활동에 참가했다. 참가자들은 모두 정신병원에 머물면서 "뭐든지 마음껏 관찰하라"라는 과제를 받았다. 그때의 경험은 나에게 하나의 전환점이 됐다. 그 체험활동을 계기로 나는 정신과 의사가 되기로 마음먹었지만, 한편으로는 오직 정신과 의사의 관점으로만 환자를 바라볼 수가 없게 됐다. 금문교에서 자살한 사람들의 가족에 관한 헤릭의 연구를 알게 된 것도 나에게 큰 영향을 끼쳤다. 원래 헤릭은 법칙정립적 접근법을 선택해서 모든 자살 피해자의 공통분모를 찾아보려고 했다. 하지만 수백 차례 인터뷰를 진행한 뒤에 헤릭은 어떤 일반화도 적절하지 않다는 결론에 도달했다. 어떤 사람은 술에 취한 상태로 뛰어내렸거나 남들 앞에서 과시하기 위해 뛰어내린 반면, 어떤 사람은 죄책감을 유발하기 위해 자살을 택했다. 어떤 사람은 복수를 원했고, 어떤 사람은 죽은 애인을 뒤따라가려 했다. 불안과 우울증과 정신이상이 자살의 원인이 된 경우가 있는가 하면 치매 또는 말기암 때문에 자살에 이른 경우도 있었다. 헤릭은 "개인은 개인으로 이해해야 한다"라는 결론에 도달했다. 나는 헤릭의 의견이 옳다고 생각한다.

ROSS에서 얻는 데이터를 도식으로 만들면 한 개인의 생애에서 노력과 자원의 흐름을 시각화할 수 있다. 아래 그림의 첫 번째 상자

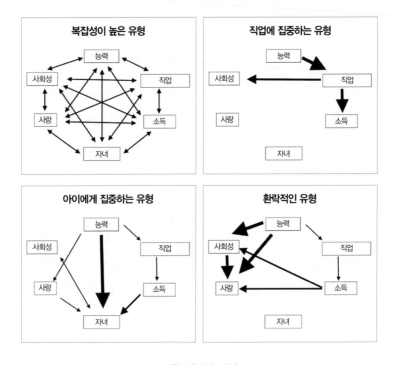

자원 배분의 패턴

는 평범하고 복잡한 삶을 나타낸다. 여기서는 모든 종류의 자원이 모든 다른 종류의 자원에 기여하는 복잡한 매트릭스가 만들어진다. 두 번째 상자는 모든 에너지와 시간을 일과 돈벌이에 투입하는 일중독자의 경우를 보여준다. 세 번째 상자는 모든 노력을 자녀 양육에 투입하며 직업적인 투자나 경제적인 투자는 순전히 그 목표를 이루기 위한 수단인 경우를 보여준다. 마지막으로 네 번째 상자는 모든 노력을 사회적 지위와 인간관계, 특히 성적인 관계를 얻기 위해 사용하는 환락적인 삶을 나타낸다. 네 가지 삶은 서로 크게 다르며, 서로 다른 사건들이 감정에 서로 다른 영향을 끼친다.

환자를 알기만 하면 모든 문제가 해결될까?

그렇다면 개인에 대해서는 무엇을 해야 할까? 내가 진료실에서 만난 환자들 중 절반 정도는 현재의 상황과 증상이 깊이 연관되는 것처럼 보이지 않았다. 다수의 환자에게 사회불안은 특정한 사건의 영향으로 생긴 증상이 아니라 평생 동안 겪는 문제였다. 우울증 환자들 중에는 항상 증상이 있었던 사람도 있고, 원래 문제가 없었는데 어떤 트라우마를 겪은 뒤 증상이 시작된 사람도 있었다. 연구자들과 의사들은 대부분의 문제가 정신장애에 잠재적으로 취약한 사람이 스트레스를 많이 받는 상황에 처할 때 발생한다는 사실을 잘 알고 있다. 이것을 '취약성-스트레스 모델diatheis-stress model'이라고 부른다.[21, 22]

민감한 유형의 사람들은 다른 사람들에게 나타나지 않는 감정 반응을 보인다. 자신의 일을 대단히 중요하게 여기는 사람은 직업 영역에 문제가 생길 때 정신과적 증상을 나타내지만 부부관계에 문제가 생길 때는 증상이 약하거나 아예 나타나지 않는다. 유명한 심리학자이자 긍정심리학 연구자인 에드워드 디너Edward Diener는 이러한 가설을 확인하기 위해 연구를 수행했다. 그 결과 한 개인에게 특별히 중요한 영역에서 변화가 생기면 주관적 행복이 더 크게 영향을 받는다는 점이 밝혀졌다.[23]

진화적 관점은 정신과적 증상을 개인의 스트레스나 사건 또는 성격 탓으로 돌리는 대신 의학의 다른 분야에서 사용되는 것과 비슷한 접근법을 제시한다. 예컨대 관절통에는 여러 가지 원인이 있을 수 있다. 일을 하면서 같은 동작을 반복해서일 수도 있고, 책상 앞에 좋지 못한 자세로 앉아 있어서일 수도 있고, 특별한 운동을 해서일 수도 있다. 감염, 류머티스성 관절염, 만성홍반성 낭창lupus erythematosus 때문에 관절 통증이 유발되기도 한다. 일반적으로 의사들은 관절에 가해지는 스트레스와 염증 때문에 증상이 나타난다는 것만 알아내는 것이 아니라 환자 개인이 관절에 통증을 유발하는 구체적인 상황과 메커니즘을 알아내려고 한다.

어떤 생애사건들은 특정한 증상을 유발할 가능성이 매우 높기 때문에 진단 기준으로 삼아도 될 정도다. 암에 걸린 아이들의 부모, 바람을 피우는 배우자와 사는 사람들, 자기는 독신인데 기혼자와 성관계를 하는 사람들, 배우자가 알코올중독자거나 폭력적이거나 둘 다인 사람들, 성희롱을 당하는 사람들, 성희롱 가해자로 지목된 사람들, 홀로 아이를 키우는데 경제적으로 어렵거나 사회적 지원을 충분히 받지 못하는 사람들, 만성적인 질병으로 몸이 쇠약한 사람들, 상사에게 무시당하는 직원들. 우리가 친구들과 이야기를 나눌 때나 의사들이 사례를 검토할 때도 이런 범주에 의존한다. ROSS를 이용하면 이런 상황들을 양적으로 평가하고 그 상황들이 증상과 치료 반응에 어떤 영향을 끼치는지 분석할 기회를 얻을 수 있다.

하지만 그것도 지나치게 단순한 분석이다. 사람들의 성격은 이루 말할 수 없이 다양하다. 사람들은 자신이 처하는 상황을 스스로 만들고, 그 상황이 또다시 그 사람에게 영향을 끼친다. 대개 그런 상황들은 저절로 고착된다. 원망과 분노에 차 있는 사람은 주변 사람들까지 분노하게 만들고, 그 결과가 또다시 그들의 세계관을 강화한다. 모든 사람이 선하다고 믿는 사람은 실제로 모든 사람에게서 장점을 발견하며, 때로는 다른 사람을 좋게 변모시키기도 한다. 그러나 한 개인의 세계관을 변화시키려고 노력하는 것은 고층빌딩의 대들보를 교체하려고 노력하는 것과 비슷하다. 어떤 논리나 주장도 도움이 안 된다. 유일하게 효과가 있는 방법은 지금까지 만났던 사람들과 완전히 다른 유형의 사람과 관계를 맺는 것이다. 그런 일은 연애를 하면서 일어나기도 하고, 학교나 직장의 인간관계를 통해 일어나기도 한다. 양질의 심리치료를 집중적으로 받아서 세계관이 바뀔 수도 있다. 특히 환자가 자신을 괴롭히는 상황들을 본인이 만들었다는 사실을 인정하기 시작할 때 치료의 성공 확률은 높아진다. 사람들은 때때로 근본적으로 변화한다. 어렵지만 그렇게만 된다면 우리는 보람을 느낀다.

9장

죄책감과 슬픔,
깊이 있는 관계를
만드는 힘든 감정

자연이 사회를 위해 인간을 탄생시켰을
때, 자연은 인간에게 쾌락을 향한 원초적
인 욕구 그리고 동족을 불쾌하게 하는 일
을 회피하려는 원초적인 성향을 부여했다.
— 애덤 스미스, 《도덕감정론》[1]

도덕적으로 생활하며 사랑과 신뢰의 관계를 맺는 능력은 언어 및 지능과 마찬가지로 다른 동물과 구별되는 인간의 고유한 특징이다. 우리는 따뜻하고 안정적인 관계를 정상적이고 자연스러운 것으로 생각하기 때문에 관계를 설명하려는 노력은 대부분 관계의 문제를 향한다. 정신과 의사들은 인간관계의 역동적 성격과 개개인의 특성에서 문제의 원인을 찾는다. 부부관계와 가족을 파괴하는 정신장애도 여기에 포함된다. 여기서도 초점은 의학의 다른 분야와 마찬가지로 왜 일부 사람들에게만 문제가 발생하느냐에 맞춰진다.

지금쯤이면 당신은 진화적 관점을 출발점 삼아 더 본질적인 질문들을 기대할지도 모르겠다. 인간은 왜 사회적 존재인가? 우리는 왜 집단에 소속되는 것을 그렇게 중요시하는가? 우리는 왜 남들이 나를 어떻게 생각하는지에 신경을 많이 쓰는가? 죄책감을 느끼는 능력이 우리에게 어떤 도움이 되는가? 우리는 왜 슬픔을 느끼는가? 이 질문들에 대답하려면 일반적인 질문을 뒤집어서 생각해봐야 한다. 다른 사람을 돕는 경향이 우리에게 어떻게 선택 이득을 제공하는가? 우리의 수수께끼는 왜 일부 사람들이 인간관계 때문에 힘들어하느냐가 아니다. 사랑과 선행이 어떻게 유기체의 다윈주의적 적합도를 극대화할 수 있는가다.

20세기 대부분의 시간 동안 생물학자들은 인류의 진화 과정에서 협동 성향이 형성된 이유가 협동이 집단에 유익하기 때문이라고 추측했다. 이타적인 성향이 강한 개인들로 이뤄진 집단은 다른 집단보다 빠르게 성장했기 때문에 당연히 협동 성향이 선택될 것 같았다. 이 순진한 견해는 1966년에 조지 윌리엄스에게 반박을 당한다. 조지 윌리엄스는 이타성이 특별히 높은 개인은 그렇지 않은 개인보다 사손 수가 적기 때문에 이타성의 대립유전자는 자연선택 과정에서 도태될 것이라고 지적했다. 이타성에 관한 논쟁은 주로 생물학계 내부에서 이뤄지다가 1976년 리처드 도킨스Richard Dawkins의《이기적 유전자The Selfish Gene》[2]가 출간되면서 지적인 논쟁에 불이 붙었다. 그 불은 지금도 이글거린다.[3, 4, 5]

많은 사람이 도킨스가 이타주의의 가능성을 부정했다면서 성난 목소리를 냈다. 반면에 어떤 사람은 마침내 자신의 냉소적인 인생관을 뒷받침하는 근거를 찾았다고 기뻐했다. 그 논쟁에 대한 반응들은 정신역동적 방어의 모든 예를 보여준다.[6] 도킨스가 쓴 책의 마지막 몇 문단은 우리가 이기적인 유전자에 관한 지식을 가질 때 자신을 더 잘 통제하고 충동을 이겨낼 수 있으리라고 암시하지만, 사람들은 그런 내용은 무시하고 "이기적 유전자의 명령을 따르는 로봇"이라는 비유적 표현만 기억했다.

우리의 뇌가 우리에게 유전자의 이익을 위해 행동하도록 시킨다는 것은 대단히 불쾌한 주장이다. 나도 그런 주장을 처음 접했을 때는 며칠 동안 밤잠을 못 이루고 고민했다. 나의 도덕적 충동들이 단지 내 유전자의 명령에 따라 조종당하는 것이란 말인가? 도킨스의 핵심 주장은 옳은 것 같았지만 내가 나의 환자들, 친구들 그리고 나 자신에게서 목격했던 죄책감, 사회적 민감성, 진정한 선의와 모순되는 것이었다. 내가 병원에서는 물론이고 다른 곳에서도 좋은 일을 하려고 노력하는 것이 그저 나의 유전자들이 자기들의 이익을 위해 교묘하게 나를 움직이는 것일 뿐이라고? 유전자의 관점에서는 죄책감과 도덕적 열정조차 이기적인 것처럼 보였다. 마치 도킨스가 '원죄'에 관한 진화적 설명을 찾은 것만 같았다.

이것은 난해한 학문적 이론에 그치지 않는다. 사람들은 어떤 믿음을 가지는가에 따라 행동이 달라진다. 이기적 유전자에 관한 논쟁이 절정에 달했을 무렵, 나는 진화적 관점을 가진 동료와 함께 저녁 시간에 난롯가에 앉아서 새로운 프로젝트를 구상했다. 우리는 서로에게 다음과 같은 뻔뻔한 말을 던지고는 사과도 하지 않았다. "나는 자네를 돕겠네. 그 프로젝트가 나에게 이익이 된다면 말이지." 우리가 이기심 때문에 선택된 존재라는 믿음은 사회를 갉아먹는다. 그런 믿음이 널리 퍼진다면 우리의 삶은 지금보다 더 쓸쓸하고 삭막해질 것이다. 나는 그런 믿음이 널리 퍼지고 있으며 이미 사회 현실을 변화시켰을까 봐 걱정된다.

경제학자들도 그런 우려를 진지하게 받아들이고 있다. 매트 리들리Matt Ridley와 로버트 프랭크Robert Frank는 신속하게 도킨스 이론의 영향을 측정해봤다.[7, 8] 프랭크는 학생들이 경제학 수업을 듣고 나면 공영 라디오 방송에 기여하거나 헌혈을 하려는 의사가 줄어든다는 사실을 발견했다.[9]

병원에서는 환자들이 인간 본성에 대해 어떤 믿음을 가지고 있느냐가 그들의 삶과 질환에 영향을 끼친다는 점이 뚜렷이 드러난다. 나는 환자의 성격을 빨리 파악하기 위해 딱 한 가지 질문을 던진다. "사람의 본성에 대해 어떻게 생각하시나요?" 치료에 성공할 확률이 가장 높은 환자의 대답은 다음과 같다. "사람들은 선하기도 하고 나쁘기도 하죠. 그건 상황에 달려 있어요." 하지만 우리 자신의 종을 포함한 모든 대상을 대체로 좋은 것과 대체로 나쁜 것으로 구분하려 하는 인간 특유의 성향을 보여주는 대답이 더 많이 나온다. "사람들은 대부분 선량한 편이지요. 또 옳은 일을 하려고 노력하고요."와 같은 대답을 하는 환자들은 신경증이 있지만 치료자와 좋은 관계를 맺는다. 반면 "사람들은 대부분 자기 생각만 하죠. 하지만 달리 뭘 기대하겠어요?"라고 대답하는 환자들은 치료자와 친밀한 관계를 잘 맺지 못하는 편이다.

인간 본성에 대한 믿음은 쉽사리 바뀌지 않는다. 남을 신뢰할 줄 아는 사람은 자기와 비슷한 사람을 짝으로 선택하고 자신의 긍정적 기대와 일치하는 관계를 맺을 가능성이 높다. 이런 사람들은 냉소적인 사람을 가까이하지 않는다. 사람은 다 이기적이라고 생각하는 사람은 자기 주변 사람들을 믿지 못하고, 실제로 그 주변 사람들 대부분이 신뢰할 수 없는 유형인 경우가 많기 때문에 그 믿음이 강화된다. 언젠가 나는 저녁식사 자리에서 이타성에 관한 대화를 나누고 있었는데, 그 자리에 있던 유명한 손님 하나가 냉소적인 사람이었다. 그 손님은 이렇게 말했다. "그래, 여러분 중에 지금까지 살면서 진짜로 이타적인 행동을 경험한 사람이 하나라도 있소?" 나머지 사람들은 할 말을 잃었다.

사람들은 자신의 세계관을 옹호한다. 인간은 대체로 악한 존재라고 믿는 사람은 이타주의와 신뢰할 수 있는 관계가 존재할 가능성을 실제보다 낮게 본다. 그들은 치료를 받을 때도 자신의 견해를 확인하기 위해 상당한 노력을 기울인다. "선생님도 결국은 돈 때문에 이 일을 하는 거잖아요"가 일반적인 시험 방법이다. 한밤중에 전화를 걸어서 자기가 자살하지 못하도록 자기와 통화를 해달라고 요구하는 것은 한 단계 높은 시험이다.

미시간내학교의 생물학자로서 거의 처츠로 도덕성의 진화에 관한 책을 펴낸 리처드 알렉산더Richard Alexander[10]는 스승에게 자기가 이타적이라는 것을 납득시키려고 노력했던 이야기를 들려준다. 그는 일렬로 지나가는 개미떼를 밟지 않으려고 돌아서 갔던 이야기를 했다. 그러자 그의 스승은 이렇게 대답했다. "자네는 이타적이었을지도 모르겠네. 그걸 자랑하기 전까지는 말이지."

사회적 삶을 이기심의 산물로 바라본다는 것은 다른 사람들을 혐오한다는 뜻이다. 나는 신앙을 가진 사람들에게 "왜 학생들에게 진화생물학을 가르치는 데 반대하느냐"라고 여러 번 물어봤다. 그들이 가장 많이 걱정하는 점은 진화생물학을 가르치면 도덕적 행동의 동기가 감소한다는 것이었다. 그들의 우려를 뒷받침하는 증거는 거의 없다. 신앙생활을 하지 않는 사람들이 이혼을 하거나 교도소에 가거나 사회규범을 위반하는 비율은 신앙을 가진 사람들과 똑같다.[11, 12, 13] 하지만 수많은 사람이 자신은 신을 믿기 때문에 이기적인 충동을 조절할 수 있다고 나에게 말했다. 정말 그 방법이 통한다면 누가 그들의 삶에 개입하려 하겠는가?

조지 윌리엄스 본인도 자신의 견해에 누구보다 큰 불쾌감을 느꼈다. 그는 오랫동안 자기 이론의 함의를 곰곰이 생각한 끝에 가장 암울한 결론에 도달했다. "자연선택은 (…) 솔직히 말하면 근시안적인 이기심을 극대화하는 과정으로 설명된다. (…) 도덕성은, 일반적으로는 도덕성의 표출에 역행하는 생물학적 과정에서 우연히 생성된 한없이 어리석은 능력이다."[14] 역설적이지만 조지 윌리엄스는 아주 도덕적인 사람이었다. 그는 1957년에 아내 도리스 윌리엄스Doris Williams와 공동으로 집필한 논문을 근거로 '친족선택'이라는 개념의 저작권을 주장하며 소란을 피울 수도 있었지만[15] 그러지 않았다. 나와 함께 일할 때도 그는 항상 관대한 모습을 보여줬다. 그러나 자연선택 과정에서 개인의 적합도를 극대화하기 위해 특정한 행동들이 형성된다는 논리에는 타협의 여지를 두지 않았다.[16]

나는 조지 윌리엄스와 몇 주 동안 토론을 벌였지만 그의 견해에 설득당하지는 않았다. 아마도 나의 문화적 배경 때문에 불쾌한 진실을 받아들일 수 없었던 것 같다. 선교사의 손자로서 어린 시절부터 교회에 자주 갔던 나는 사람들이 대부분 도덕성을 발휘하는 선천적인 능력을 가지고 있다고 생각해왔다. 또 남을 돕는 직업을 선택한 덕분에 좋은 일을 하려고 하는 사람들을 많이 만났다. 불안장애 환자들을 치료하면서 인간 본성에 관한 나의 견해는 더 확고해졌다. 아니, 왜곡됐다고 해야 할까? 불안장애 환자들은 대부분 내성적이고 사교적 민감성을 지니고 있으며 죄책감에 시달리면서도 옳은 일을 하려고 애쓰는 사람들이었다. 그 이후에 나는 여러 경험을 하면서 조금은 세속적인 견해를 가지게 됐다. 예컨대 나는 어떤 사람이 내 눈을 똑바로 보면서 지킬 마음이 전혀 없는 약속을 하는 일이 가능한 줄 처음 알게 됐다. 하지만 다른 사람들과 마찬가지로 나도 나의 핵심 도식을 옹호한다. 내 눈에는 거짓과 이기심의 증거들보다 도덕적인 행동과 남을 기쁘게 해주려는 소망이 더 많이 보인다. 어떤 사람들은 지금까지 살면서 나와 전혀 다른 경험을 했을 것이고 나만큼 운이 좋지 못했을 수도 있겠지만.

이론과 관찰 사이의 모순을 해결하기 위해 나는 협동과 도덕적 감성에 관해 진화적으로 설명하고자 하는 과학자들의 모임에 합류했다. 많은 가설이 제시됐고, 학자들 대부분은 어떤 하나의 가설이 다른 가설들보다 옳다고 믿었다. 인간의 도덕성을 단순화하려고 노력하는 과정에서 몇 가지 서로 다른 가설이 모두 유의미한 경우에는 불필요한 논쟁도 많이 벌어졌다. 미리 밝혀두겠다. 지금부터 소개할 여러 가설을 검토한 결과, 다수의 가설이 중요했다. 그리고 나는 다른 학자들과 마찬가지로 그중 하나의 가설이 특히 중요하다고 주장하려 한다.

우선 협동의 기원에 관해 간략히 요약해보자. (1) 혈연관계가 없는 개인들로 이뤄진 집단에 협동이 유리하다는 주장은 극도로 사회적인 행동의 진화를 설명하지 못한다. (2) 가장 이타적인 행동은 자신과 똑같은 유전자를 가진 동족을 이롭게 한다는 가설로 설명할 수 있다. (3) 혈연관계가 없는 사람들 사이의 협동은 자신에게 한 이로운 행동이 우연히 남들에게도 도움이 된 것일 뿐이다. (4) 혈연관계가 없는 사람들 사이의 광범위한 협동은 대부분 호의를 교환하는 호혜적 행동으로 설명할 수 있다. (5) 호혜주의 시스템에서는 좋은 평판을 쌓기 위혜 큰 비용을 치르는 형실늘이 형성된다. (6) 앞의 다섯 가지 가설은 대부분의 유기체가 보여주는 대부분의 사회적 행동을 설명해주지만 전부를 설명하지는 못한다. (1)부터 (5)까지의 가설은 비록 인간의 헌신과 도덕적 행동을 완전하게 설명하지는 못할지라도 인류의 지식이 근본적이고 눈부시게 발전했음을 보여준다. 우리는 여기에 문화적 집단선택, 헌신 그리고 사회선택 social selection 같은 중요한 개념들을 추가해야 한다.

집단선택은 불가능하다

어떤 학자는 집단선택이 유효한 개념이라고 주장한다.[17] 일반적으로 말하는 집단선택이란 개개인의 적합도는 감소시키지만 혈연관계가 없는 개인들로 이뤄진 집단에 이롭다면 그 행동을 촉진하는 대립유전자의 수를 증가시키는 과정이다. 집단을 위해 기꺼이 희생하려는 개인이 많은 집단은 다른 집단보다 빠르게 성장하기 때문에 집단선택은 가능성 있는 가설이다. 그러나 집단을 위해 개인을 희생하게 만드는 대립유전자들이 존속하려면 세 가지 특별한 환경이 갖춰져야 한다. 첫째, 협력 성향이 높은 개인들로 이뤄진 집단이 협력 성향이 낮은 개인들로 이뤄진 집단보다 훨씬 빠르게 성장해야 한다. 둘째, 그 집단 내에서 타인을 돕는 성향의 대립유전자를 가진 개인들이 그런 대립유전자를 가지지 않은 개인들과 비슷한 수의 자손을 낳아야 한다. 마지막으로, 집단과 집단 사이에서 개인들의 왕래가 자유롭지 않아야 한다. 왕래가 자유롭다면 남을 돕지 않는 개인들이 그 집단에 들어올 것이고, 그런 사람들의 대립유전자가 남을 돕는 대립유전자의 자리를 차지해버릴 것이다.[18, 19] 이 세 가지 조건이 동시에 충족되는 경우는 흔치 않다. 이런 식의 집단선택 이론은 설득력이 약하며 큰 비용이 따르는 형질들을 설명하지 못한다. 그 이유는 스티븐 핑커Steven Pinker가 쓴 글에 상세하고 명료하게 나와 있다.[20] 그래도 대다수 사람들은 집단선택이 직관적으로 옳고 감정적으로도 매력적이라고 느낀다. 진화적 관점을 가진 정신의학자들 중 일부도 같은 생각이다. 그래서 나는 집단선택론의 한계에 대해 조금 더 이야기한 다음에 인류의 특별한 능력인 협동과 도덕성에 관한 다른 가설들로 넘어가겠다.

과학자들은 혈연관계가 없는 사람들 사이의 집단선택이라는 가설로는 인간이 도덕성을 발휘하게 만드는 유전적 성향을 설명하지 못한다는 데 대체로 합의한다. 하지만 논쟁은 여전히 진행 중이다. 그 이유 중 하나는 협동의 진화라는 모델들이 친족선택이나 집단선택이라는 틀에 잘 맞아떨어지기 때문이다.[21, 22] 전문가들은 대부분 친족선택이 훨씬 유용한 개념이라고 생각한다.[23] 그러나 저명한 과학자들 중에는 친족선택이 협동과 무관하다고 주장하는 사람도 몇 명 있다.[24, 25] 나는 친족선택이 대단히 유용한 개념이라고 생각하는 대다수 과학자들[26]과 견해를 같이한다.

집단선택은 매력적인 개념이긴 하지만 집단선택의 실제 사례는 극히 드물다. 반면 집단선택 가설의 약점을 드러내는 사례들은 확실히 존재한다. 예컨대 우리 안의 닭들은 서로를 콕콕 쪼아서 상처를 내기 때문에 집단의 성장이 더디다. 몇 세대에 걸쳐 닭을 키운다고 할 때 그 우리에서 다른 닭을 가장 적게 쪼는 닭이 낳은 알들만 부화시키면 더 협력적인 닭들이 태어나고 개체수도 빠르게 늘어난다.[27, 28] 이러면 집단선택 개념에 부합한다. 하지만 자연선택은 아니다. 사실 이 사례는 과거에 닭들의 무리에서 그런 식의 집단선택이 일어난 적이 없었다는 증거가 된다. 아주 특별한 환경이 아니라면 어떤 유전적 형질이 집단을 이롭게 하더라도 개별 개체의 번식 능력을 감소시킬 경우 그 형질은 도태된다.

암수의 비율은 자연선택의 영향을 받으며, 거의 모든 개체가 암컷으로 이뤄진 집단들은 절반만 암컷인 집단보다 개체수가 두 배나 빠르게 증가한다. 암컷만 새끼를 낳을 수 있으니 당연한 일이다. 하지만 대부분의 집단에서 암수 비율은 50:50에 가깝다. 위대한 유전학자 로널드 피셔Ronald Fisher는 1930년에 출간한 고전적 저서인 《자연선택의 유전학적 이론The Genetical Theory of Natural Selection》에서 그 이유를 설명한 바 있다.[29] 피셔는 개체의 유전자가 전해질 확률을 최대로 만드는 자손들의 성별 분포를 조사했다. 그 결과, 거의 모든 개체가 암컷인 집단에서는 수컷 자손의 평균 개체수가 암컷 자손의 평균 개체수보다 몇 배나 많았다. 거의 모든 개체가 수컷인 집단에서는 평균적으로 암컷 자손이 더 많았다. 암수 중에 현재 공급이 부족한 쪽을 더 많이 낳는다는 것은 미래세대에 대한 개체의 유전적 기여를 극대화하는 대신 집단의 빠른 성장을 희생시킨다는 뜻이다.

토요일 밤에 어느 술집에 갈지를 정하는 일에 피셔의 논리를 적용해보자. 남자들은 연애 상대를 물색하려고 할 때 스포츠 펍에 가지 않는다. 스포츠 펍에서 짝을 찾을 확률은 매우 낮기 때문이다. 여성의 밤 행사를 하는 술집이 훨씬 나은 선택이다. 여성의 입장에서는 정반대 논리가 성립한다. 유기체 집단의 성비가 50:50인 경우가 많다는 사실은 집단선택보다 개별적 선택이 우선함을 입증한다.

다음으로 숲을 생각해보자. 아주 굵고 높은 나무줄기는 자연선택이 종의 이익이 아닌 유전자의 이익을 극대화하기 때문에 자원의 낭비가 발생한 결과를 보여준다. 나뭇잎들이 지면 가까이에 모여서 달려 있었어도 태양에너지를 모두 흡수할 수 있었다. 나무들이 협동을 잘했다면 줄기가 높이 뻗어 올라가는 일에 막대한 자원을 소모하지 않고도 에너지 흡수를 극대화할 수 있었을 것이다. 그러나 나무들은 각자 다른 나무보다 햇빛을 많이 얻기 위해 경쟁한다. 나무들은 언제 더 치열하게 경쟁해야 할지도 안다. 어린 나무들은 자기와 인접한 초록빛 잎에 빛이 반사되어 자신에게 전달되면 일제히 필사적인 경쟁 태세로 전환한다. 그러고는 가지가 부러질 위험을 감수해가며 최대한 높이 자라려고 안간힘을 쓴다. 같은 종의 나무들끼리도 온 힘을 다해 높이 자라기 경쟁을 벌인다. 교훈적인 예외도 있다. 사시나무는 적당한 높이의 개체들이 빽빽하게 모여 수풀을 이룬다. 당신도 짐작했겠지만 사시나무는 모두 똑같은 유전자를 가진 클론들이라서 경쟁할 필요가 없다. 그래서 서로 힘을 합쳐 빽빽한 그늘을 만들어 경쟁자들이 햇빛을 받지 못하게 한다.

우리 몸의 세포들도 같은 이유에서 협동을 한다. 우리 몸의 세포들은 모두 똑같은 유전자에서 출발한다. 부모 각자로부터, 그러니까 아버지의 정자에서 그리고 어머니의 난자에서 각각 DNA를 한 가

닥씩 가늘게 떼어내는 과정을 거쳐 만들어졌기 때문이다. 말하자면 우리 몸의 세포들은 40조 쌍의 일란성 쌍둥이와 비슷하다. 이 대립 유전자들은 몸 전체에 유리한 행동을 해야 다음 세대로 전해질 수 있다. 예외적인 경우가 이 법칙을 증명한다. 가령 암은 몸 전체에 유익한지 여부를 고려하지 않고 세포들이 복제된 결과다.[30] 자연선택은 이처럼 무분별한 복제를 억제하는 강력한 메커니즘을 만들어냈다. 그중 하나는 불필요하게 복제되고 있는 세포들이 스스로 죽도록 유도하는 '세포자연사apoptosis'라는 메커니즘이다.

협동을 (최대한) 설명하는 방법

3장에서 설명한 윌리엄 해밀턴의 친족선택 개념은 사회적 행동을 이해하는 데 혁명적인 변화를 일으켰다. 친족선택 이론을 발표했을 때만 해도 해밀턴은 유명한 생물학자가 아니라 일벌이 알을 낳지 못하고 벌집을 보호하기 위해 침을 한 번 쏘고 죽는 현상을 진화론으로 어떻게 설명할 수 있을지 몇 년째 고민하던 고독한 대학원생이었다.[31] 그는 그 주제에 관해 박사논문을 쓰려고 계획서를 제출했으나 승인 불가라는 답변을 들었다. 그래서 자신의 생각을 정리한 원고를 과학 학술지에 제출했다.[32] 학술지의 편집자였던 존 메이너드 스미스John Maynard Smith는 수십 년 동안 생물학자들을 괴롭히던 문제를 해밀턴이 풀었다는 사실을 금방 알아차렸다. 메이너드 스미스는 재빨리 그 주제에 관한 논문을 직접 써서 유명 학술지 《네이처》

에 기고하고 그 이론에 '친족선택'이라는 이름을 붙였다.[33] 이렇게 해서 두 남자는 평생 동안 서로에게 악감정을 품게 된다. 이타주의에 관한 과학적 연구의 시작 단계에서 우선권을 얻기 위한 이기적인 경쟁과 도덕적 일탈이 있었다는 것은 참으로 역설적이고도 슬픈 사실이다. 메이너드 스미스는 좋은 대화 상대였고 인내심 많고 너그러운 사람이었다. 내가 그에게 집단선택에 관해 초보적인 질문을 하고 또 했을 때도 그는 인내심 있게 답해줬다. 해밀턴은 세상 모든 것에 호기심을 가진 산만한 천재였다. 나는 그와 정신장애에 관해 대화를 나누면서 영감을 얻었다. 두 사람은 결국 다시 대화를 나눌 수 있게 됐지만 둘 사이에는 항상 긴장이 감돌았다. 두 사람의 나쁜 감정이 전조가 됐는지, 아직도 많은 사람이 협동에 관해 맹렬하게 논쟁하고 때로는 악의적인 비난도 서슴지 않는다.[34, 35, 36]

사회적 행동을 설명하기 위한 또 하나의 가설로 호혜주의 이론이 있다. 동물 두 마리가 동시에 서로의 털을 손질해준다면 두 마리 다 혜택을 입으며 속임수를 쓸 여지도 없다. 만약 두 사람이 함께 무거운 바위를 뒤집는다면, 둘 다 그 바위 밑에 있는 어떤 것에서 이익을 얻는다. 새들이 소 같은 가축의 등을 헤집으면 새들은 먹이를 얻고, 가축의 입장에서는 기생충이 줄어들어서 좋다. 자세히 보면 이러한 호혜적 행동은 어디에서나 발견된다.[37, 38, 39, 40]

혈연관계가 없는 개체들끼리 서로 돕는 행동의 대부분은 호혜주의 이론으로 설명할 수 있다. 그런데 서로를 도와주는 행위가 서로 다른 시간 또는 공간에서 진행된다면 속임수가 생길 가능성이 있다. 두 사람이 금을 찾기 위해 각자 바위를 하나씩 뒤집는다면 둘 중 한

명이 금을 몰래 주머니에 넣어버릴 수도 있다. 이떤 사람이 동료가 헛간을 짓는 일을 도와줄 경우 나중에 자기 헛간을 지을 때 도움을 받을 수도 있고 받지 못할 수도 있다. 속임수를 방지할 방법이 있다면 호혜적 행동은 둘 다에게 도움이 된다.

호혜주의 이론은 오랜 역사를 지니고 있지만, 생물학에서 사회적 행동을 설명하기 위해 호혜주의라는 개념이 중요하게 사용된 것은 19/1년 생물학자 로버트 트리버스Robert Trivers가 '죄수의 딜레마prisoner's dilemma'에 관한 논문을 발표하면서부터다.[41] 죄수의 딜레마 게임은 사람들이 호의에 보답할 경우와 보답하지 않을 경우에 관해 연구하기에 좋은 방법이다. 죄수의 딜레마라는 이름은 함께 범죄를 저지른 두 사람이 경찰에게 따로따로 취조를 당하는 상황에서 따왔다. 경찰은 두 사람에게 각각 "당신이 범행을 먼저 자백하면(동료를 배반할 경우) 낮은 형량을 받게 되지만 만약 상대방이 먼저 자백하면 당신은 중형을 선고받게 될 것"이라고 통보한다. 만약 상대가 자백할 위험을 무릅쓰고 둘 다 자백을 하지 않으면(둘 다 의리를 지킬 경우) 둘 다 낮은 형량을 받기 때문에 둘 다에게 가장 유리하다. 이 게임은 컴퓨터 모델로도 제작됐고 실제 사람들과 함께 해볼 수 있는 게임으로도 제작됐다. 사람들이 호의를 교환하는 방식에 관한 연구도 수백 편에 달한다. 내 친구이자 동료인 사회과학자 로버트 액설로드Robert Axelrod는《협동의 진화 The Evolution of Cooperation》라는 명저에서 그 연구들을 자세히 분석했다.[42, 43]

죄수의 딜레마 게임을 여러 번 잇달아 할 때 가장 좋은 전략은 이전 게임에서 상대가 했던 행동을 그대로 따라 하는 '팃포탯tit for tat'이다. 팃포탯 전략은 협력자(자백하지 않을 사람)와 짝을 이룰 때 가장 혜택이 크지만 설사 상대가 배신을 하더라도 내가 일방적으로 당하지는 않도록 해준다. 일반적으로 죄수의 딜레마 게임에서는 두 사람이 한참 동안 협력하다가, 그다음에는 서로를 끈질기게 배반하는 사태가 벌어진다. 이는 우리의 인간관계에서 발견되는 양상과 일치한다.[44, 45, 46] 두 사람이 얻는 이익의 합은 두 사람이 지속적으로 협력할 때 최대치에 이른다(아래 표에서 당신과 상대 모두가 3점을 얻는 경우). 하지만 한 사람이 배반했는데 상대가 의리를 지킬 경우 배반한 사람은 5점을 얻는다.

만약 호의를 주고받는 과정에서 반복적으로 발생하는 상황들이 적합도에 영향을 끼친다면 자연선택 과정에서 그런 상황들에 대처하기 위한 감정이 형성됐을 것이다. 실제로 감정들은 그렇게 만들어졌다.[47, 48, 49, 50] 협동을 반복적으로 경험하면서 생겨난 감정이 신뢰와 우정이다. 관대한 행동은 고마운 마음을 불러일으킨다. 배반을

호혜적 관계에서 상황에 대처하기 위해 형성된 감정들[51]

인간관계에서 상황에 의해 유발되는 감정들	상대가 협력할 경우	상대가 자백할 경우
당신이 협력할 경우	(각자 3점씩) 우정 신뢰	(당신은 0점, 상대는 5점) 의심(자백 이전) 분노(자백 이후)
당신이 자백할 경우	(당신은 5점, 상대는 0점) 불안(자백 이전) 죄책감(자백 이후)	(각자 1점씩) 혐오 회피

예측할 때는 의심이 솟아나고, 배반을 실제로 경험하면 분노가 일어난다. 상대를 배반하려는 유혹은 불안을 낳고, 배반은 죄책감을 불러일으킨다. 불안과 죄책감은 성급한 이기적 행동을 억제한다.

당신이 약속에 위배되는 어떤 행동을 하고 싶은 유혹을 느낀다면 불안이 솟아나 성급한 이기적 행동을 억눌러준다. 당신이 친구를 공항에 태워다준다면 당신은 지각을 하겠지만, 만약 예전에 그 친구가 당신을 태워다준 적이 있다면 당신도 그 일을 해야 한다. 만약 당신이 친구를 태워다주지 않는다면 죄책감이 생겨나 사과를 하게 될 것이고, 신뢰를 다시 쌓기 위해서는 모종의 보상이 필요하다. 아니면 당신은 친구가 당신에게 베풀었던 호의를 낮게 평가하려고 애쓸지도 모른다. 대부분의 다툼은 누가 기대에 어긋나는 행동을 했느냐를 두고 일어난다.

현실 속의 사회적 삶은 훨씬 복잡하지만, 앞에 나온 간단한 표는 사회생활에서 느끼는 여러 가지 감정의 기원과 효용을 이해하는 데 유용하다.[52] 분노는 상대에게 내가 당신의 배반을 인지했으며, 나와의 관계를 계속 유지하고 나의 악의적인 복수를 피하려면 사과와 보상을 하라는 신호를 보낸다.[53] 자신이 상대와의 관계를 끝낼 수 없다고 느끼는 사람들은 분노를 쉽게 표출하지 못하고 수동공격형 행동을 하거나 시무룩한 태도를 취해서 협력하지 않고 만성적인 갈등을 유발한다. 대부분의 신경증적 질환이나 부부관계 문제의 중심에는 그런 상황들이 있다. 심리학자 티모시 케틀라 Timothy Ketelaar와 마티 헤이즐턴 Martie Haselton이 이 이론을 더 발전시켰지만,[54, 55, 56] 이 이론을 임상치료에 적용하는 방법은 아직 개발되지 않았다.

뭔가가 빠졌다

친족선택, 상호이익, 호혜주의라는 개념으로 사회적 행동을 설명하게 된 것은 우리 시대의 위대한 과학적 발견이다. 이 개념들을 합치면 거의 모든 협동을 설명할 수 있다.[57, 58, 59, 60, 61, 62, 63] 하지만 이 개념들로 설명하지 못하는 협동도 있다. 아무도 모르는 작은 실수때문에 죄책감을 느끼며 며칠 동안 밤잠을 이루지 못하는 사람은 설명되지 않는다. 사랑하는 사람을 위해 큰 희생을 감수하는 경우도 설명되지 않는다. 자신이 죽으리라는 것을 알면서 집단을 지키기 위해 싸우는 행위도 설명되지 않는다. 반사회적인격장애자sociopath(소시오패스)가 한 명인 데 비해 남을 불쾌하게 하지 않으려고 끊임없이 걱정하는 사람이 열 명이나 있는 이유도 설명되지 않는다. 친사회적 성향이 아주 강한 사람을 설명하려면 친족선택, 상호이익, 호혜주의 같은 개념으로는 부족하다. 이런 사람들을 설명할 수 있게된다면 학문적으로도 큰 성과지만 사회 진보에도 기여할 것이다.[64, 65, 66, 67, 68, 69, 70, 71, 72, 73, 74, 75, 76, 77, 78, 79, 80] 해법의 열쇠는 다른 이타주의자들과 선택적으로 교류하는 이타주의자들이 임의의 사람들과 호의를 주고받는 사람들보다 많은 혜택을 얻는다는 사실을 인식하는 데 있다.

가장 단순한 메커니즘은 지리적으로 가깝다는 것이다. 이타주의자들의 후손들은 다른 이타주의자들과 가까운 곳에 살 가능성이 높다. 이것은 박테리아의 세계에서도 성립하는 진리다. 빠르게 분열하는 박테리아는 가까운 친척들에게 둘러싸여 사는 것이 일반적이다.

그래서 박테리아가 공통의 이익에 기여할 때, 예컨대 숙주세포를 소화하는 물질을 생산하는 데 자원을 할당할 때 그 박테리아 자신의 유전자에게도 혜택이 돌아간다.[81, 82]

사람들은 여러 가지 방법으로 좋은 짝을 찾고 관계를 유지한다. 못된 사람을 피하다 보면 착한 사람들과 더 많은 시간을 보내게 된다. 최선이 아닌 관계들을 끝내면 이타주의자들과 선택적으로 관계를 맺게 된다.[83] 당신은 뒷담화에서 믿을 수 있는 사람이 누구인가에 관한 귀중한 정보를 얻는다.[84] 인사채용 위원회에서 지원자들의 정보를 몇 시간 동안 확인하는 데는 다 이유가 있다. 이처럼 이타주의자들끼리 선택적 연계를 맺는 모델도 때때로 집단선택이라고 불리는데, 바로 그 때문에 혼란이 발생한다. 생물학자 스튜어트 웨스트Stuart West는 다음과 같이 빈정거리기도 했다. "대안은 그 모델들을 최대한 단순하게 설명하는 것이다. 이타적 유전자들이 비우연적으로 집합한 모델들."[85]

인류학자 로버트 보이드Robert Boyd와 피터 리처슨Peter Richerson이 개발한 '문화적 집단선택' 이론은 심오한 협동과 강력한 이타주의에 관해 주된 설명을 제공한다.[86] 집단을 위해 희생하는 문화적 규범을 가진 집단은 다른 집단들보다 빠르게 성장한다. 규범을 따르는 개인들에게 혜택을 주면서 집단에 유리한 행동을 하는 형질이 선택되도록 한다. 개인들은 속임수를 쓰는 사람을 처벌하는 방법으로 집단을 이롭게 할 수도 있지만, 대개는 협동을 잘하는 사람들에게 보상을 제공하는 편이 더 효과적이고 위험도 적다. 최근에 리처슨은 동료 연구자들과 함께 문화적 집단선택의 힘을 보여주는 광범위한 증거를 검토한 결과를 논문으로 발표했다.[87] 논문은 설득력이 있지만, 그 저자들은 집단선택, 상호주의, 친족선택, 호혜주의 같은 개념으로 설명할 수 없는 이타적인 행동들은 모두 문화적 집단선택으로 설명해야 한다고 주장했다. 하지만 협동하는 능력이 선택되는 방법은 적어도 두 가지가 더 있다. 헌신과 사회선택이다.[88]

헌신

헌신은 단순히 배우자에게 충실한 것만을 의미하지 않는다. 게임이론Game Theory에서는 나중에 보상을 받는다는 보장이 없거나 그런 기대를 가질 수 없는 상황에서 보이는 이타적인 행동을 헌신으로 설명한다.[89, 90, 91, 92] 게임이론의 핵심 원리는 조금 역설적이다. 당신이 미래에 자신에게는 이익이 되지 않는 어떤 행동들을 하겠다고 다른 사람들에게 약속하면 당신은 그 사람들의 행동에 강력한 영향력을 행사할 수 있다. 아플 때나 건강할 때나 그 사람과 함께하겠다고 약속하면 그런 약속을 하지 않을 경우보다 더 좋은 짝과 관계를 공고히 할 수 있고, 나중에 당신이 아플 때도 도움을 받으리라는 희망이 생긴다. 상대가 공격하면 핵으로 보복하겠다는 위협은 매우 비이성적이지만, 만약 상대가 위협을 진심으로 받아들인다면 그 위협은 강력한 힘이 된다. 이러한 상호확증파괴mutually assured destruction로 지금까지는 전쟁을 예방할 수 있었지만, 약속 전략은 불안정하기 때문에 우리가 알고 있는 문명이 끝장날 가능성은 언제든지 있다.

헌신을 토대로 하는 관계들은 호혜주의를 토대로 하는 관계들보다 가치가 높다. 진화심리학자인 존 투비John Tooby와 레다 코스미데스Leda Cosmides는 이른바 '은행가의 역설banker's paradox'에 관해 심오한 글을 썼다.[93] 은행가들은 오직 호혜주의에 근거해서 사업을 한다. 그들은 당신이 담보를 가지고 있을 때는 기쁜 마음으로 돈을 빌려주지만, 당신이 가진 것이 없어서 진짜로 자금이 필요할 때는 당신의 말을 듣지도 않는다.

헌신에 기초한 관계들은 도움이 절실히 필요한 사람에게 도움을 제공한다. 도움이 절실히 필요할 때는 도움의 대가로 줄 것이 없다. 문제는 미래의 어떤 상황에 당신이 자신에게 이익이 되지 않는 어떤 일을 할 것이라고 남들을 설득하는 것이다. 이와 관련된 또 하나의 난제는 당신이 다른 사람에게 의무를 강제할 방법이 없는데도 나중에 그들이 당신을 도와줄 것이라고 스스로를 설득하는 것이다. 해결책은 이기적이지 않은 행동을 계속하면서 당신의 책임감을 보여주는 것이다. 손꼽아 기다리던 스포츠 경기 관람을 포기하고 집에서 감기에 걸린 아내를 간호해준다거나 예정대로 휴가를 떠나기 위해 중요한 프레젠테이션을 취소한다. 이런 행동은 처음에는 상대를 조종하려는 것이었을지도 모르지만 부지불식간에 장기적인 헌신으로 바뀐다.

이런 전략들이 모두 장밋빛 사랑으로 가득한 것은 아니다. 보호해줄 테니 돈을 내놓으라는 조직폭력배의 요구는 헌신 전략을 이용하는 것이다. 그들은 레스토랑에 불을 지르기를 원하지는 않지만 자신들이 그처럼 비이성적인 행동도 서슴지 않으리라는 것을 가게 주인들에게 납득시키기 위해 때때로 그런 행동을 해야 한다. 이렇게 헌신은 협동에 관한 다른 이론들이 설명하지 못하는 행동을 설명해준다.[94]

구성원들에게 상당한 희생을 요구하는 폐쇄된 집단들은 헌신 전략을 더 안전하게 변형한다. 이런 집단에서는 특별한 이타적인 행동도 가능해진다. 종교단체들은 종종 입회를 허락하기 전에 장시간의 공부와 희생을 요구한다. 그런 집단들은 자기의 이익을 위해서가 아니라 순수한 책임감과 도덕적 책무에서 우러나는 봉사의 중요성을 강조한다. 만약 당신이 어느 교회의 지도자에게 아플 때 도움을 받기 위해 교회에 나가겠다고 말한다면 그 지도자는 당신에게 신앙에 대해 잘못 알고 있다며 신도들은 무엇을 얻기 위해서가 아니라 진심에서 우러나 서로를 돕는다고 말할 것이다. 역설적인 것은 책임감에서 비롯된 봉사를 하는 사람들이 협상을 통해 직접적인 계약을 체결하는 사람들보다 자신에게 필요한 도움을 더 많이 받는다는 것이다.

사회심리학자들은 감정적 헌신에 기초하는 '공동체적 관계'와 교환에 기초하는 '도구적 관계'를 반대 개념으로 본다.[95] 영리한 연구자들은 친구끼리 호의를 교환하는 방식에 주목해서 실험을 고안했다. 피험자들은 자신의 행동이 뭔가를 얻으려는 노력으로 비춰지는 것에 반대하거나 항의했다. 그들은 친구들의 행동과 자신의 행동이 둘 다 애정과 헌신에서 비롯되는 것으로 생각하고 싶어했다.

나는 배우자 사이의 자원 거래를 분석하는 부부상담 기법을 배우면서 공동체적 관계에서 이뤄지는 교환을 분석하는 것이 위험하다는 것을 깨달았다. 나는 부부에게 각자가 관계에 기여하는 바를 목록으로 작성하도록 한 다음, 누가 어떤 기여를 할지를 구체적으로 명시한 새로운 계약을 체결하도록 했다. 그 상담치료를 받은 부부들은 사이가 더 좋아졌지만, 내가 보기에 그건 그 부부들이 '이 초짜 정신과 의사는 진짜 결혼생활이 어떻게 이뤄지는지 전혀 몰라'라는 합의에 도달했기 때문인 것 같았다.

심리치료사와 내담자의 관계는 도움의 대가로 치료비를 내기 때문에 도구적 관계에 해당한다. 하지만 심리치료사와 내담자의 관계에서도 헌신의 감정이 생겨나며, 이는 치료의 성공에 결정적인 역할을 한다. 그래서 치료사와 내담자 사이에 적절한 거리를 유지하려고 애쓰면 항상 긴장이 생겨난다. 나는 공식적 호칭을 쓰느냐 비공식적 호칭을 쓰느냐를 보면 그 관계가 감정적 헌신에 기초한 것인지 도구적 교환에 기초한 것인지를 판별할 수 있지 않을까 생각한다. 나는 환자들에게 나를 '닥터 네스'라고 불러달라고 부탁한다.

사회선택

어떤 행동은 헌신으로 설명할 수 있지만, 여전히 설명되지 않는 것도 있다. 우리의 유전체에는 진정으로 도덕적인 행동을 하려는 경향이 끈질기게 남아 있다. 어느 매력적인 젊은 여성은 지붕에서 떨어져 영구적 뇌 손상을 입고 중증 장애인이 된 남편을 정성껏 간호한다. 어떤 사람은 평생 동안 사심 없이 다른 사람을 돌본다. 굶주린 사람들에게 식량을 지원하거나 집을 지어주거나 학생들을 가르치는 자원봉사 활동을 하면서 만족을 느끼는 사람도 많다. 어떤 사람은 동물을 사육하는 방식에 문제가 있다고 생각해서 윤리적 항의의 의미로 고기를 먹지 않는다. 그리고 수많은 사람이 플라스틱 용기가 재활용되기를 바라며 그 용기를 잘 씻어서 버리는 추가비용을 지불한다. 도덕적 행동은 어디에나 있다.

도덕성을 발휘하려면 자기에게 이로운 것이 무엇인지 따지지 않고 규칙을 따라야 한다. 도덕적 행동을 한다고 해서 이익이 돌아온다는 보장은 없다. 다만 도덕적 행동은 감정적인 만족을 줄 수 있다. 이를테면 옳은 일을 했다는 자부심을 느끼게 해준다. 그러면 자부심은 어디에서 오는가? 또 도덕적 행동은 비용이 많이 든다. 자연선택으로 형성된 것 중에 이렇게 비용이 많이 드는 것이 또 있을까? 공작의 꼬리가 있지……. 이런 식으로 생각을 이어가던 나는 이론생물학자 메리 제인 웨스트에버하드Mary Jane West-Eberhard의 '사회선택'에 관한 논문을 거듭 떠올렸다.[96, 97]

웨스트에버하드는 인간의 도덕적 행동과 탁월한 사회적 민감성을 설명하는 데 도움이 되는 해결책을 발견한 것 같다. 개인들은 자기가 구할 수 있는 최고의 짝을 선택하며, 짝으로서 선호도가 높아지는 데 필요한 행동을 하는 사람들은 상당한 이익을 얻는다. 공작의 꼬리처럼 겉보기에는 화려하지만 비용이 많이 드는 형질은 섹스 상대로서 선호될 때의 이득 때문에 진화한 것이다. 만약 진화심리학자인 제프리 밀러Geoffrey Miller가 주장한 대로 사람들이 이타적인 섹스 상대를 선호한다면 그것은 이타주의가 선택되는 직접적인 이유가 된다.[98] 웨스트에버하드는 성적인 선택이 사회선택의 하위 범주라는 점을 지적했다. 또 사교 상대로 인기가 많은 개인들은 자신에게 허락되는 최고의 짝을 차지하기 때문에 이득을 얻는다고 주장했다.

사회선택은 분야마다 다른 의미로 사용되기 때문에 이상적인 용어는 아니다. 내가 설명하고 있는 개념은 '배우자 선택partner choice'에 더 가깝지만, 배우자를 선택하는 것은 이야기의 일부일 뿐이다. 짝을 거절하거나 짝에게 보복하는 행동도 중요한 의미를 지니기 때문이다.[99, 100] 인간이 선한 행동을 할 수 있게 된 과정을 진화적으로 표현하자면 '배우자에 대한 선택과 거절'이다. 친구들을 잘 도와주는 마음 넓은 사람들은 사교 상대로 선호된다. 따라서 최고의 짝을 얻고, 그 결과 적합도 면에서도 유리해진다.[101] 이 과정은 인간이 특별히 협동을 잘하고 문화를 창조할 줄 아는 존재가 되는 데 결정적인 역할을 했을 것이다.[102]

대부분의 종에게 친척이 아니면서 친밀한 사교 상대는 존재하지 않거나 아니면 거의 항상 대체 가능한 존재다. 아마 인류의 조상들도 처음에는 그렇게 살다가 수십만 년 전쯤 어떤 결정적인 시기를 맞이했을 것이다. 그 시점부터는 아주 유능하고 마음씨 좋은 짝을 하나만 선택하는 것이 유리해졌다. 그리고 가장 좋은 짝과 관계를 맺는 행위가 이득이 됐기 때문에 선량하고 의리 있는 형질이 선택됐다. 웨스트에버하드는 사회선택 과정이 가속 단계에 들어서고부터는 어떤 특징을 가진 배우자에 대한 선호가 생겨나 그 특징을 가진 개인들이 유리해지고, 배우자를 신중하게 선택하는 개인들이 훨씬 더 유리해졌다고 설명한다. 그 결과 형성된 친사회적인 형질들은 공작의 꼬리만큼이나 찬란하고 비용이 많이 든다.

사회심리학자들은 '경쟁적 이타주의competitive altruism'의 증거를 발견했다.[103, 104] 사람들은 사심 없는 이타성을 증명하기 위해 막대한 시간과 비용을 들인다. 냉소주의자들은 버니 매도프Bernie Madoff 같은 사기꾼도 자선단체에 기부를 했다는 예를 들면서 이런 행동은 다 교활한 책략이라고 말한다. 하지만 세상에는 진짜 이타성도 있다. 때때로 사람들은 보상을 받으리라는 어떤 기대도 없고 자신이 좋은 사람이 된다는 자부심과 운 좋으면 더 나은 배우자를 만날지도 모른다는 희망밖에 없는 상황에서두 지정한 이타적 행동을 한다. 이런 사람들을 두고 나눔에 인색한 사람들이 자신의 평판을 보호하기 위해 공격한다는 증거가 최근에 제시됐다.[105]

저명한 인류학자 세라 허디Sarah Hrdy는 이 모든 이타적인 행동은 엄마들이 아기들을 돌보기 위해 협력하면서 시작됐을 가능성이 있다고 주장했다.[106] 인간의 엄마는 10년 동안 침팬지 엄마보다 두 배 많은 아기를 돌볼 수 있는데, 그 이유는 인간의 엄마들이 식량을 더 많이 채집해서가 아니라 협동 네트워크를 이루기 때문이다. 또 서로 돕고 자원을 제공하기 때문에 침팬지보다 훨씬 짧은 간격으로 자손을 낳을 수 있다.

다른 몇몇 분야에서도 유사한 견해들이 여러 가지 이름을 달고 등장했다. 데이비드 슬론 윌슨David Sloan Wilson은 협동이 가능해진 과정을 '특성-집단 모델trait-group model'로 설명했다.[107] 경제학과 생물학에서는 피터 해머스타인Peter Hammerstein과 로널드 노이Ronald Noë를 비롯한 여러 학자가 배우자 선택의 역할을 연구하고 심화시켰다.[108] 심지어는 배우자 선택과 유사한 개념으로 식물의 뿌리와 뿌리혹박테리아의 공생을 설명하기도 한다.[109, 110] 뿌리혹박테리아는 공기 중의 질소를 포획해서 식물이 흡수 가능한 화합물로 만들어주고, 식물은 박테리아의 성장에 필요한 영양분을 공급한다. 질소고정(박테리아 등에 의해 질소가 화합물로 바뀌는 현상-옮긴이)을 하지 않고 식물의 영양분만 얻으려고 하는 뿌리혹은 저절로 떨어진다. 박테리아에게 영양을 나눠주지 않고 질소고정만 원하는 식물은 박테리아에게 거절낭하는 것이다. 배우자 선택과 거절이라는 과정을 통해 협동이 강제되는 셈이다.

꽃은 선택받기 위한 경쟁 비용을 시각적으로 보여준다. 꽃은 잎과 뿌리, 씨앗에 쓸 수도 있을 귀중한 칼로리를 사용해가며 큼직하고 알록달록하게 피어나고, 향기를 풍기며, 달콤한 꿀과 꽃가루를 만든다. 꽃가루 매개자에게 선택받기 위해 경쟁해야 하므로 비용을 많이 들이는 것이다.

사회선택 모델은 마음씨 좋은 개인들이 이기적인 선택을 통해 채택되는 과정을 설명한다. 가장 많은 것을 제공하는 개인들이 가장 좋은 짝을 선택하고, 따라서 자동적으로 집단 내에서 가장 마음씨 좋은 개인들의 적합도가 높아진다. 이러한 과정은 애덤 스미스Adam Smith의 '보이지 않는 손'과 비슷하다.[111] 보이지 않는 손이란 상품 거래에 관여하는 생산자와 소비자들이 각자 자신에게 이익이 되는 선택을 하면 모두를 위해 가장 적은 비용으로 더 많은 상품을 생산하는 경제가 만들어진다는 것이다. 이기적인 배우자 선택은 도덕적 욕구와 진정한 도덕적 행동을 가능케 하는 생물학적 여건을 형성했고, 그 여건 속에서 사람들로 이뤄진 사회집단이 진정한 협동을 할 수 있게 됐다.

좋은 이론이 다 그렇듯이 사회선택도 완전히 새로운 개념은 아니다. 다윈이 책을 쓰기 200년 전에 영국의 철학자 토머스 홉스_{Thomas Hobbes}는 제3의 자연법_{Third Law of Nature}이라는 개념을 주장하며 약속 위반을 옹호하는 바보들의 운명을 다음과 같이 묘사했다. "신약_{Covenants}을 맺었으면 이행해야 한다."

> 그 바보는 '정의_{Justice}' 따위는 존재하지 않는다고 진심을 담아 이야기 했다. 그리고 (…) 모든 사람은 [자기가 원하는 일이면 무엇이든] 하지 않을 이유가 없다. 따라서 신약을 맺을 수도 있고 맺지 않을 수도 있다. 신약을 지킬 수도 있고 지키지 않을 수도 있다. (…) 이와 같은 추론을 바탕으로 '성공한 악'은 '미덕'이라는 이름을 얻었다. (…) [그러나 그]는 그럼으로써 신약을 깨뜨리게 되며 (…) 어떤 사회에도 받아들여질 수가 없다. 평화와 안보를 위해 만들어진 사회라는 집단에서 그런 사람을 받아들이는 실수를 한다면 (…) 홀로 남겨지거나 사회에서 추방당할 경우 그는 죽고 만다.
>
> _토머스 홉스, 《리바이어던_{Leviathan}》, 1651[112]

그런 바보들은 지금도 많다. 이기적인 유전자는 이기적인 사람을 만든다는 생각 때문에 그런 바보들은 더 대담해진다. 그리고 그런 바보들이 존재할 수 있는 것은 익명성이 허용되고 이 집단에서 저 집단으로 옮겨다닐 수 있는 대중사회의 특징 때문이다.

사람들은 많은 자원을 가진 배우자를 선호한다. 그래서 최상의 배우자를 얻기 위해 자신의 선량함과 함께 자원을 과시한다. 여기서도 극단적인 모습이 눈에 띈다. 인류학자들은 포틀래치_{potlatch}(본래는 북아메리카 인디언들이 특별한 경우에 여는 화려한 축하연을 가리킨다 - 옮긴이) 의식을 부유한 개인들이 그 정도의 귀중한 재산을 없애는 손실은 감수할 수 있음을 증명하는 행동으로 설명한다. 이처럼 남에게 보여주기 위한 소비는 경제의 동력으로 작용한다.[113] 예컨대 고급스러운 자동차와 명품 운동화는 값싼 차와 저렴한 운동화보다 품질이 월등히 좋지는 않지만 비싼 제품이기 때문에 부를 솔직하게 보여주는 신호가 된다. 300평짜리 집은 구석구석 다 활용하기가 어렵지만 그 집의 주인과 비슷한 수준의 과시적 소비가 가능한 다른 사람들과 연결고리를 만들어준다.

일상생활에 초점을 맞춰보자. 모든 사람은 중요한 사람이 되기를 바란다. 자기만의 특별한 공헌과 전문지식을 인정받기를 바란다. 그래서 모든 영역에서 경쟁이 벌어진다. 스포츠에서는 공공연하게, 음악과 연극에서는 그보다 조금 덜 치열하게 경쟁이 벌어진다. 탐조는 평등한 활동처럼 보이지만 실제로 희귀 조류를 관찰하는 사람들의 이야기를 들어보면 전혀 그렇지 않다. 모형 기차에 열광하는 사람들 역시 대법원 변호사들 못지않은 열정으로 자신의 전문지식을 과시한다. 누구도 그런 욕구를 억제하지 못한다. 모든 취미는 경쟁으로 바뀐다. 이런 경쟁은 삶을 멋지고 흥미진진한 것으로 만들고, 거의 모든 사람에게 의미와 직업과 연대의식을 제공한다.

나는 세라 허디와 함께 야생 칠면조 무리를 바라보며 즐거운 아침시간을 보낸 적이 있다. 칠면조 수컷들은 몇 걸음 걷더니 커다란 꼬리를 활짝 펼쳤다. 그러고는 몇 걸음 더 걷고 다시 꼬리를 펼쳤다. 아름다운 광경이었지만 어리석어 보이기도 했다. 인간도 수컷 칠면조들과 비슷하게 과시적인 행동을 하면서 하루하루를 보낸다. 단순히 애인에게 잘 보이기 위해서만이 아니라 자신이 사교활동 상대로 괜찮은 사람이라는 것을 보여주려고 한다. 남들에게 좋은 인상을 주고 남들을 기쁘게 하려는 인류의 끊임없는 노력은 삶을 풍요롭고 재미있게, 나아가 의미와 사랑이 가득한 것으로 만든다.

사회불안과 자존감

사회선택은 정신장애를 이해하는 데도 중요한 함의를 지닌다. 내가 처음 환자를 치료하기 시작했을 때 대부분의 환자는 남들이 자기를 어떻게 생각하는지에 대해 덜 민감해지고 싶어했다. 그것은 1970년 대의 시대정신이기도 했다. "나는 괜찮은 사람이야. 너도 괜찮은 사람이지. 갑갑한 사회적 제약을 벗어던지고 우리가 행복해지는 길로 가자." 당시에는 획일성을 탈피하는 것이 훌륭한 목표처럼 보였다. 나는 환자들이 그 목표를 달성하도록 해주려고 최선을 다했지만, 성공률은 절반 정도밖에 안 됐다.

배우자 선택이 인간관계에 끼치는 영향을 이해하고 나서야 나는 사회불안이 흔한 증상인 이유를 서서히 깨달았다. 우리는 남들이 우리의 자원과 능력과 성격에 대해 어떻게 생각하는지에 신경을 많이 쓰도록 진화했다. 이것이 바로 자존감이다. 우리는 남들이 우리를 얼마나 가치 있는 존재로 평가하는지를 항상 의식한다. 낮은 자존감은 다른 사람들의 기분을 맞추기 위해 더 열심히 노력해야 한다는 신호다.[114, 115] 하지만 남들에게 잘 보이기 위한 노력은 지위를 얻기 위한 경쟁과 종종 충돌하기 때문에 갈등이 생기곤 한다. 정신과 치료실에서는 그런 이야기를 흔히 들을 수 있다.

누구와 결혼할 것인가, 누구 밑에서 일할 것인가, 누구를 고용할 것인가, 사교모임에 누구를 받아들일 것인가 등 인생에서 중요한 모든 결정에는 신중한 분석이 필요하다. 우리는 진실하고, 협동을 잘하고, 선량하며, 자원을 많이 가지고 있고, 우리 자신과 우리의 집단을 위해 열심히 일할 사람을 선택하려고 한다. 그렇게 선택된 사람들이 얻는 이득은 인간이 다른 어느 종보다도 협동 성향이 강한 이유를 설명하는 단서가 된다. 그런 이득 덕분에 대다수 사람들에게 삶은 견딜 만한 것이 되고, 좋고 멋진 것이 되기도 한다.

하지만 어떤 사람은 진심인 것처럼 약속을 해놓고 원하는 것을 얻자마자 얼굴을 싹 바꾼다. 또 어떤 사람은 죄책감이나 사회불안에 관한 설명을 듣고도 그게 무슨 뜻인지를 이해하지 못한다. 색맹인 사람이 '초록'이라는 시각 경험을 확실히 알지 못하는 것처럼. '반사회적인격장애자'로 불리는 이들은 죄책감이나 불안과 같은 부정적인 감정에 별다른 영향을 받지 않으며 거리낌 없이 조작과 사기, 거짓말을 일삼고 남을 이용한다. 서투른 사기꾼이라면 사교집단에서 배제되게 마련이고, 때로는 교도소에 수감될 것이다. 하지만 겉으로 잘 드러나지 않는 반사회적인격장애를 가진 사람은 자신의 기술을 이용해 다른 사람들을 착취하고 이용한다.

반사회적인격장애는 유전성이 높지만 좀처럼 사라지지 않는 질병이다. 진화심리학자 린다 밀리Linda Mealey가 발표한 논문은 이용당하기 쉬운 협력적인 성향의 사람들이 다수인 집단에서 속임수를 쓰는 유전적 경향이 더 자주 발견되지만, 속임수를 쓰는 사람이 다수인 집단에서는 오히려 그런 경향이 감소한다고 주장한다. 협력적 성향과 속임수를 쓰는 성향이 만나면 사기꾼과 협력자의 비율이 일정하게 유지되는 쪽으로 안정화된다는 것이다.[116] 나는 이 주장이 설득력 있다고 생각한 적이 한 번도 없다. 진짜 반사회적인격장애자들은 소규모 집단에서 추방당하거나 죽음을 당한다.[117] 그리고 이들 중 다수는 경미한 뇌 손상의 징후를 나타낸다.[118] 하지만 밀리의 이론이 도발적인 것은 사실이다. 사람들이 나쁜 평판만 남기고 다른 집단으로 이동하는 일이 가능해진 대중사회에서 이 이론은 더욱 매력적이다.

반사회적인격장애자들이 위험한 이유는 사람들을 이용하기 때문이기도 하지만 신뢰를 갉아먹기 때문이다. 배신을 당한 경험은 사람을 바꿔놓는다. 부모에게 배신을 당하면 평생 동안 모든 사람을 불신하게 되고, 그로 인해 깊은 인간관계를 맺지 못할 수도 있다. 내가 정신과 의사로 일하면서 만난 환자들 중 몇몇은 장기간의 치료가 끝날 무렵 나에게 불쑥 "전에는 그 누구도 진짜로 신뢰한 적이 없었다"라고 말했다. 그런 말은 단순한 고마움의 표시에 그치지 않고 치료의 성공에 반드시 필요한 요소가 무엇인지를 보여준다. 사람들은 신뢰할 수 있는 관계를 경험하고 자신에게 단점이 있는데도 인정받는 경험을 하고 나면 자신이 어떻게 바뀔 수 있고 어떤 인간관계를 맺을 수 있는지를 그려보게 된다. 그러면 자기를 보호하고 방어하려던 행동을 바꿀 용기를 얻는다. 새로운 관계에 마음을 열고 새롭게 도전할 힘과 기회를 얻는다. 단기 치료로는 그에 필적하는 효과를 얻을 수 없다. 자신에 대한 믿음과 다른 사람에 대한 믿음을 변화시키려면 장기적이고 진실한 인간관계를 맺어야 한다.

대부분의 사람들에게 부모, 형제자매, 배우자 관계의 본질은 진심 어린 애정이다. 이 진심 어린 애정은 친구들에게로 확장되며 때로는 개와 고양이에게 특별히 강렬하게 표현된다.[119] 우리가 반려동물에게 애정을 기울이는 것은 그 동물들이 우리를 사랑하기 때문이다. 개와 고양이는 수천 년 동안 사회선택을 거치며 반려동물로 길러졌으니 당연히 사람을 잘 따른다. 사람들의 사랑을 받는 반려동물이 먹이와 거처와 번식 기회를 더 많이 얻었기 때문이다. 몇백 세대가 지난 지금, 반려동물은 우리가 높이 평가하는 가치들을 정확하게 구현한다. 사람을 좋아하고 충성스럽고 정이 많고 귀엽고 주인의 명령에 복종한다. 적어도 개들은 그렇다. 가끔 환자들은 아버지 또는 어머니가 자기보다 집에서 키우던 개를 더 사랑했다고 말하곤 한다. 한동안 나는 그런 말을 들을 때마다 그 아버지나 어머니가 정말 형편없는 부모였다는 뜻으로 받아들였다. 하지만 나중에는 인류가 가장 선호하는 짝이 되도록 길러진 종에 속하는 특별한 짝과 부모의 관계가 그만큼 깊다는 걸 보여주기도 한다고 생각하게 됐다.

인간도 다른 인간들의 선택에 의해 길들여진 존재다.[120, 121, 122, 123] 우리는 진실하고 신뢰할 수 있고 친절하고 너그럽고 되도록 부유하고 힘센 배우자와 친구를 선택한다. 이런 자질들을 특별히 많이 가진 사람은 비슷한 자질을 가진 배우자를 얻어 상호이익을 실현한다. 이 과정은 스튜어트 웨스트가 제시한 "이타적 유전자의 선택조합"을 만들어낸다. 웨스트는 자연선택 과정에서 인간이 이타성을 지니는 데 이타적 유전자의 선택조합이 핵심 역할을 했다고 본다.[124] 인간의 이타성은 우리에게 이득을 주지만 비용도 치르게 만든다. 사회불안과 남들의 시선에 대한 끊임없는 걱정은 우리가 깊이 있는 관계를 위해 지불하는 비용이다. 그런데 슬픔을 느끼는 능력은 또 다른 문제다.

슬픔

나는 슬픔이 유용할 수도 있다는 생각은 항상 하고 있었지만, 대규모 연구 프로젝트를 시작하기 전까지는 그 문제를 깊이 생각해본 적이 없었다. 미시간대학교 사회조사연구소에서 새로운 직책을 맡아 연구소 소장을 만났을 때의 일이다. 소장은 어떤 프로젝트를 수행하면 나의 연구를 진전시킬 수 있겠느냐고 물었다. 아주 비현실적인 것이라도 무엇이든 말해보라고 했다. 나는 우울한 기분이 어디에 필요한지 알아보고 싶다고 대답하고, 가장 좋은 연구 방법은 슬픔을 잘 느끼지 못하는 사람들을 찾아서 그들의 삶에 어떤 문제가 있는지 알아보는 것이라고 말했다. 사람들이 사랑하는 사람을 떠나보내기 전과 후를 다 분석해야 하므로 그런 연구는 불가능할 것이라는 말도 덧붙였다.

연구소장은 잠시 침묵을 지키면서 놀랍다는 표정으로 나를 바라봤다. "사별에 관한 세계 최대 규모의 '전향적 연구prospective study'(조사내용이 개시 시점 이후인 경우를 가리킨다─옮긴이)가 이미 완결됐고, 그자료가 컴퓨터에 저장되어 분석을 위해 대기하고 있고, 조사를 수행한 연구자들은 모두 다른 장소와 다른 프로젝트로 이동했다면 어떻게 하겠소?" 나는 믿을 수 없는 특혜와 기회가 찾아왔음을 직감했다. 그리고 앞으로 몇 년 동안 그 데이터를 분석하는 데 힘을 쏟아야 한다는 사실도 알아차렸다.

소장은 나에게 저명한 사회학자 제임스 하우스James House를 찾아가라고 했다. 하우스는 그 프로젝트의 설계 과정에 참여했던 사회학자였다. 하우스에 따르면 '노년 부부의 삶의 변화Changing Lives of Older Couples, CLOC'라는 제목의 그 프로젝트는 은퇴 연령에 도달한 부부 수천 쌍을 무작위로 추출해 연구했으며, 연구자들은 다양한 변수를 측정하기 위해 몇 시간씩 면담을 진행했다. 면담을 끝낸 연구자들은 매달 부고 기사를 확인했다. 연구 대상자들 중 한 명이 사망하면 연구자들은 배우자를 잃은 사람에게 연락해 우울, 건강 상태, 사회생활과 육체적 기능 수행 등 모든 측면을 포괄하는 면담을 요청했다. 이 후속 면담은 사별을 경험한 지 6개월 뒤, 18개월 뒤 그리고 48개월 뒤에 각각 진행됐다.

그 데이터는 노다지와 같았다. 사별에 관한 연구 프로젝트는 대부분 배우자를 잃은 사람에게 그전에 건강과 인간관계가 어땠는지를 기억나는 대로 말해달라고 부탁하는 형식인데, 기억은 부정확하고 사별이라는 사건의 영향을 받기 때문에 그런 데이터는 신뢰도가 떨어진다. '노년 부부의 삶의 변화' 프로젝트는 사별 전부터 사람들을 깊이 있게 파악했다는 점에서 달랐다.[125]

그로부터 3년 동안 연구팀을 만들고 연구비를 확보해서 그 데이터를 분석했다. 슬픔에 관한 연구를 평생의 과업으로 삼고 있던 다른 학자들도 있었는데, 그중에서도 가장 우수한 심리학자인 카밀 워트먼Camille Wortman과 조지 보내노George Bonanno가 기꺼이 프로젝트에 참여해 귀중한 지침을 제공했다. 젊은 사회학자인 데보라 카Deborah Carr는 니의 동료로서 연구에 참여했다. 카의 노력과 전문지식은 프로젝트가 성공하는 데 크게 기여했다.

그 프로젝트에서 발견된 사실들에 우리는 놀라움을 금치 못했다. 예컨대 정신과 의사들은 대부분 '지연된 애도delayed grief'가 흔한 현상이고 나중에 문제가 발생할 전조라고 생각한다. 하지만 연구 대상자들 중에 초기에 큰 슬픔을 느끼지 않다가 나중에 강렬한 슬픔을 경험한 사람은 거의 없었다. 보편적으로 사별의 슬픔에서 회복되려면 슬픈 감정을 인정해야 하며 '애도 작업grief work'을 회피할 경우 나중에 문제가 생긴다고 생각하는데, 그런 사례 역시 발견하지 못했다. 또 우리는 갑작스러운 사별이 더 큰 슬픔을 부를 것이라고 추측했는데, 그것 역시 사실이 아니었다.[126]

그 프로젝트의 가장 의미 있는 발견들 중 하나는 내가 임상수련을 했던 내용과 달랐다. 내가 배운 바에 따르면 사별 후의 강렬한 슬픔 또는 오래 지속되는 슬픔은 일반적으로 사망한 사람에 대한 양가감정 때문이다. 이런 가정은 사랑하는 사람이 먼저 세상을 떠났을 때 그 사람에 대한 무의식적인 분노가 자신을 향하고 그것이 우울증으로 나타난다는 프로이트의 견해를 토대로 한다. 나 역시 배우자와 사별하고 우울증에 걸린 환자들이 무의식적인 분노와 대면하도록 해주려고 오랜 시간 동안 공을 들였다. 그래서 우리의 데이터에 그 이론을 뒷받침하는 근거가 전혀 없다는 것은 충격적인 일이었다. 오히려 배우자와 사별하기 전에 양가감정을 가지고 있었던 사람들은 일반적인 경우에 비해 슬픔을 덜 느꼈다. 미국의 만화 캐릭터인 호머 심슨이었다면 "이런 Duh!"이라고 말했을 것이다. 어떤 사람이 배우자와 사별한 뒤에 우울증에 걸릴지 안 걸릴지를 가장 잘 예측하는 지표는 충분히 예상 가능한 것이었다. 바로 '사별 이전의 우울증 병력 유무'였다.

내가 표적집단으로 삼았던 '슬픔을 잘 느끼지 못한다고 답한 사람들'은 어땠을까? 그런 사람들은 꽤 많긴 했지만 다른 인간관계, 건강, 삶 속의 갖가지 문제에 대한 대처 능력 측면에서는 다른 사람들과 별 차이가 없었다. 슬픔을 덜 느끼는 사람들에게 심각한 문제가 있을 것이라는 나의 가설은 틀렸다. 하지만 그 사람들 개개인의 기록을 깊이 들여다보니 내가 오래전에 배웠던 진리를 다시금 확인할 수 있었다. "사람들은 매우 주관적이다." 배우자와 사별하고 6개월 뒤에 면담했을 때 슬픔의 증상이 없다고 대답한 사람들 중 몇몇은 사별하고 18개월이 지난 시점의 면담에서 사별 직후에 강렬한 슬픔을 경험했다고 말했다. 어떤 사람들은 그 반대였다. 그들은 18개월 뒤의 면담에서는 지금까지 슬픔을 느낀 적이 없다고 말했지만, 6개월 뒤의 면담에서는 여러 가지 증상을 고백했다. 사람은 이렇게 주관적인 존재다.

사별 후의 비통함은 워낙 불행하고 비극적이어서 대체 그런 감정이 왜 존재하는가라는 의문이 생길 수밖에 없다. 가능성 있는 답변은 두 가지다. 비통한 감정은 깊이 있는 관계의 바탕이 되는 메커니즘의 불필요한 부작용이거나, 다른 어떤 것을 잃었을 때 슬픔이 제공하는 이득과 비슷한 것을 제공하는 특수한 형태의 슬픔이라는 것이다.

이 질문의 답을 찾으려고 노력한 연구자는 별로 없다. 영국의 심리학자 존 아처John Archer는 슬픔이 사랑의 비용이라고 주장하는 매력적인 책을 집필했다.[127] 아처의 주장에 따르면 슬픔 자체는 효용이 없지만 친밀한 유대관계가 의미 있는 것이 되려면 사별 뒤의 고통은 반드시 필요하다. 그의 견해를 빌리면 비통한 감정은 자연선택의 불행한 부작용이다. 자연선택은 큰 고통을 유발하지 않고 사랑하는 관계의 이득만 줄 수가 없었기 때문이다.

내가 보기에 아처의 주장은 타당성이 부족하다. 사별을 겪고 슬퍼하는 사람의 고통, 무기력, 에너지 부족은 절망적인 수준이다. 진화 과정에서 인간이 사랑하는 사람을 잃을 때마다 그토록 극심한 고통을 겪지 않고도 따뜻하고 친밀하고 안정적인 관계를 맺는 방법을 찾을 수는 없었을까. 몇 달, 몇 년 동안 잠을 제대로 못 자고, 식욕도 떨어지고, 희망을 잃고, 의욕이 저하된다는 것은 큰 타격이다. 사별을 경험한 사람들 중 7퍼센트는 복잡한 슬픔 때문에 몇 년 동안 일을 제대로 하지 못한다.[128, 129, 130] 그것이 자연선택이 없애지 못한 단순한 부작용이라면 정말로 어리석고 끔찍하기 그지없다. 만약 슬픔을 없애주는 약이 발견된다면 우리는 그 약을 사용해야 할까? 이 질문에 답하려면 슬픔이 과연 유용한 감정인가, 슬픔에는 어떤 효용이 있는가를 알아내야 한다. 그리고 그것을 알아내기 위해서는 슬픔이 존재하는 이유를 이해해야 한다.

일반적으로 슬픔은 너무 늦게 찾아오기 때문에 도움이 되기가 어렵다. 사랑하는 사람은 이미 떠났으니까. 하지만 사별은 유사 이래 수없이 되풀이된 상황이고, 슬픔은 사별이라는 상황에 대처하기 위해 형성된 감정이다.[131] 그런데 그게 어떻게 도움이 된다는 말인가?

잠시 당신의 아이들 중 하나가 바다에서 거센 파도에 휩쓸리는 광경을 목격하는 끔찍한 상황을 상상해보라. 당신은 점심식사를 계속할 것인가? 당연히 아니다. 맨 먼저 당신은 누군가가 아이를 도와줄 수 있도록 큰 소리로 외친다. 그러고는 다른 아이들을 모두 물 밖으로 나오게 한 다음 잃어버린 아이를 구하기 위해 직접 물에 뛰어들 것이다. 당신이 위험해질 수도 있고 이미 늦었을지도 모른다는 것을 알면서도. 만약 당신이 합리적으로 생각해서 바다에 뛰어들지 않았거나 운 좋게 무사히 해변으로 돌아왔다면, 슬픔은 어떻게 했어야 이런 일이 일어나지 않았을까에 관해 끝없는 반추를 촉발한다. 그런 반추는 다른 아이들에게 앞으로 똑같은 일이 생기지 않도록 하는 데 도움이 된다. 당신의 울음소리는 도움이 필요하다는 신호를 보내고 다른 사람들에게 위험을 경고한다.

아이가 암이나 폐렴으로 사망한 경우라면, 당신이 어떻게 했어야 아이를 살릴 수 있었을지 계속 생각하는 것은 별로 생산적이지 않다. 하지만 누군가를 탓하는 것이 인간의 본성이기 때문에 당신은 그런 생각을 거듭하면서 스스로를 탓하고 의사를 탓하고 아이의 죽음에 관련된 모든 사람을 탓한다. 이런 감정을 계기로 '음주운전에 반대하는 엄마들Mothers Against Drunk Driving'과 같은 훌륭한 운동이 만들어지기도 한다. 모든 공동체에는 사랑받았던 구성원을 앗아간 것과 동일한 질병이나 사고를 방지하는 일에 헌신하는 조직이 있다.

원시시대의 조상들이 살던 환경에서는 사랑하는 사람들이 거처를 떠났다가 알 수 없는 이유로 돌아오지 않는 일이 많았을 것이다. 그리고 그 사람들을 수색하는 작업이 아주 중요했을 것이다. 누군가를 잃으면 정신적으로 집착하게 되고 그 사람과 연관된 단서들을 감지하기에 적합한 '수색 이미지search image'를 만들어낸다. 누군가를 잃고 나서 슬픔에 빠진 사람들은 몇 주가 지나 종종 그 실종된 사람의 환영을 보거나 환청을 듣는다. 아주 작은 소리나 풍경을 그 사람의 목소리 또는 모습으로 오해하기도 한다. 그런 경험은 때로 '소망 성취wish fulfillment'(프로이트는 환각을 이용해서 소망을 성취하는 능력을 인간 정신의 본질적인 특성으로 파악했다-옮긴이)로 해석된다. 하지만 더 개연성 있는 해석은 그런 환상이나 환각이 실종된 사람을 쉽게 찾도록 해주는 수색 이미지의 산물이라는 것이다. 이런 시스템 속의 거짓 경보는 정상적이고 유용한 것이며, 우리에게 유령이라는 형태로 경험된다.

사랑하는 사람을 잃은 날짜에 나타나는 반응들 역시 매우 흔하고 흥미롭다. 사람들은 간혹 딱히 이유가 없는 슬픔을 느끼는데, 곰곰이 생각해보면 그날이 사랑하는 사람을 떠나보낸 날과 같은 날짜인 경우가 있다. 나는 특정한 날짜에 일어나는 반응이 보편적인 적응의 산물이라고 생각하지 않는다. 하지만 원시시대에는 기회나 위험이 계절의 변화에 따라 일정한 간격으로 찾아오는 경우가 많았다. 그래서 우리 역시 과수원에서 잘 익은 사과 냄새를 맡기만 해도 오래전 가을날의 생생한 기억을 떠올리곤 한다.

10장

억압과 왜곡,
때로는 나를 모르는 게 약이다

만약…… 동물의 소통에 속임수가 반드시 필요하다면 속임수를 감지하는 능력이 선택되는 경향이 뚜렷하게 나타날 것이며, 그럴 경우 어느 정도의 자기기만도 선택될 것이다.

— 로버트 트리버스, 《이기적 유전자》 서문 중에서

너무 많은 분별은 광기일지도 모른다. 그리고 가장 정신 나간 짓은 삶을 이상적인 것으로 바라보지 않고 있는 그대로 바라보는 것이다!

— 뮤지컬 〈맨 오브 라만차〉 속 세르반테스 대사

동물행동학회Animal Behavior Society에서는 과학자들이 모여 동물들이 특정 행동을 하는 이유를 탐구한다. 이 단체는 적합도를 최대치로 만드는 행동을 지시하는 뇌가 자연선택에 의해 어떻게 형성되었는지도 연구한다. 나는 그것이 정신과 의사에게 반드시 필요한 지식이라 생각했으므로 그 협회가 개최하는 연례 학술대회에 참석했다. 하지만 새로운 아이디어를 얻어오리라는 기대와 달리 나는 그곳에서 전혀 예상하지 못한 일을 겪었다. 연례 만찬 도중에 앞으로 오랫동안 진화적 관점에서 정신역동을 이해하기 위한 연구를 해야겠다고 마음먹게 된 것이다.

학술대회 첫날 오전 순서 중에 동물에게 의식이 있는지 없는지를 논하는 심포지엄이 있었다. 다른 심포지엄에서는 동물의 세계에서 새끼 때부터 거친 환경을 경험한 개체들이 높은 위험을 감수하는 동물로 자라고 번식을 더 일찍 시작하는 이유를 탐구했다. 자신의 수명이 짧을 것으로 예상한다면 번식을 일찍 하려고 필사적으로 노력하게 된다는 것이었다. 이처럼 단순한 가설을 듣는 순간 나는 어린 시절에 학대를 당하고 나서 겁 없는 성인으로 자란 환자들이 생각났다. 이른바 '빠른 생활사 대 느린 생활사 이론fast life history vs slow life history'(어떤 동물들은 빨리 성장하고 빨리 번식한 뒤 일찍 죽고, 어떤 동물은 느리게 성장하고 느리게 번식하며 장수하는 현상이 몸 크기와 관련이 있다는 이론 – 옮긴이)에 관한 연구들은 진화적 행동 연구의 중요한 갈래로 발전했다.[1, 2, 3]

점심시간에 나와 같은 테이블에 앉은 과학자들은 정신과 의사가 동물 행동에 진지한 관심을 보이는 것을 좋게 평가했지만 항우울제인 프로작에 관한 농담을 많이 했다. 그러던 중 한 과학자가 놀라운 말을 꺼냈다. "선생이 정신과 의사라고 하시니 무의식이 어떤 역할을 하는지 아시겠군요. 무의식은 우리가 자신의 동기를 알지 못하게 해서 남을 잘 속이게 해주는 거죠?" 나는 그 견해를 처음 제시한 생물학자 리처드 알렉산더와 로버트 트리버스와의 대화에서 그런 얘기를 들어보긴 했지만, 널리 인정받는 견해는 아니라고 대답했다. 그 테이블에 있던 사람 몇몇은 동물의 세계에 속임수가 얼마나 많은지 사례를 들면서 반론을 펼쳤다. 보호색이나 얼룩무늬 등으로 위장한 나비, 포식자들을 둥지에서 멀리 떨어지게 하려고 다친 척하는 새들, 다른 종 암컷 반딧불이의 번쩍이는 빛을 흉내 내면서 그 종의 수컷을 꾀어 잡아먹는 반딧불이.[4, 5] 과학자들은 동물들의 모든 의사소통 체계에는 기만이 존재하며, 더 교묘한 속임수들과 속임수를 효과적으로 감지하는 전략들이 점점 치열하게 군비경쟁을 벌이고 있다고 설명했다. 그들의 그럴싸한 주장은 분명 인간관계에도 적용되는 측면이 있었다.

다음 날 연회에서 나는 다른 과학자들과 함께 앉았다. 대화는 사람들이 협동의 진화적 기원을 이해하면 어울려 살아가는 데 도움이 된다는 이야기로 흘러갔다. 몇 분간 토론한 뒤에 누군가가 말했다.

"하지만 우리 모두 본질적으로는 이기적인 존재 아닌가요? 다만 무의식 덕분에 자신의 동기를 본인과 다른 사람들에게 들키지 않을 뿐이지요." 똑같은 주장이 또 나왔다! 내 머릿속에서 뭔가가 꿈틀거렸다. '동물행동학을 연구하는 학자들은 우리가 뭔가를 무의식 속에 감추는 능력이 자연선택에 의해 형성됐고 그 덕분에 우리가 남을 더 잘 속인다고 확신하고 있다. 그렇다면 나도 한번 알아볼 필요가 있겠어. 그 가설이 옳다면 정신역동의 근거를 생물학에서 찾아야 할지도 몰라. 그게 틀린 가설이라면 기만은 인간관계에 해를 끼칠 가능성이 있는 영리한 밈meme(비유전적 문화 요소)이겠지.'

미시간대학교의 생물학 교수인 리처드 알렉산더는 1975년에 발표한 논문에서 다음과 같이 썼다. "이기적인 동기들이 인간 의식의 일부가 되는 것, 아니 이기적인 동기가 쉽게 용납되는 것을 의식하지 못하는 방향으로 선택이 진행됐을 것이다."[6] 이런 견해는 1976년 로버트 트리버스가《이기적 유전자》서문에 수록해서 주목을 받았다. 다음은 트리버스가 쓴 글의 일부다. "속임수를 잘 간파하는 형질에 대한 강력한 선택이 이뤄지고, 그 결과 일정 정도의 자기기만이 선택되어 어떤 사실과 동기들을 무의식으로 만들어 드러나지 않게 했을 것이다. 속임수 훈련은 자기인식이라는 모호한 신호를 통해 이뤄졌다."[7]

트리버스는 그 뒤로도 몇 편의 논문과 책을 써서 자기기만이 진화한 덕분에 우리가 남을 속이기가 더 쉬워졌다고 주장했다.[8]

하지만 트리버스와 알렉산더는 정신분석학에 대해서는 잘 알지 못했다. 정신분석학은 우리의 행동이 무의식적 관념, 감정, 동기의 영향을 받는다는 것과 강력한 방어기제 때문에 어떤 것들은 우리의 의식 바깥에 남는다는 관찰에 근거한다. 정신분석이란 이러한 방어를 우회함으로써 지금까지 억압에 의해 숨겨져 있던 것들을 드러내고 자기기만을 줄이려는 전략이다. 정신분석학자 하인츠 하르트만 Heinz Hartmann 은 이를 다음과 같이 표현했다. "사실 정신분석학의 상당부분은 자기기만의 이론이라 해도 과언이 아니다."[9]

프로이트에게 영감을 불어넣은 억압의 증거는 다른 방법으로 설명이 불가능한 증상들에서 나왔다. 나 역시 정신과 의사로 일하면서 억압의 사례를 자주 목격했다. 한번은 신경과 의사들이 나에게 3개월 동안 오른팔을 움직이지 못하는 중년 여성을 진찰해달라고 요청했다. 전조증상도 없고 신경학적인 원인도 없는데 갑자기 오른팔이 마비됐기 때문에 신경과에서는 정신적인 원인이 있을 거라고 짐작했다. 내가 그 환자를 만났을 때 그녀의 오른팔은 무릎 위에 축 늘어져 있었다. 신경학적 검사에 따르면 그 환자는 오른쪽 어깨를 약간 치켜올릴 수는 있었지만 오른팔이나 손가락은 움직이지 못했다. 반사 작용은 정상이었다. 피부를 건드리거나 콕 찌를 때의 감각도 정상이었다. 팔 근육은 조금밖에 감소하지 않았고, 근육경련이나 근육수축도 없었다.

최근에 스트레스를 받은 일이 있었느냐고 물었더니 그 환자는 이렇게 대답했다. "그런 건 없었어요. 팔이 마비돼서 아무것도 할 수 없는 게 스트레스긴 하죠." 환자는 집안일과 최근에 고등학교에 입학한 두 아이를 돌보는 일을 대부분 도맡아 한다고 했다. 남편에 관한 질문을 던졌더니 이렇게 대답했다. "남들이랑 똑같아요. 남자들은 다 그렇잖아요. 선생님도 아시겠지만." 환자는 자세한 이야기를 하지 않으려 했지만 간접적으로 자기 남편이 바람을 피우고 있으며 자신의 팔이 마비됐는데도 무심하게 반응한다고 이야기했다. 그리고 그 이야기를 끝내자마자 이렇게 덧붙였다. "하지만 저는 이 마비된 팔을 고치러 병원에 온 거지 남편 이야기를 하러 온 게 아닌데요." 별로 생산적이지 못했던 문진을 마무리하면서 내가 물었다. "만약 팔이 기적처럼 치유된다면 그 팔로 무엇을 하시겠어요?" 그러자 한가득 감정이 북받쳐오르는 듯했다. 놀랍게도 그녀는 주먹 쥔 오른손을 어깨 높이까지 들어올렸다가 세차게 내리면서 말했다. "그 몹쓸 인간의 등을 칼로 찔러버릴 거예요!" 내가 소리쳤다. "방금 팔을 들어올리셨어요!" 그러자 환자가 대답했다. "아니에요. 오른팔은 마비된걸요."

이 여자 환자 말고도 동료 의사들은 설명하기 어려운 증상을 나타내는 환자들을 봐달라고 나에게 종종 부탁했다. 근무시간에 기절을 해서 응급실에 세 번이나 실려왔다는 교사 환자를 봐달라고 부탁한 적도 있었다. 그 환자는 중년의 독신 여성으로 자주 기절하는 것 외에는 건강 문제가 없고 우울증과 불안증세도 없다고 주장했다. 30분이 지났는데도 뭐가 문제인지 감조차 잡지 못한 나는 환자에게 맨 처음 기절한 장소와 시간을 정확히 알려달라고 부탁했다.

"점심식사 후 교사 휴게실에서 나가려던 순간에 처음으로 기절했어요." 나는 휴게실에서 나가다가 무슨 일이 있었느냐고 물었다. 의미심장한 침묵이 흘렀다. 환자의 목소리가 조금 달라져 있었다. "사람들이 구급차를 불렀고, 누가 나를 그 차에 실어준 것 같아요." 누가 도와줬는지 기억하느냐고 물었더니, 환자는 좀 이상하다는 표정을 짓고 나서 대답했다. "밥이었던 것 같아요." 나는 그녀가 기절을 했던 다른 상황에 대해서도 질문을 던졌다. 환자는 단순한 우연이었다고 강조하면서 매번 밥이 자신을 붙잡아줬다고 대답했다. 나는 밥이라는 사람에 관해 더 이야기해보라고 부탁했다. 그녀는 밥이 인기가 많고 매력적이며 사람들을 잘 도와준다고 말했다. "아주 친절한 남자예요."

며칠 후 두 번째 상담을 받으러 온 교사 환자는 지난번 상담에서 자신이 1년 동안 밥에게 홀딱 반해 있었던 이야기를 빼먹었다고 말했다. 그녀는 자신이 밥을 좋아했던 것이 몇 차례의 기절과는 무관하다고 강조하면서도 밥이 세 번이나 자신을 팔에 안아 구급차까지 데려다준 이야기를 했다. 평생 동안 남자 사귀는 일에 관심이 없었다고도 강력하게 주장했다.

어떤 남자 환자는 몇 달 전부터 긴장과 초조감에 시달리고 잠을 못 이뤄서 우리 병동으로 옮겨졌다. 가족 중에 경미한 불안장애를 앓은 사람들이 있긴 했지만 그에게 증상이 나타난 것은 최근의 일이었다. 나는 스트레스를 받았거나 생활이 크게 바뀐 일이 있었는지 물었다. 그는 아무것도 달라진 것이 없고, 직장에서도 일이 잘되고, 한두 달 있으면 아내가 둘째 아이를 낳을 거라고 대답했다. 아내의 임신 때문에 스트레스를 받는지 물으니 아니라고 대답했다. 그러고는 자신이 교회에 깊이 관여하고 있다면서 신앙과 교회 일이 얼마나 중요한가를 역설했다. 교회에서 어떤 일을 하는지 물었더니 그는 자신이 설립한 포르노그래피 반대 단체 이야기를 들려줬다. 다른 몇몇

교인과 함께 동네 상점 주인들을 찾아다니면서 포르노 잡지를 취급하지 말도록 설득한다고 했다. 그 단체를 설립하고 1개월 정도 뒤에 불안증세가 처음 나타났다고도 덧붙였다. 그 무렵에 다른 일은 없었는지 묻자 그가 대답했다. "아니요. 동네에 이런저런 변화가 있긴 했지만 나쁜 일은 없었어요." 어떤 변화가 있었는지 이야기해달라고 했더니 그는 이혼한 여자 하나가 옆집으로 이사 온 이야기를 했다. 이삿짐이 든 상자를 그녀의 집 안으로 들여놓는 일을 도와줬다고 했다. 잠시 침묵하던 그가 말을 이었다. "그 여자는 좀 이상한 것 같기도 해요." 내가 물었다. "어떻게요?"

"그게요, 그 여자가 저한테 집 안에 들어와서 술을 한잔하고 가라고 권하더군요. 제가 술을 안 마신다고 했더니 이따 저녁에 다시 와달라는 거예요. 그건 경우에 맞지 않는 말이잖아요." 당신도 짐작했을지 모르지만 그녀가 옆집으로 이사한 날짜는 그의 불안증세가 시작된 시점과 겹친다.

억압과 방어기제는 실재한다

흔히들 억압은 몹시 충격적인 기억들을 의식에서 삭제하는 것이라고 생각한다. 프로이트도 원래는 그렇게 주장했지만, 논쟁의 여지가 있고 현대적 관점에는 잘 맞지 않는 주장이다.[10] 프로이트 본인도 실제로 어떤 것들이 억압의 대상이 되는지를 관찰하고 나서 자신의 견해를 수정했다. 억압의 대상이 되는 것의 절대다수는 사회적으로 용납되지 않는 소망, 기억, 욕구, 감정, 충동이다. 남편을 살해하고 싶은 충동, 기혼자인 동료 교사와 사랑에 빠진 일, 옆집의 매력적인 이혼녀에게 유혹당하고 느꼈던 흥분.

억압이 실제로 존재한다는 근거는 충분한데도 많은 사람이 억압의 실재를 부정한다. 어떤 사람은 억압을 억압한다. 내가 처음 정신과 의사가 됐을 무렵에는 정신분석학 이론이 주류였다. 거의 모든 큰 병원의 정신과 과장은 정신분석학자였다. 그들은 이제 모두 신경과학자로 대체됐다. 아니, 대체라기보다는 추방이 더 정확한 표현이다. 정신분석학은 조롱당하고 있으며 학계의 정신의학자들은 현장에서 정신분석학을 수행하는 사람들을 멸시한다. 심지어 지금의 나처럼 정신분석학의 어떤 내용은 가치가 있다는 말만 해도 위험해질 수 있다.

정신분석학의 주장들을 조롱거리로 삼기 좋다는 것은 쉽게 확인할 수 있다. 나는 어느 정신분석학 학술지에 실린 논문 한 편을 읽고 정신분석학자들 중에는 어수룩한 사람들도 있다는 생각을 했다. 그 논문은 내성발톱의 상징적인 의미에 관한 악의 없는 패러디로 작성된 것이었다. 그런데 아뿔싸, 사람들은 그 논문을 진지하게 받아들였고 그 논문의 주장을 저자가 의도했던 것보다 크게 왜곡시켰다.

하지만 그런 사례들이 있다고 해서 정신역동 전체를 부정하는 것도 불공평한 일이다. 극단적이고 터무니없는 주장은 어느 분야에서나 찾아볼 수 있다. 학습이론 learning theory(인간 행동의 원천을 학습으로 파악하고 학습 과정을 설명하려는 이론 - 옮긴이)을 주장하는 일부 학자들은 모든 정신장애(정신이상까지도)를 학습으로 설명하고 치료하려고 노력한다. 일부 신경과학자들은 모든 정신장애가 뇌의 어떤 부위에 이상이 생겨서 발생한다고 주장한다. 일부 가족관계 치료사들은 대부분의 정신장애가 가족 내의 역학관계에서 비롯된다고 생각한다. 일부 진화심리학자들은 사람들의 시선이 집중되는 자극적이고 매력적인 주장을 펼친다. 그리고 일부 진화정신의학자들은 정신장애의 적응적 의미에 관해 터무니없는 주장을 펼친다. 모든 관점이 극단으로 치달으면서 물을 흐리고 있다. 그러나 모든 욕조에는 아기가 하나씩 들어 있다(원문은 "There is a baby in every bathtub"이며, 이는 'Don't throw out the baby with the bathwater'라는 영어 속담을 변형한 표현으로 보인다. 이 속담은 '더러운 목욕물을 버리려다 아기까지 같이 버리면 안 된다'는 뜻이다. 저자가 쓴 문장은 '모든 이론에는 취할 점이 있다'는 의미로 해석된다 — 옮긴이). 정신분석학에서 '아기'는 억압의 실재성이다.

억압은 진화론의 가장 난해한 수수께끼를 던진다. 예전부터 나는 "너 자신을 알라"가 실용적 가치를 지니는 격언인 동시에 덕목이라고 생각했다. 다른 사람들과 마찬가지로 나는 내적 현실과 외부 현실을 객관적으로 인식할 때 적합도가 극대화되리라고 가정했다. 하지만 그 연회장에서 내 생각이 지나치게 순진했다는 것을 깨달았다. 객관성이 적합도를 낮출 수도 있을까? 어떻게 이 가설을 검증할 수 있을까?

억압이 어떤 것을 의식에서 차단하는 일은 우리가 음식을 먹는 동안 담낭이 수축하는 것과 같은 일상적인 사건이 아니다. 억압은 강렬한 감정과 욕망을 차단한다. 육체적 욕망, 증오, 질투 같은 감정들은 마음속 깊은 곳에서 번쩍인다. 우리의 마음은 몇 가지 전략을 사용해서 우리가 아무리 노력해도 그런 감정과 욕구들을 의식하지 못하도록 하는데, 정신분석학자들은 그 전략들을 '자아방어기제_{ego defense mechanism}'라고 부른다.

대학생 시절 내가 여름방학 프로그램의 일환으로 정신병원에서 일했을 때의 일이다. 나는 늦은 밤에 운전을 하면서 심리학자 한 명, 다른 학생 두 명과 대화를 나눴다. 우리는 잘 지내기가 힘든 사람들에 관해 이야기를 하고 있었다. 그 기회에 나는 나를 좋아하지 않았던 간호사에 대해 불평했다. 그러자 심리학자와 학생들은 자세히 이야기해보라고 했다. 나는 그 간호사가 모든 일에 대해 자기 의견이 강해 상대를 괴롭히는 유형이고, 특히 젊은 사람들에게 친절하지 않다고 말했다. 사람들은 구체적인 예를 들어보라고 했지만 나는 아무것도 떠올리지 못했다. 내가 그 간호사에 대해 10분쯤 더 불평하고 나자 심리학자가 조용히 말했다. "내가 보기에는 학생이 투사를 하고 있는 것 같아요."

나는 그 말이 무슨 뜻인지 몰랐다. 심리학자가 다시 말했다. "그 간호사가 당신을 비난한다는 증거가 별로 없는데도 당신은 그녀를 엄청 싫어하잖아요. 그러니까 어쩌면 당신이 현실을 인정하지 않고 그녀가 당신을 싫어한다고 생각하고 있는지도 모르죠." 내가 대답했다. "말도 안 됩니다." 그러자 한 학생이 말했다. "아니면 네가 그 간호사한테 관심이 있는 거겠지." 수련을 절반쯤 마쳤을 때 나는 비로소 그들의 말이 옳았다는 사실을 깨달았다. 적어도 그들의 첫 번째 가설은 옳았던 것 같다. 모든 사람은 다른 사람에 대해서나 자신에 대해서나 잘못 알고 있는 부분이 있다.

동물행동학회 학술대회에 다녀와서 나는 인간에게 억압과 방어기제가 있는 이유를 알아보기로 마음먹었다. 억압과 방어기제는 현실을 왜곡한다. 각종 증상을 유발하고 사람들 사이에 갈등을 일으킨다. 이때 사람들에게 과거의 무의식적인 감정을 되찾게 해주는 심리치료가 큰 도움이 된다. 사람들은 정신이 항상 자기 자신에 관해 정확한 지식을 제공한다고 생각할 것이다. 하지만 사실은 아주 적극적으로 유지되는 장애물들이 우리가 의식할 수도 있는 많은 것을 가로막고 있다.

의식 바깥의 메커니즘이 행동을 유도한다는 것은 놀라운 일이 아니다. 박테리아와 나비는 인간의 의식 같은 것이 없어도 잘 지낸다. 인간이 가진 의식의 기원과 기능에 대해서는 수백 년 동안 논쟁이 벌어지고 있다. 이 책에서 그런 논쟁을 다 소개할 필요는 없겠지만, 인간 정신의 내부에 외부세계에 관한 모델을 만들어내는 능력이 때때로 유용하다는 점에는 어느 정도 합의가 이뤄졌다.[11, 12, 13, 14] 이런 내적 모델은 정신적으로 조작할 수 있기 때문에 우리는 실제로 어떤 행동을 하는 위험을 감수하지 않고도 그 결과를 다른 행동의 결과와 비교할 수 있다. 예컨대 당신이 분노를 담아 사직하겠다는 이메일을 쓰고 나서 '전송' 버튼을 누르려는 순간, 미래를 예측하는 능력이 당신을 주저하게 만든다.

더 크고 유능한 뇌가 선택된 것도 사회생활의 과도한 복잡성에 대처하기 위해서다. 인류학자 로빈 던바는 영장류 종들의 뇌 크기가 집단의 규모 및 사회의 복잡성과 상관관계를 지닌다는 사실을 입증했다.[15] 던바의 연구진은 인간이 가진 자원의 대부분은 사회적 자원이며, 사회적 자원을 획득하고 보존하려면 다른 행동의 결과를 머릿속으로 예측할 줄 알아야 한다고 주장한다.[16]

현대사회의 대중매체는 행동의 위험성을 기하급수적으로 높인다. 트위터로 친구 몇 명에게 재미있는 메시지를 보낸답시고 아프리카로 가는 비행기에 오르기 직전에 "나는 백인이니 성병에 걸리진 않을 것 같아"라는 트윗을 날린 여성의 이야기를 들어봤는가?[17] 목적지에 도착해서 스마트폰을 켜자마자 그녀는 자신의 트윗이 일파만파 퍼져나갔고 이제 자신이 일자리를 잃었을 뿐만 아니라 세계적인 조롱거리가 됐다는 사실을 알아차렸다. 우리의 정신이 행동의 결과를 예측하는 데 사용하는 메커니즘은 현대 매체에 대처하기에는 부적합하다.

우리는 '무의식이 왜 존재하느냐'가 아니라 '왜 어떤 사건, 어떤 감정, 어떤 생각, 어떤 충동은 적극적으로 억압당하고 의식의 영역에 들어가지 못하는가'라는 질문을 던져야 한다. 다시 말해 억압과 방어기제가 생겨난 이유는 무엇인가? 넓게 보면 두 가지 답변이 있다. 하나는 억압이 단순히 인지 시스템의 불가피한 한계 때문에 발생한다는 것이다. 또 하나는 자연선택으로 모든 것에 접근이 가능한 시스템을 만들어내지는 못했고, 장애물은 다른 시스템의 불필요한 부산물이라는 것이다. 이런 답변들은 별로 설득력이 없다. 무의식에 저장된 내용은 단순히 접근 불가능한 것이 아니다. 방어기제라는 특화된 메커니즘이 그 내용들을 의식에 도달하지 못하도록 적극적으로 차단하는 것이다.

여기서 잠깐 쉬어가자. 나는 하루 동안 빈둥거리다가 돌아왔다.

마감 날짜가 다가오고 있기 때문에 원래는 억지로라도 글을 써보려고 했다. 그러나 도저히 글을 쓸 수가 없었다. 나 자신에게 그 이유를 물어봤더니 그냥 피곤해서 그렇다는 결론을 얻었다. 그래서 나의 정신이 자유롭게 돌아다니도록 내버려뒀다. 그러자 나의 정신은 내가 정신분석 이론의 어떤 측면이 정확하고 유용하다고 이야기한다는 이유만으로 이 책 전체가 엉터리라고 비판하는 사람들을 떠올렸다. 그게 다가 아니었다. 나는 내가 마치 억압이 실재한다는 것을 모르는 사람은 다 바보인 것처럼 글을 쓰고 있었다는 사실을 깨달았다. 그러고 나니 나의 첫 번째 정신역동 치료 실습을 감독했던 심리학자 로버트 해처Robert Hatcher와 처음 만났을 때의 기억이 떠올랐다. 그때 나는 그를 만나자마자 무의식에 관한 이론들을 믿지 않는다는 말부터 꺼냈다. 해처는 나와 논쟁하지 않고 이렇게만 말했다. "그건 자네가 결정할 일이라네. 하지만 자네 눈으로 직접 보고 판단해야 하니, 환자를 여러 번 만나면서 주의 깊게 듣고 말은 되도록 하지 말게나. 그리고 환자가 하는 말을 빠짐없이 기록하게. 나중에 그 기록을 같이 검토하도록 하지."

누군가가 머릿속에 떠오르는 생각들을 그대로 말할 때 하나의 주제에서 다음 주제로 아무 의미 없이 넘어가는 것처럼 보이는데, 주의 깊게 들어보면 주제들 사이에 나름의 연관성이 있다. 야외 카페에서 커피를 마신 일을 이야기하던 환자가 갑자기 일본인 동료에 관해 이야기한다. 카페 테이블의 유리 상판에 반사된 햇빛을 보고 해 뜨는 풍경을 떠올렸고, 이어서 생각이 일본으로 방향을 틀었던 것이다. 어느 젊은 여자는 자기 아버지가 자신의 축구 시합보다 남동생의 미식축구 경기에 더 관심이 많고 원망하다가 뜬금없이 아버지가 공구를 너무 많이 가지고 있다고 트집을 잡는다. 무의식의 영향이 실재한다는 나의 확신은 이렇게 자유 연상으로 하는 이야기를 장시간 들은 경험에서 비롯됐다.

적응적 무의식에 관한 심리학 연구

방금 말한 것들은 일화에 불과하다. 이 일화들을 통해 나는 인간의 정신에 특정한 정신적 내용물에 대한 접근을 능동적으로 차단하는 메커니즘이 있다고 확신했다. 이를 의심하는 시각도 당연히 있겠지만, 적응적 무의식의 실재성을 기록한 수십 편의 사회심리학 연구로 반박이 가능하다. 그런 연구를 진행한 사회심리학자들은 정신분석학자와 대면한 적도 거의 없었다. 미시간대학교의 정신의학자이자 정신분석학자, 철학자인 린다 브레이클Linda A. W. Brakel은 사회심리학과 정신분석학의 간극을 메우는 작업을 수행했다. 브레이클은 인간의 행동이 대부분 일차과정 사고primary process thinking, 곧 무의식의 합리적 책동으로부터 영향을 받는다는 증거를 재검토했다. 그리고 일차과정 사고로 다윈주의적 적합도가 높아질 수 있다는 결론에 도달했다.[18] 사회심리학자인 티모시 윌슨Timothy Wilson도《나는 내가 낯설다Strangers to Ourselves》라는 훌륭한 책에서 무의식의 처리 과정을 보여주는 실험들을 소개했다.[19]

윌슨이 미시간대학교의 심리학자 리처드 니스벳Richard Nisbett과 함께 수행한 프로젝트는 널리 알려져 있다.[20] 윌슨과 니스벳은 피험자들을 두 집단으로 나누고 양쪽 집단에게 똑같은 영화를 보여줬다. 한쪽 집단은 공기식 드릴이 작동하는 시끄러운 소음 속에서 영화를 관람했고, 다른 집단은 조용한 방에서 영화를 관람했다. 영화가 끝나고 난 뒤 실험 대상자들에게 영화에 평점을 매기는 과정에서 소음의 영향을 받았는지를 물었다. 공기식 드릴 소리를 들었던 사람들은 그 소음 때문에 자신의 평점이 낮아졌으리라고 확신했다. 하지만 데이터를 확인해보니 소음의 영향은 나타나지 않았다. 또 하나의 연구에서는 학생들을 두 집단으로 나누고 각기 다른 인터뷰 장면을 보여줬다. 한 인터뷰 장면에서는 배우가 온화하게 행동했고, 다른 인터뷰 장면에서는 동일한 배우가 냉담하게 행동했다. 온화하게 행동하는 배우를 본 학생들은 그 배우가 멋지고 그의 외국식 악센트도 매력 있다고 평가했다. 배우가 냉담하게 행동하는 장면을 보여준 집단에서는 그 배우가 매력이 없고 악센트가 귀에 거슬린다는 평가가 나왔다. 그런데 이 경우에 냉담한 인터뷰 장면이 마음에 들지 않았던 이유를 물어보니 배우의 외모와 억양 때문이라고 답했다.

존 바그John Bargh의 연구진은 무의식적 사고의 예를 더 많이 제시한다.[21, 22, 23] 사람들은 대개 누구에게 투표할 것인가에 관한 자신의 결정이 신중하게 생각한 결과라고 생각한다. 하지만 여러 편의 연구에 따르면 투표에 관한 대부분의 결정은 후보자의 사진을 보고 1초 만에 내려진다. 당신은 문법 규칙을 하나도 모르더라도 어떤 문장을 보고 문법에 맞는지 아닌지를 판별할 수 있다. 한밤중에 갑자기 깨어나 복잡한 수학문제의 답을 생각해내기도 하고, 소득세 신고서에 중요한 항목 하나를 누락했다는 사실을 문득 깨닫기도 한다.

분할뇌split-brain 연구는 더 극적인 사례를 제공한다. 선구적인 신경과학자 마이클 가자니가Michael Gazzaniga는 난치성 뇌전증을 완화하기 위해 뇌를 좌우로 분할하는 수술을 받은 환자 P.S.를 연구했다.[24] 가자니가는 장비를 조작해서 오른쪽 뇌에는 겨울 풍경 사진을 투사하고 왼쪽 뇌에는 닭의 발톱을 투사했다. 왼쪽 뇌에서 언어 처리 과정이 신행된 덕분에 환자는 닭의 발톱을 묘사할 수 있었다. 하지만 그에게 몇 가지 그림을 보여주고 왼손(뇌의 오른쪽 반구와 연결되는)으로 그중 하나를 고르라고 부탁했더니 그는 눈 치우는 삽을 가리켰다. 그 사진을 선택한 이유를 묻자 환자는 이렇게 대답했다. "닭의 똥을 치우려면 삽이 필요하잖아요." 그는 무의식적으로 겨울 풍경 사진의 영향을 받아서 선택을 해놓고 자신의 선택을 설명하기 위해 이야기를 지어낸 셈이다. 가자니가는 이를 다음과 같이 설명했다. "전달자는 한 사람의 이야기를 들려준다. 그 이야기는 뇌 이곳저곳에 분포하는 각기 다른 시스템 안의 모든 정보를 모아놓은 것이다." 칼 짐머Carl Zimmer의 논문은 가자니가의 발견을 다음과 같이 요약해서 설명한다. "이야기는 현실을 여과 없이 담은 사진처럼 느껴지지만 사실은 황급히 엮어낸 서사에 불과하다.[25] 우리는 의식의 바깥에서 선택을 한 다음 우리의 행동을 설명하기 위해 이야기를 지어낸다.[26]" 윌슨이 자신의 책에 쓴 것처럼, 때때로 우리는 자동차 경주 아케이드 게임을 하면서 비디오로 사전 제작된 화면을 보고 있는데도 자신이 진짜 차를 운전하고 있다고 상상하는 아이들과 다를 바 없다.

수백 편의 연구에 따르면 편견은 무의식적 편향의 영향을 받는다. 그것을 입증하는 방법 중 하나는 여러 인종에 속한 사람들의 사진을 부정적 이미지, 중립적 이미지, 긍정적인 이미지와 짝지어 잠깐씩 보여주는 것이다. 사람들이 자신과 다른 인종 집단에 속한 얼굴들과 부정적인 이미지가 짝지어져 있을 때 몇 배 더 빠르게 반응했다는 결과는 암묵적인 편견의 확실한 증거다.[27, 28] 실험 대상자들은 자신에게 편견이 없다고 항변하지만, 그들에게는 실제로 무의식의 처리 과정을 의식과 분리하는 강력한 메커니즘이 존재한다.

우리가 동기와 감정에 접근할 수 없는 이유

무의식적 인지는 어디에나 있다. 부정이나 투사 같은 정신역동의 방어기제들은 실재할뿐더러 매우 강력하다. 문제는 그런 방어기제들이 선택 이득을 제공하는가 그리고 어떻게 제공하는가다. 대부분의 사람들과 마찬가지로 우리도 처음에는 단 한 가지 해답을 찾아야 한다고 가정했다. 하지만 머지않아 두 가지 설명을 찾아냈고, 지금은 설명이 여러 가지라는 사실을 안다.

알렉산더와 트리버스가 제안한 것처럼 인간이 남을 잘 속이고 조종하기 위해 자연선택으로 무의식이 만들어졌다는 견해가 빠르게 퍼져나간 이유는 그것이 역설적이고 불쾌한 주장이기 때문이다. 알렉산더와 트리버스의 견해는 인간의 지극히 도덕적인 행동도 위장된 이기심으로 보이게 함으로써 '이기적 유전자' 밈을 증폭시킨다. 냉소주의자들이 그런 주장을 좋아하는 이유는 그것이 모든 사람은 이기적이며 도덕적으로 보이는 행동도 다 위선이라는 자신들의 믿음과 일치하기 때문이다. 진화생물학자 마이클 기슬린Michael Ghiselin은 이를 다음과 같이 표현했다. "'이타주의자'에게 상처를 내고 '위선자'가 피 흘리는 광경을 지켜보라."[29] 하지만 어떤 사람은 진정으로 도덕적인 헌신의 가능성을 부정하는 주장을 끔찍이 싫어한다. 나 역시 그랬다.

정신분석과 이타성의 진화에 관해 더 많은 것을 배우며 1년을 보내고 나니 나의 방어기제에도 구멍이 뚫렸다. 마침내 나는 트리버스와 알렉산더가 적어도 부분적으로는 옳다는 것을 인정했다. 때때로 아니, 종종 사람들은 자신에게 이기적인 동기가 있다는 것을 진심으로 강렬하게 부정하는 동시에 이기적인 목표를 추구한다. 때때로 여자들은 남자를 유혹하는 행동을 하고서도 남자가 반응을 보이면 자신에게 그런 의도가 있었다는 말만 듣고도 분개한다. 종종 남자들은 한밤중에 진정 어린 태도로 영원히 변치 않는 사랑을 유창하게 늘어놓지만 다음 날 아침이면 그 사랑은 햇살 속의 안개처럼 증발해버린다. 특히 섹스에 관한 일에서 사람들은 때때로 남을 더 잘 속이기 위해 자신을 기만한다.

남을 속여서 이익을 얻을 수는 있지만 그것으로 자기기만을 완전히 설명할 수는 없다. 자기기만은 우리가 인간관계를 유지하는 데도 도움이 된다. 일상생활을 하면서 당하는 불가피한 작은 배신 행위들을 우리가 인식하지 못하게 해주기 때문이다.[30] 만약 누군가가 당신과 점심약속을 해놓고 바람을 맞혔는데 그 관계가 다른 면에서 다좋을 경우, 그냥 넘어가는 것이 최선이다. 그러지 않으면 비판적인 사고방식으로 전환해서 전에는 미처 보지 못했던 사소한 사건들에 주목하게 된다. 상대의 작은 결점 하나하나를 민감하게 의식하는 사람들은 편안한 관계를 맺기가 어렵다.

억압에 대한 또 하나의 유력한 가설은 그것이 불편한 생각들을 의식에서 몰아냄으로써 '인지적 붕괴cognitive disruption'를 최소화한다는 것이다. 만약 잠시 후에 강연을 해야 하는 상황이라면, 그날 아침식사 자리에서 배우자가 조만간 진지하게 이야기 좀 하자고 했던 일은 잠깐 잊어버리는 편이 낫다. 주의를 산만하게 하는 사건을 의식에서 지워버리는 일은 아주 흔하다. 그러나 앞서 소개한 오른팔이 마비된 여자 환자와 같은 사례에는 더 강력한 어떤 요인이 있을 것 같다. 그리고 억압은 완벽하지 않다. 인간의 정신은 혀가 입안의 헐은 부위로 자꾸 돌아오는 것처럼 현재 고민하는 문제들로 자꾸만 돌아온다. 때때로 무의식은 놀라운 방법으로 암시를 주기도 한다. 차고에 열쇠를 둔 채 문을 잠가버린다거나 결혼식장에 가는 길을 잊어버리는 것이 그런 암시일 가능성이 있다.

인간 정신의 유한한 처리 능력을 한두 가지 중요한 일에 집중시킬 때의 이점으로 억압을 설명할 수도 있겠지만, 그것으로는 억압이 어떤 일들에 대한 인식 자체를 능동적으로 차단하는 현상을 온전히 설명하지는 못한다. 나는 어떤 욕구들을 의식 밖에 두는 것이 억압의 주된 기능이 아닐까 생각한다. 우리는 원하는 것의 일부밖에 얻을 수가 없다. 가진 것과 원하는 것 사이의 간극은 부러움, 걱정, 분노 그리고 불만족을 유발한다. 결코 채울 수 없는 욕망들을 의식에 들어오지 못하게 하면 정신적 고통을 피할 수 있다. 그리고 가능성

없는 과업을 생각하고 또 생각하는 대신 가능성 있는 과입에 집중할 수 있게 된다. 억압의 더 중요한 기능은 우리가 더 도덕적으로 보이고 실제로 더 도덕적인 사람이 되도록 해준다는 것이다. 사회선택 덕분에 선한 행동은 적합도를 높인다. 억압 덕분에 우리는 선량해 보이기도 쉬워지고 실제로 착하게 행동하기도 쉬워진다.

너무 많은 것을 인지하는 사람들

억압의 효용은 억압이 나타나지 않는 사례를 보면 알 수 있다. 정신이상 환자들은 삽화가 진행되는 동안 다른 사람들은 한 번도 느껴 보지 못한 무의식적인 만족을 경험한다. 그들에게는 성적이고 폭력적이고 무시무시한 환각이 나타난다. 인육을 먹는 환각 이야기를 듣고 있으면 소름이 돋을 지경이다. 하지만 그런 환자들은 인지능력 전반이 망가지는 경험을 하기 때문에 정상적인 억압을 이해하는 데는 큰 도움이 못 된다.

강박장애, OCD는 어떤 목표가 있는 상태에서 억압이 결여된 경우다. OCD 환자는 손을 씻는다거나 문을 잠갔는지 확인하는 것과 같은 한 가지 행동을 계속 반복한다. 단순히 조심성이 많아서가 아니다. 그들은 작은 실수를 하거나 잠깐이라도 기억을 못하면 재앙이 발생해서 다른 사람을 해칠 수도 있다고 걱정한다.[31, 32, 33, 34] 어느 대학원 학생은 저녁에 실험실에서 마지막으로 나갈 때마다 가스 분사 장치를 모두 껐는지 걱정했다. 건물이 폭발하는 환각에 시달리던 그 학생은 퇴근하던 도중에 실험실로 돌아가 가스 분사 장치를 확인하곤 했다. 한 번도 아니고 대여섯 번이나. 또 한 여성은 머리에 사용하는 고데기의 전원을 껐는지 확인하려고 계속 집으로 돌아가는 바람에 직장에 출근하지 못했다. 그녀는 아예 기계의 전원을 뽑아서 서랍에 넣었으면서도 집을 떠나면 고데기가 아직 뜨거운 것은 아닌지 걱정돼서 차를 돌려 다시 집으로 갔다.

한 환자는 대형 슈퍼마켓에서 목이 가느다란 할머니들을 볼 때마다 곤욕을 치른다. 자신이 두 손으로 그 노부인의 목을 잡고 조를 것 같아서 겁이 난다는 것이다. 또 다른 환자는 운전을 하는 동안 자신이 갑자기 옆 차선에서 반대로 오는 차들을 향해 돌진할까 봐 두려워한다. 또 어떤 사람은 자신이 실수로 누군가를 툭 치고 알아차리지 못할까 봐 걱정한다. 어떤 사람은 차를 몰고 똑같은 골목을 돌고 또 돌다가 이따금씩 경찰서에 전화를 걸어 사고 신고가 접수된 것이 없는지 묻는다. 아내와 아이들에게 세균을 옮길까 봐 두려워서 집에 가기 몇 시간 전부터 손을 씻는 외과 의사도 있다.

OCD 환자들은 자신의 무시무시한 상상을 행동으로 옮기지는 않으며, 그들이 걱정하는 끔찍한 결과는 현실이 되지 않는다. 그런데도 그들은 안심하지 못하기 때문에 그 사태를 예방하기 위한 행동을 반복한다. 증상으로 보건대 OCD 환자들은 보통 사람들이 알지 못하는 적대적인 소망을 인지하고 있다고 짐작된다.

OCD는 뇌 손상으로 발병할 수도 있다. OCD를 앓는 사람은 뇌에서 미상핵caudate nucleus이라 불리는 부분이 일반인보다 작고 염증반응 지표가 지나치게 높다.[35, 36, 37] 경미한 OCD 증상을 나타내는 아이들도 뇌의 미상핵이 비정상이다.[38] 미세한 차이라서 진단 기준으로 삼기는 어렵지만 실재하는 현상이다. 더 흥미로운 증거도 있다. 류머티스열이 관절과 심장판막을 손상시키는 것과 비슷하게 연쇄상구균 감염에 대한 자가면역 반응이 미상핵을 손상시킬 수도 있다고 한다.[39, 40]

어떻게 보면 OCD는 피해망상paranoia을 뒤집어놓은 것이다. 피해망상 환자들은 누군가가 자기를 해칠지도 모른다는 비합리적인 공포에 사로잡힌다. 반대로 OCD 환자들은 대부분 자신이 다른 누군가를 해칠지도 모른다는 비합리적인 공포를 지니고 있다.

강박성성격장애obsessive-compulsive personality disorder 환자는 OCD 환자와 많이 다르다.[41] 강박성성격장애는 과도한 객관성과 성실성의 위험을 보여준다. 이 병을 앓는 환자는 규칙을 준수하고 의무를 이행하면서 남들도 똑같이 하기를 기대하는 경향이 있다. 모두가 자기의 높은 기준을 따라야 한다는 기대 때문에 사람들과 멀어지기도 한다. 텅 빈 방에 불을 켜두고 나온 것이 그들에게는 최상위 도덕 규범에 위배되는 행동이다. 그들은 에너지를 낭비하는 악한들에게 불만을 마구 표출하면서 인간관계를 망가뜨린다. 이처럼 극단적인 객관성과 성실성에는 비싼 대가가 따른다. 책임과 작은 실수를 조금 덜 의식하면 삶이 더 나아진다.

어떤 환자는 결정을 내리지 못한다. 한밤중에 응급실에서 어떤 환자가 입원하라는 제안을 받아들일지 말지를 몇 시간 동안 고민한다면 응급실에 큰 문제가 생긴다. 한편으로 어떤 결정을 해놓고 그것을 고수하지 못하는 사람도 문제다. 어떤 여자는 몇 달간 고민한 끝에 BMW가 자신에게 딱 맞는 차라고 확신했는데, BMW를 구입한 지 몇 시간 만에 그건 실수였다고 판단했다. 대부분의 사람들은 사회심리학자들이 '인지부조화cognitive dissonance'라고 부르는 현상 덕분에 이런 식의 양가감정에 빠져들지 않는다.[42, 43] 어떤 결정을 하고 나면 자신의 결정이 현명한 이유와 다른 선택이 그만큼 좋지 못한 이유를 모조리 찾아낸다. 널리 알려진 심리학 실험에서는 사람들에게 머그컵 몇 개를 보여주고 나서 각각의 컵에 적당한 가격을 매겨보라고 한 다음에 그중 하나를 줬다. 자신이 두 번째로 가치 있게 평가한 컵을 받은 사람들은 곧 그 컵이 자신이 첫 번째로 가치 있게 평가한 컵보다 나은 이유를 찾아낸다. 비합리적인 행동이지만, 그런 주관성이 있기에 결정은 과거의 일이 되고 사람들은 다음 일로 넘어갈 수 있다.

이기적 동기를 억제한다는 것

사람들은 이기적 동기와 사회관습에 어긋나는 동기를 억압한다. 프로이트가 처음에 만든 정신적 갈등의 모델은 이런 설명에 부합한다. 프로이트는 무의식이란 사회적으로 용납되지 않아서 초자아superego에게 억제당하는 충동들이 소용돌이치는 가마솥과 같다고 생각했다. 자아는 사회적으로 용납되는 충동들을 허용하고 그렇지 않은 충동들을 억압하면서 중재 역할을 한다. 우리의 환상은 실행 가능한 행동들로 이뤄진 넓은 영역을 가로지르며 방황한다. 불안은 우리가 알지도 못하는 사이에 어떤 길들을 이예 차단한다. 다른 환상들은 유쾌하지만 비현실적인 길을 따라 멀리 나아간다. 한두 개의 길은 늘 열려 있지만, 욕구와 억압 사이에는 항상 긴장이 있다.

프로이트가 다양한 질병의 근원에서 발견한 갈등은 진화적 해석과 직접적으로 연결된다. 사회적 삶에서 가장 중요한 '트레이드오프'는 장기적인 사회적 비용을 치르면서 단기적인 쾌락을 제공하는 행농과 나중에 사회적 혜택을 얻기 위해 당면한 이기적 동기를 억제하는 행동 사이에 위치한다. 예컨대 지금 사회통념에 어긋나는 섹스를 하면 장기적으로 당신의 평판과 인간관계에 불리하게 작용할 것이다. 다른 종들의 경우 행동을 스스로 억제하는 능력이 인간보다 훨씬 떨어진다. 인간은, 적어도 우리 대부분은 대개의 경우에 자신의 충동을 조절할 수 있다. 겉으로 드러냈다가는 사회적 협동과 헌신이 불가능해질 만한 이기적 충동을 숨길 뿐 아니라 억제할 수 있게 도와주는 억압 덕분이다. 이것은 알렉산더와 트리버스가 내놓은 주장의 정반대에 가깝다. 억압은 반사회적 동기들을 남몰래 무의식적으로 추구하게 해주는 것이 아니라 그 동기들을 알지 못하게 해주는 것이다. 그래서 억압은 우리를 도덕적으로 행동할 수 있는 더 나은 사회적 동반자로 만들어준다.

정신장애에 이르는 두 가지 경로를 발견한 유전학 연구는 정신적 갈등의 근원에서 벌어지는 이런 트레이드오프의 두 측면을 뒷받침해준다.[44, 45] 정신장애에 이르는 첫 번째 경로는 내재화internalizing로서 억제, 불안, 자기비난, 신경증, 우울감과 같은 것들이다. 두 번째 경로는 외현화externalizing로서 자신을 억제하지 않고 사회적 갈등과 중독을 일으키기 쉬운 방법으로 자기 이익을 추구하는 것이다. 첫 번째에 해당하는 환자는 사회선택이 지나치게 많이 이뤄진 경우다. 이 환자들은 남들이 원하는 것을 민감하게 알아차리며 남들의 기분을 맞추려고 열심히 노력한다. 두 번째에 해당하는 환자는 자기 이익을 추구하는 경향 때문에 도덕적 토대가 약하고 든든한 사회적 지원을 받지 못한다. 우리 대부분은 이 두 집단 사이의 어딘가에서 이리저리 움직인다.

이와 같은 두 가지 포괄적인 전략은 빠른 생활사 전략 대 느린 생활사 전략과 깊이 연관되어 있다.[46] 이 두 전략은 각각 정신장애와 관련이 있을 것으로 추정된다. 어린 시절에 어려움을 겪은 사람은 장기적 이익의 가치를 낮게 보기 때문에 설사 장기적인 인간관계를 희생시키는 한이 있어도 현재의 기회를 최대한 이용하는 경향이 있다고 한다.[47, 48, 49] 이런 주장은 어린 시절의 고생과 경계성인격장애의 연관성을 설명하는 데 도움이 될지도 모른다.[50]

계몽주의가 오히려 위험하다

억압과 자기 자신에 대한 무지가 유익할 수도 있다는 것은 불쾌한 발상이다. 계몽주의 시대부터 지금까지 진보를 향한 희망은 이성, 사실에 대한 존중 그리고 비판적이고 독립적인 판단과 한 묶음으로 취급됐다.[51] 이러한 사고방식은 흔들리고 있다. 우리가 사실을 부정하고 현실을 왜곡하는 경향이 자연선택으로 형성된 유용한 적응일지도 모른다는 건해가 나왔기 때문이다. 내가 보기에는 억압이 고차원적인 협동을 증진하고 인류 전체에 이로운 행동을 촉진하는 데 기여한다는 주장도 가능하다. 한편으로 무의식적 왜곡은 종족적으로 사고하는 경향을 강화하는 측면이 있는데, 안타깝게도 종족적 사고는 점점 강해지는 추세다.

나는 객관성이 적합도를 극대화한다고 생각하고 싶지만, 인간 집단 안에서의 삶은 집단 구성원들에게 열정적인 충성을 요구한다. 객관적 성향을 지닌 개인들은 낮은 평가를 받고 거절당한다. 스포츠 팬클럽에서는 홈팀의 실력이 형편없다는 말을 꺼내는 경솔한 사람이 아닌 다음에야 이것이 크게 문제되지 않는다. 하지만 신경과학, 정신분석학, 행동치료, 가족관계 치료 그리고, 그렇다, 진화정신의학을 연구하는 집단들도 핵심 도식에만 충실할 것을 고집하곤 한다. 그 핵심 도식에 맞지 않는 발상과 사실들은 무시되고, 반박당하고, 심지어는 억압을 당한다. 다른 견해에 지나치게 객관적으로 접근하거나 동정적인 사람들은 배제된다. 그런 경향은 우리의 유전자에 깊이 새겨져 있고 아마도 유전자에게 유용하겠지만, 여러 분야를 연결해서 진리를 발견하려고 노력하는 사람들에게는 독이 될 수도 있다.

4부

고장 난 행동과
심각한 정신질환들

Good Reasons For
Bad Feelings

11장

나쁜 섹스도 유전자에는
좋을 수 있다?

신은 학습의 장애물 중에 섹스를 가장 교
묘하게 설계했다고 생각한다. 신은 우리에
게 섹스 문제를 다 해결하고 영원한 성적
만족을 얻을 수 있다는 자신감을 불어넣었
다. (…) 실제로 만족이란 없는데도.

– 스콧 펙, 《아직도 가야 할 길》[1]

인간이 할 수 없는 행위를 빼면 부자연스
러운 성행위란 없다.

– 앨프리드 킨제이의 말로 알려져 있음[2]

여기 어마어마한 섹스 판타지가 있다. 눈부시게 아름다운 몸뚱이들이 지나치게 큰 성기를 달고 관능적인 자세를 취하고 있는 평범한 판타지가 아니다. 인간이라는 종의 모든 구성원이 상당히 괜찮은 섹스를 하고 있다고 상상하는 판타지다. 모든 사람이 자기가 원하는 짝을 찾고, 그 짝도 그 사람을 원한다. 짝을 이룬 사람끼리는 성본능의 수준이 비슷하고, 항상 같은 시간에 섹스를 원한다. 특이한 섹스나 절편음란증_{fetishism}(특정 물건을 통해 성적 쾌감을 얻는 것으로 페티시라고도 한다-옮긴이)은 양쪽 다 만족할 수 있도록 조율된다. 성기의 기술적 성능은 매우 탁월해서 절대로 문제가 발생하지 않는다. 오르가슴은 두 사람의 몸과 영혼을 동시에 전율하게 만들어 둘 다 완전한 만족을 얻는다. 그리고 사람들은 오직 자신의 짝과 하는 섹스만 갈망한다. 그게 아니라면 자기 짝이 다른 사람과 섹스를 해도 상관하지 않든가.

아쉽게도 이것은 판타지일 뿐이다. 사람들은 자기가 가질 수 없는 배우자를 갈망하며, 적잖은 사람이 자신의 배우자에게는 별다른 욕구를 느끼지 못한다. 아니면 배우자보다 섹스를 더 많이 원하거나 적게 원하거나 다른 섹스를 원한다. 현실에서 절대로 충족될 수 없는 판타지가 그들을 사로잡고 있다. 발기가 안 되거나 잘되지 않을까 봐 걱정하는 사람도 있다. 오르가슴은 너무 일찍 또는 너무 늦게 일어나고, 아예 일어나지 않을 수도 있다. 그리고 질투는 헤아릴 수 없는 절망과 슬픔을 자아낸다.

자연선택의 결과가 이것밖에 안 된다는 게 이상하다는 생각도 든다. 섹스는 재생산의 열쇠이기 때문에 다른 어떤 기능보다 자연선택이 강하게 작용해야 마땅하고, 실제로도 그렇다. 바로 그게 문제다. 자연선택은 재생산을 극대화하는 방향으로 우리의 뇌와 몸을 진화시키면서 인간의 행복은 상당 부분 희생시켰다.

섹스에 관한 고민과 실망은 어디에나 있지만, 오늘날처럼 어느 때보다 개방적인 시대에도 섹스 문제를 솔직하게 이야기하는 일은 드물다. 친구들의 이야기를 들으면 거의 모든 사람이 일주일에 서너 번씩 훌륭한 섹스를 한다는 인상을 받을 것이다. 하지만 당신은 그 친구들이 실제로 어떤 성생활을 하는지 거의 알지 못하고, 친구들 역시 당신의 성생활에 대해 잘 모른다. 정신과 의사들은 다른 사람들이 듣지 못하는 이야기를 많이 듣는다. 여기 정신과 진료실과 응급실에서 들은 이야기들을 한 토막씩 떼어 소개한다.

"내 인생은 끝났어요. 이제 죽어야 해요. 출장을 갔다가 예정보다 일찍 집에 돌아왔는데 남편이 내 단짝 친구와 함께 침대에 있더군요. 나는 잠을 못 이루고, 뭘 먹지도 못하고, 이 이야기를 누구에게 하지도 못하겠어요. 남편이 바람을 피운 그 여자가 가장 친한 친구였거든요. 그리고 남편은 나의 상사예요. 그러니까 이제 나는 노숙자 신세가 되겠죠. 남편을 죽일까, 둘 다 죽일까 고민하고 있어요. 앞으로는 어떤 남자도 믿지 못할 것 같아요."

"너무 절망적이라 어떻게 해야 할지 모르겠어요. 아내가 사탕에 중독됐거든요. 체중이 계속 늘어나서 이제는 136킬로그램이 됐어요. 아내는 여전히 섹스를 요구하는데 저는 도저히 못하겠어요. 아내를 버린다거나 다른 여자와 바람피우고 싶지도 않아요. 저는 어떻게 해야 하나요?"

"아무도 저를 원하지 않아요. 제가 원하는 건 적당히 괜찮은 남자랑 삶을 같이하고 가정을 이루는 것밖에 없어요. 하지만 저는 벌써 서른다섯이고 이제 피부가 늘어지기 시작해요. 저는 원래도 미인은 아니었지만, 저랑 데이트하는 남자들은 오직 섹스만을 원하더군요. 이런 상황이면 여자 파트너를 찾아봐야 하겠지만, 사실 저는 동성애에 관심이 없어요. 늘 하얀 울타리를 두른 작은 집에서 아이들을 키우는 환상을 품고 살았는데 벌써 노처녀가 됐네요. 인생이 아무런 의미가 없어요."

"흥분을 못 느껴요. 가끔 바이브레이터를 사용할 때만 빼고요. 어떤 문제가 있어서 그렇겠지만, 사실 저는 늘 그랬어요. 책에서는 편안한 마음으로 계속 시도해보라고 하던데 그것도 소용이 없어요. 그리고 남자친구도 제 오르가슴이 가짜라는 걸 아는 것 같아요. 여자들이 먹는 비아그라는 없나요?"

"나는 농장에서 일합니다. 이건 혼자만의 비밀인데요, 나는 양과 그걸 하고 있습니다. 무슨 말인지 아시죠? 그만하려고 노력은 하는데, 밤시간에 어떤 충동을 느끼면 도저히 참을 수가 없어요. 누가 알아차리기라도 하면 내 인생은 엉망이 될 거예요. 그걸 안 하게 만들어주는 약을 좀 주실래요?"

"지금의 남편과 결혼한 건 그이가 착한 남자들 중에 처음으로 나에게 사랑한다고 말해준 사람이기 때문이에요. 하지만 솔직히 말해서 그이에게 성적으로 끌린 적은 한 번도 없었답니다. 무슨 일이 생겼느냐 하면, 저는 같은 직장에서 일하는 어떤 남자와 몰래 만나고 있어요. 남편에게는 야근을 해야 한다고 말하지만 남편도 의심하기 시작한 것 같아요. 제가 남편과 섹스를 하려고 하지 않으니까 더 그렇겠죠. 그런데 직장에서 만나는 이 남자는 착한 사람이 아니에요. 사실 그는 유부남이고 거의 날마다 못되게 굴거든요. 선생님의 도움이 필요해요. 뭘 어떻게 해야 할지 모르겠어요."

"우리의 문제는 두 가지입니다. 그이는 삽입하기도 전에 오르가슴에 도달하고, 저는 매번 통증을 느껴요."

"당뇨병에 걸리면 그게 안 될 수도 있나요? 아시잖아요. 아내와 할 때마다 그게 축 늘어집니다. 그런데 다른 때는 꼿꼿이 서고 활기차게 까딱거리거든요. 그러니까 당뇨병 때문은 아니겠지요?"

"여자친구가 두 명 있는데 그것 때문에 미칠 것 같아요. 그 둘은 서로에 대해 모르지만 뭔가를 의심하고 있어요. 저는 둘 다 원하지만 이 상태를 계속 유지하긴 어려워요. 무엇보다 여자친구 두 명에게 들어가는 돈을 감당할 수가 없어요. 도움이 필요합니다. 이대로는 제 인생을 망칠 것 같아요."

"저는 남편을 사랑해요. 그런데 남편은 항상 구강 섹스 같은 특이한 섹스를 원하고, 만약 내가 그걸 해주지 않으면 그걸 해줄 다른 사람을 찾아보겠다고 말합니다. 남편은 다른 면에서는 다 괜찮아요. 그리고 저도 남편과 계속 살기를 원하는 것 같아요. 음…… 저에게는 다른 애인도 없으니까요."

"제가 하지 말았어야 할 일을 해버려서 음부에 포진이 생겼어요. 남편이 알면 저를 죽이려 들 거예요. 저를 병동에 입원시키고 치료해주시든가, 적어도 집에 안 가도 되게 조치를 취해주세요. 집에 가면 남편이 저에게 달려들 거고, 포진을 발견할 거고, 그러면 모든 게 끝장이에요."

마지막으로 우리 진료소 접수처로 걸어와 첫 진료를 예약하면서 불쑥 이렇게 말한 환자도 있었다. "내가 사정을 너무 일찍 해서요."

섹스에 관한 대화는 흔하지만 진지하게 대화하는 것은 위험하다. 섹스 문제에 대처하는 방법이 사람마다 제각각이기 때문이다. 어떤 사람은 섹스를 마음껏 즐기고 골치 아픈 이야기는 듣지 않으려고 한다. 어떤 사람은 섹스를 두려워하면서 피한다. 어떤 사람은 섹스에 관해 아예 생각하지 않으려고 한다. 대부분의 사람들은 만족을 얻기 위해 최선을 다하고 만족하지 못하는 부분에 대해서는 웃어넘기면서 그럭저럭 살아간다. 이 모든 유형의 사람들은 성욕은 완전히 억제할 수도 없고 완전히 만족할 수도 없다는 진실을 들으면 불편해한다. 섹스의 문제들은 섹스의 쾌감들과 짝을 이루는데, 여기에는 진화적인 이유가 있다.

이번에도 우리의 질문은 '왜 어떤 사람들에게 문제가 있느냐'가 아니고 '왜 섹스에 문제가 생기는가'다. 섹스에 관한 문제가 왜 이렇게 자주 발생할까? 대답은 단순하다. 자연선택은 우리의 행복이나 쾌감을 극대화하기 위해서가 아니라 재생산을 극대화하기 위해 이뤄졌기 때문이다.

바람직한 짝, 찾을 것인가 아니면 될 것인가?

대부분의 사람은 누구와 짝을 맺을지를 신중하게 선택한다. 만약 당신이 13세가 넘었고 특별히 매력적인 사람이 아니라면 냉혹한 경험을 통해 그것을 배웠을 것이다. 만약 특별히 매력적인 사람이라면 다른 측면에서 문제를 느낄 것이다. 어디서나 사람들이 접근하고 조종하고 속이려 들 테니까. 게다가 당신의 고충을 상상하지도 못하고 공감은 더더욱 못하는 사람들의 질투하는 시선까지 받아내야 한다.

사람들이 젊고 건강하고 매력적인 짝을 선호하는 것은 진화론으로 쉽게 설명할 수 있다. 건강하고 매력적인 짝을 만나야 건강하고 매력적인 아이들이 태어나고, 그 아이들도 더 많은 아이를 낳을 확률이 높아진다.[3] 친절하고 튼튼하고 아이들을 잘 키워주고 지위가 높고 부유하고 열심히 일하는 헌신적인 배우자에 대한 선호도 똑같은 효용을 지닌다.[4] 그런 배우자를 만나면 더 많은 자원과 도움을 얻을 수 있고, 그러면 아이를 더 많이 낳고, 그 아이들 역시 성공을 거두고 아이를 많이 낳을 테니까. 자연선택의 관점에서 다른 것은 중요하지 않다.

까다로운 선택은 유전자에 좋지만 우리에게는 썩 좋지 않다. 자신이 간절히 원하는 배우자를 얻을 수 있는 사람은 드물다. 대부분의 사람들은 자신에게 만족하지 못한다. 자신은 다른 모든 사람이 원하는 짝이 아니기 때문이다. 자신에 대한 불만족은 막대한 시간과 돈과 노력을 다이어트, 화장, 미용, 패션, 강좌, 성형수술 그리고 다양한 사교 경쟁을 준비하는 일에 투입하는 동기가 된다. 삶의 상당

부분이 짝을 찾는 경쟁에서 누군가를 평가하거나 평가를 당하거나 평가에 대비하는 일에 할당된다. 참으로 잔인한 일이다. 한 친구가 자기에게 맞는 짝을 못 찾겠다고 투덜거리자 다른 친구가 이렇게 말한다. "너는 8점이고, 10점짜리를 쫓아다니는데 너를 쫓아다니는 사람들은 6점이라 이거지?"

현대사회의 대중매체는 상황을 더 악화시킨다. 사람들이 걸어다닐 수 있는 범위 내에 짝이 될 만한 사람이 대여섯 명밖에 없었던 수렵채집 사회에서는 아주 훌륭한 짝을 바라더라도 한계에 부딪혔다. 오늘날 우리가 하루에도 몇 번씩 보는 광고판에서는 호리호리한 모델들이 알몸에 가까운 차림으로 눈을 크게 뜨고 우리를 똑바로 보며 유혹한다. 잡지를 펼치면 마치 유혹하는 것처럼 누워 있는 환상적인 인물들의 편집된 이미지가 보인다. 텔레비전에서는 굉장히 섹시하고 유능하고 부유하며 에너지 넘치는 사람들이 애인이나 배우자를 기쁘게 해주려고 온갖 수단을 동원하는 장면이 나온다. 페이스북에도 친구들의 연애나 부부관계의 긍정적인 면만 드러나기 때문에 사실은 그게 전부가 아니라는 사실을 알면서도 질투가 난다.[5] 그리고 머릿속의 모든 환상을 현실로 바꿔놓고 실현 불가능한 욕망을 자극하는 포르노그래피가 있다. 실생활 속 우리의 짝은 그들과 경쟁할 수가 없다. 우리도 마찬가지다.

자극에 파묻혀 지내는 우리는 현대 대중매체가 보여주는 가상현실에 의해 변형된 상상을 하기 때문에 자기 자신과 짝에게 또는 성생활에 좀처럼 만족하지 못한다. 진화심리학자 더글러스 켄릭Douglas Kenrick은 소규모지만 흥미로운 연구를 진행하면서 남자들에게 애인 또는 배우자와의 성생활 만족도를 평가해달라고 요청했다. 남자들의 절반은 설문지를 작성하기 전에 추상미술에 관한 책이 있는 방에서 대기했고, 나머지 절반은《플레이보이Playboy》잡지가 있는 방에서 대기했다. 두 번째 집단에 속한 사람들의 경우 잡지의 화보를 넘겨보는 것만으로도 현재 짝에 대한 만족도가 급격히 하락했다.[6]

자연선택은 이 문제들이 걷잡을 수 없이 커지지 않게 해주는 심리적 메커니즘을 형성했다. 그중 하나가 억압하는 능력이다. 하지만 훨씬 더 중요한 메커니즘은 우리의 짝짓기 패턴이 다른 영장류와 비교해도 아주 특별하다는 것이다. 인간의 아빠들은 아이들에게 엄청난 정성을 기울인다. 우리는 배우자에게 애착을 가진다.[7, 8] 게다가 대부분의 사람들은 사랑에 빠지고 자기 애인을 이상화하면서 다른 사람들에게 흥미를 잃는다.[9] 여기서 잠시, 상대에게 홀딱 빠진다는 것에 감탄하는 시간을 가져보자. 누구에게 반한다는 것이야말로 주관성의 가치를 확실하게 보여준다. 조지 버나드 쇼Geroge Bernard Shaw는 이렇게 말했다. "사랑은 한 사람과 다른 모든 사람의 차이에 대한 극도의 과장이다." 홀딱 반하는 감정은 철저히 욕구에만 집중하기 때문에 다른 모든 것을 시야에서 사라지게 한다. 그런 주관성이 삶을 경이롭게 만든다.

아쉽게도 그것은 부분적이고 일시적인 현상이다. 미국 작가 앰브로스 비어스Ambrose Bierce는《악마의 사전The Devil's Dictionary》이라는 논픽션 모음집에서 사랑을 "일시적 정신이상"으로 정의하고 "결혼으로 치료 가능"하다고 표현했다.[10]《뉴욕타임스New York Times》에서 2017년의 어느 달 동안 가장 많이 읽힌 기사 제목은〈우리가 결혼 상대를 잘못 선택할 수밖에 없는 이유〉였다.[11] 대대수 사람들은 오랫동안 친밀하고 만족스러운 관계를 유지하지만 문제도 정말 많다.

때로는 짝을 구할 수 있느냐 없느냐가 아니라 사회적으로 인정받는 짝을 찾을 수 있느냐 없느냐가 문제가 된다. 아직도 동성애를 범죄로 간주하는 나라가 있지만 동성애는 점점 개인의 힘으로 통제하거나 변화시킬 수 없는 뿌리 깊은 기질로 인정받고 있다. 나 역시 강연이 끝나고 청중에게서 "동성애는 진화로 어떻게 설명할 수 있는가"라는 질문을 가장 많이 받는다. 보통 나는 그 질문을 슬쩍 피해가려고 한다. 너무 위험한 질문이고 어떻게 대답해도 다수의 지지를 받지 못하기 때문이다. 하지만 지금까지 몇 가지 가설이 제시되긴 했다.

첫 번째 가설은 남자 동성애자들도 아이를 많이 가질 수 있다는 것이다. 영화 〈샴푸Shampoo〉처럼 동성애자인 남자들은 다른 남자들과 달리 여자와 바람을 피워도 교묘히 피해갈 수 있을 테니까. 하지만 그럴 확률은 높지 않다. 동성애자 남성들은 이성애자인 남성들과 비교하면 자녀 수가 절반밖에 안 된다. 대부분의 동성애자 남성들이 여성에게 성적 관심이 별로 없기 때문에 자연히 그렇게 된다.[12] 《사회생물학》이라는 책에서 에드워드 윌슨은 동성애가 자원과 짝이 희소한 시기에 적응하기 위한 전략이라고 주장했다.[13] 어떤 새는 이런 전략을 자주 구사한다.[14, 15] 둥지를 만들 장소가 마땅치 않을 때면 어린 새들은 만들기도 어려운 둥지를 만드느라 노력을 허비하는 대신 부모의 둥지에 그대로 머물면서 자기 유전자의 절반을 공유하는 어린 동생들을 키우는 일을 돕는다. 하지만 이것은 인간의 동성애와는 다르다. 둥지에서 양육을 돕던 새들은 괜찮은 둥지 자리를 발견하는 순간 기쁜 마음으로 짝짓기를 하니까. 또 인간 동성애자들은 반드시 자원이 부족한 것도 아니고, 삶의 일부분을 형제자매를 돕는 일에 바치지도 않는다. 따라서 윌슨의 가설은 성립하지 않는다.[16]

동성애의 적응적 이득에 관해서는 다른 가설들도 여럿 제시된 바 있다.[17, 18] 동성 간의 섹스는 신비의 영역이 아니다. 동성 간의 섹스는 인간 외의 여러 종에서 폭넓게 발견되며, 여기에는 기능적인 설명과 비기능적인 설명이 있을 수 있다.[19, 20, 21, 22] 다만 '왜 개별 개체들이 자손 번식으로 이어질 수 있는 섹스의 기회를 거절하는가?'라는 의문은 아직 풀리지 않았다.

이와 관련해 어느 정도 입증된 몇 안 되는 사실들 중 하나는 한 남자가 동성애자일 확률은 그에게 형이 몇 명 있는가와 정비례한다는 것이다.[23] 이 사실은 아들을 임신한 엄마의 몸에 생리학적 변화가 일어나서 장래에 태어날 아들에게 영향을 끼친다는 추론으로 이어진다. 원래 이것은 정보에 입각한 추론일 뿐이었는데, 2018년에 레이 블랜처드Ray Blanchard의 연구진이 동성애자 아들을 둔 엄마들에게서 뇌의 성분화sexual differentiation에 영향을 끼치는 NLGN4Y 단백질에 대한 항체 수치가 특별히 높게 나타났다는 결과를 발표했다.[24] 이것은 아직 완전히 입증되지도 않았고 전체를 다 담아내는 이야기도 아니다. 형의 수는 남성 동성애자 중 일부만을 설명해준다.[25] 동성애에는 유전적 요인도 유의미하고[26] 문화적 요인도 강하게 작용한다. 그리고 이 연구들 중 어떤 것도 여성의 동성애를 다루지 않는다. 현재로서는 대답보다 질문이 훨씬 많은 셈이다. 진화적 관점은 동성과 섹스를 하게 되는 형질에 대해 여러 가지 설명이 가능하다는 인식에 기여했지만, 동성애자들이 자손을 만들 수 있는 섹스에 흥미가 없다는 점에 대해서는 설명이 더 필요하다.

첫번째 문제, 욕구의 불일치

젊은 부부들은 보통 며칠에 한 번은 섹스를 하고 싶어한다. 그것은 정자가 생식 가능한 상태를 유지하는 기간과 대략 일치한다. 따라서 그 정도 간격으로 섹스를 할 때 임신 확률이 가장 높아진다. 또 이것은 원시시대에 수렵이나 채집 활동 때문에 부부가 떨어져 지냈을 법한 기간과도 대략 일치한다. 며칠 동안 떨어져 지낸 부부들은 다시 하나가 되려는 욕구를 강하게 느낀다. 그것은 그들에게도 좋고, 그들의 생식력과 번식에도 유리하다.

그러나 대부분 부부 중 어느 한쪽이 섹스를 더 자주 하고 싶어한다. 다른 한쪽이 의무감에서 또는 걱정이 돼서 그 요구에 순응한다면 로맨스는 흐려지기 십상이다. 설령 부부가 된 두 사람의 성욕 수준이 대강 일치한다 할지라도 질병, 임신, 걱정, 피로 등의 이유로 일시적으로 어긋나는 기간은 생긴다. 또는 둘 중 하나가 항우울제를 복용하고 있어서 성욕이 떨어질지도 모른다. 우디 앨런 Woody Allen 감독의 영화에서 심리치료사가 애니 홀에게 묻는다. "남편과 섹스는 얼마나 자주 하시나요?" 애니는 이렇게 대답한다. "항상 하죠. 아마 일주일에 세 번은 할걸요." 이번에는 애니의 남편을 담당하는 치료사가 남편에게 묻는다. "아내와 섹스를 얼마나 자주 하시나요?" 남편은 이렇게 대답한다. "거의 못해요. 일주일에 세 번 정도?" 때로는 정반대가 되기도 한다. 여자들 중에서도 배우자보다 섹스를 더 자주 하고 싶어하는 사람이 있다.

대부분의 부부들은 욕구가 없어도 상대의 욕구 채워주기, 자위, 수용, 부정 그리고 유머를 적절히 배합해서 서로의 욕구 차이를 그럭저럭 해결한다. 하지만 코미디언 조지 번스George Burns의 고전적인 대사가 맞는 말일 때가 너무 많다. "결혼과 섹스에 대해 이야기하자면요…… 결혼하고 나면 더 오랫동안…… 더 오랫동안…… 아주 오래오래…… 섹스 없이 지낼 수 있습니다." 자연선택은 성욕 수준을 조정하는 메커니즘은 만들어주지 않았다. 몹시 안타깝고 불행한 일이다.

다음은 한 환자가 어느 날 밤 응급실에서 들려준 이야기인데, 이런 상황은 드문 것이 아니다. "아내가 섹스를 원하지 않아요. 나는 어찌할 바를 모르겠어요. 나는 아내와 계속 살고 싶지만 섹스도 하고 싶거든요." 나는 고참 의사가 그 환자에게 해준 짤막한 충고를 아직도 기억한다. "그러시다면 네 가지 중 하나를 선택하실 수 있겠네요. 섹스 치료를 받아볼 수도 있고, 이혼을 할 수도 있습니다. 바람을 피울 수도 있고, 결혼생활을 유지하면서 자위를 해도 됩니다. 선택하실 일만 남았어요." 나에게는 환자와 잠깐 대화를 나누고 나서 이렇게 간단한 충고를 던지는 것이 너무 불친절해 보이기도 했지만, 그 충고는 수많은 사람이 경험하는 곤경의 핵심을 잘 짚었다.

어떤 문화권에선가는 오랜 세월 동안 서로에게 만족하면서 성적 만족도를 최고치로 유지하는 해결책을 찾았을 거라고 생각할 수도 있다. 하지만 모든 해결책에는 선택과 포기가 있다. 일부일처제를 강요하면 불만족이 생겨난다. 혼외 섹스를 허용하면 질투, 갈등, 결별이 따라온다. 대부분의 문화권에서는 부부관계를 보존하기 위해 성적 행위를 통제할 것을 강조한다. 하지만 요즘 어떤 사람들은 섹스의 기회를 보존하기 위해 애착을 통제하려고 노력한다. 가벼운 일회성 섹스로만 성생활을 즐기는 사람들 중 일부는 연애가 끝날 때 뒤따르는 슬픔을 겪지 않으려고 애착을 피하며 같은 사람과는 다시 섹스를 하지 않는다.

섹스에 관해 이야기할 때 마치 모든 부부가 평범한 섹스를 하고 있으며 다 거기서 거기인 것처럼 말하기는 쉽다. 하지만 특별한 종류의 섹스를 향한 욕구는 여러 가지 문제를 야기한다. 구강섹스를 원하느냐 원하지 않느냐는 아주 흔한 갈등의 원인이다. 섹스와 복종과 지배의 깊은 관련성은 우리를 또 다른 영역, 일찍이 진화심리학자들이 심층적으로 탐구했던 영역으로 데려간다.[27] 어떤 부부는 신체 결박과 훈육 게임을 즐기지만 일반적으로 배우자에게 특별한 역할을 연기하게 하는 것은 조종이고 좌절감의 표출이다. 마조히스트가 "나를 채찍으로 때려"라고 말하자 새디스트가 "싫어"라고 대답했다는 오래된 농담도 있지 않은가.

절편음란증은 흥미진진하다. 왜 어떤 사람들은 10센티미터 굽이 달린 구두라든가 반짝이는 검정색 가죽을 봐야 성적 흥분을 느낄까? 아니, '사람들'은 정확한 표현이 아니다. 절편음란증은 압도적으로 남자들에게 많이 나타난다. 한 여자는 섹스 상담을 해주는 칼럼

니스트에게 편지로 다음과 같이 물었다. "성도차이 없는 남자를 어디서 찾죠?" 칼럼니스트는 이렇게 대답했다. "묘지에 가면 있어요."

얼핏 생각하면 남녀의 섹스가 임신 가능성을 극대화하기 때문에 남자들은 항상 여자들과의 섹스를 선호하도록 진화했으리라고 생각하기 쉽다. 하지만 어떤 남자는 여자와 하는 섹스보다 수갑을 차고 손으로 하는 성행위를 더 좋아한다. 불확실한 단서에 성적으로 흥분을 느끼는 특성은 적합도 면에서 남자들보다 여자들에게 훨씬 불리하다.[28, 29, 30] 여자들의 경우 훌륭한 배우자를 선택하는 것이 매우 중요하다.[31, 32, 33] 아이를 하나 낳기 위해 막대한 투자를 해야 해서 낳을 수 있는 자녀의 수가 엄격하게 제한되어 있기 때문이다. 남자들의 입장에서는 짝과 비슷하게 생겼거나 짝을 연상시키는 모든 것이 쫓아다닐 가치가 있다. 비용은 낮고 재생산의 혜택은 크기 때문이다. 그래서 남자들은 상대가 작은 친절만 베풀어도 성적인 유혹이라고 상상하는 경향이 있다. UCLA의 뛰어난 진화심리학자인 마티 헤이즐턴은 화재감지기 원리를 확장해서 만든 오류관리 이론error management theory을 활용해 이것을 설명한다.[34]

하지만 절편음란증은 오류관리 이론으로도 설명되지 않는다. 오류관리 이론은 남자들에게 절편음란증의 비용이 더 낮은 이유를 설명해줄 뿐이다. 절편음란증의 대상은 발, 신발, 엉덩이 두드리기와 같이 유아들이 좋아하는 것이 많다. 따라서 유아기에 각인된 감정이 그런 욕구를 유발하는 신호와 관련이 있다는 추측도 가능하다.[35] 나는 누군가가 기저귀를 채워줘야만 발기할 수 있었던 환자를 만난 적이 있다. 그런 절편음란증은 생애 초기에 생성된 어떤 자극을 성욕과 연결하는 시스템의 병적인 부작용으로 짐작된다. 내가 보기에 이런 절편음란증에 효용은 없는 것 같다.

두 번째 문제, 성적 흥분과 불감증

성불감증은 여자들보다 남자들에게 더 뚜렷하게 나타나며 적합도를 크게 떨어뜨리는 증상이다. 성불감증의 원인은 음주, 피로, 약물 복용, 동맥경화, 신경 손상, 호르몬 이상, 불안 등 다양하다. 불안을 제외한 다른 원인들은 이런저런 이유로 발생한 메커니즘의 단순한 이상이다. 하지만 불안은 다른 문제다. 위험을 느낄 때 발기가 저하되는 현상은 환영할 일은 아니지만,《의사와 수의사가 만나다 Zoobiquity》라는 책에 나오는 것처럼[36] 만약 근처에 있는 누군가가 공격을 해오거나 뒷담화를 할 때는 생명을 구해줄 수도 있는 메커니즘이다. 불안에 의한 성불감증은 악순환으로 이어질 수도 있다. 발기가 잘될지 걱정하다가 불안해지고, 불안 때문에 발기가 잘되지 않고, 그러면 더 불안해져서 섹스를 잘하지 못한다. 이런 악순환 속에서 실망한 배우자가 모욕적인 말이라도 던지면 상황은 급격히 나빠진다.

생명공학은 이 문제를 상당 부분 해결했다. 20년 전까지만 해도 약으로 발기가 가능해지리라고 누가 예측했겠는가? 비아그라는 수많은 사람에게 기적과도 같았다. 현재 발기부전 약품 시장은 연간 40억 달러 규모에 이른다.[37] 제약회사들은 섹스의 세계를 변화시켰다. 발기부전 약 덕분에 수많은 남녀가 기뻐했고, 어떤 여자들은 이제 섹스에서 해방됐다고 생각했다가 좌절하기도 했다.

여자들의 성불감증은 남자들의 경우만큼 뚜렷하지는 않지만 더 흔하게 나타난다. 여자들의 경우 생리학적 흥분을 못 느끼면 대개 심리적 흥분도 못 느낀다. 때로 마음은 간절한데 육체가 훼방을 놓기도 한다. 하지만 아직까지 여성의 성적 흥분을 증진시키는 약은 발견되지 않았다. 머지않아 그런 약도 개발될 것이고, 그러면 섹스의 세계는 또 한 번 변화할 것이다. 어떻게 변화할까? 그 예측 불가능한 결과를 예측해볼 때가 왔다. 당신이 먼저 해보시라.

세 번째 문제, 절정의 불일치

성기능 장애에 관한 책에는 남자들의 조기사정premature ejaculation에 관한 설명이 여러 장에 걸쳐 나오지만 여성의 조기 오르가슴premature orgasm에 관한 내용은 없다. 그런 책에는 오르가슴을 너무 늦게 경험하거나 오르가슴이 아예 없는 여자들에 관한 장은 있어도 똑같은 문제를 가진 남자들에 대해서는 간단한 언급밖에 없다. 남자가 절정에 너무 빨리 도달하고 여자가 절정에 너무 늦게 도달하거나 아예 도달하지 못하는 '이유'는 어느 책에도 나오지 않는다. 이러한 시간적 불일치는 자연선택이 행복이라는 비용을 치르고 재생산을 극대화한 예 중에서도 특히 불행한 예에 해당한다.

여성의 오르가슴이 존재하는 이유를 두고 논쟁이 벌어졌다. 50편이 넘는 논문이 나왔는데도 그 논쟁은 아직 끝나지 않았다. 한쪽 편에 선 사람들은 여성의 오르가슴이 좋은 애인에게서 정자를 선택적으로 얻게 해주거나 유대감을 높여주기 때문에 적합도를 높여준다고 주장한다.[38, 39, 40] 열렬한 반대파들의 입장은 엘리자베스 로이드Elisabeth Lloyd의 포괄적인 논문에 잘 요약되어 있다. 그들은 마치 남성에게 젖꼭지가 별다른 의미가 없는 것처럼 여성의 오르가슴은 여성에게 적응적 의미가 거의 없는 부산물이라고 주장한다.[41]

최근에 귄터 바그너Günter Wagner와 미하엘라 파블리체프Mihaela Pavličev가 제시한 복잡한 진화적 견해에 따르면 오르가슴의 기원은 다수의 종에서 발견되는 짝짓기 후 배란을 유도하는 메커니즘이며, 인간 여성의 오르가슴은 그 메커니즘의 흔적이다.[42, 43, 44] 그들은 다른 종에서 음핵에 상응하는 부위가 질 안에 있다는 점에 주목하고, 음핵이 바깥으로 옮겨진 것은 자연선택의 산물이라고도 이야기한다. 그들의 결론은 나름대로 타당해 보인다. 하지만 여성의 오르가슴이 다른 기관의 흔적이라 할지라도 남자들이 여자들보다 먼저 절정에 도달하는 경향에 대해서는 설명이 필요하다. 한 가지 가능성은 오르가슴을 조절하는 메커니즘들이 자연선택의 대상이 아니라는 이유만으로 여성의 오르가슴이 느려졌다는 것이다. 그러나 오르가슴에 도달하는 속도는 유전자의 영향을 받으며, 사회적 지위 또는 부부관계의 상태와 같은 다른 요소와는 무관하다는 연구 결과가 있다.[45, 46]

다른 가설은 상대보다 늦게 오르가슴에 도달하는 여성과 더 빨리 오르가슴에 도달하는 남성 사이에서 아이가 생길 가능성이 높다는 것이다. 정말로 너무 이른 사정, 즉 삽입하기 전에 하는 사정은 적합도를 크게 감소시킨다. 하지만 조기사정을 설명하는 데 간혹 쓰이는 표현을 빌리면 그런 일은 "그 사람이 원하기도 전에" 절정에 도달하는 것에 비하면 매우 드물다. 익명을 보장하는 조사에서 남자들의 3분의 1은 때 이른 사정을 한다고 응답했다.[47] 윌리엄 매스터스William Masters와 버지니아 존슨Virginia Johnson이 사용한 정의는 "상대방이 만족할 때까지 섹스를 계속할 수 없는 경우가 50퍼센트를 넘는 것"인데, 이를 기준으로 하면 조기사정의 비율은 높아진다. 500쌍의 부부를 대상으로 수행한 어느 연구에 따르면 섹스를 지속하는 시간은 30초에서 40분까지 다양했으며 평균은 5분 정도였다.[48] 가장 극단적인 1퍼센트에서 2퍼센트를 질병으로 파악하는 일반적인 정의를 따르자면 1분이 지나기 전에 절정에 도달하는 것은 비정상으로 간주된다.[49] 하지만 몇 초 만에 조기사정을 하는 경우를 기준으로 하면 5분은 긴 시간이다. 인간의 섹스가 다른 종의 섹스보다 오래 걸리는 것은 일부 연구자들의 주장처럼 이미 그곳에 있을지도 모르는 다른 남자의 정자를 제거하기 위해서일까?[50, 51, 52] 감정적 유대를 다지기 위해서일까? 아니면 그저 생리학적인 우연일까? 영장류의 섹스에 관한 데이터를 들여다봐도 확실한 답은 찾을 수 없다.[53]

재생산을 극대화하려면 정자를 난자에게 보내기에 딱 좋은 위치에 음경이 있을 때 남자가 절정에 도달해 멈춰야 한다.[54] 삽입을 계속하면 정자가 경로를 이탈할 수도 있다.[55, 56] 그래서 남자들은 오르가슴이 끝난 뒤에 극도로 민감해지는데, 이것은 그들의 유전자에게 이득이 된다. 상대방의 쾌감을 생각하면 안타까운 일이지만, 몇 분 또는 몇 시간 간격으로 찾아오는 불응기refractory period(신경이나 근세포가 자극에 반응한 뒤 다음 자극에 반응할 수 없는 짧은 기간 – 옮긴이)는 섹스를 반복하는 것을 불가능하게 만들어 정자가 길을 제대로 찾아갈 시간을 벌어준다.

여자들의 입장에서 때때로 남자가 사정하기 전에 섹스를 중단하려고 하는 모든 유전적 경향은 자연선택에 의해 탈락할 것이다. 잠시 여자들이 섹스에 반응하는 주기가 남자들과 동일하다고 가정해보자. 종종 여자들이 상대방보다 먼저 오르가슴을 느끼고, 그런 다음에 감각이 예민해져서 섹스를 중단한다면 착상은 매우 힘들어진다. 그런 시스템은 여자들에게 문제가 되지 않지만, 적합도에 큰 비용을 치르게 할 것이다.

여자들이 오르가슴에 도달하려면 남자들보다 훨씬 오래 걸린다. 여자들의 75퍼센트가 삽입만으로는 오르가슴에 도달하지 못한다는 연구 결과도 있다.[57] 절정이 지나더라도 대부분은 섹스를 중단하는 대신 일정 시간 동안 즐거운 마음으로 섹스를 계속하길 원하고, 일부는 여러 차례 오르가슴을 느끼기도 한다. 하지만 몇몇 여성은 감각이 아주 예민해지거나 통증을 느끼기 때문에 섹스를 중단하기를 원한다. 얼핏 생각하면 여자들이 오르가슴을 느낀 뒤에 상대가 아직 사정을 하지 않았는데 삽입 중단을 원하는 일이 얼마나 자주 생기는가를 알아내기가 쉬울 것 같지만, 나는 그 주제를 다룬 공식적인 과학 연구를 찾지 못했다. 그러나 인터넷을 뒤져보니 다수의 여자가 절정에 도달한 뒤에 극도로 예민해져서 삽입을 중단시켰다는 이야기가 많았다. 만약 이것이 사실이라면 그것은 늦게 찾아오는 오르가슴이 선택된 이유가 될 것이다.

이런 복잡성을 감안하면 남녀의 섹스에서 발생하는 시차와 남자들이 절정에 빨리 도달하는 현상도 놀랍게 느껴지지 않는다. 미국 전체를 대상으로 진행된 대규모 설문조사에 따르면 여성들 중에서 오르가슴에 도달하지 못하는 사람이 25퍼센트인 데 반해 남자들 중에서 오르가슴에 도달하지 못하는 사람은 단 7퍼센트였다. 너무 일찍 절정에 도달하는 현상에 대해서는 남자들의 30퍼센트가 그렇다고 응답했지만 여자들에게는 이 질문을 던지지도 않았다.[58] 다른 연구에서는 여성 응답자의 10퍼센트만이 거의 항상 삽입만으로 오르가슴에 도달한다고 답했다.[59] 2013년 엘리자베스 암스트롱Elizabeth Armstrong이 시행한 조사에 따르면 잠깐 만나는 사람과의 섹스에서 남자들은 오르가슴에 도달하는 빈도가 여자들의 세 배에 달했지만, 장기적인 관계에서는 여자들의 오르가슴 비율이 큰 폭으로 상승했다.[60] 그 차이가 관계의 안정성 때문인지 남자들이 섹스를 서두르지 않고 능숙하게 진행하기 때문인지는 불명확하다.

일반적인 결론은 단순하다. 남자들은 오르가슴에 도달하는 데 어려움이 없지만 다수의, 아니 대다수 여자들은 오르가슴에 도달하는 데 어려움을 겪는다. 1999년에 《미국의학협회저널The Journal of the American Medical Association》에 수록된 논문에 따르면 여자들의 43퍼센트는 '여성 성기능장애'로 고생하고 있다.[61] 그 수치는 논쟁을 촉발했고, 그 논쟁은 남성의 성적 반응 패턴을 기준으로 여성에게 무엇이 정상인가를 정의하는 관행에 도전하는 더 나은 연구가 진행되는 계기가 됐다.[62]

오르가슴에 도달하는 시간의 불일치에 대한 유력한 가설은 음핵의 위치 때문이라는 것이다. 만약 음핵이 질에 조금 더 가까이 위치했다면 삽입 중에 더 많은 자극을 받아 오르가슴에 빨리 도달했을 것이다. 물론 그러면 임신은 적게 될지도 모른다. 이 논리는 매력적이지만 아직은 검증이 필요하다. 이 가설을 검증하기 위한 연구는 다음과 같이 이뤄져야 한다. 피임을 하지 않는 여성 1,000명을 찾아서 음핵의 위치를 측정하고 음핵이 질에서 멀리 떨어져 있는 여성이 오르가슴은 덜 느끼지만 출산은 더 많이 하는지 여부를 10년 동안 조사하면 된다. 하지만 이런 연구를 한다면 실용적이지 못할 뿐 아니라 비윤리적일 것이다.

조금 더 실행 가능성이 높은 연구는 음핵과 요도의 거리를 측정해서 음핵이 자극을 더 많이 받는 위치에 있으면 오르가슴이 더 자주 찾아오는지 여부를 알아보는 것이다. 마리 보나파르트Marie Bonaparte 공주는 1924년 A. E. 나라니A. E. Narjani라는 필명으로 그 연구를 진행하고 결과를 발표했다.[63] 프랑스 황제였던 나폴레옹 1세의 증증손녀인 마리 보나파르트는 오르가슴을 잘 느끼지 못했다. 그리고 마리 보나파르트에게는 집착과 불안을 비롯한 다른 정신과적 증상도 있었다. 그것은 그녀가 태어난 달에 어머니가 사망하고 아버지는 딸보다 자신의 빙하 연구에 관심을 쏟았기 때문인지도 모른다.[64]

1925년 마리 보나파르트는 지그문트 프로이트에게 도움을 청했다. 머지않아 프로이트는 날마다 두 시간씩 보나파르트 공주를 만났다. 그를 숭배하던 루 안드레아스살로메Lou Andreas-Salome라는 여자와의 만남은 차츰 줄어들었다.[65] 공주가 사랑을 고백했을 때 프로이트는 무척 기뻐했다고 전해진다. 보나파르트 공주는 왕족이었고 아름다웠을 뿐 아니라 부자였다. 진짜 부자. 그녀의 외할아버지는 모나코에 카지노를 비롯한 재산을 보유하고 있었다. 나치가 프로이트에게 위협을 가했을 때 보나파르트 공주는 몸값을 지불하고 프로이트를 영국으로 데려왔다.

익히 알려졌듯이 프로이트는 보나파르트 공주에게 "내가 끝내 답할 수 없는 질문이 있다"라고 말했다. 그 질문은 "여자들은 무엇을 원하는가?"였다.[66] 공주가 "안정적인 오르가슴"이라고 답해줬을지는 알 길이 없지만 그럴 것도 같다. 보나파르트 공주는 자기 자신을 위해 치료법을 찾으려 했을 뿐 아니라 과학자로서도 문제의 원인을 찾으려고 노력했다. 공주가 진행한 연구는 여성 200명을 모아서 음핵과 요도 입구의 거리를 측정하고 그들 중 43명에게 오르가슴을 얼마나 자주 느끼는지 물어보는 것이었다. 연구의 결론은 음핵이 음경의 자극을 더 많이 받는 위치에 있는 여자들이 오르가슴을 더 자주 느낀다는 것이었다. 마리 보나파르트는 자신의 이론이 옳다고 확신하고 1927년에는 자신의 음핵 위치를 옮기는 실험적인 수술을 시도했다.[67, 68] 원래는 그 수술기법에 관한 글도 출판하려고 했지만, 수술은 제대로 되지 않았다. 그럼에도 그녀의 애정전선은 활기를 띠었다. 마리 보나파르트는 프랑스 정치인 아리스티드 브리앙 Aristide Briand 과 오랫동안 불륜 관계를 유지했고 그 밖에도 여러 남자를 만났다. 나중에 그녀는 프랑스 정신분석학협회를 공동으로 설립하고 나서 1962년까지 정신분석에 종사했다.

섹스 연구자인 엘리자베스 로이드와 킴 월런 Kim Wallen 은 2011년에 발표한 논문에서 보나파르트 공주의 데이터와 1940년에 심리학자

카니 랜디스Carney Landis가 발표한 데이터를 다시 분석했다.[69] 로이드와 월런은 음핵의 위치가 오르가슴의 빈도에 영향을 끼친다는 보나파르트의 기본 가정이 옳음을 확인했다. 물론 이것은 손가락, 혀, 바이브레이터 등 오르가슴에 도달하는 더 효과적인 방법들을 배제하고 음경에 집중하는 접근법이다. 또 무엇이 '정상'인지를 밝히려 애쓰고 남녀가 섹스를 하는 방식에 영향을 끼치는 개인, 부부, 문화의 광범위한 차이를 무시하려는 인간의 보편적 경향을 드러낸다. 하지만 보나파르트 공주는 후대의 연구자들보다 무려 100년 전에 섬세하고 중요한 문제에 천착해 놀라울 만큼 과감한 과학적 접근을 실행했다는 점에서 공로를 인정받아야 한다.

당신의 배우자가 바람을 피우는 이유

사람들에게 섹스는 단지 배우자 선택, 흥분, 절정만을 의미하지 않는다. 대부분의 사람들에게 친밀한 관계는 삶에서 가장 의미 있는 것이다. 그리고 친밀한 관계는 갈등으로 가득 차 있는데, 여기에는 진화적으로 충분한 이유가 있다. 이유들 중 일부는 9장에 요약해놓았지만, 일부는 섹스와 특히 연관된다.

대부분의 영장류에서 수컷은 정자를 제공하고 새끼들을 조금 보호하는 것 외에 번식에 기여하는 바가 별로 없다.[70] 몇 년 동안 힘들게 새끼를 키우면서 암컷과 수컷이 긴밀하게 협력하는 것은 한두 종 예외를 제외하면 인간에게서만 발견되는 특징이다.[71, 72, 73] 어떤 선택 이득이 있었기에 남녀가 부부라는 틀로 묶여 오랜 세월 동안 아이를 함께 돌보고 배우자를 많이 두지 않는 메커니즘이 형성됐을까? 단서는 우리의 짝짓기 패턴이 새들의 패턴과 비슷하고 그 이유도 동일하다는 것이다.[74, 75, 76, 77, 78, 79] 새들은 암수가 한 쌍을 이뤄 둥지를 짓고 새끼를 기른다. 그러지 않으면 새끼를 기를 수 없기 때문이다. 암수 중 한 마리만으로는 먹이를 충분히 모을 수 없다. 설사 한 마리가 먹이를 충분히 모아올 수 있다 해도 둥지를 떠나 있는 동안 알들이 차가워지고 어린 새끼들은 포식자에게 노출된다.

인간 아기들은 아주 무력한 상태로 태어난다. 다른 영장류 새끼들과 비교하면 몇 달쯤 느리다. 부모 중 어느 한쪽만으로는 인간의 아기를 충분히 돌볼 수가 없다. 몇 달 동안 24시간 내내 돌봐주고 몇 년 동안 더 돌봐줘야 하는 막대한 비용을 상쇄하는 이득은 무엇일까? 큰 두뇌와 문화가 주는 이득이다.[80] 아기가 자궁 속에서 몇 달 더 성장하면 아기 머리가 골반을 빠져나오지 못해 아기와 산모의 생명이 위태로워질 것이다.[81] 그리고 큰 두뇌의 유용성은 아기가 여러 해 동안 학습하고 문화적 지식을 흡수할 기회를 얻을 경우에 극대화된다.[82, 83]

인간의 번식 전략에만 있는 고유한 특징들은 또 다른 단서들로 확인된다.[84, 85] 대부분의 영장류 암컷들은 해마다 짧은 가임기를 몇 번 거친다. 가임기에 암컷들은 엉덩이가 빨개지거나 페로몬을 뿜거나 도발적인 행동을 한다. 인간 여성들은 자신의 가임기를 드러내고 다니지 않을뿐더러 스스로도 가임기를 전혀 모르고 지나치기도 한다. 자연주기법으로 피임을 하는 여성들이 들으면 깜짝 놀라겠지만.

어떤 과학자는 동의하지 않겠지만, 몇몇 과학자는 여성의 배란이 겉으로 드러나지 않는 것이 유용한 이유는 상대방에게 가부장적 우월성을 느끼게 해주기 때문이라고 생각한다.[86, 87, 88] 어떤 여자와 단 한 번 섹스를 하려고 그 여자의 남편과 싸움을 벌이는 일은 별로 가치가 없다. 아무 날이나 골라서 섹스를 할 경우 임신 가능성이 낮기 때문이다. 따라서 겉으로 드러나지 않는 배란은 지속적인 연애나 결혼생활을 하는 남자들에게 자신이 아기의 진짜 아버지라는 자신감을 북돋워준다. 그러면 아이가 가진 유전자의 절반은 거의 확실히 자기 것과 동일하기 때문에 남자에게도 오랜 기간에 걸쳐 아이를 돌봐줄 동기가 부여된다. 비교연구를 살펴보면 전체적인 그림은 더 복잡하다는 사실이 확인되지만 핵심 원리는 이러하다.[89]

남녀 한 쌍이 서로를 돕고 유대감을 형성하는 관습은 선택 이득을 지닌다. 그래서 그런 관습을 유지하는 여러 가지 메커니즘이 형성됐다. 그중 하나는 부부 사이에 생겨나는 깊은 정서적 애착이다.[90] 또 하나의 메커니즘은 섹스를 정기적으로 하는 것이다. 그러면 옥시토신이 분비되어 정서적 유대가 강화된다.[91, 92] 부부는 아기가 만들어질 가능성이 없는 임신기간과 수유기간에도 섹스를 한다. 그런 섹스는 자녀를 잘 키우는 데 반드시 필요한 부부 간의 유대를 유지시켜 번식의 성공 확률을 높인다.[93]

이런 메커니즘들은 부부관계를 유지하는 데 도움이 되지만 장기적인 효과를 기대하기는 어렵다. 인류학자 헬렌 피셔Helen Fisher 는 비교문화 연구 여러 편을 요약해서 인간의 관계는 평균적으로 7년 정도 지속된다고 주장했다.[94] 남자들 중에 원래 파트너가 아닌 다른 여성들과 섹스를 하고 싶어하는 경향을 가진 사람들은 다른 남자들보다 자손을 더 많이 낳게 마련이다.[95, 96] 그러니까 남자들 대부분이 점잖게 표현해서 '두리번거리는 눈'을 가진 것은 이상한 일이 아니다. 인류사회에 존재하는 수백 개의 나라 중 대부분은 비용을 감당할 수만 있다면 둘 이상의 배우자를 가지는 것을 금지하지 않는다.[97] 그렇다고 여자들이 그것을 좋아한다는 뜻은 아니다. 남자가 다른 여자와 섹스를 하면 질병을 옮길 수도 있고 배우자와 그녀와의 사이에서 태어난 아이들에게 쏟는 시간과 자원은 줄어든다. 따라서 여자들이 그런 관계에 반대하는 경향은 쉽게 이해된다.

여자들도 다른 배우자를 찾는다. 다른 남자와의 관계에서 다시 임신을 하는 경우도 있지만, 그보다는 자원, 지위, 보호, 쾌감 같은 다른 혜택을 제공받을 때가 더 많다. 그리고 후손에게 더 나은 유전자를 물려줄 수도 있다.[98, 99, 100] 대체로 자기 아내가 다른 남자와 관계하는 것을 막으려고 하는 남자들은 아내가 가끔 다른 남자의 아기를 가져도 개의치 않는 남자들보다 자손 수가 많아질 것이다. 남자들의 성적 질투심은 아내가 다른 남자의 아기를 가질 위험을 감소시키지만 막대한 불행, 추한 싸움 그리고 폭력이라는 대가를 치른다.[101]

남성들과 그들이 만든 권력구조는 여성의 성을 통제하기 위해 다양한 전략을 사용한다. 이 전략들은 사회의 성격을 상당 부분 결정하기도 한다. 진화역사학자 로라 벳직Laura Betzig은 남성이 여성의 성을 통제하고 이용한 추악한 역사를 연구하는 데 평생을 바쳤다.[102] 인류가 정착해서 농사를 짓게 되면서 식량 저장과 부의 축적이 가능해지자 대대적인 변화가 찾아왔다.[103, 104] 남자들은 곧 자신의 부를 이용해 다른 남자들을 지배하고 아내를 여럿 거느리게 됐다. 칭기즈칸Genghis Kahn의 첩은 700명이 넘었다고 하는데, 이 사실은 아시아 남성들의 약 8퍼센트가 칭기즈칸의 Y염색체를 물려받은(이 남성들은 모두 칭기즈칸의 후손이라고 할 수 있다) 이유를 설명해준다.[105]

이에 따르면 일부 남성이 다른 남성들보다 자손을 많이 낳는 편향된 번식이 일반적인 패턴이다. 어느 시대에나 이런 현상은 있었지만 유전학의 새로운 연구 결과들은 약 1만 년 전에 Y염색체의 다양성이 급격히 감소했다는 사실을 보여준다. 이것은 번식의 편향이 급격히 증가했다는 뜻이다.[106] 이 시기에 인류사회에서는 농경이 발달하면서 정착촌이 생기고 부의 축적이 가능해졌다. 나중에 시장경제가 형성되고 사회가 복잡해지면서 이동이 가능해지자 또 한 번 변화가 생겼다. 남자들로 이뤄진 집단이 규칙을 만들어 힘센 남자들이 여자들을 잔뜩 데리고 있지 못하도록 강제한 것이다.[107] 마지막으로 현재 진행 중인 변화가 있다. 계획 임신과 재정적인 독립 덕분에 여성들이 정치적인 힘을 획득했고, 그 힘을 이용해 남성들의 지배에서 벗어나고 있다.

그러나 이런 사실들은 학문적인 일반화에 지나지 않는다. 이런 일반화한 진술들은 결혼을 비롯한 성적 관계들이 왜 그렇게 까다롭고 성기능 장애가 왜 그렇게 흔한지를 설명하는 토대로서는 유용하다. 하지만 문화의 다양성에 관해서는 아무것도 알려주지 않는다. 한 사회 내의 개인들과 부부들의 다양성에 관해서도 언급하지 않으며 대부분의 연애와 부부관계에 소용돌이치는 복잡성을 설명하는

데 아무런 도움도 못 된다. 디만 수많은 부부가 이렇게 별다른 어려움 없이 만족스러운 성생활을 하고 있는지를 설명하는 데는 도움이 된다. 자연선택은 사람들이 부부관계에 장기간 헌신할 수 있게 하는 메커니즘을 형성했고, 그런 관계에서 섹스는 오랜 세월 동안 엮어내는 풍성한 태피스트리의 일부분일 따름이다. 진화적 관점은 섹스와 관련된 문제가 많은 현실만이 아니라 인간이 만드는 사랑의 기적도 설명해준다.

새로운 섹스

새로운 기술이 행동과 관습과 법률을 어찌나 빨리 변화시키는지 자연선택은 그 변화를 도저히 따라잡을 수가 없다. 가장 큰 변화는 효과적인 피임이 가능해졌다는 것이다. 이제 섹스가 항상 번식과 연관되지는 않기 때문에 많은 사람에게 섹스는 오락이 됐다. 더 이상 임신을 방지하기 위해 혼전 섹스를 금기시하고 여러 상대와 섹스하지 못하게 할 필요가 없다. 사람들의 태도도 빠르게 변하고 있다. 미국인들 중에 혼전 섹스에 '아무 문제 없다'라고 생각하는 사람의 비율은 1970년대에 29퍼센트에서 2012년에 58퍼센트로 뛰어올랐다.[108] 물론 재미에는 위험이 따른다. 한동안 성병을 성공적으로 통제하고 있는 것처럼 인식됐지만, 항생제 내성과 HIV를 비롯한 질병들 때문에 요즘에는 콘돔을 반드시 사용하고 어느 때보다 조심해야 한다.

또 하나의 극적인 변화는 여자아이들이 초경을 일찍 시작한다는 것이다. 초경 연령은 평균 16세에서 12세로 내려왔다.[109, 110, 111] 하지만 인간의 뇌는 그만큼 빨리 성숙하지 않기 때문에 수많은 사람이 뇌가 지침을 제공할 준비가 되기도 전에 섹스를 원하고 실제로 섹스를 하고 있다.

지난 수십 년 동안 미국에서는 질투가 감소했거나 적어도 질투를 겉으로 표현하는 것이 부적절하다는 인식이 생겨났다.[112] 하지만 질투는 언연히 인간 본성이 한 부분이다.[113] 질투의 기원을 밝혀냈다고 해서 그 힘이 사라지지는 않는다. 언젠가 나는 어떤 심리치료사가 진화론의 최신 연구 결과들을 이용해 부부관계 치료를 한다는 이야기를 들었다. "나는 부부들에게 이렇게 설명해요. 남자들의 몸에는 다른 여자들과 섹스를 하려는 충동이 새겨져 있다고, 그러니까 남자가 가끔씩 바람을 피운다고 해서 여자가 너무 속상해할 필요가 없다고요." 그 심리치료사는 치료가 얼마나 효과적이었는지는 이야기하지 않았지만, 그 말을 들은 부부가 다른 치료사를 찾아봐야겠다고 의견을 모으면서 한마음이 되는 데 도움이 되었으리라는 건 쉽게 상상이 간다.

현대 대중매체는 성적 흥분을 유발하는 이미지를 공공연히 보여주며 개인들에게는 남몰래 포르노그래피를 접하는 통로를 열어준다. 놀랍게도 10만 명이 넘는 직업적 포르노그래피 제작자와 아마도 그보다 더 많을 비공식적 포르노그래피 제작자들이 카메라 앞에서 섹스를 하고 수백만 명에게 그 장면을 공개한다.[114] 10년 전에 약 400억 달러 규모로 추정되던 인터넷 포르노 시장은 이제 규모가 많이 축소됐다. 사람들이 흥미를 잃어서가 아니라 공짜 포르노가 너무 많아졌기 때문이다.[115] 바이브레이터 등의 섹스용품을 판매하는 시장은 폭발적으로 성장했다. 섹스용품 시장의 확대는 남녀관계에 큰 함의를 지닌다. 섹스용품은 여성이 독립적으로 성적 쾌락을 누릴 기회의 평등으로 가는 길이라고 홍보됐기 때문이다.[116] 원격으로 바이브레이터를 조종하는 시스템 덕분에 수천 킬로미터 떨어진 상대와도 성적 교감이 가능해지는 대신 개인의 사생활은 보장되기 어렵다. 얼마 전에는 그런 상품을 제조하는 업체들 중 하나가 고객들의 사용 기록을 보관하고 있다가 발각됐다. 대부분의 나라에서는 여전히 돈을 내고 하는 섹스가 불법이지만, 그런 나라가 전보다는 줄어들고 있다. 가상현실이라는 모퉁이 너머에는 섹스 로봇이 기다리고 있다.[117]

섹스는 어디로 가고 있는가? 확실한 것은 단 하나, 신기술이 섹스에 관한 우리의 선택을 변화시키고 있다는 것이다. 그 변화는 문화가 전통을 변화시키는 것보다 빠르고 자연선택이 우리의 뇌를 변화시키는 것보다 훨씬 빠르다. 예상컨대 쾌락은 더 많아지고, 새로운 문제가 발생할 것이다. 그리고 섹스가 쾌락인 동시에 골칫거리인 이유에 관한 진화적 설명을 통해 더 나은 해결책도 찾아낼 수 있을 것 같다.

12장

원초적 식욕이
당신의 다이어트를 지배한다

사람은 먹을 게 없어 굶주려도 병이 나지
만 과식을 해도 병이 나지요.

— 윌리엄 셰익스피어, 〈베니스의 상인〉

양성 되먹임은 때로는 재미있고 때로는 불행한 결과를 초래한다. 작은 눈덩이 하나가 언덕을 굴러 내려가는 동안 점점 커져서 거대한 눈덩이가 되는 장면이나 성냥개비 하나로 큰 불꽃을 피우는 광경은 흥미진진하다. 하지만 사고를 일으키고 달아나는 트럭과 심장마비는 재앙이다. 관상동맥에 생긴 작은 경화반plaque이 조금만 터져도 혈류에 교란을 일으켜 혈전이 생기고, 혈관이 좁아지고, 혈류가 원활하지 못해 혈전이 더 쌓이고, 나중에는 동맥이 완전히 막혀서 심장마비가 발생한다. 불안 및 기분장애에 대한 양성 되먹임도 비슷한 연쇄반응을 일으키며 그 결과도 똑같이 비참하다.

악순환은 섭식장애를 설명하는 데도 중요한 개념이다. 과체중이 되면 관절통, 피로, 수치심을 유발해서 운동하기가 어려워진다. 운동을 못하면 비만이 더 심해지고 운동량은 더 적어져서 쉽게 병에 걸린다. 달콤한 음식을 먹으면 단것을 더 먹고 싶은 욕구가 생겨나는데, 이것을 설탕 중독이라고 한다.[1] 배 속에서 설탕을 직접 공급받은 여러 계통의 박테리아들이 다른 박테리아들보다 빨리 자라기 위해 달콤한 음식을 먹도록 우리를 조종하는 셈이다.[2]

극단과 악순환을 막으려면 인체의 모든 측면을 안정화하는 시스템이 필요하다. 체온이 떨어지면 정상으로 돌아갈 때까지 몸이 덜덜 떨린다. 체온이 상승하면 땀을 흘려 몸을 식힌다. 혈당이 낮아지면 음식을 먹고 싶어지고, 간에 저장된 탄수화물이 포도당으로 바뀐다. 혈당이 높아지면 혈액에서 포도당을 빼내 세포 속에 넣어주는 호르몬인 인슐린이 분비된다. 이런 시스템들이 마치 항상성을 유지하는 온도조절기처럼 우리의 몸을 안정적인 상태로 유지시킨다.

이러한 자가안정 시스템들은 어떤 수치가 지나치게 높거나 지나치게 낮을 때 켜지고, 수치가 정상 범위로 돌아오면 꺼진다. 우리 몸에는 자가안정 시스템이 얼마나 많을까? 수천 개에 달한다. 자가안정 시스템들은 혈압, 심장박동, 호흡, 음식 섭취와 같은 대규모 기능을 통제하고, 다양한 화학물질 및 호르몬의 양과 세포분열 속도를 좁은 범위 내로 유지한다. 그리고 유전자가 언제 활성화하고 언제 중단할지도 이 시스템들이 조절한다. 복합적인 자가안정 시스템은 생명의 정수다.

질병이 생기는 핵심 요인은 항상성 조절 시스템의 고장이다. 요즘에는 체중을 조절하는 시스템이 상당히 자주 문제를 일으킨다. 미국의 성인들 가운데 정상 체중을 가진 성인들의 비율은 1962년에 55퍼센트에서 1990년에는 44퍼센트, 2000년에는 36퍼센트 그리고 2008년에는 32퍼센트로 감소했다. 비만(신장 180센티미터인 사람이 95킬로그램 이상인 경우)인 사람의 비율은 1962년 이래로 두 배 이상 증가해 13.4퍼센트에서 현재는 34퍼센트가 넘는다.[3] 미국 성인의 3분의 2는 과체중 또는 비만이다.[4]

수치로 따져보지 않아도 거울만 있으면 우리 자신이 과체중 상태라는 것을 알 수 있다. 그래서 우리는 체중을 줄이기로 결심한다. 의지만 있으면 식사를 조절할 수 있다고 하니까. 따지고 보면 냉장고를 여는 것은 의식적인 결정 아닌가. 우리는 자발적으로 아이스크림 통을 열고 아이스크림을 떠서 그릇에 담는다. 스스로 숟가락을 들어올리고 입을 열지 않는다면 아이스크림이 목구멍으로 내려갈 수 없다. 음식을 삼키는 일도 자발적인 행동이다. 그래서 수백만에 달하는 사람이 의지력을 발휘해 다이어트를 하기로 마음먹는다.

보통 다이어트를 시작하면 몇 주 또는 몇 달 동안 체중이 감소한다. 하지만 100명 중에 90명은 체중이 다시 늘어니고, 일부는 다이어트 전보다 체중이 더 늘어난다.[5] 이거야말로 우리가 앞에서 이야기했던 '실현 불가능한 목표'가 아닌가! 체중을 조절하려는 노력 때문에 수많은 사람이 자기 몸은 물론이고 자신의 의지력에 대해 부정적인 생각을 한다. 그들은 날마다 과식하지 말자고 스스로 다짐한다. 대부분의 날은 실패로 끝나고, 우리는 자신을 탓한다.

체중 조절에 실패하면 자신이 덜 매력적으로 보일 뿐 아니라 좌절을 느끼고, 의욕과 자존감이 저하되고, 질병과 죽음에 대한 공포를 느낀다. 정상 체중인 사람들과 비교할 때 비만인 사람들은 만성질환으로 고생할 확률이 무려 50퍼센트 더 높다.[6] 이것은 30세에서 50세로 연령이 높아질 때의 위험 증가분과 같고 비흡연자가 흡연자가 될 때의 만성질환 유병율 증가분의 두 배가 넘는 수치다.[7] 미국에서 비만이 원인이 되어 사망하는 인구는 매년 30만 명이다.[8]

해결책은 간단해 보인다. 더 열심히 노력하는 것이다. 우리는 자제력을 발휘할 수 있다. 덜 먹고 더 움직여라. 전문가들은 좋은 의도로 계속 이런 설명을 한다. 충고는 잡지와 책, 텔레비전과 인터넷에서 되풀이된다. 병원과 직장에서도 되풀이된다. 마치 우리가 그걸 모르기라도 하는 것처럼! 하지만 충고만으로는 부족하다. 그래서 우리는 돈을 내고 도움을 받는다. 미국에서만도 해마다 600억 달러가 다이어트 업계에 들어간다. 절반은 상품에, 절반은 서비스에 지출하는 돈이다.[9, 10] 다이어트 알약, 다이어트 식품, 상담사, 비만 전문병원, 스파, 수술, 운동 프로그램이 넘쳐나고, 특별한 체중감량 비법을 남고 있다고 자랑하는 다이어트 지침서는 말할 것도 없다. 이런 상품과 서비스의 효과는 입증된 것이 별로 없다. 갖가지 해결책이 경합을 벌이고 있다는 것은 그중 어느 것도 뾰족한 해결책이 못 된다는 얘기다.

더 나은 해결책을 발견하려면 비만의 원인을 밝혀내야 한다. 비만의 원인에 관해서는 집중적인 연구가 이뤄지고 있으며, 수많은 논문이 설득력 있는 가설을 내놓고 있다. 모든 가설은 체중조절 메커니즘의 어떤 부분에 이상이 생겼다고 가정한다.[11] 렙틴leptin(포만감을 일으키는 호르몬 - 옮긴이)이 문제일까? 유전자 이상일까? 불안이 심해서일까? 어린 시절에 사랑을 못 받아서? 마음의 공허함을 채우기 위해? 잡지의 이상화된 이미지가 문제인가? 광고 때문인가? 마이크로바이옴이 원인인가? 신선하고 건강에 좋은 음식을 구하기가 어려워서? 뭘 먹어야 할지 몰라서? 넌더리날 정도로 많은 설명은 신빙성 있는 지식이 없다는 증거다.

지금까지 밝혀진 사실들을 요약하면 다음과 같다. 평소에 음식 섭취를 조절하는 뇌의 메커니즘은 매우 복잡하기 때문에 어떤 개별적인 요소에 개입하는 것만으로 쉬운 해결책을 얻을 수는 없다. 누가 비만이 될지를 정확히 예측할 수는 없지만 유전자 변이와 사회적 요인이 모두 중요하다. 미국에서는 1980년쯤 비만이 늘어나기 시작했는데, 그 무렵에는 여러 가지 변화가 있었다. 주로 앉아서 일하는 직업, 패스트푸드, 지방과 설탕 함량이 높은 새로운 가공식품, 인공 감미료, 항생제 그리고 대중매체가 그때쯤 생겨났다. 이런 변화들 중 하나가 비만의 주된 요인이었는지, 아니면 몇몇 요인의 결합으로 비만인구가 늘었는지는 불분명하다. 어떤 변화가 원인이든 그 변화가 미국인 다수를 과체중으로 만들었다는 것만은 확실하다. 그래서 원인에 대한 질문을 완전히 뒤집어볼 필요가 있다. 정상 체중을 유지하고 있는 소수의 사람은 무엇이 달랐는가?

조절 시스템은 일정한 범위 내에서만 작동한다. 당신의 노트북 컴퓨터에는 과열을 방지하는 시스템이 있지만 설명서에는 깨알 같은 글씨로 다음과 같이 쓰여 있다. "섭씨 4도에서 43도 사이의 온도에서만 사용하십시오." 만약 당신이 뜨거운 여름날 햇빛이 내리쬐는 곳으로 노트북 컴퓨터를 들고 나간다면 냉각 시스템은 주변 온도를 감당하지 못할 것이고 컴퓨터는 곧 멈춰버릴 것이다. 만약 당신이 여름날 햇빛 아래로 나가면서 적당한 보호장비와 물을 가져가지 않는다면 당신의 몸도 작동을 멈출 것이다.

우리의 몸이 조상들의 몸처럼 극단적인 기온에 노출되는 일은 적지만, (많은) 음식과 (적은) 운동이라는 다른 종류의 양극단에 노출되는 일은 흔하다. 몸의 시스템들은 굶주림에 대비해서 우리 몸을 아주 효과적으로 보호하도록 진화했다. 칼로리 부족을 감지하면 공복감을 유발하고, 우리에게 음식을 구해서 먹기 위해 필사적으로 노력하도록 만든다. 그런 시스템이 없는 사람들은 짧은 기근에도 버티지 못하고 사망할 확률이 높다.

그에 비하면 과체중이 되지 않도록 우리를 보호하는 시스템들은 빈약한 편이다. 구석기시대에는 일부 사람들을 과체중으로 만든 유전자 변이가 선택되지 못했을 것이다. 몸이 너무 무거우면 포식자들을 피해 달아나지 못하기 때문이다. 하지만 몸이 너무 무거워서 잡아먹힐 위험은 몸이 너무 마른 경우의 위험보다는 적었다. 현대사회에서도 과체중인 사람의 체중이 1킬로그램 늘어날 때보다 저체중인 사람이 1킬로그램 줄어들 때 사망할 확률이 더 크다.[12] 그래서 우리가 비만이 되지 않도록 보호하는 뇌의 메커니즘들은 기아로부터 우리를 보호하는 메커니즘보다 약하다.

비만이 급속히 확산된 데 대한 진화적 설명의 핵심은 명백하다. 체중을 조절하는 메커니즘들이 현대 환경에 잘 맞지 않는다는 것이다. 당신의 몸을 가지고 현대사회의 슈퍼마켓에 들어가는 일은 당신의 컴퓨터를 뜨거운 여름날 바깥에 가지고 나가는 일과 비슷하다. 지금의 환경은 인류의 조절 메커니즘이 대처할 수 있는 범위를 벗어난다. 인류가 진화하기 전과 너무 많이 달라서 정상적인 식생활을 하는 사람이 있다는 것이 놀라울 지경이다. 수렵채집 사회에 살던 조상들은 날마다 열매를 따고 동물을 사냥하기 위해 몇 킬로미터씩 걸었고, 먹이를 찾기만 하면 바로 달려들어 주린 배를 채웠다. 그들이 찾던 식량은 주로 섬유질이 많은 과일과 채소, 지방이 적은 생선과 고기였다. 그것이 불과 몇천 년 전의 일이고, 어떤 민족에게는 몇백 년 전의 일이다.

거대한 변화는 조절 시스템이 진화하는 속도보다 훨씬 빠르게 찾아왔다. 가장 큰 변화는 1만 년쯤 전에 농경이 시작된 것이다. 지금도 가뭄, 빠르게 증가하는 인구, 정치적 갈등 때문에 간혹 기근이 발생하긴 하지만 저장 기술, 운송, 경제 시스템이 발달한 덕분에 기아의 위험은 크게 줄었다. 그다음으로 도시, 시장, 교통의 발달이라는 커다란 변화가 일어나자 우리가 구할 수 있는 음식의 양이 늘어나고 안정적으로 공급되기 시작했다. 지난 몇십 년 동안 식품 생산은 공업화되고 어느 나라 사람에게나 그들이 원하는 온갖 음식을 1년 내내 공급하는 판매기법까지 개발됐다. 드디어 인류의 꿈이 실현된 것이다!

슈퍼마켓 진열대에 놓인 '음식과 유사한 물질'들은 선택의 산물이다. 여기서 선택이란 자연선택이 아닌 우리의 선택이다. 식품업계의 엔지니어들은 지방, 소금, 설탕, 탄수화물, 단백질 그리고 각종 화학물질을 결합해 다양한 모양과 색과 질감을 가진 물질을 만들어 낸다. 이렇게 제조된 상품이 슈퍼마켓 진열대로 운반되고, 우리는 원하는 것을 고른다. 많이 팔리는 제품은 진열대에서 더 넓은 공간을 차지하고, 그것과 비슷한 제품이나 그것을 모방한 제품이 더 많이 나와서 마치 제트엔진을 달고 날아가는 열추적 미사일처럼 우리의 욕구를 한층 더 정확하게 저격한다. 그 결과물은 편의점에서 볼 수 있다. 줄줄이 놓여 있는 감자칩, 설탕을 입힌 견과류 열매, 초콜릿을 입힌 과일 그리고 초콜릿이 듬뿍 들어간 브라우니 프리미엄 아이스크림. 씹는 것조차 귀찮다면 던킨도너츠에서 큼지막한 '프로즌 캐러멜 커피 쿨라타'를 사서 한 컵만 마셔도 990칼로리를 섭취하게 된다. 우리가 당연하게 받아들이는 식품들은 환상을 현실로 만든 것으로서 어디에서나 돈만 약간 내면 구할 수 있다.

슬프게도 우리가 원하는 것은 우리에게 좋은 것이 아니다. 담당 의사를 찾아가서 다이어트에 관한 조언을 구해보라. 의사가 뭐라고 할지 당신은 이미 알고 있다. 채소와 과일을 많이 먹고, 복합 탄수화물을 일정량 섭취하고, 지방이 많은 고기는 제한하고, 설탕은 최소한으로 줄여야 한다. 더 간결하게 줄이면 다음과 같다. "당신이 정말로 좋아하는 음식은 아무것도 먹지 말고, 특별히 맛있게 느껴지지 않는 음식만 드세요." 참을 수 없는 역설이다. 욕구를 정확히 채워주도록 설계된 음식을 무제한으로 얻을 수 있는데, 그 음식들을 섭취하면 우리가 덜 멋있어지고 좌절하게 되고 병에 걸리고 수명도 짧아진다니.

그래서 오늘날 수백만의 사람들은 그리스 신화에서 제우스가 총애했던 아들 탄탈로스에 버금가는 고문을 날마다 당하고 있다. 탄탈로스의 첫 번째 죄는 하찮은 인간들에게 신들의 음료인 넥타르와 신들의 음식인 암브로시아를 알려준 것이다(이 이야기에 잘 어울린다). 그 사실을 알게 된 신들은 매우 불쾌해했다. 악의에 찬 탄탈로스는 참회를 하겠다고 속여 신들을 초대하고 자기 아들 펠롭스를 죽인 다음 그 고기를 끓여 대접했다. 신들은 적절하고도 잔인한 형벌을 생각해냈다. 탄탈로스를 맑고 시원한 물이 가득한 연못가에 사슬로 영원히 묶여 있는 신세로 만들었는데 그가 물을 마시려고 할 때마다 물은 저만치 달아난다. 머리 위에 먹음직스럽게 매달린 무화과와 배와 석류는 그가 손을 뻗을 때마다 저 멀리 달아난다. 곤경에 처한 그는 목이 마르고 배가 고파서 미칠 것 같지만 욕구는 절대 충족되지 않는다.

우리의 환경은 탄탈로스가 받았을 법한 강력한 유혹을 보내지만, 그렇다고 우리를 사슬에 묶어놓지는 않았다. 의지력이 몇 가닥 실만큼의 힘으로 우리를 붙들고 있을 뿐이다. 그래서 우리는 순간적인 기쁨을 얻지만 뒤이어 오래 지속되는 수치심과 질병에 시달린다. 설상가상으로 다이어트를 할 때마다 체중 설정값은 상승 조정된다.[13, 14, 15] 다이어트를 하면 신진대사도 느려진다. 〈도전! FAT 제로 The Biggest Loser〉라는 텔레비전 프로그램에서 수십 킬로그램을 감량했지만 여전히 거대한 몸집을 가지고 있는 사람이 정상적인 수치의 칼로리를 섭취하면 체중이 다시 늘어나는 이유다.[16] 한편으로 어떤 사람은 음식 섭취를 극단적으로 제한하는 능력을 발휘한다. 그들은 더 심각한 문제를 안고 있다.

신경성 식욕부진증과 폭식증

22세 여성이 우리 병원에 입원했던 일이 생생하게 기억난다. 환자는 몸무게가 31.7킬로그램인데도 물조차 마시지 않으려 했기 때문에 며칠 내로 사망할 위험이 있었다. 자신이 너무 뚱뚱해서 보기 흉하다고 믿었던 환자는 전신거울 앞에 서서 뚱뚱한 여자가 보인다고 생각했지만, 우리가 보기에는 강제수용소의 포로 같았다. 그녀는 아침식사로 요란한 의식과 함께 치리오 과자를 딱 한 개 먹으면서 자신과 같은 자제력을 지니지 못한 주위 사람들에게 오만한 시선을 보냈다. 나는 그녀에게 지금 당장 음식은 먹지 않아도 되지만 약 대신에 물을 마셔야 한다고 통보했다. 환자는 내 말을 따랐고, 물을 마셨더니 몸 상태가 안정됐다. 우리는 환자를 정상적인 식사를 하도록 하는 행동치료 프로그램에 넣었지만 체중은 늘지 않았다. 결국 우리는 그녀의 옷장에서 토사물이 들어 있는 커다란 플라스틱 쓰레기통을 발견했다. 그녀는 죽지 않았고 몇 달간 입원생활을 한 뒤에 정상에 가까운 체중을 회복했다. 하지만 여전히 그녀의 머릿속에는 체중 생각밖에 없었고, 실컷 먹고 토하기를 반복했다.

신경성 폭식증bulimia nervosa(이하 폭식증)은 신경성 식욕부진증anorexia nervosa(이하 식욕부진증)에 자제력 부족이 더해진 질환이다. 폭식증 환자들은 식욕부진증 환자와 마찬가지로 음식 섭취량을 극도로 제한하려고 노력하지만 항상 자제력을 잃고 폭식을 한다. 그리고 나서는 구토를 하거나 완하제(설사약)를 먹거나 운동량을 극한까지 늘린다. 배가 고픈데 먹지 않고 참는 능력을 가진 사람은 극소수에 불과하기 때문에, 폭식증은 식욕부진증보다 훨씬 흔하다.

식욕부진증과 폭식증은 보통 체중을 빠르게 감량하겠다는 결심과 함께 시작된다. 며칠 동안 혹독한 다이어트를 하고 나면 우리의 생각은 거의 음식에만 초점이 맞춰진다. 얼마가 지나면 손에 잡히는 모든 음식을 게걸스럽게 먹어치운다. 아이스크림 한 통이나 커다란 식빵 한 덩어리를 한 번에 다 먹는다. 숨을 최대한 오래 참아본 적이 있는가? 폭식증 환자의 폭식은 호흡을 멈추려는 노력이 끝나고 나서 헉헉대며 공기를 잔뜩 들이마시는 것과 마찬가지로 비자발적인 행동이다.

내가 내과와 외과 병동 환자들에게 정신과 상담을 해주던 시절, 간혹 외과 의사들이 비만인 환자에게 체중을 줄일 때까지 수술을 해주지 않겠다고(환자가 암에 걸렸는데도 그랬다) 통보하는 모습을 봤다. 외과 의사들이 "먹는 건 자기 의지에 달려 있잖아요. 저 사람들은 좀 그만 먹어야 해요"라고 말할 때마다 나는 이렇게 말하곤 했다. "제가 음식 섭취 조절에 관해 설명하는 동안 숨을 참고 있어보실래요?" 실제로 숨을 참아본 의사는 거의 없었다. 하지만 그들은 내 말을 알아들었고, 그중 몇몇은 나와 사이가 나빠졌다.

당신이 이틀째 셀러리와 물만 먹는 다이어트를 하다가 방금 아이스크림 한 통을 싹싹 긁어먹었다고 해보자. 당신의 기분은 어떨까? 물론 속이 메스꺼울 것이다. 억지로 토하면 메스꺼운 느낌은 가시고 칼로리도 섭취하지 않게 될 것이다. 하지만 당신은 수치와 두려움과 절망을 느낀다. '나는 먹는 것을 통제하지 못하는구나. 계속 이런 식이라면 나는 비행선처럼 뚱뚱해질 거야.' 이 상황에서 당신이 자연스럽게 하게 되는 행동은 무엇일까? 더 열심히 노력한다. 다시 사흘 동안 아무것도 먹지 않겠다고 결심한다. 하지만 둘째 날 저녁, 당신은 문득 손에 들고 있던 커다란 땅콩버터 통이 텅 비어 있다는 사실을 깨닫는다. '이제 어떻게 하지? 설사약이라도 먹어야 하나? 식사를 할 때마다 토할까? 하루에 4,000칼로리를 태우는 운동 요법을 시작할까?'

기존 연구들은 뇌의 메커니즘 또는 유전자를 분석해서 왜 어떤 개인들이 섭식장애에 취약한가를 설명하려 했다. 우리의 임무는 다르다. 모든 인간이 조절장애에 쉽게 걸리는 식이조절 메커니즘을 가지고 있는 이유를 밝혀내는 것이다. 그 출발점은 자연선택이 기아의 위험으로부터 우리를 보호하는 강력한 메커니즘을 형성했다는 점을 인식하는 것이다. 기근이 발생하면 먹이 공급에 명백한 차질이 빚어지기 때문에, 식이조절 메커니즘은 동물들에게 음식을(어떤 음식이든) 구해와서 재빨리 먹어치우고 평소보다 많이 먹을 동기를 부여한다. 또한 식이조절 메커니즘은 체중 설정값을 상승 조정한다. 먹이의 공급원이 불안정할 때는 지방을 추가로 저장해둘 필요가 있기 때문이다. 그리고 앞에서 설명한 것처럼 체중이 줄어들면 신진대사가 느려진다. 사람이 굶주리고 있을 때는 신진대사가 느려져야 하지만, 이것은 체중 감량에 도움이 안 된다. 또 음식을 먹었다 안 먹었다 하는 것은 먹이 공급이 안정적이지 않다는 신호가 되기 때문에 음식 섭취량이 늘어나고 폭식을 하게 된다. 쥐들을 대상으로 실험한 결과도 동일하다.[17]

섭식장애가 있는 사람들의 이상한 행동은 이 그림에 잘 맞는다. 우리 병원을 찾았던 식욕부진증 환자들 중 일부는 사탕을 훔치다가 자주 들켜서 병원 매점 직원들과 친해지기도 했다. 이불 속이나 옷장 구석에서 도둑맞은 사탕들이 발견되는 일은 더 잦았다. 음식을 훔치고 숨기고 남몰래 재빨리 먹으며 근근이 살아가는 일은 생각만 해도 끔찍하다. 실제로 강제수용소 생존자들은 기회가 있을 때마다 음식을 훔쳐서 조금씩 숨겨놓았다고 증언한다.[18] 강제수용소에서 살아남지 못한 사람들의 행동에 대해서는 우리도 모른다. 식욕부진증과 폭식증을 앓는 사람들은 지나치게 많은 음식에 둘러싸여 있지만 그들의 몸은 굶주림의 신호만 인지한다. 그리고 몇 칼로리를 더 섭취하는 것이 생사를 가르는 상황에나 적합한 행동을 한다.

정신의학자 힐데 브루치Hilde Bruch는 자신이 치료했던 수백 명의 섭식장애 환자들에 대해 깊이 사색한 결과를 글로 썼다.[19] 브루치의 관찰에 따르면 섭식장애는 대부분 체중을 줄이려는 강도 높은 노력에서 시작되지만 환자들의 동기는 제각각이다. 식욕부진증 환자들 중 일부는 어릴 때부터 외모에 가치를 많이 부여하고, 일부는 부모에게서 날씬해야 사랑받을 수 있다고 배운다. 어떤 사람은 스스로를 통제하는 능력이 뛰어나다는 자부심을 지나치게 느끼면서 자제력이 부족한 보통 사람들을 경멸한다. 간섭이 심한 부모와 기싸움을 벌이다가 식욕부진증에 걸린 사례도 있다. 일부 환자는 의학적인 원인 때문에 본인의 의도와는 다르게 체중이 줄어들면서 식욕부진증 증상이 나타났다.[20] 때로는 충격적인 경험을 하고 나서 섭식장애에 걸린다. 어린 시절에 성적 학대를 당한 사람이 성인이 되고 나서 섹스를 피하기 위해 일부러 뚱뚱한 몸을 유지하는 불행한 경우도 종종 있다. 드물게는 뇌종양 때문에 음식 섭취가 줄어드는 사례도 있다. 어떤 사람은 섭식장애에 걸리고 어떤 사람은 걸리지 않는 이유를 설명하려면 몇 가지 원인을 결합해야 한다. 하지만 비만에 대한 공포 때문에 식단을 가혹하게 제한한 다음 섭식장애가 발병한 경우가 압도적으로 많다.[21, 22, 23]

섭식장애에 대한 취약성에는 유전적인 영향도 작용한다. 쌍둥이 중 한쪽이 식욕부진증을 앓을 때 다른 한쪽도 같은 병에 걸릴 확률은 똑같은 유전자를 가진 일란성 쌍둥이가 수정란이 따로 있었던 이란성 쌍둥이보다 훨씬 높다. 섭식장애에 대한 취약성의 개인치 기운데 절반 정도는 유전적 차이에서 기인한다.[24, 25] 그래서 섭식장애는 마치 유전자 이상 때문에 발생하는 유전병처럼 인식되기도 하지만, 사실은 급속히 변화하는 환경의 영향을 시사한다.[26] 심각한 섭식장애를 일으키는 비정상적인 유전자들은 자연스럽게 도태됐을 것이다. 오늘날 새로운 장애의 위험을 가중시키는 대립유전자들은 대부분 새로운 환경에서만 문제를 일으키는 유전적 급변quirk에 해당한다. 예를 들어 근시의 발생 여부는 거의 전적으로 유전자에 달려 있지만, 그런 유전자 변이는 비정상이 아닌 급변으로, 아이들이 집 밖에서 살다시피 하고 글자를 배우지 않던 시대에는 문제가 되지 않았다.[27] 근시, 흡연, 물질남용, 비만, 신경증은 현대 환경에서 비롯된 질병이고, 그런 질병에 영향을 끼치는 대립유전자 대부분은 자연 환경 속에 존재하는 해롭지 않은 변이들인 것이다.

하지만 유전학자들은 유전자를 찾는 방법을 알기 때문에 반드시 유전자를 찾으려고 한다. 100명이 넘는 연구자가 5,000명 이상의 식욕부진증 환자와 2만 1,000명의 대조군을 대상으로 연구를 진행했다. 그들은 식욕부진증 위험을 증가시키는 위치를 찾기 위해 유전체 전체를 조사했지만 하나도 발견하지 못했다.[28] 최근에 발표된 또한 편의 연구는 3,495명의 식욕부진증 환자들과 1만 982명의 대조군이 가진 1,064만 1,224개의 유전자 변이를 분석했다. 그 결과 유전체 전체에서 식욕부진증 위험을 높이는 위치를 딱 하나 찾아냈지만, 확실한 증거라고 하기는 어려웠다. 식욕부진증 환자들의 48퍼센트가 12번 염색체에 위치한 그 대립유전자를 가지고 있었는데, 대조군에서도 44퍼센트가 같은 대립유전자를 가지고 있었기 때문이다. 그리고 그 대립유전자는 식욕부진증의 위험을 20퍼센트 정도만 증가시켰다.[29] 섭식장애의 원인은 비정상적인 유전자가 아니다. 섭식장애는 정상적인 유전자들이 비정상적인 환경과 상호작용할 때 발생한다.

진화심리학과 섭식장애

진화심리학자들은 섭식장애에 이점이 있을 수 있다고 주장했다. 미셸 서비Michele Surbey는 식욕부진증에 걸리면 월경주기가 중단되기 때문에 형편이 좋지 않을 때 번식을 연기할 수 있다고 주장했다.[30] 다른 종들과 마찬가지로 인간에게도 섭취 가능한 칼로리가 불충분해 임신기간에 필요한 영양분을 충분히 섭취할 수 없을 때 번식을 중단함으로써 임신 성공률을 높이는 메커니즘이 있다.[31, 32, 33] 그 시스템은 몸에 저장된 지방의 양과 획득 가능한 에너지의 양을 꾸준히 살핀다. 체중이 급격히 감소하거나 발레 또는 마라톤처럼 에너지를 많이 소모하는 운동을 할 때 그 메커니즘은 설령 체중이 정상이라도 생식을 중단한다.[34] 식욕부진증 환자들의 생리불순이 우리에게 유용한 시스템의 산물이긴 하지만 음식이 희소할 때 번식 기능은 저절로 꺼진다. 따라서 굳이 음식 섭취를 중단할 필요는 없다.

다른 진화심리학자들은 식욕부진증이 짝을 찾기 위해 경쟁하는 암컷들의 전략이 극단으로 치달은 경우일 수 있다고 주장한다. 만약 남자들이 날씬한 여자를 선호한다면 여자들은 승자가 되기 위해 점점 마른 몸매를 갖게 된다.[35, 36] 일반적으로 남자들이 젊고 생식력이 좋은 여자들의 전형적인 몸매를 선호하는 건 맞다. 하지만 그것은 탐스러운 가슴과 넉넉한 허벅지 그리고 살집이 있는 엉덩이를 가진 몸매지, 식욕부진증 환자들처럼 뼈와 가죽만 남은 몸매와는 거리가 멀다.[37] 이런 주장에 어긋나는 사실은 또 있다. 대부분의 식욕부진증 환자들은 남자를 찾으려고 하지 않는다. 그들 대부분은 섹스에 관심이 없고 아이도 많이 낳지 않는다.

식욕부진증을 이성을 유혹하기 위한 경쟁의 산물로 바라보는 사람 모두가 식욕부진 자체를 적응으로 간주하지는 않는다. 그들 대부분은 단지 짝을 구하기 위한 치열한 경쟁 전략이 과도해질 때가 있다고만 이야기한다. 그럴듯한 이야기다. 식욕부진증 환자의 비율은 남성보다 여성에게서 열 배나 높게 나타난다. 또 하나의 가설은 여자들이 지위를 획득하기 위해 경쟁하기 때문이라는 것이다. 하지만 200명 이상의 젊은 여성을 대상으로 수행한 연구에서는 지위 경쟁에서 높은 점수를 받은 여성들보다 짝 찾기 경쟁에서 높은 점수를 받은 여성들 중에 섭식장애가 훨씬 많았다.[38] 심리학 전공자가 아닌 사람들의 눈에는 최고의 남자와 맺어지려고 하는 여자들이 자기 몸매에 대해서 유독 걱정이 많은 것이 너무나 당연해 보일 것이다.

심지어는 음식 섭취량을 제한하는 것이 기근 때 유용한 전략이라는 주장도 나왔다. '기근에서 달아나기fleeing famine'라는 이름이 붙은 이 이론은 음식을 구할 수 있는데도 먹지 못하는 현상과 식욕부진증 환자들에게서 자주 발견되는 과도한 운동을 "먹이 공급이 고갈된 장소에서 다른 장소로 달아나는 전략의 일환"으로 설명한다.[39] 내게는 이런 주장들 모두 VDAA, 곧 질병을 적응으로 착각하는 것으로밖에 보이지 않는다. 식욕부진증과 폭식증은 질병이다. 질병 중에서도 새로운 질병이며 단점을 상쇄할 만한 장점은 없다.

새로운 문제들

섭식장애 사례는 어느 시대에나 찾아볼 수 있지만, 섭식장애가 흔한 질병이 된 것은 1960년대부터였다. 섭식장애는 처음에 기술이 발달한 나라들의 상류층 여성들에게서 많이 나타났다가 나중에는 다양한 사회경제적 계층으로 확산됐다.[40] 현대사회 환경 중 어느 부분이 섭식장애의 원인을 제공했을까? 가능성은 여러 가지가 있다. 인류가 30명에서 50명 단위로 모여 살면서 수렵과 채집을 하던 시대에는 짝이 될 수 있는 사람이 몇 명밖에 없었고 그 후보자들의 외모도 다 비슷했을 것이다. 현대사회에서는 개인의 외모를 다른 수천 명의 외모와 1초 만에 비교할 수도 있다. 그중에는 진짜처럼 만들어진 가짜 이미지도 있다. 우리가 텔레비전에서 보는 사람들의 몸매는 1,000명 중 1명꼴로 신중하게 선택된 다음 운동과 수술로 더 아름답게 가꾸고 다듬은 결과물이다. 그러고 나서 그 희귀한 조각 같은 몸매는 또다시 컴퓨터 프로그램으로 손질해서 마치 입맛에 딱 맞는 초코바처럼 우리가 원하는 이미지와 정확히 일치하는 인공적인 이미지로 바뀐다.

현실의 인간은 그 이미지를 따라갈 수 없다. 어떤 사람은 체중을 성공적으로 관리하고 늘씬하고 탄력 있는 몸매를 가꾼다. 대부분의 사람들은 식사량을 조절하려고 노력한다. 하지만 소수의 불행한 사람은 마른 몸매를 향한 갈망을 실현하려고 집요하게 노력하다가 양성 되먹임의 나선 속으로 빠져든다. 그 나선 안에서 체중을 줄이려고 몰두하다 보면 폭식으로 이어지고, 이어서 체중이 늘까 봐 더 두려워하고, 그래서 더 강력한 다이어트를 하고, 그 결과 체중 설정값이 더 높아지기에 이른다. 이런 악순환은 인생을 통째로 갉아먹는다.

나는 어느 식욕부진증 환자에게 하루에 다이어트 음료를 얼마나 마시느냐고 물어본 적이 있다. 그 환자의 답변에 나는 할 말을 잃었다. "열여덟 캔 정도요." 폭식과 구토를 거듭하는 환자들은 일주일에 평균 40캔의 다이어트 음료를 마시면서 100봉지쯤 되는 인공감미료를 섭취한다.[41] 이상한 일은 아니다. 굶주린 사람은 단것을 갈망하니까.

우리 몸에서는 정교한 메커니즘들이 당분을 받아들일 준비를 한다. 단맛은 인슐린을 분비해 혈당을 낮춘다.[42] 만약 진짜 설탕이 아니라 인공감미료가 몸에 들어올 경우에도 인슐린 분비가 급증해 혈당을 낮추고 식욕을 돋울 수 있다. 하지만 이러한 현상에 대해서는 연구가 쉽지 않고 결과도 일관성이 부족하다.[43]

맛을 느끼는 수용기들은 혀에만 있는 것이 아니라 위와 소장에도 있기 때문에,[44] 인공감미료의 효과를 시험하기 위해 사람들에게 인공감미료가 들어간 용액을 입안에 머금게 하는 것은 실제로 그 용액을 삼킬 경우와는 다르다. 또한 인공감미료의 효과는 비만인 사람과

마른 사람에게서 다르게 나타날 수 있고, 인공감미료의 종류에 따라 결과가 달라질 수도 있다.[45]

비만인 사람들의 인공감미료 섭취량이 증가한 것은 원인일 수도 있고 결과일 수도 있으며 둘 다일 수도 있다. 미국 텍사스주 샌안토니오에서 3,682명을 대상으로 연구를 수행한 결과, 인공감미료가 들어간 음료를 하루 세 캔 이상 마실 경우 정상 체중인 사람이 6년 뒤에 비만으로 바뀔 확률은 두 배로 증가했다.[46] 체중 문제로 고민하는 사람들이 특별히 인공감미료가 들어간 음료를 좋아하는 걸까? 아니면 그런 사람들은 칼로리가 없는 음료를 마시면 다른 음식을 더 많이 먹어도 된다고 생각하는 걸까? 두 편의 논문도 인공감미료 사용이 체중을 증가시킨다는 체계적인 증거를 발견하지는 못했다.[47, 48] 하지만 최근에 이루어진 규모가 더 큰 연구에서는 인공감미료를 섭취하면 체중이 증가할 개연성이 높다는 결과를 얻었다.[49] 문제는 논쟁의 여지가 있고 증거를 해석하기도 쉽지 않다는 것이다. 수십억 달러의 수익을 유지해야 하는 인공감미료 제조업체로부터 후원을 받은 연구도 있기 때문이다.

저체중 아기들이 성인기에 비만이 된다

영국의 내과의사 데이비드 바커David Barker는 30년쯤 전에 저체중으로 태어난 아기들이 성인기에 비만이 되는 경우가 많다는 사실을 발견했다.[50] 또 저체중이었던 아기들은 동맥경화와 당뇨병에 잘 걸렸다. 이런 발견들은 진화론의 고전적인 수수께끼로 이어진다. 자궁 안에서 영양을 충분히 공급받지 못해서 대사조절 메커니즘이 손상됐기 때문인가, 아니면 적응적 반응의 일부인가?

내과 의사이자 과학자로서 뉴질랜드 총리의 과학 자문위원을 맡았던 피터 글러크먼Peter Gluckman 경은 대단히 흥미로운 견해를 내놓았다. 자궁 내 영양결핍은 환경이 생존에 불리하다는 신호를 보내며, 그런 환경에서는 신진대사를 바꿔 더 많은 칼로리를 저장하는 것이 현명하다는 주장이다.[51] 글러크먼은 이처럼 어머니의 경험이 자손의 유전자 발현에 영향을 끼치는 현상을 '예측적 적응 반응predictive adaptive response'이라고 부른다. 그의 견해에서 영감을 얻은 한 흥미진진한 연구는 태아기에 자궁 안에서 영양결핍을 경험하면 어떤 유전자들의 단백질 생산을 가로막는 작은 분자들이 DNA에 추가된다는 사실을 밝혀냈다. 이런 과정을 유전적 각인genomic imprinting이라고 부른다.[52] 유전적 각인이 이뤄지면 신진대사가 변화해 비만과 동맥경화가 쉽게 생긴다. 유전적 각인은 미래세대에게 유전될 수도 있다. 따라서 어머니나 할머니의 다이어트가 한 아이의 비만 위험도에 영향을 끼치기도 한다.[53] 이런 발견은 이른바 '후성유전 효과epigenetic effect'(염기서열의 변화 없이 환경적으로 유도된 변화 때문에 표현형이 달라지는 현상 - 옮긴이)의 사례로 밝혀질 수도 있지만, 어머니의 행동 변화와 같은 다른 메커니즘 역시 미래세대에 영향을 끼친다.[54]

진취적인 영장류학자인 제니 텅Jenny Tung은 예측적 적응 반응 가설을 시험할 기회를 발견했다. 텅은 가뭄이 발생한 기간에 임신한 개코원숭이들을 연구하고 그 원숭이들에게서 태어난 새끼들이 어떻게 자라는지를 추적했다. 나중에 가뭄이 한 번 더 찾아왔다. 가뭄 시기에 태어난 아기 개코원숭이들은 다음번 가뭄을 더 잘 버텨낼까? 그렇지 않았다. 그 아기들은 다른 아기들보다 취약했다.[55] 이것만으로 예측적 적응 반응이라는 개념을 부정할 수는 없지만, 창조적인 과학자가 가설을 시험하는 방법을 찾아낸 좋은 사례라 할 만하다.

때때로 사람들은 진화적 견해라고 하면 모든 것이 유전자에 의해 결정된다는 의미라고 생각한다. 사실은 그 반대다. 자연선택은 환경을 관찰해서 몸과 행동을 유리하게 적응시키는 시스템을 만들어낸다. 예컨대 햇빛에 많이 노출되면 몸을 보호하기 위해 피부가 검게 변하는 반응이 나타난다. 인간이 자주 쓰는 근육들은 점점 발달해서 인간에게 필요한 일들을 해낼 수 있게 만들어준다. 예측적 적응 반응도 그런 예로 볼 수 있다. 사이먼프레이저대학교의 진화생물학자인 버나드 크레스피Bernard Crespi와 영국의 저명한 연구자 대니얼 네틀과 멜리사 베이트슨은 스스로 적응하는 시스템들이 쉽게 이상을 일으키는 이유를 밝혀냈다. 이런 시스템들은 모두 양성 되먹임을 받을 때 다른 상태로 바뀌는데, 양성 되먹임을 조절하는 것은 항상 어려운 일이기 때문이다.[56, 57]

진화적 견해는 섭식장애를 예방하거나 치료하는 간단한 방법을 알려주지는 않지만 새로운 질문을 던지고 그에 대한 답을 준다. 진화적 견해는 다이어트를 하면 체중 설정값이 더 높아지는 이유가 음식의 공급이 불안정하면 더 많은 영양분을 저장해놓을 가치가 있기 때문이라는 것을 알려준다. 또 기아 상황에 대한 유용한 반응인 폭식이 폭식증과 식욕부진증으로 발전할 수 있다는 것을 설명해준다.

오늘날 체중을 조절하는 뇌의 메커니즘은 힘을 발휘하기가 힘들 것이며, 섭식장애를 일으키는 특정한 유전자의 결함을 찾으리라고 기대해서는 안 된다고도 이야기한다. 그리고 현대 환경 중에서도 신진대사에 영향을 줄 수 있는 인공감미료와 항생제 같은 것들을 각별히 주의해야 한다고 경고한다. 이 책의 주제와 가장 밀접하게 연결되는 부분을 이야기하자면 진화적 견해는 극단적인 다이어트가 섭식장애를 유발하고 체중을 오히려 증가시키는 이유를 설명해준다.

이런 원리들은 이미 흔한 질병이 된 섭식장애를 통제할 방법을 찾는 데 도움이 될지도 모른다. 식욕부진증이나 폭식증의 손길에 꽉 붙잡힌 사람들의 경우 양성 되먹임이 섭식장애를 유지한다는 점을 인식하기만 해도 행동을 바꿀 수 있다. 그렇지 않은 사람들의 입장에서도 진화적 견해는 정신과 의사와 유용한 상담을 하는 데 도움이 된다. 음식 섭취를 통제하기 어려운 이유를 이해하고 나면 식욕을 조절하는 데 더 미세하고 때로는 역설적인 전략을 선택하게 된다. '웨이트 워처스Weight Watchers' 같은 다이어트 프로그램의 원리대로 며칠 동안 아무것도 먹지 않겠다는 결심보다 규칙적인 소량의 식사가 다이어트에 더 효과적이다.

사탕가게에서 포르노를 보고 스마트폰으로 트위터를 하는 탄탈로스

섭식장애는 현대 환경이 우리의 원시적인 정신을 혼란에 빠뜨린한 가지 사례에 지나지 않는다. 갖가지 음식을 손쉽게 구할 수 있게 되면서 우리는 모두 탄탈로스처럼 한꺼번에 여러 가지 고난을 겪고 있다.

오늘날에는 사회적 자원도 음식만큼이나 풍부하다. 페이스북, 트위터, 스냅챗이 만들어내는 새로운 유형의 사회적 연결과 인간관계는 사탕이 음식이 되는 것과 같다. 남들이 페이스북에서 유명세를 얻거나 트위터 스타가 되는 모습을 보면 사회적 욕구가 왕성해지지만 소셜미디어는 그런 욕구를 만족시키는 방법을 그만큼 많이 제공하지 않는다. 그 간극에서 불만이 싹튼다.

육체적으로 힘든 직업이나 단조로운 노동을 요구하는 직업들은 사라지고 있다. 수천 가지 새로운 직업은 재능을 살려 의미 있는 일을 한다는 만족감을 준다. 하지만 만족스러우면서 돈도 잘 버는 직업은 소수에게만 주어진다. 대다수 사람들은 공장, 호텔, 패스트푸드 음식점, 대형 마트에서 일하면서 더 좋은 직업을 가진 사람들을 부러운 시선으로 바라본다. 다른 사람들에게만 주어지는 기회가 눈에 보이면 부러운 마음이 들 수밖에 없다.

과거에 왕과 왕비가 상상할 수 있었던 것보다 더 많은 물질적 부를 이제는 적지 않은 사람이 누린다. 그 결과 어떤 사람은 남들이 물건을 구입하고 정리하고 폐기하는 일을 도와주면서 돈을 번다. 인간의 정신은 소셜미디어나 패스트푸드에 대비하지 못했던 것과 마찬가지로 이와 같은 물질적 풍요에도 미처 대비하지 못했다. 우리는 따끈따끈한 초콜릿 시럽을 얹은 아이스크림을 한 입 더 먹고 싶은 욕구를 억누르지 못하는 것과 마찬가지로 클릭 한 번으로 아마존에서 물건을 주문하는 행위를 억제하지 못한다.

매력과 능력은 택배로 오지 않는다. 하지만 오늘날의 우리는 자신을 백만 명 중에 하나밖에 없는 배우, 모델, 음악가, 화가, 운동선수, 정치가, 연기자들과 비교할 수 있다. 그리고 꿈과 희망을 가진 젊고 야심만만한 남자와 여자가 장애물을 극복하고 큰 성공을 거두는 영화를 본다. 실패하는 99만 9,999명은 주목을 받지 못한다.

피임과 질병 예방이 가능해지면서 더 많은 사람이 더 자주 섹스를 즐길 수 있게 됐다. 하지만 광고, 바이브레이터, 동영상은 과거에 상상력의 저 먼 끄트머리에나 존재하던 욕망들을 자극한다. 그래서 섹스는 더 많아졌지만 욕구도 더 커졌다. 이제 낭만적이고 관능적인 관계를 맺을 기회는 매치닷컴Match.com이나 틴더Tinder 같은 욕망과 거짓을 사고파는 세계적인 시장에서 찾아야 한다. 하지만 우리는 어떻게 행동해야 할지 잘 모른다. 그저 몸매를 더 잘 가꾸고 사진을 멋지게 찍어줄 사람을 찾을 뿐이다.

탄탈로스는 사슬에 묶여 있었으므로 자신의 욕구를 충족할 수가 없었다. 사슬에 묶여 있지 않은 우리는 스스로 사슬을 만들어낸다. 어떤 사람은 음식 섭취를 줄이기 위해 이에 철사 장치를 끼운다. 어떤 사람은 인터넷 연결선을 뽑고 며칠 동안 잡다한 정보를 검색하지 않는다. 또 어떤 사람은 욕구 조절을 도와주는 모임에 가입한다. 그리고 정말 많은 사람이 정신과 치료와 명상의 도움을 받는다. 해결책이 이렇게 많은 이유는 욕구라는 것을 부정할 수 없기 때문이다. 욕구를 충족하려는 노력은 과잉과 더 큰 절망을 낳는다. 욕구에 뚜껑을 닫으려고 노력할수록 냄비 속의 압력은 증가한다.

욕구와의 갈등은 오랜 역사를 지니고 있다. 고대 그리스의 철학자들은 나름의 해결책을 제시했다.[58] 쾌락주의는 욕구를 억제하지 말고 쾌락을 추구하라고 권했다. 스토아 철학은 미덕을 추구하고 고통을 참아내며 욕망에 흔들리지 않도록 자제력을 기르라고 가르쳤다. 에피쿠로스 철학은 욕망을 추구하기 때문에 고통이 생겨난다는 사실을 인식하고, 가능한 범위 내에서 쾌락을 즐기되 육욕이나 사교 활동은 멀리하라고 가르쳤다. 풍족한 삶은 새로운 문제를 야기한다. 하지만 그것은 어디까지나 선진국 국민들의 이야기로서, 아직 그런 단계에 도달하기를 간절히 바라는 사람도 많다.

13장

끝없는 갈망이 당신을
좀비로 만든다

노아가 농사를 시작하여 포도나무를 심었
더니, 포도주를 마시고 취하여 그 장막 안
에서 벌거벗은지라.
– 〈창세기〉 9장 20~21절(개역개정 한글판)

내가 소속된 정신과 상담 전문의 팀이 일반병동에서 회진을 하고 있었다. 인턴들이 우리를 찾아와 간에 문제가 있는 45세 여자 환자를 봐달라고 요청했다. 그들은 환자에게 술을 끊지 않으면 머지 않아 죽을 거라고 통보했다. 그러자 그녀는 죽어도 상관없다고 대답했다. 인턴들은 그것이 자살행위라고 생각했으므로 정신과 의사들을 부른 것이었다.

그 환자는 이미 죽은 사람처럼 보였다. 피부는 누렇게 떴고, 팔에는 근육이 하나도 없었고, 복부가 부풀어올라서 임신부 같았다. 우리 팀에서 가장 선임이었던 정신과 의사가 아주 부드러운 말투로 술을 마시는 이유가 뭐냐고 물었다. 환자는 이렇게 대답했다. "술이 좋아서요. 선생님도, 그 누구도 저를 막을 수 없어요." 의사는 그녀에게 술을 계속 마시다가는 몇 주 내로 죽을 것이며 지금이라도 치료가 가능하다고 말했다. "그래서요?" 그녀가 되물었다. "저는 사는 것보다 술이 더 좋은데요."

의사가 대화를 더 해보려고 하자 환자는 의사의 말을 끊고 잠시 침묵하다가, 침대를 반원형으로 에워싼 젊은 의사들을 정면으로 쳐다봤다. "저는 치료소에 열 번이나 다녀왔는데 매번 다시 술을 마셨어요. 이번이라고 뭐가 다르겠어요. 저는 술을 끊고 싶지 않아요. 여러분은 저를 도와줄 수 없어요. 아무도 못해요. 이미 결정한 거니까 귀찮게 하지 마세요." 그 환자는 무력한 상태를 선택으로 포장함으로써 한 가닥 자존심은 지킬 수 있었지만, 그것은 교수대에서 자기 목에 걸린 올가미를 스스로 잡아당기는 사형수의 자존심에 불과했다. 다음 날 그녀는 퇴원 서류에 서명하고 떠났다. 그녀는 해마다 미국에서 알코올 때문에 사망하는 10만 명 중 하나가 됐을 것이다.[1]

물질남용의 대가는 충격적일 정도로 크다. 미국에서 성인의 30퍼센트는 알코올남용 또는 알코올중독의 진단 기준에 부합하는 시기를 거친다.[2] 2015년에는 미국 남성의 8.4퍼센트와 여성의 4.2퍼센트가 알코올사용장애alcohol use disorder(과도한 음주로 정신적, 육체적, 사회적 기능에 장애가 생기는 질환-옮긴이)였고, 전체 인구의 10퍼센트가 불법적인 약물을 사용했다.[3] 흡연은 더 흔하고 더 치명적이다. 세계적으로 10억 명이 넘는 사람들이 니코틴 중독이고, 15세가 넘는 남성의 3분의 1이 여기에 포함된다. 미국에서 성인의 흡연율은 20퍼센트로 줄었지만, 해마다 흡연으로 발생하는 사망자 수는 48만 명으로 알코올로 발생하는 사망자 수의 다섯 배쯤 된다.[4]

물질남용의 비용은 당사자만 치르는 것이 아니다. 어떤 사람은 학생 시절 친구들을 집에 데려왔는데 아버지 또는 어머니가 술에 취해 반쯤 벌거벗고 있었던 일을 기억한다. 또 어떤 사람은 아버지가 차를 몰고 나무를 향해 질주했다가 다시는 조리 있게 말을 하거나 일자리를 구하지 못하게 된 뒤로 삶이 바뀌었다. 8세 때 밤마다 아버지가 비틀비틀 걸어 들어와서 자기를 때릴지 안아줄지 아니면 그냥 횡설수설 이야기를 늘어놓으면서 잘 들으라고 강요할지 걱정하며 잠자리에 드는 아이의 기분은 어땠을까? 부모가 밤에 소리를 지르며 서로를 죽이겠다고 위협하는 바람에 잠에서 깼는데 아침이 되면 아무 일도 없었다는 소리를 듣는 아이의 심정은 어땠을까? 만약 당신과 같은 방을 쓰는 대학생 친구가 날마다 마리화나를 피워대고 공부와는 담을 쌓았는데 집세도 내지 않고 이사를 가지도 않는다면 당신은 어떻게 하겠는가?

오래된 질문, 새로운 질문

문제가 심각해지자 해결책을 찾기 위한 노력도 활발해졌다. 해결책을 찾으려는 사람들의 대부분은 일반적인 질문들을 던졌다. '왜 어떤 사람은 중독자가 되고 어떤 사람은 중독자가 되지 않는가?' '뇌의 어떤 메커니즘들이 물질남용을 유발하는가?' '어떤 예방책과 치료법이 가장 효과적인가?' 그 결과 활용할 수 있는 지식은 많아졌지만, 여전히 문제를 막는 데는 별 도움이 되지 않았다.

여기서도 우리는 조금 다른 질문들을 던지려고 한다.[5] '왜 인간은 뭔가에 쉽게 중독되는가?' 약물, 알코올, 담배에 중독되면 일찍 죽는 경우가 많기 때문에 사람들을 중독에 취약하게 만드는 대립유전자는 자연선택으로 제거됐으리라고 생각하기 쉽다. 하지만 그렇게 되지 않았다. 왜일까? 자연선택은 차치하더라도, 사람들이 물질남용의 위험을 알고 나면 술, 담배, 약물 등을 입에 안 대려고 하지 않을까 생각할 수도 있다. 어떤 사람은 그렇게 한다. 하지만 대부분은 그렇게 하지 않는다.

중독의 근본 원인은 인간의 학습 능력이다.[6] 학습 능력이 사라지면 물질남용도 없어지겠지만 실용적인 해결책은 아니다. 학습에는 경직된 사전 프로그래밍이 주지 못하는 장점이 있다. 예컨대 강화학습reinforcement learning은 선택을 통해 이뤄진다. 여기서 선택은 자연선택이 아니라 여러 가지 행동 중에 하나를 고르는 과정이다. 사람들은 각자 다양한 행동을 하는데 보상이 따르는 행동은 더 자주 선택하고, 실패하거나 고통을 유발하는 행동은 덜 선택하게 된다.

피스타치오 열매의 껍질을 벗기는 방법은 대여섯 가지가 있다. 손톱이 부러지거나 껍질이 그대로 남는 방법들은 앞으로도 선택하지 않게 된다. 껍질이 잘 까지는 방법들은 반복해서 사용되고 개선된다. 나무에서 열매를 따려면 사람이 나무에 올라갈 수도 있고, 막대기를 사용할 수도 있고, 돌을 던질 수도 있고, 나무를 흔들 수도 있다. 가장 효과가 좋았던 방법은 다음번에 또 선택된다. 애인을 유혹하는 방법도 아주 많다. 그중 어떤 방법이 효과가 있다면 도파민이 다량 분비되어 쾌감을 주면서 다음번에 또 그 행동을 하도록 유도한다. 오르가슴도 강력한 강화물이다. 학생들은 스키너B. F. Skinner의 실험상자에 들어간 쥐에 관해 배우면 학습 메커니즘이란 마치 사람들에게 M&M 초콜릿을 나눠주면 문제를 해결할 수 있을 것만 같은 조잡한 것이라고 생각하게 된다. 하지만 얼굴 표정, 손동작 그리고 목소리 톤도 강화물이다. 당신이 부는 클라리넷의 음색도 당신의 입을 더 아름다운 소리를 내는 모양으로 바꿀 수 있다. 도파민이 조금씩 일시적으로 분비되는 사이에 논리정연한 문장이 서서히 종이 한 면에 써내려지기도 한다.

약물은 시스템을 탈취한다

행동조절 시스템이 정상적으로 작동할 때는 수백만 개의 신경세포가 십여 개의 청각, 시각, 촉각, 미각 그리고 후각 단서를 처리한다. 만약 뇌 안에서 진동하는 전자적 패턴이 과거에 조상들 또는 개인의 적합도를 높여준 패턴들과 비슷하다면, 일시적으로 도파민이 분비되면서 그때의 좋은 상태가 되기 전에 했던 그 어떤 행동이든 되풀이할 동기를 만든다.

도파민 분비를 증가시키거나 모방하는 약물은 마치 조종사 옷을 입고 비행기 조종실을 접수하는 테러리스트처럼 섬세한 메커니즘들을 장악한다.[7] 약물은 뇌의 항법장치들을 우회해 조종간을 움켜잡는다. 약물이 조종센터에 도착하기 직전에 나타나는 신호들은 유혹적이다. 약물을 사용하는 사람들은 그 신호를 향해 나아가고, 약물이 조종센터에 도착한 뒤에는 지난번에 보상을 얻게 해준 행동들을 되풀이한다. 춥고 우중충하고 딱 하나 있는 전구 주위로 연기가 자욱하게 피어오르는 방은 별다른 매력이 없다. 하지만 그 방에서 당신이 헤로인 주사를 맞는다면 이야기는 다르다. 당신은 다시 그 방으로 이끌리고, 그곳에 도착하면 또다시 주삿바늘을 꽂을 것이 거의 확실하다. 그 주사를 맞는 순간 도파민 분비량이 급격히 늘어서 당신의 뇌에 당신의 적합도가 손주 열여섯 명만큼 증가했다는 신호를 보내기 때문이다.

정상적인 보상을 추구하는 행동은 자동으로 조절된다. 뭔가를 먹으면 처음에는 쾌감이 느껴지지만 나중에는 싫증이 나서 작은 박하사탕 하나도 더 먹을 엄두가 안 난다. 섹스는 한동안 욕구를 하향 조정하는 훌륭한 방법이다. 사교적 만남의 즐거움은 오래 지속되는 편이지만 그렇더라도 시간이 지나면 흥미가 떨어지고 행동을 전환하게 된다. 하지만 약물 복용을 통제하는 시스템은 인간의 진화 과정에서 이런 식으로 형성되지 않았다. 중독자들은 약물이 주는 쾌락을 맛보고, 욕구가 더 커져서 약물을 더 많이 복용하게 되는 악순환에 빠져들고, 결국에는 죽음에 이른다.

우리 조상들에게는 이런 문제가 아예 없었다. 약물 자체를 쉽게 구할 수 없었으므로 약물의 폐해가 없었고, 따라서 보호 시스템도 만들어지지 않았다. 여기서 중독을 해결하는 또 하나의 방법을 발견할 수 있다. 1만 년 전, 순수한 약물을 구하기 어려웠던 농경시대 이전으로 시계를 돌리는 것이다. 하지만 이 방법은 학습을 제거하는 것만큼이나 비현실적이다. 어쨌든 물질남용은 조상들의 뇌와 현대 환경의 불합치에 의해 발생하는 질병의 극적인 예다.

최신 정제 기술, 궐련이라든가 피하주사 같은 새로운 주입 방법, 새로운 운송 및 저장 기술, 시장경제가 발달하면서 약물을 구하기가 쉬워졌다. 법과 경찰당국의 노력은 약물 복용량을 줄이지 못했다. 사람들이 원하는 것을 공급하기 위해 시장이 만들어지고, 첨단기술은 상황의 변화에 적응한다. 약물을 차단하려고 노력할수록 화학자들은 훨씬 강력하고 밀매하기 쉬운 새로운 중독성 약물을 발명하려는 유혹을 받는다.

식물이 약물이 되는 이유

중독성 있는 화학물질은 화학자들보다 훨씬 일찍부터 존재했다. 바로 식물이다. 식물은 왜 향정신성 약물을 만들어낼까? 우리의 쾌락을 위해서가 아닌 것은 분명하다. 코카인, 아편, 카페인, 환각제, 니코틴은 신경 기능을 억제하는 신경독이다. 식물이 곤충에게 잡아먹힐 가능성을 낮추기 위해 자연선택 과정에서 생성된 것으로 보인다. 실제로 니코틴이 함유된 담배 잎사귀를 먹을 수 있는 곤충은 거의 없다. 그래서 과일나무 잎사귀를 보호하기 위해 살충 효과가 뛰어난 담배 향기가 첨가된 물을 분사하기도 한다. 카페인은 해롭지 않을 것 같지만 커피 원두 한 알로 생쥐를 죽일 수도 있다.

우리를 들뜨게 하는 화학물질은 대부분 곤충의 신경계를 교란하기 위해 진화한 것이다. 만약 우리의 뇌가 다른 화학물질을 사용한다면 우리는 지금처럼 중독 문제로 고생하지 않았을 것이다. 하지만 인간과 곤충은 같은 조상에게서 갈라져 나왔다. 약 5억 년 전 우리 조상들이 절지동물문에서 갈라져 나오고 나서 절지동물들은 지금과 같은 곤충으로 진화했다. 지금도 우리의 신경화학물질은 곤충들의 신경화학물질과 거의 똑같다. 다행히 식물의 신경독이 인간을 죽이지는 않는다. 우리는 식물을 먹고 살도록 진화했고 곤충보다 몸집이 훨씬 크기 때문에 소량의 신경독이 우리에게 치명적이지는 않다. 하지만 야물이 동기 메커니즘을 탈취해 우리의 삶을 지배할 가능성은 항상 있다.

일부 심리학자들은 자연선택 과정에서 우리가 약물과 알코올을 좋아하게 됐다고 주장한다.[8, 9] 그런 주장들 중에는 깊이 생각해볼 가치가 있는 것도 있고 믿기 어려운 것도 있다. 예컨대 어떤 심리학자는 알코올을 좋아하는 사람들이 더 느슨하게 생활하고 섹스를 즐길 가능성이 높아서 적합도가 높아졌을지도 모른다고 주장한다. 내가 보기에 이것은 심리학과 학생들이 술집에서 몽롱한 상태로 생각해내는 엉성한 이론 같다. 원시인류가 살던 사회에서도 억제하지 않는 경향을 가진 사람이 번식에 유리했을까? 나는 그렇게 생각하지 않지만, 수렵채집 사회에서는 사교적인 회합에서 약물을 자주 복용했기 때문에 장담할 수는 없다.

알코올, 특히 맥주에 대한 선호가 감염의 위험을 낮춘다는 설이 있다. 발효된 술은 물에 비해 박테리아가 증식할 확률이 낮기 때문이라고 한다. 이것은 훌륭한 '밈'이 될 수는 있겠지만 역사적 또는 과학적 근거가 별로 없다.[10] 조금 더 설득력 있는 주장은 너무 많이 익어버린 과일에 함유된 알코올이 인간에게 영양분을 섭취할 수 있다는 신호를 보낸다는 것이다.[11] 그럴싸한 이론이지만, 알코올이 보상 메커니즘에 끼치는 영향은 예상치 못한 부작용이라는 설명도 가능하다.[12] 이유가 무엇이든 사람들은 술을 무척 좋아하며, 고고학자들이 발견한 아주 오래된 항아리에는 발효의 흔적이 남아 있다. 혹자는 사람들이 정착을 해서 지루한 농사일을 감내했던 이유 중 하나가 맥주 제조에 사용되는 곡식을 충분히 얻을 수 있어서였다고 주장한다.[13]

담배에 대한 선호는 니코틴이 기생충을 쫓는 물질이기 때문에 형성됐을 가능성도 있다. 니코틴은 장내 기생충을 마비시켜 우리의 창자에 달라붙지 못하고 배출되도록 한다.[14, 15, 16] 만약 이 가설이 사실이라면 벌레가 많이 서식하는 지역에서 담배가 주로 사용됐을 것이다. 주로 몸속에 기생충이 많은 사람이 담배를 피웠고, 연기를 들이마시는 대신 입안에 넣었을 것이다. 하지만 니코틴에 쉽게 중독되는 종은 인간 외에도 여럿 있다. 야생동물들 중 몇몇은 니코틴을 함유한 식물을 먹고 사는데, 인간은 그런 식물을 잘 먹지 않는다.

안데스산맥 일대에 사는 사람들은 수백 년 전부터 코카잎을 씹었다. 특히 고도가 높은 지역에 사는 사람들이 코카잎을 씹어서 피로를 쫓고 육체노동에 필요한 에너지를 공급받았다. 하지만 나는 인간이 코카인을 좋아하도록 진화했다는 증거는 들어본 적이 없다. 코카인은 인간만이 아니라 대다수 동물들의 행동을 심하게 강화하기 때문이다.[17]

약물이 함유된 식물에 인류가 아무런 영향을 끼치지 않았다는 이야기는 아니다. 우리는 그런 식물들을 워낙 좋아해서 니코틴 함량이 높은 담배와 THC 함량이 높은 마리화나를 재배(선택)했다. 수천 제곱미터에 달하는 땅에 담배, 마리화나, 코카, 양귀비를 심고, 동일한 효과를 제공하지 못하는 비슷한 식물들보다 이 식물들에게 더 큰 혜택을 줬다. 에드워드 헤이건의 연구진은 오랫동안 인류가 식물에서 정신활성 화학물질을 추출해 사용하면서 도움을 받았기 때문에 진화 과정에서 그 화학물질들의 독성에 대한 보호장치가 생겨났다고 주장했다.[18, 19, 20]

오래된 문제의 확산

약물 복용은 새로운 일이 아니다. 약물 복용에 따른 문제도 새삼스럽지 않다. 나와 친구 사이인 두 인류학자 폴 터크Paul Turke와 로라 벳직은 태평양 일대의 작은 환상 산호섬에서 현장조사를 수행했다.[21]

그 환상 산호섬에 사는 사람들은 하루에 몇 시간씩 그물로 고기를 삽았나. 또 어린 야자나무의 끝부분을 잘라내고 줄기를 끈으로 묶어 휘어지게 해서 똑똑 떨어지는 수액을 항아리에 받아 와인을 제조했다. 며칠 뒤에는 야자나무 밑으로 다시 와서 발효된 음료를 얻었고, 그 음료는 저녁 파티에서 모두에게 즐거움을 선사했다. 야자 와인을 만드는 데 사용되는 항아리와 끈은 약물 제조 초창기의 용품이다. 지금은 순도가 더 높은 약물을 더 직접적인 경로로 주입하기 위해 온갖 기술이 동원되고 있다.

발효는 쉽다. 증류는 조금 까다롭지만 오늘날에는 증류에 필요한 지식과 도구를 어디에서나 구할 수 있다. 증류해서 만든 술은 중독을 일으킬 가능성이 훨씬 높다. 꼭 중독되지 않더라도 술에 취한 사람들은 위험할 수 있다. 문자 기록이 시작된 순간부터 음주에 대한 통제는 정부와 사법기구의 임무이자 과제였다.

담배는 입에 넣고 씹으면 약한 쾌감을 선사하고 시가 형태로 흡입하면 더 강한 쾌감을 선사한다. 하지만 사람을 가장 많이 죽인 중독은 담배를 마는 궐련지와 순한 담배가 나왔을 때 시작됐다. 사람들이 종이에 말린 순한 담배를 피울 때는 연기를 깊이 빨아들이기 때문에 니코틴이 뇌에 신속하게 도달하기 때문이다.

마리화나는 야생에서 자라는 식물에서 얻을 수 있는 정도의 양만 섭취할 경우 긴장을 풀어주는 효과를 발휘한다. 하지만 마리화나를 재배해서 THC라는 강력한 성분의 농축액으로 만들어 사용할 경우 적당한 쾌감이 아닌 환각을 경험한다.

인류는 수백 년 전부터 활력 증진을 위해 코카잎을 씹었지만 코카인이 처음 추출된 것은 1800년대 중반이었다. 20세기 초에는 음료와 토닉에 넣는 코카인의 양이 너무 빠르게 증가했기 때문에 곧 코카인 사용을 제한하는 법이 통과됐다. 법까지 만들어진 것은 코카인 중독 때문이 아니라 코카인을 복용한 사람들이 통제 불능 상태가 됐기 때문이다.[22] 19세기에도 코카인을 흡입하는 사람이 많았고, 프로이트도 그중 하나였다.[23] 하지만 당시에 발생한 문제들은 코카인을 결정화한 크랙crack이라는 마약을 어디서나 쉽게 구할 수 있게 된 1980년대의 문제에 비하면 아무것도 아니었다.

자연 상태의 아편은 연기로 흡입할 때 중독성을 띤다. 1600년대에 새로운 교역로가 개척되어 유럽으로 아편이 건너오기 훨씬 전부터 인도와 중국에서는 아편중독이 만성적인 골칫거리였다.[24] 1799년부터 중국 황실은 여러 차례 아편금지령을 내렸다. 강력한 조치가 시행된 1840년에는 아편 수출국인 영국이 아편 무역을 보호하기 위해 중국에 함대를 보내면서 전쟁이 벌어졌다. 아편의 유효성분인 모르핀은 특히 중독성이 강하다. 1804년 모르핀을 추출하는 기술이 발명되고, 1827년에는 미국의 제약회사 머크가 최초로 모르핀을 판매했다. 19세기 중반에 피하주사 바늘이 발명된 이후 모르핀 판매량은 급증했다. 20세기 초반에 베이어컴퍼니라는 회사는 중독성 없는 모르핀이라면서 헤로인을 출시했다. 저런! 1914년에 제정된 해리슨법 Harrison Act은 헤로인을 규제하는 내용이었고, 1920년대에는 미국 전역에서 헤로인이 금지됐다. 하지만 헤로인 교역과 중독은 끈질기게 계속되고 있다.[25, 26]

중독의 경로는 명백하다. 인간의 정신은 원래 알코올, 마리화나, 담배, 코카, 아편의 포로가 되기 쉽다. 특히 화학, 운송, 기술이 발달하고 다양하고 순도 높은 약물을 구하기가 쉬워지면서 약물 문제는 급속도로 확산됐다. 인간의 정신과 환경의 불합치는 과거에도 있었지만 지금은 상황이 매우 심각하다.

암페타민 같은 몇몇 약물은 합성으로 만들어진 물질이지만 구조가 신경전달물질과 유사하기 때문에 효과를 발휘한다. 쉽게 합성 가능한 메타암페타민 methamphetamine의 사용량이 증가하고 여기에 정맥주사라는 수단이 결합하자 문제가 더 심각해져서 온 나라가 마비될 지경에 이르렀다.[27] 매우 강력한 합성 진통제가 새로 발명되고부터는 약물 사용을 차단하려는 노력이 거의 무용지물이 됐다. 카펜타닐 carfentanil이라는 약물은 모르핀보다 1만 배 강한 효과를 낸다.[28] 손으로 만지기만 해도 치명적인 과다 복용을 일으킬 수 있기 때문에 이제 경찰도 마약사범을 검거하는 현장에서 장갑을 껴야 한다. 밀반입된 프린터 카트리지 하나에 담긴 카펜타닐로는 100만 회 흡입이 가능하다.[29] 당신이 카펜타닐을 분유와 섞어 적절한 농도로 희석하는 작업을 한다고 생각해보자. 조금만 잘못 섞어서 카펜타닐 농도가 높은 봉지가 몇 개 만들어지면 인근 주민 수십 명이 카펜타닐 과다 복용으로 사망에 이른다.

움츠리고, 원하고, 좋아하고

내가 물질남용에 관해 처음 배웠을 때는 금단증상이 강조됐다. 의사들이 주로 관리해야 하는 부분이 금단증상이기 때문이다. 하지만 금단증상에 초점을 맞추면 사람들이 금단증상을 피하기 위해 약물을 계속 복용하는 것이라는 오해가 생겨난다. 금단증상은 고통스럽지만, 금단증상이 없을 때조차 학습 효과로 약물을 계속 사용하는 사람이 많다.

금단증상은 유용하고 정상적인 조절의 과정을 반영한다. 인체의 시스템이 계속 자극을 받으면 정반대 방향으로 시스템을 안정시키는 변화가 일어난다. 저녁에 술을 몇 잔 마시고 나서 찾아오는 나른하고 평온한 느낌은 새벽 3시에 잠에서 깨어나는 것으로 상쇄된다. 암페타민 복용으로 얻은 흥분과 에너지는 몇 시간 뒤에 찾아오는 우울하고 피로한 느낌과 충돌한다. 효과가 빠른 항불안성 약을 몇 달간 복용하면 각성 시스템이 하향 조정되는데, 약 복용을 갑자기 중단하면 보완 시스템들이 불안 수준을 높이 끌어올린다. 정신의학계 최고 권위자들이 우리 같은 정신과 의사들에게 약물 복용은 습관성이 아니라고 가르치던 시절에 나는 환자들에게 불안을 완화하는 재낵스$_{Xanax}$를 처방했다. 그 환자들이 약을 끊는 기간에 경험했던 고통을 생각하면 지금도 죄책감이 들고, 제약회사와 한통속이었던 전문가들을 순진하게 믿었던 내가 어리석었다는 생각이 든다.

행동조절 시스템은 세심한 통제 아래 분출되는 양성 되먹임을 사용해 하나의 활동에서 다른 활동으로 전환한다. 원래 하던 활동에 대한 보상이 급격히 하락하는 동안 새로운 활동에 대한 보상은 급격히 상승한다. 그런데 현대 환경에서 발견되는 매우 강력한 신호들은 우리의 행동조절 시스템을 탈취할 가능성이 있다. 감자칩 광고는 우리에게 도전한다. "딱 하나만 먹기는 불가능할걸!" 그 결과 과자회사가 시합에서 이기고, 우리의 다이어트는 패배한다.

대부분의 활동은 예측 가능한 주기를 따른다. 우리는 어떤 활동을 시작하면 보통 끝날 때까지 계속하며, 그 활동에 간섭하는 사람에게 좋지 않은 감정이 생긴다. 감자칩 한 봉지를 도중에 내려놓는 것보다 신문을 내려놓는 것이 더 쉽다. 그리고 사랑을 나누던 중에 멈추는 것보다 감자칩 한 봉지를 내려놓는 것이 훨씬 쉽다. 코카인 흡입에 대해 말하자면……. 어떤 활동을 하든 활기를 띠는 초반에 멈추기란 어려운 법이다.

행동조절 메커니즘들은 왜 우리가 하는 여러 가지 활동이 각각 차례차례 이뤄지게 할까? 개연성 있는 설명은 뇌의 메커니즘에서 발견된다. 진화적으로 보면 대부분의 행동이 착수하는 데 비용이 들어가기 때문이다. 착수 비용은 산딸기 덤불을 하나 더 찾는 데 소요되는 시간과 비슷하다. 당신이 5분 동안 산딸기를 따고 나서 마당에 울타리를 세우고, 친구들과 수다를 떨다가 다시 돌아와서 5분 더 열매를 땄다고 생각해보라. 하루를 끝마칠 무렵 당신은 영양 부족 상태고, 울타리는 완성되지 않았고, 친구들은 기분이 좋지 않을 가능성이 높다.

물질남용의 문제는 쾌락을 유발하는 것이 아니라 욕구를 증가시킨다는 것이다. 나의 동료인 심리학자 켄트 베리지 Kent Berridge 는 이렇게 "뭔가를 원하는" 시스템이 "뭔가를 좋아하는" 시스템을 압도하고 더 오래 작동하기 때문에 만성적인 약물 사용자들은 약이 더 이상 강한 쾌감을 주지 못하더라도 약을 간절히 원한다는 것을 입증했다.[30] '원한다'라는 단어는 약물의 쾌감이 이제 처음만큼 강하지 않은데도 자신이 쓸 수 있는 모든 시간과 노력, 생각과 돈을 약을 구입하고 복용하는 데 써버리는 악순환에 갇힌 사람들의 비극을 표현하기에 턱없이 부족하다.

왜 어떤 사람은 특별히 중독에 취약할까?

모든 사람이 중독자가 되는 것은 아니다. 어떤 사람은 헤로인을 오락용으로만 사용하고 다른 때는 옆으로 치워두는 자제력을 발휘한다. 취약성이 사람마다 다른 원인은 다른 형질들과 마찬가지로 대부분 유전자 변이에 있다.[31, 32] 사람들을 중독에 취약하게 만드는 대립유전자는 결함으로 여겨질 수도 있지만, 마약을 구할 수 없던 환경에서는 그 대립유전자가 적합도에 별다른 영향을 끼치지 않았을 것이다. 하지만 사람들의 행동에는 영향을 끼쳤을 것이다. 그 과정을 밝혀내는 일이 우선적인 연구 과제가 돼야 한다.

나는 중독에 특별히 취약한 사람이 남들과 다른 식량 채집 전략을 사용할지도 모른다고 생각한다. 그들은 보상에 특별히 민감하기 때문에 예전에 식량을 찾았던 장소를 정확히 다시 찾아갈 확률이 높다. 중독에 덜 취약한 뇌를 가진 사람은 더 넓은 지역을 돌아다닐 것이다. 아이들이 야생 산딸기를 찾는 모습을 관찰해보면 아주 흥미로울 것 같다. 뭔가에 쉽게 중독되는 부모에게서 태어난 아이들은 남들과 다른 방법으로 열매를 찾을까? 만약 그렇다면 개개인이 중독에 특별히 취약한지 여부를 설문지나 면담, 유전자 검사보다 정확히 예측하는 컴퓨터 게임을 개발할 수도 있다.

약물 사용이 나라별로 큰 차이를 보이는 것은 문화가 다양하기 때문이며, 특히 종교적 가르침과 지도자들이 강제하는 규율이 나라마다 다르기 때문이다. 하지만 한 나라 안에서도 삶이 잘 풀리지 않는 사람들이 약물중독에 더 취약하다.[33] 일상생활에서 기쁨을 별로 얻지 못하거나 불안, 기분저하, 권태에 시달리는 사람들에게 약물 복용에서 얻는 기쁨은 더욱 매력적이다. 성격, 트라우마 경험, 빈곤, 불행한 상황 등이 중독에 끼치는 영향을 설명하는 문헌은 수없이 많다.[34] 이런 요소들과 유전자 변이를 결합하면 어떤 사람이 중독에 특히 취약한 이유가 설명된다.

물질남용을 차단하는 가장 효과적인 방법

진화적 관점은 중독을 치료하는 새롭고 신속한 방법을 제시하지는 않는다. 약물이 뇌의 메커니즘을 어떻게 바꾸는지를 설명하려고도 하지 않는다. 그 대신 잘못된 생각의 교정과 새로운 연구를 제안한다. 진화적 관점은 정부의 정책이라는 측면에서는 비관적인 함의를 지닌다. 약물 복용을 범죄로 취급하고 금지한 결과 나라마다 교도소는 꽉 차고 정부는 부패했다. 게다가 점점 강해지는 약물을 어느 집 지하실에서나 쉽게 합성해서 만들어낼 수 있게 됐다. 통제적 접근의 효과가 거의 없다는 뜻이다. 마약을 합법화하는 것은 괜찮은 생각처럼 보이지만 더 많은 중독자를 만들어낼 것이다. 가장 강력한 방어수단은 아마도 교육일 텐데, 그렇다고 공포를 자아내는 이야기를 아이들에게 들려주면 아이들은 오히려 약물을 흡입해보고 싶은 마음이 들 것이다. 우리는 아이들에게 '약물이 뇌를 점령하면 사람들을 끔찍한 좀비로 바뀌버리는데, 아직은 누가 제일 먼저 중독자가 될지 알아낼 방법도 없다'라고 가르쳐야 한다. 중독 상태가 되면 황홀한 느낌이 옅어진다는 사실도 가르쳐야 한다.

새로운 치료법이 절실히 필요하다. 미국약물남용연구소National Institute on Drug Abuse의 소장 노라 볼코프Nora Volkow는 중독을 유발하는 뇌의 메커니즘을 이해하는 데서 빠른 성과를 거두고 그 메커니즘을 차단하는 새로운 약을 개발해야 한다고 말한다.[35] 그렇게 된다면 커다란 진전이다. 물질남용이라는 전염병은 새로운 환경에서 만들어지지만, 사회적 환경을 바꾸는 일은 어렵고 인간의 본성을 바꾸는 일은 불가능하다. 해법은 우리의 뇌를 바꿀 방법을 찾는 데서 나올 가능성이 높다.

14장

조현병, 자폐장애, 양극성장애, 적합도의 벼랑 끝에서 만난 정신질환들

인간의 뇌가 다른 종의 뇌보다 우수하다는 것은 (…) 정신장애가 인간에게서 가장 흔하고도 가장 뚜렷하게 나타나는 이유가 된다. (…) 효율적으로 작동하는 신경세포의 연쇄 중에서도 가장 긴 연쇄는 (…) 복잡한 행동을 효과적으로 수행하면서 과부하 직전의 상태에 도달하고, [그러면] 심각하고 불행한 모습으로 포기하게 된다. (…) 그러다 보면 정신이상에 이를 가능성이 높다.

— 노버트 위너, 《사이버네틱스》[1]

조현병, 자폐장애, 양극성장애는 전혀 다른 질병이다. 조현병은 인지능력이 붕괴된 상태다. 모든 사건에 개인적 의미를 과도하게 부여하고, 내면세계를 외부세계와 분리하지 못하므로 환각과 망상이 생겨난다. 자폐장애는 어린 시절에 발병해 사회적 상호관계를 형성하지 못하고 혼자서 한 가지 행동을 계속 반복하며 비사회적인 생각에 집착하는 질환이다. 양극성장애는 고장 난 기분조절 장치의 산물로, 울증과 조증이 번갈아 나타난다. 세 가지 모두 불행한 질병이다.

조현병과 자폐장애, 양극성장애는 서로 다르긴 하지만 겹치는 특징이 있으므로 진화적 관점이 특별히 유용하다. 이 질병들을 앓는 사람은 각각 세계 인구의 1퍼센트 정도다. 그리고 각 질병의 경미한 증상을 나타내는 사람들은 2~5퍼센트다. 취약성은 한 개인이 가진 유전자에 크게 좌우되지만, 조현병이나 자폐장애를 앓는 사람은 남들보다 자식을 적게 낳는다. 진화적 질문은 명백하다. 이 질환들을 일으키는 유전자 변이는 왜 자연선택에 의해 제거되지 않았을까?

유전적 원인의 증거는 뚜렷하다. 양극성장애 발병률의 약 70퍼센트,[2] 조현병의 약 80퍼센트[3] 그리고 자폐장애의 약 50퍼센트[4]가 유전자 변이로 설명된다. 이런 질병을 앓았던 부모 또는 형제자매가 있는 사람이 그 질병에 걸릴 확률은 대략 열 배 높아진다.[5, 6, 7] 일란성 쌍둥이 중 한 명이 이 질병들 중 하나를 앓고 있다면 나머지 한 명의 발병 확률은 50퍼센트가 넘는다.[8]

일란성 쌍둥이들이 항상 똑같은 질환에 걸리지는 않기 때문에, 환경적 요인도 고려해야 한다는 주장이 있다. 그러나 입양아를 대상으로 한 연구들에 따르면 아이가 어떤 가정에서 양육되느냐는 이 세 가지 질환의 발병률에 거의 영향을 끼치지 않는다. 일란성 쌍둥이인 두 사람의 차이는 뇌 발달에 영향을 끼치는 우연변이chance variation(어버이의 계통에 없던 새로운 형질이 갑자기 출현하는 현상 – 옮긴이)의 결과일 가능성이 높다. 예를 들면 어떤 유전자가 활동하고 어떤 유전자가 꺼지는가, 언제 그렇게 되는가 그리고 아이의 성장 과정에서 신경세포의 회로가 어떻게 만들어지는가에 따라 쌍둥이 사이에 차이가 나타나는 것으로 짐작된다.

나는 이 질병들이 유전병이라는 사실을 더 일찍 알지 못했던 것이 아쉽다. 언젠가 소아정신병으로 입원한 아들을 둔 어머니를 위로한 적이 있다. 그 아들은 몇 달 동안 입원해 있었는데 담당 의사들이 면회를 허락하지 않아서 어머니는 상심해 있었다. 게다가 의사들은 어린 시절 아들이 어머니와 맺은 관계가 조현병의 원인이 됐다는 말까지 했다. 실제로 조현병 환자가 된 사람들의 어린 시절 동영상을 보면 부모가 그 아이를 대하는 태도가 다른 형제자매를 다룰 때와 조금 다르다. 하지만 그 다름이 조현병의 원인이 되는 것은 아니다. 조현병에 걸릴 소인을 가진 아기들은 태어날 때부터 남들과 약간 다르기 때문에 다르게 대할 수밖에 없다.[9] 나의 환자는 죄책감에 빠져 무척 심란해했지만 그때는 지식이 부족해서 어느 누구도 그녀와 담당 의사들에게 부모의 양육은 조현병 발병과 무관하다고 자신 있게 말해줄 수가 없었다.

과거에는 자폐장애도 부모 탓으로 돌리곤 했다. 특히 '냉장고 엄마refrigerator mother'(차갑고 냉정한 엄마라는 뜻-옮긴이)로 통칭되던 지적인 여자들을 탓하는 경우가 많았다. 나도 그런 여자를 한 명 만난 적이 있다. 성공한 학자로 자폐 아이를 키우고 있는 그녀는 매우 지적이었지만 차가운 사람은 아니었다. 그녀는 사람들이 아들의 병을 자기 탓으로 돌리는 데 화가 났다가 정말 그럴지도 모른다는 생각에 우울해지고 죄책감에 시달리기를 반복했다. 사교성은 약간 부족했는데 그것은 자폐장애 환자의 가족들이 흔히 가진 특징이었다. 그녀의 유전자 중 절반이 아들의 유전자와 동일하다는 사실을 감안하면 놀라운 일은 아니었다. 이 세 가지 정신장애에 관한 엉터리 이론들은 말로 다 표현할 수 없는 피해를 낳았다. 천만다행으로 이제 우리는 이 세 가지 정신장애에 대해 더 많은 것을 알아낸 덕분에 정신장애가 있는 아이를 키우는 부모가 짊어지고 있는 무거운 짐에 부당한 죄책감을 더 얹는 일은 피해갈 수 있다.

무너진 희망

새천년이 시작될 무렵에는 이 질병들을 유발하는 대립유전자가 곧 발견되리라는 커다란 희망이 있었다. 당시 인간의 유전체 서열 분석은 끝나 있었고, 적은 비용으로 유전자 데이터를 얻는 방법이 온라인에 올라오고 있었다. 모든 징후는 정신장애의 유전적 원인이 곧 발견되리라는 것을 가리켰다. 조현병의 원인으로 추측되는 각기 다른 유전자 수십 개를 조사하는 데 약 2억 5,000만 달러가 들어갔다. 하지만 처음으로 진행된 대규모 연구들에서 초기에 의심을 받았던 유전자들은 모두 결백하다는 것이 밝혀졌다.[10, 11] 연구자들은 도깨비불 같은 해답을 찾기 위해 통계를 들여다보느라 평생을 보내고 말았다.

다음 단계는 특정한 유전자 대신 유전체 전체를 살펴보는 것이었다. 연구자들은 이 세 가지 정신장애를 앓는 사람들에게 특정한 위치에 변이가 더 자주 나타나는지 알아보기 위해 23개 염색체 전체에 분포하는 표지염색체를 관찰했다. 유전체를 구석구석 살핀 결과는 분명했다. 조현병, 자폐장애, 양극성장애의 잠재적 위험을 증가시키는 공통적인 유전자 변이는 없었다.[12, 13] 일부 유전자들이 발병률을 증가시키긴 했지만 대개의 경우 그 증가분은 1퍼센트 미만이었다. 조현병 발병률에 영향을 끼친다고 확인된 유전자 위치를 모두 합쳐도 변이의 단 5퍼센트만 설명할 수 있었다.[14] 게다가 조현병 발병률을 높이는 대립유전자들은 양극성장애 발병률도 높이는 것으로 나타났다.[15]

연구자들은 크게 실망했다. 당신이 정신장애의 원인이 되는 유전자 변이를 연구하느라 실험실에 틀어박혀 오랜 세월을 보낸 과학자인데 모든 것이 통계상의 우연이었다는 사실을 발견했다고 상상해보라. 우리는 특정한 질병의 원인이 되는 특정한 유전적 결함을 찾아낼 줄 알았다. 그러나 찾아낸 것은 상상을 뛰어넘는 유기체의 복잡성이었다. 마치 레이더 감지기를 사용하는 고고학자들이 피라미드 내부에 깊이 숨겨진 새로운 로제타석Rosetta stone (1799년 나폴레옹 이집트 원정군이 로제타 마을에서 진지 구축 중 발견한 비석 조각 - 옮긴이)을 발견했다고 확신했는데 가까이 가서 손전등을 비춰보니 그냥 모래 더미인 상황과 비슷했다.

어떤 유전병들은 큰 효과를 나타내는 특정한 유전자 변이에 의해 발생한다. 대표적인 예로 헌팅턴무도병이 있다. 만약 당신이 헌팅턴무도병을 일으키는 대립유전자를 가지고 있으면 당신은 이 병에 걸린다. 또 낭포성섬유증 같은 병은 열성유전자에 의해 유발되는데, 당신이 양쪽 부모로부터 결함 있는 유전자를 물려받았다면 당신도 이 병에 걸린다. 하지만 대다수의 유전병들은 다르다. 흔한 유전병들은 확인 가능하고 효과가 큰 몇 가지 유전자 변이가 아니라 유전체에 고루 퍼져 있는 수천 가지 변이에 의해 발생한다. 그 변이들 하나하나의 영향은 아주 작다. 이것은 조현병, 자폐장애, 양극성장애만이 아니라 2형 당뇨병, 고혈압, 관상동맥 질환, 편두통, 비만에도 해당하는 설명이다.

유전병을 일으키는 특정한 대립유전자들을 발견하지 못하는 현상은 '잃어버린 유전율missing heritability'이라고 불린다.[16, 17, 18] 사실 유전율은 잃어버린 것이 아니다. 유전자의 강력한 영향을 증언하는 탄탄한 연구 결과들이 있다. 우리가 잃어버린 것은 유전율을 설명해주는 특정한 대립유전자를 찾아내는 일이다. 조현병에 걸리는 사람들이 가진 변이는 주로 유전자 변이에서 비롯되는데, 왜 조현병을 유발하는 대립유전자를 특정하기가 이렇게 힘들까?

하나의 가능성은 조현병을 유발하는 변이들이 효과는 크지만 아주 희귀한 변이라서 발견되지 않는다는 것이다. 실제로 어떤 유전자의 아주 희귀한 복제수변이copy-number variation들은 주요 정신장애에 걸릴 위험을 다섯 배 이상 증가시킨다. 하지만 이 변이들도 그 자체만으로 항상 질병을 유발하지는 않는다. 자폐장애의 경우 유전 가능한 변이의 5퍼센트만이 희귀한 돌연변이에서 비롯된다.[19] 희귀한 변이들이 다수의 사례를 설명해주지도 않을 것 같다. 유전자의 일반적인 변이와 조현병에 영향을 끼치는 희귀한 복제수변이를 둘 다 살펴본 한 연구의 결과, 각각의 변이로 설명되는 발병률은 전반적인 취약성의 차이와 거의 일치했다. 0.04퍼센트, 1만 개 중 네 개의 위치에서 유효한 변이가 발견됐다.[20] 이 수치는 의미가 없는 것이나 다름없다. 그래도 그 변이들이 비록 작지만 모두 동일하게 나타났다니 얼마나 신기한가.

정신장애의 유전적 원인을 찾는 작업은 어려운 일이지만 빠른 속도로 진행되고 있다. 지금의 희망은 강력한 효과를 가진 유전자 조합을 발견함으로써 뇌의 어떤 회로들이 문제를 일으키는지 알아내는 것이다. 어쩌면 이 책이 출판되기도 전에 그런 성과가 나올 수도 있고, 그렇게 된다면 정말 멋진 일이다. 하지만 지금으로서는 그럴 가능성이 거의 없을 것 같다. 이 분야를 주도하는 연구자인 케네스 켄들러Kenneth Kendler는 이렇게 말한다. "누군가는 우리가 찾아낼 것이 혼란뿐이라고 비관적으로 예측했지만 틀릴 것 같습니다. 하지만 질병을 유발하는 아주 일관성 있는 단 하나의 경로를 발견할 것 같지도 않습니다. (…) 우리의 희망과는 별개로, 큰 효과를 지니는 개별

유전자 변이들은 주요 정신장애의 병인에서 역할이 미미하거나 아예 아무 역할도 하지 않는 것으로 보입니다."[21] 지금 돌이켜보면 당연한 일이다. 자연선택은 끔찍한 질병을 일으키는 대립유전자를 제거하는 경향이 있으니까.

잃어버린 유전율의 수수께끼는 조금씩 풀리고 있다. 최근의 연구들은 특정 대립유전자들의 영향은 작을지라도 많은 대립유전자의 매우 복잡한 상호작용으로 대부분의 영향이 설명된다는 것을 보여준다.[22] 하지만 세 개 또는 열 개의 특정 대립유전자가 결합한다고 해서 반드시 질환이 발생하지는 않는다. 그 대신 질환의 발병률은 수천 개의 유전자에 생긴 변이의 영향을 받는다. 이 유전자 변이들은 비록 영향력은 작지만 자기들끼리 상호작용하며 환경과도 상호작용한다. 최근에 발표된 한 연구 보고서는 각 염색체에서 조현병 발병률을 높이는 유전자 변이의 개수가 염색체의 크기에 비례한다는 사실을 밝혀냈다.[23] 변이들은 마치 23개의 줄에 꿰어놓은 작은 구슬처럼 유전체 전체에 불규칙하게 퍼져 있고, 긴 줄에는 구슬이 더 많이 꿰어져 있다. 새로 발견된 또 하나의 중요한 사실은 조현병 발병률에 영향을 끼치는 대립유전자들은 대부분 양극성장애 발병률에도 영향을 끼친다는 것이다.[24]

조현병과 자폐장애의 발병률은 출생 당시 아버지의 나이가 많을수록 커지지만 어머니의 나이와는 무관하다. 이런 사실에서 새로운 돌연변이가 문제라는 것을 짐작할 수 있다. 한 여성이 평생 동안 공급하는 난자는 그 여성이 태어날 무렵 미리 형성되지만 남성의 정자는 세포분열을 거듭하며 끊임없이 형성되므로 오류가 쉽게 발생하기 때문이다.[25, 26] 하지만 최근 연구들에 따르면 이런 위험은 아버지가 한 아이를 가졌을 때의 나이가 아니라 첫 아이를 가졌을 때의 나이에 좌우된다.[27, 28] 따라서 나이가 들어서 가정을 이룬 남자들의 아이는 그렇지 않은 남자들의 아이보다 조현병 발병률이 높다. 어쨌든 새로운 돌연변이의 75퍼센트는 아버지에게서 물려받으며, 나이 많은 아버지에게서 태어난 사람들에게 발생한 조현병의 10~20퍼센트는 이것으로 설명할 수 있다.

새로운 사실들이 산더미처럼 쏟아지면서 표준 도식의 한계가 드러나고 있다. 기계공 모델은 인간의 뇌가 특정한 기능을 하나씩 가진 별개의 회로들로 구성된다고 가정한다. 그래서 정신장애를 특정한 유전적 요인을 가진 식별 가능한 뇌병변으로 정의할 수 있다고 가정한다. 그리고 정상적인 뇌는 정상적인 유전체에서 만들어지며 비정상적인 뇌는 비정상적인 유전자들의 산물이라고 가정한다. 그러나 정신장애 발병에 영향을 끼치는 대립유전자는 대부분 비정상이 아니며 다수의 대립유전자가 복수의 정신장애에 영향을 끼친다. 더 깊이 있는 진화적 관점에 따르면 인간은 복잡한 유기체라는 진실을 받아들여야 하며, 메커니즘만이 아니라 태생적 취약성의 원인이 되는 '진화적 트레이드오프'를 연구할 필요가 있다.

단순히 개인에게서 이상이 생긴 부위와 질병의 원인을 찾는 대신 '인간이라는 종의 구성원들은 왜 질병에 취약한가'라는 질문을 던져보면 어떨까? 미국의 독자들은 공영라디오 방송국의 훌륭한 프로그램인 〈카토크Car Talk〉를 들어봤을 것이다. 〈카토크〉 진행자인 '태핏 형제Tappet Brothers'는 자동차의 문제를 분석하면서 짙은 보스턴 억양과 시끌벅적한 웃음소리를 함께 들려준다.

청취자들은 전화를 걸어 수수께끼 같은 문제를 상담한다. 댈러스에 사는 샐리는 MG로버 자동차를 가지고 있는데, 어느 무더운 날에 운전하고 나서부터 시동이 걸리지 않는다고 말한다. 태핏 형제는 우선 그 차의 어디가 고장이 났는지를 진단한다. 병명은 베이퍼록 vaper lock(연료의 과열 또는 불량 연료의 사용으로 연료 내에 기포가 형성되어 압력 전달이 안 되는 현상 – 옮긴이)이다. 다음으로는 그런 고장을 일으키는 메커니즘을 설명한다. 연료 펌프는 액체로만 움직일 수 있으므로 뜨거운 연료 파이프 안에서 가솔린이 증발하면 차는 온도가 내려갈 때까지 시동이 걸리지 않는다. 그러고 나면 태핏 형제는 엔지니어로 변신한다. 그들은 그 차의 해당 모델에 설계상의 결함이 있어서 그런 고장이 자주 발생하는 것이라고 설명한다. 그해에 생산된 MG 차들은 뜨거운 배기 다기관과 가까운 곳에 연료 파이프가 있어서 베이퍼록이 발생하기 쉽다는 것이다. 마지막으로 그들은 카뷰레터가 달린 모든 차에서 베이퍼록이 문제일 수밖에 없는 이유를 설명한다. 청소년 시절 동네의 자동차 수리공 아저씨는 내게 베이퍼록을 예방하기가 얼마나 어려운지 설명해줬다. 내가 아저씨에게 물었다. "그냥 열이 문제라면 쉽게 해결되는 거 아닌가요?" 그러자 수리공 아저씨는 이렇게 대답했다. "하, 쉽다고? 엔진 위는 뜨겁단다. 너라면 연료 펌프와 카뷰레터를 어디에 두겠니?" 오랜 세월 동안 고장을 최소화하기 위한 전략을 고민했던 아저씨는 베이퍼록이 쉬운 해결책이라곤 없는 자동차 고유의 취약성 문제라는 점을 이해하지 못하는 아이에게 너그러울 수가 없었다.

조현병, 자폐장애, 양극성장애는 마치 베이퍼록처럼 인간 징신의 고유한 취약성에서 비롯되는 것일까? 만약 그렇다면 발병률에 영향을 끼치는 유전자 변이와 병인의 관련성은 자동차 모델에 따라 베이퍼록이 생길 가능성이 다른 것만큼이나 동떨어진 것이 된다. 진화적 접근법에 따르면 이제 뇌의 정보처리 시스템 자체에 내재된 제약을 들여다봐야 한다.

불행한 질병의 진화유전학

조현병이나 자폐장애가 있는 사람들은 그런 질환이 없는 형제자매들보다 자손의 수가 적다. 그런 경향은 여성보다 남성이 강하다.[29, 30] 조현병이나 자폐장애 환자의 자매들은 보완을 위해서인지 아이를 조금 더 낳지만, 남자 형제들은 더 적게 낳는다.[31] 얼핏 생각하면 이런 정신장애를 도태시키는 선택은 강력하게 작용해야 할 것 같다.

이에 관해 개연성이 가장 높은 진화적 설명은 자연선택이 할 수 있는 일에는 한계가 있다는 것이다. 매슈 켈러와 제프리 밀러가 공동 집필한 영향력 있는 논문은 환경 불합치의 역할을 부정하고, 정신장애를 유발하는 대립유전자들이 이득을 제공한다는 주장에 대해서도 회의적인 견해를 표현했다.[32] 켈러와 밀러가 생각한 가장 설득력 있는 가설은 새로운 돌연변이들이 계속 생겨나는데 선택적 도태는 아주 느리게 진행된다는 것이다. 그것은 확실히 옳은 말이고 정신장애의 주된 원인이기도 하다. 또한 켈리와 밀러는 뇌가 특히 취약한 이유가 뇌의 구성에 관여하는 유전자가 너무 많기 때문이라고 주장했다. 이 주장은 조금 미심쩍다. 키를 결정하는 유전자는 더 많은데도 키가 비정상이 되는 경우는 드물지 않은가. 기계는 부품 하나만 고장이 나도 기능에 이상이 생기지만 인간의 몸은 수많은 돌연변이와 작은 손상들이 있어도 그럭저럭 잘 돌아간다.

돌연변이만을 기반으로 하는 모델은 정상적인 유전자들이 결합하는 방식에 따라 적합도를 극대화하고 질병은 완벽하게 차단할 수 있다고 본다. 하지만 이런 주장은 틀린 것 같다. 모든 돌연변이를 제거한다 해도 심각한 질환들에 대한 취약성은 남아 있을 수 있다. 여기서 우리는 몇 가지 가능성을 고려해봐야 한다.

그중 하나는 진화생물학자 버나드 크레스피의 연구진이 제시한 흥미진진한 가설이다. 조현병과 자폐장애는 유전적으로 동전의 양면으로서, 숙주를 희생시키더라도 유전자는 자신을 전달하는 데 유리하도록 행동하기 때문에 발생한다.[33, 34] 이 가설은 로버트 트리버스의 관찰을 토대로 만들어진 것이다. 하버드대학교의 생물학자 데이비드 헤이그David Haig는 이 논리를 더 발전시켜, 발생 초기에 염색체에 부착되는 화학적 꼬리표들이 특정 유전자들의 발현을 억제한다는 이론을 내놓았다.[35] 이러한 각인이 비만과 관련이 있다는 점은 13장에서 설명한 바 있다. 그리고 각인은 어머니 또는 아버지 쪽에서 물려받은 유전자를 선택적으로 차단할 수도 있다.[36]

어머니 쪽에서 물려받은 유전자들은 태아의 크기를 조금 작게 유지해야 유리해진다. 어머니가 나중에 똑같은 유전자를 가진 아이를 한 번 더 임신하는 데 필요한 자원을 보존하고 안전한 출산을 보장할 수 있기 때문이다. 아버지 쪽에서 물려받은 유전자들은 태아를 조금 크게 키워서 어머니 쪽에 저장된 칼로리를 더 사용할 때 유리해진다. 어머니의 다음번 아이는 다른 아버지의 아이일 수도 있으니까.[37] 자세히 설명하자면 대단히 복잡해지지만, 크레스피는 아버지 쪽 유전자들이 지나치게 우위에 있으면 자폐장애 발병률이 상승하며, 어머니 쪽 유전자들이 제한 없이 지나치게 활성화하면 조현병 발병률이 상승한다는 증거를 축적했다.[38, 39, 40, 41]

크레스피의 가설에 따르면 평균보다 조금 크게 태어난 아기들은 아버지에게서 물려받은 유전자들이 발현되기 때문에 자폐장애에 걸릴 위험이 조금 더 높고, 작게 태어난 아기들은 조현병에 조금 더 취약할 것으로 예측된다. 놀랍게도 이러한 예측은 덴마크인 500만 명의 의료기록을 토대로 진행한 연구 결과와 일치한다.[42] 이 가설이 옳은 것으로 판명될지는 잘 모르겠지만, 창의적 사고와 진화적 관점에서 출발한 연구의 좋은 예라고 할 만하다.

남자아이는 여자아이보다 자폐장애에 걸릴 확률이 몇 배나 높다.[43] 쥐들을 보더라도 암컷이 사교적 과제를 더 잘 수행하며 수컷은 체계화에 능숙하다. 사이먼 배런코언Simon Baron-Cohen의 연구진은 여기서 자폐장애가 극도로 남성적인 뇌의 산물이라는 결론을 이끌어냈다.[44] 그렇다면 남성호르몬인 테스토스테론이 뇌의 형성에 영향을 끼치는 걸까, 아니면 유전체의 각인일까, 아니면 유전자가 X 염색체와 Y 염색체에 끼치는 영향일까? 아니면 다른 무엇일까? 이 질문에 답할 수 있을 때 우리는 자폐장애를 이해하는 열쇠를 얻을 것이다.

이런 질병들은 적합도를 크게 떨어뜨리기 때문에 그 질병들의 증상 또는 그 증상을 유발하는 대립유전자가 선택 이득을 제공한다는 가설도 제시됐다.[45] 그런 가설들은 창의적인 상상에 날개를 달았다. 그중 하나는 조현병 환자들이 주술사나 카리스마적인 종교 지도자가 되면 그런 지위 덕택에 그들이 짝짓기를 더 많이 할 수 있다는 것이다.[46, 47] 이런 주장은 조현병 같은 정신장애를 가진 사람들의 자녀 수가 감소하고 있다는 통계와 모순된다. 하지만 최근의 한 보고서는 조현병과 연관된 창의적 자질을 가진 사람들이 이성을 만날 기회가 더 많을 가능성을 보여주기도 한다.[48]

더 설득력 있는 가설은 어떤 정신장애의 발병 가능성을 높이는 유전적 경향이 다른 측면에서는 선택 이득을 제공한다는 것이다. 양극성장애 환자들의 창의성과 지능이 높다는 사실은 매우 흥미로운 사실로 받아들여졌고 연구도 많이 이뤄졌다.[49, 50] 내가 아는 학계의 동료들 중에서도 특별히 창의성이 높은 사람들이 주요 정신장애를 앓는 자녀를 둔 경우가 유난히 많았으며, 내가 치료했던 중증 정신장애 환자의 가족들 역시 창의성이 높은 경향이 있었다. 하지만 이것은 착시일 수도 있다. 대학이라는 환경에서 일하다 보면 창의적인 사람들을 만날 기회가 많아지고, 치료가 성공적이었던 환자들과 그들의 가족들은 어떤 패턴에 맞아떨어지기 때문에 기억하기가 쉽다. 또 중증 정신장애를 가진 사람들은 다른 직업을 구해서 그 자리를 계속 유지하기가 어렵기 때문에 창의적인 직업을 선택하는 것인지도 모른다. 어쩌면 특별한 능력을 지닌 사람들은 사회적으로 인정받을 가능성이 높다 보니 거기서 부추김을 받아 원대한 목표를 추구하다 조증으로 이어지는 것일 수도 있다. 양극성장애 환자들에게 많이 나타나는 어떤 특성들은 선택 이득을 제공할 수도 있지만, 내 생각에 창의성은 주요한 영향이 아닌 것 같다. 오히려 창의성은 기분 조절 장치의 이상과 그 합병증에 따르는 운 좋은 부작용일 가능성이 있다.

질병에 취약하게 만드는 대립유전자들이 보존되는 이유는 질병과 연관된 장점들 때문이라는 가설이 있다. 최근에는 이를 뒷받침하는 연구도 몇 편 나왔다. 쌍둥이를 대상으로 진행된 한 연구에서는 양극성장애 발병률과 평균 이상의 사교성 및 언어능력이 상관관계를 지닌다는 결론이 나왔다.[51] 예일대학교의 유전학자인 레나토 폴리먼티Renato Polimanti와 조엘 겔런터Joel Gelernter가 최근에 발표한 논문은 자폐장애의 발병률을 증가시키는 대립유전자들이 양성선택positive selection(유리한 유전적 변이가 인구 집단의 유전자군에서 점점 늘어나는 현상 - 옮긴이)된다는 사실을 밝혀냈다. 그 이유는 그 대립유전자들이 인지능력을 향상시키기 때문으로 추정된다.[52] 또 한 편의 연구는 조현병과 연관된 유전자들이 만들어내는 단백질의 양과 언어습득 능력이 상관관계가 있다는 사실을 발견했다.[53] 작은 영향력을 가진 다수의 대립유전자가 합쳐져서 큰 효과를 만들어내지 못하는 이유는 아마도 뇌의 발달이 그 대립유전자들의 복잡한 상호작용의 영향 아래서 이뤄지기 때문일 것이다.[54] 하지만 주요 정신장애들과 연관된 형질 또는 유전자들이 이득을 제공할 가능성에 관한 수십 가지의 주장은 확실한 증거 없이 제기되어왔으며, 따라서 회의론을 견지하는 것이 타당하다.

새로운 연구방법을 사용하면 조현병에 걸리기 쉽게 만드는 유전자 변이가 처음 나타난 시점을 추측하는 것이 가능하다. 대부분의 변이는 인류가 침팬지와 공통의 조상에서 갈라져 나온 약 500만 년 전에서 얼마가 지난 시점에 출현한 것으로 추정된다.[55] 특정 유전자 들의 발현을 촉진하는 DNA 파편을 연구한 결과 뇌 발달에 영향을 끼치는 유전자 변이들은 다른 유전자 변이들보다 다섯 배나 빠른 속 도로 진화하고 있으며, 그런 유전자 변이들은 알츠하이머병과 같은 생애 말기 질환의 발병률을 높이기도 한다는 사실을 발견했다.[56] 이 것은 생애 말기에 질환을 유발하는 대립유전자들이 생애 초기에 선 택 이득을 제공하기 때문에 진화 과정에서 선택된다는 사실을 보 여주는 좋은 예다. 스티븐 코벳Stephen Corbett과 스티븐 스턴스Stephen Stearns의 연구진은 '길항적 다면 발현antagonistic pleiotropy'이라 불리는 현 상 때문에 인간처럼 자신들이 진화하기 전의 환경과 전혀 다른 환경 에서 살아가는 유기체들이 훨씬 높은 비용을 치른다고 주장했다.[57]

만약 양극성장애에 취약하게 만드는 대립유전자들이 정말로 인 류가 진화하는 내내 선택 이득을 제공했다면, 그 대립유전자들은 널 리 퍼져서 보편화됐어야 한다. 어쩌면 그렇게 된 것인지도 모른다. 정신의학자 하곱 아키스칼Hagop Akiskal의 연구진이 수행한 일련의 훌 륭한 연구들은 양극성장애가 기분장애 스펙트럼의 한쪽 끝에 불과 하다는 점을 증명했다.[58, 59] 온건한 기분장애는 어떤 사람의 건강에 는 해롭지만 장기간에 걸쳐 평균적으로 볼 때 번식의 성공률을 높여 주기 때문에 보편적인 증상일 수도 있다. 이것은 조증일 때 에너지 가 터져나오면서 생산성이 높아지기 때문일 수도 있고, 그런 개인들 이 섹스 상대를 더 많이 얻기 때문일 수도 있다.[60] 기분장애는 우리가 건강을 희생하면서 번식에 적합한 존재로 진화했다는 사실을 보여주는 또 하나의 비극적인 사례다.

또 하나의 가능성은 정신장애를 유발하는 유전자 변이들이 결함이 아니라 유전적 급변이라는 것이다. 정상적인 변이들이 현대 환경에서는 섭식장애와 물질남용의 원인이 되는 것처럼 말이다. 조현병이 현대 환경에서 더 많이 발생한다는 주장은 최근 몇십 년 동안 여러 차례 제출됐지만 그 주장을 뒷받침하는 증거는 불충분하다.[61, 62] 현재로서는 조현병 환자의 비율은 어디에서나 동일하다는 주장이 압도적인데, 이민자와 도시 거주자들의 발병률이 조금 더 높다는 것을 보여주는 새로운 연구들이 이 견해에 도전하고 있다.[63, 64, 65] 하지만 진화정신의학자 제이 파이어먼Jay Feierman은 수렵과 농경으로 생계를 해결하는 나라들을 여행하면서 정신장애자가 분명한 사람을 많이 봤다고 나에게 말했다. 비교문화 데이터가 더 많으면 좋겠지만, 주요 정신장애는 섭식장애나 물질남용처럼 현대 환경에서 비롯된 질병들과는 다르다.

또 하나의 진화적 가설은 감염이다. 이 심각한 질환들이 뇌 발달에 영향을 끼치는 감염의 결과일 수도 있을까? 임신 중인 여성이 고양이를 최종 숙주로 하는 기생충인 톡소플라스마곤디Toxoplasma gondii에 감염될 경우 태아의 조현병 발병률은 증가한다.[66] 또 여성이 임신 중기(15주에서 28주까지)에 인플루엔자 바이러스에 감염된 경우에도 태아의 조현병 발병률은 높아진다.[67, 68, 69] 감염이 뇌 발달에 끼치는 영향은 시기와 장소에 따른 발병률의 차이를 설명하는 데는 도움이 되겠지만, 임신 중 감염은 드물기 때문에 정신장애의 원인을 전반적으로 설명하는 데는 크게 기여하지 못한다. 하지만 감염은 다양한 원인으로 신경 발달이 저해될 경우 정신장애와 유사한 증후군이 발생할 수 있다는 결정적인 증거를 제공한다.

조현병 대립유전자가 아직 남아 있는 이유에 관한 갖가지 주장은 인지능력과 언어능력이 형성되는 과정에서 그 대립유전자들이 선택됐다는 일반적인 견해를 받아들인다.[70, 71, 72] 이는 오랫동안 설득력 있는 견해로 간주됐지만 검증은 불가능했다. 하지만 이제는 조현병과 연관된 대립유전자들이 인지능력에 영향을 끼친다는 새로운 유전적 증거들이 그런 견해를 뒷받침하고 있다.[73, 74, 75, 76, 77, 78, 79, 80, 81, 82, 83]

벼랑 끝에서 균형을 잃은 정신

지금까지 소개한 주장들은 모두 불행한 정신장애를 유발하는 대립유전자들이 끈질기게 남아 있는 이유를 설명하는 데 도움이 된다. 하지만 나는 그처럼 치명적인 질환들의 발병률이 자연선택 과정에서 크게 감소하지 않은 이유가 여전히 궁금하다. 조현병, 자폐장애, 양극성장애의 발병률은 각각 1퍼센트 정도다. 0.001퍼센트라면 몰라도 1퍼센트는 적지 않다. 인류의 조상이 아프리카 대륙을 떠나기 전에 효용을 지녔던 대립유전자와 연관해서 설명할 수도 있겠지만,[84] 그런 결합은 유전자 재조합genetic recombination 과정에서 오래전에 없어졌을 것이다.[85] 그리고 나는 그렇게 많은 유전자의 미세한 영향들이 상대적으로 일관성 있는 질환을 유발할 수 있다는 깃도 신기하다.

몇 주 동안 이런 문제로 뇌를 혹사시킨 끝에 나는 영국 조류학자 데이비드 랙David Lack의 초창기 논문을 다시 읽어보고 영감을 얻었다.[86, 87] 랙은 새들이 자손 증식을 위해 알을 더 많이 낳지 않는 이유가 무엇인가라는 의문을 품었고, 때로는 알을 몇 개 더 낳으면 그만큼 새끼가 많아지지만 알을 너무 많이 낳으면 살아남는 자손의 수가 오히려 더 적어진다는 가설을 세웠다. 그는 가설을 검증하기 위해 새가 둥지에 낳은 알을 다른 둥지로 옮겼다. 그가 추측한 대로 한 둥지에 알 하나만 추가했을 때는 평균적으로 어린 새의 수가 조금 늘었지만, 알의 개수가 어떤 지점을 넘어서면 그 수는 감소했다. 랙의 통찰에서 나는 '벼랑 끝 적합도 지형cliff-edged fitness landscape'이라는 개념으로 조현병에 대한 취약성을 설명할 수 있겠다는 아이디어를 떠올렸다.[88]

생물학자들은 토끼의 변이가 다윈주의적 적합도에 끼치는 영향을 설명하기 위해 '적합도 지형'이라는 개념을 사용한다. 예컨대 평균보다 길거나 짧은 날개를 가진 새들은 폭풍이 칠 때 살아남을 확률이 낮다.[89] 그래서 새들의 날개 길이에 관한 적합도 지형은 언덕 모양으로, 평균 길이의 중간 부분에서 적합도가 최고조에 달하고 양쪽 끝에서는 완만하게 내려간다. 적합도 지형 곡선이 하강하는 것은 평균보다 짧거나 긴 날개를 가진 새들의 적합도가 낮아진다는 뜻이다. 날개가 길면 유리한 점도 있고 불리한 점도 있다. 날개가 짧으면 정반대의 유불리가 있다. 그 결과는 불가피하게 '진화적 트레이드오프'로 나타나며, 그중에는 질병과 관련된 것이 많다. 버나드 크레스피는 어느 한쪽으로 치우쳐서 생기는 '대립성 장애diametric disorder'(병인, 표현형, 유병률 등에서 대립적 패턴을 나타내는 특정 질병군의 쌍. 진화의학에서 주로 다루는 개념-옮긴이) 쌍들에 관해 심도 있는 논문을 발표했다.[90, 91]

아래의 도표는 질병에 대한 유전적 취약성을 나타내는 표준 모델이다. 여기서 '진화적 트레이드오프'는 가장 중요한 개념이다. 예컨대 위험을 감수하는 성향의 토끼들은 포식자에게 잡아먹힐 위험이 높지만 먹이를 먹을 시간이 충분하다. 반면에 조심성이 많은 토끼들

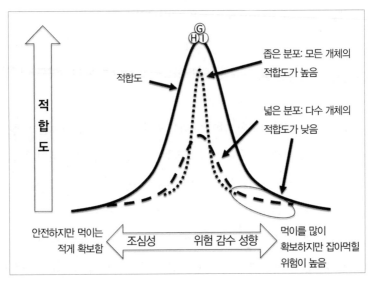

표준 모델

실선은 조심성의 수준에 따른 적합도를 표시한다. 개체(I)와 유전자(G)의 적합도가 최대인 지점과 건강 상태(H)가 최고인 지점이 적합도 지형의 꼭대기와 일치한다. 만약 조심성의 분포가 좁다면(높게 솟아 있는 점선) 해당 개체들은 적합도가 높고 건강 상태가 좋을 것이다. 만약 조심성의 분포가 넓다면(낮고 완만한 점선) 어떤 개체들은 잡아먹힐 위험이 높아지거나 굶어 죽을 위험이 높아질 것이다.

은 포식자에게 잘 잡아먹히지 않지만 먹이를 먹을 시간이 별로 없다. 중간 수준의 조심성을 가진 토끼들이 적합도가 가장 높다. 그래서 진화 과정에서 중간 수준의 조심성을 가진 토끼의 개체수가 정점에 도달한다. 정점에서 유전자 적합도와 개별 개체의 적합도는 최고의 건강 상태와도 일치한다. 돌연변이는 골고루 분포하기 때문에 일부 개체들은 평균에서 멀리 떨어지고 적합도가 낮은 형질들을 가지고 태어난다. 선택이 안정화하면 그런 돌연변이는 제거되고 분포의 범위는 좁아진다.

하지만 적합도 지형은 비대칭이 될 수도 있다. 때로는 어떤 형질이 한 방향으로 움직일 때 적합도가 증가한다. 하지만 어느 시점에서 한 걸음만 더 멀리 갔다가는 벼랑 밑으로 떨어진다. 마치 새둥지에 알이 딱 하나 많아졌는데 개체수가 줄어드는 경우와도 같다. 경주마들은 정강이뼈가 부러지는 일이 잦다. 왜 자연선택 과정에서 경주마들의 정강이뼈가 더 굵어지지 않았을까? 사실 야생마들은 원래 다리가 굵어서 부러질 일이 별로 없었다. 그런데 가장 빠른 말들만 골라서 기르다 보니 다리뼈는 점점 길어지고 점점 가늘어지고 점점 가벼워진 것이다. 경주마들은 세대를 거듭할수록 빨라졌지만 한편으로는 다리 부상에 점점 취약해졌다. 요즘에는 경마장에서 말이 출발할 때 수천 번 중 한 번꼴로 말의 다리가 부러지곤 한다.[92]

모든 경주마는 속도를 기준으로 선택되어왔기 때문에, 다리가 잘 부러지는 말과 그 친척들은 다른 말들에 비해 많이 빠르지 않을 것이다. 중증 정신장애 환자의 친척들이 누리는 혜택을 발견하기가 힘든 이유도 같은 논리로 설명할 수 있다. 극단의 정신적 능력에 대한 선택이 강력하게 이뤄졌더라면 모든 인간은 경주마의 다리처럼 빠르긴 하지만 큰 사고에 취약한 정신을 가지게 되었을 것이다. 이 모델은 조현병이 언어능력 및 인지능력과 밀접한 관련을 지닌다는 견해에 부합한다.[93] 또 이 모델은 조현병이 인간이 가진 '마음이론theory of mind', 곧 다른 사람들의 동기와 인지능력을 직관적으로 간파하는 능력과 긴밀하게 연관되어 있다는 관찰 결과와도 일치한다.[94, 95]

I 지점에 위치한 개체는 자손을 가장 많이 낳겠지만, 그 자손들에게는 불가피한 변이가 나타나기 때문에(I 지점 위의 점으로 표시된 선) 다수의 개체가 적합도 벼랑 아래로 떨어져 질병에 크게 취약해진다. G 지점에 위치한 개체도 자손 수는 비슷하겠지만, 그중에 소

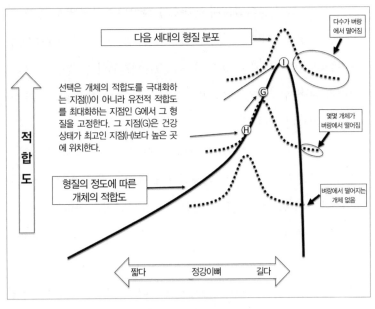

다음 세대의 형질 분포

다수가 벼랑에서 떨어짐

적합도

선택은 개체의 적합도를 극대화하는 지점(I)이 아니라 유전적 적합도를 최대화하는 지점인 G에서 그 형질을 고정한다. 그 지점(G)은 건강 상태가 최고인 지점(H)보다 높은 곳에 위치한다.

몇몇 개체가 벼랑에서 떨어짐

형질의 정도에 따른 개체의 적합도

벼랑에서 떨어지는 개체 없음

짧다　　정강이뼈　　길다

벼랑 끝의 적합도 지형과 불가피한 질병

수의 개체만 벼랑 아래로 떨어진다. 자연선택은 이 지점에서 그 형질을 고정할 것이다. H 지점에 위치한 개체는 건강한 자손을 낳지만 자손 수가 적기 때문에 전체적인 적합도는 낮다.

나의 수학적 모델에 따르면, 어떤 특성의 적합도가 벼랑 끝에서 정점에 이를 경우 그 형질의 중위값은 개별 개체의 번식 성공률을 극대화하는 지점보다는 조금 낮지만 건강 상태를 최상으로 만드는 지점보다는 높게 형성된다. 그 평균적인 값을 가진 개체들 중에 벼랑에서 떨어져 질병 위험이 높아지는 개체는 몇 퍼센트에 불과하다.[96]

적합도 지형의 벼랑 끝에서 비롯된 질병들은 유전성이 높아야 하고, 전체 인구의 몇 퍼센트에게만 나타나야 하며, 발병률은 질병 위험에 대해 모두 균일하고 미세하게 영향을 끼치는 수많은 정상 대립유전자의 복잡한 상호작용에 의해 결정된다. 이것은 각종 질병에 관한 데이터와 일치한다.

치명적인 결과를 부르기 쉬운 형질은 많이 있다. 뇌와 머리가 큰 아기들은 유리한 점도 있지만, 제왕절개 수술이 없는 환경에서는 머리 둘레가 1센티미터만 더 커도 산모와 아기 둘 다에게 치명적이다.[97] 요산尿酸이 많으면 노화를 늦춰주지만, 그보다 조금 더 많아지면 요산 결정이 관절에 침전해서 통풍이 생긴다.[98] 줄기세포 개수가 많으면 노화가 느리게 진행되지만, 그 수가 너무 늘어나면 암 발병률이 높아진다.[99] 신경전달의 어떤 측면은 벼랑 끝에 도달할 수도 있겠지만,[100] 그렇게 되면 돌연변이, 감염, 종양, 부상, 약물 등 여러 요인에 의해 뇌전증이 발병하기 쉽다.

특히 숙주와 병원체의 경쟁은 적합도 벼랑을 가파르게 만들 확률이 높다.[101] 감염에 맞서 싸우는 능력이 부족하면 사망한다. 그런 위험에 맞서는 능력을 보장하려면 면역체계가 어느 정도의 공격성을 가지도록 만들어져야 한다. 그런데 바로 그 공격성 때문에 면역체계는 간혹 정상적인 조직을 공격해 류머티스열, OCD, 류머티스성 관절염, 다발성경화증 및 그 밖에 자가면역질환을 일으킨다.[102] 그래서 조현병과 관련된 대립유전자의 상당수가 면역 반응에도 관여한다는 사실은 더욱 유의미하다.[103]

면역의 이득에 대한 진화적 트레이드오프는 알츠하이머병과도 관련이 있다. 죽어가는 신경세포와 죽은 신경세포들은 보통 아밀로이드 베타amyloid beta라는 단백질에 둘러싸여 있다. 원래 과학자들은 이 단백질이 대사 과정에서 발생하는 유해한 물질이라고 가정했다. 그러나 실망스럽게도 아밀로이드 베타의 합성을 막아주는 약을 투여하는 방법으로 알츠하이머병의 진행 속도를 늦추지는 못했다.[104] 게다가 아밀로이드 베타는 강력한 항균성 물질로 밝혀졌고,[105] 신경세포들 사이의 연결을 차단하는 시스템은 면역체계의 한 부분에 의존한다.[106] 최근에는 알츠하이머병 환자들의 뇌 속에 헤르페스Herpes 바이러스의 잔여물이 더 많다는 사실이 밝혀졌다.[107] 인간이 알츠하이머병에 잘 걸리는 이유는 면역체계의 비용과 몇 가지 혜택으로 이뤄진 '진화적 트레이드오프'인 것으로 짐작된다.[108]

이런 질병들은 모두 자연선택이 소수의 개인에게는 불행한 결과를 초래하지만 유전자 적합도를 극대화하는 벼랑 끝에 가까운 지점에서 형질을 고정한 결과인지도 모른다. 폭넓게 인정받는 견해도 아니고 널리 알려진 견해도 아니지만 나는 이것이 우리가 특정한 정신장애를 유발하는 특정한 유전적 원인을 발견하지 못한 이유를 설명해줄 수도 있다고 생각한다. 벼랑 끝 적합도 지형에서 문제가 생기는 원인은 결함 있는 유전자 때문이 아니라 적합도 지형의 가파른 기울기 때문이다. 그 지형은 마치 베이퍼록을 일으킨 원인들처럼 어떤 형질의 고유한 진화적 트레이드오프에서 비롯된다. 2차원의 지형은 조잡한 모델이지만, 실제 적합도 지형은 다차원으로 이뤄진 울퉁불퉁한 모양일 것이다. 어떤 질병들에 대한 취약성은 적합도 지형에 생긴 싱크홀(땅이 움푹 꺼지는 현상 – 옮긴이)과 같은 것일 수도 있다. 벼랑 끝 적합도 지형을 채택하면 다른 이점은 없다 할지라도 심각한 질병을 설명하는 데 반드시 필요한 형질들과 진화적 트레이드오프를 찾아내는 데는 도움이 된다.

정보처리 도구의 특별한 실패

정신장애는 다른 질병들과 근본적으로 다르다고 여겨지곤 한다. 정신장애에 대한 취약성은 다른 질병들을 설명할 때와 동일한 여섯 가지 진화적 이유에서 비롯되지만, 뇌는 한 가지 중요한 측면에서 다른 기관들과 다르다. 뇌는 아주 광범위한 정보를 처리하는 기관이다. 뇌는 내부와 외부의 수많은 정보원에게서 정보를 얻고, 화학적·전기적 메커니즘을 사용해 정보를 처리하고, 생리현상에 적응하고, 행동을 지시하는 결과를 산출한다. 이런 시스템은 특별한 방식으로 고장을 일으킨다.

뇌를 컴퓨터에 비유하는 것은 과장된 비유가 되기 쉽다. 엔지니어는 특정한 기능을 수행하는 독립적인 부품들을 가진 컴퓨터를 설계한다. 어떤 부품은 자판에 입력되는 신호를 디지털 신호로 변환하고, 다른 부품은 화면에 띄울 이미지를 생성한다. 또 다른 부분에서는 기억을 배분하고, 다른 부분에서는 0과 1을 길게 나열해서 컴퓨터에 필요한 계산을 수행한다. 비행기와 우주왕복선에는 메인컴퓨터가 고장 날 경우에 대비해 예비 컴퓨터를 싣는다. 우리에게 예비 정신은 없지만, 우리의 뇌는 유기적으로 복잡하게 통합된 시스템이기 때문에 돌연변이가 일어나거나 여기저기 경미한 손상이 생겨도 비교적 잘 작동한다.

뇌와 컴퓨터는 다르긴 하지만, 유기체의 정보체계가 고장 나는 방식들을 소프트웨어 고장에 비유하는 것은 유용한 방법이다. 외부로부터 적절한 신호를 받지 못하는 것은 심각한 문제다. 키보드가 고장 났을 때 컴퓨터에 로그인을 시도한 적이 한 번이라도 있다면 잘 알 것이다. 이와 마찬가지로 질병에 걸린 환자들은 감각신호의 입력이 잘되지 않아서 망상과 환각을 경험한다. 소프트웨어 프로그램들은 막다른 골목에 도달할 수도 있다. 이것은 일부 조현병 환자가 경험하는 '사고두절thought blocking'과 매우 흡사하다. 사고두절이란 사고가 순차적으로 진행되다가 갑자기 멈춰버리는 현상이다.

소프트웨어 제작자는 '무한루프infinite loop'라고 불리는 현상을 방지하기 위해 노력한다. 무한루프가 생기면 대개 부팅을 다시 해야 한다. 무한루프는 과대망상이나 강박장애에 시달리는 환자를 괴롭히는 사고의 반복 또는 집착과 비슷해 보인다. 정보가 무한루프에 들어가면 기억 용량을 다 잡아먹고 시스템을 정지시킬 가능성이 있는데, 이것은 조증이나 울증 삽화가 점점 심해져서 극단으로 치달은 다음에 고착되는 현상과 비슷하다. 심리학 용어로 '확증편향confirmation bias'을 연상시킨다. 확증편향이란 인간이 기존의 믿음에 부합하는 정보만 취사선택해서 받아들이고 그 믿음에 부합하지 않는 정보는 무시하는 경향을 의미한다. 조현병 환자에게 비밀경찰의 감시 활동에 관한 우려를 이야기해보라고 하면 어떤 환자는 당신의 질문이 곧 당신도 음모에 가담했다는 증거라고 결론 내릴 수도 있다.

정보이론의 창시자인 노버트 위너는 《사이버네틱스》라는 심오한 책에서 어떤 정신장애는 양성 되먹임 시스템이 통제를 벗어나서 생긴 것이라고 주장했다. 그의 주장은 특히 양극성장애와 관련이 깊다.[109] 살면서 좌절을 경험한 사람들은 대부분 속도를 늦추고 노력을 덜 투입하지만, 양극성장애 환자는 때때로 그 반대의 행동을 한다. 시련을 겪고 나면 대부분은 서서히 낙관주의를 회복해 앞으로 계속 나아가지만 기분장애에 취약한 환자들은 양성 되먹임 나선 안으로 빨려들어가 고독과 우울에 갇혀버린다.

거꾸로 사람들은 대부분 큰 성공을 거두고 나서 며칠이 지나면 불가사의하게도 기분이 가라앉는다. 심리학자들이 '반대과정opponent process'이라고 부르는 이러한 과정은 의욕 시스템의 일반적인 특성이다.[110] 진화적 시각을 가진 어느 저자는 극단적인 행복감이 안정화를 위해 극단적인 우울을 유발한다는 주장을 펼치기도 했다.[111] 양극성장애 환자들에게는 이처럼 기분을 안정시키는 시스템의 일부가 없을지도 모른다.

중증 정신장애에 대한 진화적 관점은 그 질환들이 유전자의 영향을 받으며 결함 있는 유전자가 원인일 것이라는 손쉬운 가정에서 벗어나게 해준다. 진화적 관점은 우리를 질병에 취약하게 만드는 특성, 적합도 지형, 통제 시스템에 새롭게 주목하게 만든다. '그런 특성들은 어떤 것인가?' 매우 좋은 질문이다. 그런 특성들은 창조성이나 지능처럼 명백한 것이 아닐 확률이 높다. 발달 초기에 신경세포의 성장 속도, 사춘기에 신경세포가 가지치기되는 비율 그리고 신경 네트워크의 전달 속도 같은 것들인지도 모른다. 더 고차원적으로 이야기하자면, 다른 사람들의 작은 손짓에 의미를 부여하는 것이 어느 정도까지는 유용하지만, 고점을 넘어서면 유용성이 벼랑 아래로 뚝 떨어져 장기간 지속되는 과대망상으로 전환될 수 있는 것과 같다. 나는 이 모든 것이 추측에 불과하며 실제 시스템들은 파악하기도 어려울 정도로 복잡하다는 것을 알고 있다. 그럼에도 일부 개인들을 취약하게 남겨둔 채로 적합도를 극대화하는 형질들이 선택된 과정을 연구하면 집단유전학population genetics의 가로등 아래 잃어버린 원인들을 찾아낼 기회가 생긴다.

진화정신의학은
섬이 아닌 다리다

어떤 아이디어가 처음에 말도 안 된다고 느
껴지지 않으면 그 아이디어는 별것 아니다.
— 알베르트 아인슈타인

아이디어는 오래가지 않는다. 아이디어를
가지고 어떤 행동을 해야 한다.
— 앨프리드 노스 화이트헤드

'왜 인간은 자연선택을 거쳤는데도 정신장애에 쉽게 걸릴까?' 이 것은 좋은 질문이고, 이 질문에 답하려고 노력하는 과정에서 정신장애에 대한 우리의 이해도 깊어질 것이다. 이 질문은 이 책의 주제라고도 할 수 있다. 이 책의 목표는 이 질문을 진지하게 받아들이고 답을 찾아보는 것이다. 그러자면 진화생물학과 정신의학을 갈라놓고 있는 협곡에 다리를 건설해야 한다. 그 프로젝트가 이제 막 시작되었다.

19세기 중반 나이아가라 폭포 앞에는 관광객들이 가득했다. 캐나다와 미국을 연결하는 다리를 놓는다면 사람들이 많이 이용하고 수익도 보장될 것이 분명했다. 다른 엔지니어들이 그런 공사는 기술적으로 불가능하다고 말했을 때 찰스 엘렛 주니어Charles Ellet, Jr.가 기꺼이 그 임무를 맡았다. 첫 번째 과제는 캐나다와 미국 사이에 케이블을 연결하는 것이었다. 배, 로켓, 대포가 모두 실패하자 1848년 엘렛 주니어는 연날리기 대회를 열었다. 미국의 15세 소년 호먼 월시Homan Walsh가 캐나다 쪽으로 건너가서 '유니언Union'이라는 이름의 연을 날렸다. 그 연은 하루 밤낮을 꼬박 날았고, 연줄이 헐거워졌을 무렵 멀리 떨어진 해변의 날카로운 바위에 긁혀 연줄이 끊어졌다. 월시는 8일 동안 배를 타고 얼음 사이로 나아가 연을 되찾고 수선한 다음,

국경을 넘어와 다시 도전했다. 마침내 그의 연은 캐나다 땅에서 미국 땅으로 넘어가는 데 성공했다. 가느다란 실을 양쪽에 걸친 다음에는 그 실에 조금 더 질긴 철사를 묶어 잡아당기고, 철사로 밧줄을 잡아당기고, 밧줄로는 케이블을 잡아당겨 양쪽에 걸쳐놓았다. 이렇게 해서 나이아가라 협곡을 가로지르는 최초의 다리가 만들어질 수 있었다.[1]

진화생물학과 정신의학 사이에 있는 협곡 역시 깊고 폭이 넓으며 물살이 세다. 날카로운 바위 모서리에 잘려나간 실도 수없이 많다. 나는 이 책을 통해 그 협곡 너머로 실 한 가닥을 띄워 보내면서, 그 실이 다른 실들과 힘을 합쳐 나중에 다른 사람들이 더 튼튼한 밧줄과 케이블을 성공적으로 연결하는 토대가 되기를 바란다. 진화생물학은 의학은 물론이고 모든 행동 연구의 토대가 되는 학문이다. 진화생물학을 이용해서 정신장애를 설명하려는 노력은 새로운 시각을 제공할 것이고, 그 새로운 시각을 통해 새로운 발전이 가능해질 것이다.

우리가 정신장애에 취약한 이유에 대해 이 책에서 제시한 가설들은 가능성을 보여줄 뿐 확정적인 답을 주지는 않는다. 모든 가설은 앞으로 과학자들의 철저한 검증을 받아야 한다. 나는 어떤 가설은 이론과 불일치하고 어떤 가설은 사실과 상충하지만, 나머지 가설들도 반드시 참은 아니고 우리가 지금 알고 있는 것들에 가장 부합할 뿐이라는 것을 보여주려고 노력했다. 진화와 정신장애에 관한 모든 가설은 시험을 거쳐야 한다.

가설을 시험하기란 겉으로는 쉬워 보이지만 안타깝게도 어려울 때가 많다. 인간의 정신은 기능에 따라 경험을 분류한다. 의자는 앉기 위한 것이고, 망치는 뭔가를 두드리기 위한 것이고, 눈은 보기 위한 것이다. 그래서 자연히 조현병은 무엇을 위한 것이고 신경성 식욕부진증은 어떤 점에서 유용한가를 묻게 된다. 하지만 정신장애에는 기능이 없다. 질병을 적응으로 바라보는 관점인 VDAA는 진화정신의학의 가장 큰 오류다. 인간의 모든 특성이 적응이라는 착각은 인간 정신의 속성상 자연스러운 실수다. 내가 가장 좋아하는 엉터리 학설은 플라밍고가 분홍색인 이유는 석양을 배경으로 몸을 위장하기 위해서라는 것이다. 생리학자들과 행동생태학자들은 그보다는 신중하지만, 그들도 날마다 적응에 관한 연구를 하는 사람들인 만큼 우리에게 나타나는 대부분의 특성들은 어떤 혜택이 있기 때문에 남아 있는 것이고 불가피한 상충관계가 있다는 가정에서 출발하는 경향이 있다.

어떤 과학자는 인간의 특성들이 유용하다는 주장에 회의적이거나 적대적인 태도를 취한다. 유전학자와 고생물학자들은 날마다 무작위적인 요소의 영향을 눈으로 확인하기 때문에, 대부분의 유전자와 특징들을 무작위로 일어난 사건들의 결과로 가정하고 때로는 증거나 대안은 고려하지도 않은 채 유력한 가설들을 기각해버린다. 상당수 학자들은 근접설명이나 계통발생적 설명으로 충분하다고 생각한다.

학계는 여러 분파 사이의 싸움으로 난장판이 되었다.[2, 3, 4, 5, 6, 7] 한쪽 편에 선 사람들은 진화정신의학을 '적응주의adaptationism'로 오해하고 비판한다. 나 역시 인체의 어떤 부분도 완벽할 수 없으며 대부분의 문제는 유용한 특징이 하나도 없는 오래되고 평범한 질병이라는 점을 강조하고 있는데도 그런 오해를 받는다. 다른 한편에서는 나의 견해가 너무 안이해서 적응적 기능을 인식하지 못한다고 생각한다. 이 양쪽 분파의 대립은 종족 간 전쟁과 비슷하게 고정관념과 편견이 성행하며 양쪽 모두 운 나쁜 상대에게 본보기를 보여주기 위해 대대적인 공격을 가한다. 그러나 일반화된 주장들은 역효과를 낳는다. 학문의 빌진을 위해서는 구체적인 가설들을 검증해야 한다. 시험대에 올릴 가치가 있는 가설은 많고, 그 가설들 대부분은 사실의 맹렬한 공격에 나가떨어질 것이다. 가설들을 검증하려면 시간과 자원이 필요하다. 인간이 질병에 걸리는 이유에 관한 가설들을 시험하는 가장 좋은 전략들은 아직도 완성되지 않았지만 실험, 자연주의적 관찰 그리고 비교방법론의 도움을 받을 수 있다. 요리책처럼 단순한 접근으로는 충분하지 않다.[8]

남은 과제가 많다고 해서 정상적인 행동에 관한 지식을 활용해 비정상적인 행동을 이해하려는 노력을 멈출 이유는 없다. 섭식장애는 자연선택으로 형성된 것이 아니지만 기근이 발생할 때 식이를 조절하는 메커니즘은 자연선택의 산물이다. ADHD는 자연선택의 결과가 아니지만 주의력을 조절하는 메커니즘은 자연선택의 산물이다. 중증 우울증은 자연선택의 산물이 아니지만 정상적인 기분저하와 기분고양을 만들어내는 능력은 자연선택의 산물이다. 의학의 다른 분야에서는 정상적인 기능에 관한 지식을 토대로 병리현상을 이해한다. 그렇게 하면 증상과 질병을 구별할 수 있으며 원인이 여러 가지인 심장발작과 같은 증후군을 인식할 수 있다. 생리학과 생물화학이 의학의 모든 분야에 토대를 제공하는 것처럼, 진화론의 틀은 정신의학에 토대를 제공한다.

진화정신의학은 무슨 소용이 있는가?

환자들은 지금 당장 도움받기를 원한다. 의사들은 더 효과적인 치료법을 원한다. 만약 당신이 사랑하는 사람이 조증 삽화로 입원해 있다면 당신의 걱정은 의사들이 정확한 진단을 내렸는가 그리고 현 상황에서 가능한 최고의 치료를 제공하는가에 집중될 것이다. 우리가 조증에 쉽게 걸리는 이유에 관한 고찰은 사소해 보일 것이다. 만약 당신의 배우자가 알코올중독으로 죽어가고 있다면, 당신의 아이가 조현병 환자라면, 당신에게 우울증이나 강박장애가 있는데 치료를 해도 차도가 없다면, 인류가 진화를 거쳤는데도 정신장애에 걸리는 이유에 관한 이론들은 당신에게 불필요해 보인다. 긴급한 임상적 필요를 감안하면 누군가가 "더 나은 치료법을 알려주지도 않는데 왜 진화정신의학을 연구해야 하지?"라고 물어도 이해할 수 있다.

진화정신의학을 연구해야 하는 이유는 두 가지다. 장기적으로 진화적 관점은 정신장애에 관한 우리의 이해를 근본적으로 전환시켜 더 나은 치료로 이어질 것이다. 단기적으로도 진화적 관점은 치료에 어느 정도 도움이 될 수 있다.

진화적 관점은 정신장애 연구를 촉진하고 오랫동안 지속된 몇 가지 논쟁을 해결할 것이다. 만약 내가 오늘 1장에서 언급한 A를 다시 만나는데 그녀가 "정신의학은 정말 혼란스럽다는 사실을 아느냐"라고 다시 묻는다면, 나는 그 혼란을 거의 다 해소할 수 있다고 대답할 것 같다. 나쁜 기분에도 좋은 이유가 있다. 불안과 우울이 과잉이 되는 이유는 우리 자신을 희생시켜 유전자를 이롭게 하기 때문이고, 화재감지기 원리 때문이고, 우리가 현대 환경에서 살아가기 때문이고, 조절 메커니즘이 원래 취약한 것이기 때문이다. 뇌에서 문제를 찾아보는 것도 필요한 일이겠지만, 뇌는 정보처리 메커니즘이기 때문에 특정한 원인과 뇌의 병변은 몇몇 장애에 대해서만 발견할 수 있을 것이다. 어떤 질병은 신부전이라든가 심장발작처럼 다양한 원인을 가진 증후군으로 밝혀질 것 같다. 어떤 원인은 상향식으로 유전자와 뇌의 메커니즘을 통해 올라오고, 또 어떤 원인은 하향식으로 정보와 정보 처리를 통해 내려온다. 하향 원인과 상향 원인들의 상호작용으로 복잡하게 얽힌 그물망이 형성되지만, 이것은 혼란이라기보다 현실이다. 진화론이라는 틀은 정신장애를 합리적으로 설명하는 데 도움을 준다.

진화적 관점의 혜택을 얻으려면 몇 가지 변화가 필요하다. 우선 보건의료 분야의 전문가들과 연구자들이 진화생물학의 기본 원칙을 배워야 한다. 정신의학 전문가들도 인간의 뇌와 행동이 자연선택을 통해 어떻게 변해왔는지를 배울 필요가 있다. 이러한 변화는 단시일에 이뤄질 수 없다. 의학교육 전문가들 중에 진화생물학을 가르칠 수 있거나 진화생물학이 교과과정에 포함되어야 한다고 주장할 만큼의 지식을 가진 사람이 별로 없기 때문이다. 새로운 교과서와 지침이 만들어지면 빠르게 발전할 수 있을 것이다. 교육이 필수적인 한편으로, 연구에 대한 지원금의 우선순위도 바뀔 필요가 있다. 지금까지는 특정 질병을 유발하는 특정한 유전자 이상과 뇌병변을 찾는 연구에 거의 모든 자금이 투입됐다. 어떤 사람은 특정한 이상을 찾는 패러다임이 막다른 골목에 이르렀다고 말한다. 나는 그 말이 틀렸기를 바라지만, 모든 돈을 말 한 마리에 다 걸 필요도 없다고 생각한다. 조너스 소크의 말처럼 "발견의 순간은 우리가 새로운 질문을 찾아낼 때"인지도 모른다. 새로운 질문들에 답하기 위한 연구에 자금이 투입되면 정신의학의 새로운 길이 열릴지도 모른다. 개개인이 겪는 사건들이 감정에 끼치는 영향을 알아내는 작업은 반드시 필요하다. 정상적인 기분저하는 어떻게 조절되며 왜 유용한가에 관한 연구와 함께 약물이 기분조절 메커니즘을 교란해 증상들을 완화하는 과정에 대한 조사도 이뤄져야 한다. 쓸모없는 노력을 멈추는 행위의 적응적 가치를 고려하면서 끈기에 관한 연구를 재검토할 필요가 있다. 물질남용에 취약한 사람들의 식량 채집 패턴을 연구해보면 아주 흥미로울 것이다. 인공두뇌학의 접근법과 진화론, 심리학과 신경과학을 결합하면 전망은 아주 밝다. 후원자들이 기회를 알아주고 호응하면 수십 편의 연구가 곧바로 시작될 수 있다.

목표는 치료법을 개선하는 것이지만, 진화정신의학이 또 하나의 치료법 브랜드가 될 경우에는 많은 것을 잃게 된다. 정신과의 여러 가지 치료법은 종종 같은 믿음을 가진 사람들끼리 모인 고립된 섬들의 집합이 된다. 믿음은 사람들의 행동에 영향을 끼친다. 아니, 사람들이 하지 않는 행동에 영향을 끼친다고 해야겠다. 햇병아리 의사 시절 나는 불안이나 우울증이 심각한데도 약물치료를 거부하면서 "약은 증상만 가라앉히는 거잖아요. 저는 원인을 찾아내고 싶어요"라고 말하는 환자를 많이 만났다. 그 환자들은 당시에 유행하던 정신역동이라는 도식 때문에 약의 도움을 받을 수 있는데도 치료를 받아들이지 않았다. 세월이 흐르고 텔레비전에 우울증 치료제 광고가 자주 나오게 되면서 주류의 도식은 뒤집어졌다. 나는 극심한 우울증에 시달렸지만 다섯 가지 약 중 어느 것에서도 효과를 보지 못한 22세 남성 환자와 상담해본 적이 있다. 그 환자는 부모의 집 지하실에 살고 있었고, 주로 멍하니 벽을 바라보며 시간을 보내고 가끔 텔레비전을 보거나 비디오게임을 했다. 내가 인생에서 하고 싶은 일이 뭐냐고 물었더니 그는 이렇게 대답했다. "우울증을 먼저 이겨내야 뭔가를 할 수 있겠지요." 어떻게 하면 우울증을 이겨낼 수 있느냐고 묻자 그가 대답했다. "우울증은 뇌질환이니까, 효과가 있는 약이 개발될 때까지 기다리는 수밖에요."

정신장애에 관한 도식들은 임상의와 연구자들의 시야를 좁히기도 한다. 정신장애를 뇌의 이상으로 바라보는 의사들은 환자의 병력을 자세히 알아보려고 하지 않는다. 그저 진단을 내리고 해당 질환에 적합하다고 알려진 치료를 실시하는 것에 만족한다. 반대로 문제의 원인을 어린 시절의 경험에서 비롯된 정신적 갈등으로 보는 의사들은 환자의 기억을 끄집어내고 그 기억과 현재의 행동을 연결하려고 애쓴다. 하지만 때로는 그런 노력이 뇌병변이나 환자의 현재 상황을 고려하는 데 방해가 된다. 진화심리학은 이처럼 다양한 견해 사이에 다리를 놓는다. 그리고 조지 엔젤의 생물심리사회 모델에 내용과 체계를 부여한다. 한 개인의 문제에 대해 하나 또는 그 이상의 구체적인 원인을 찾는 대신 복수의 요인들이 상호작용해서 문제를 일으켰을 가능성을 고려하며 다양한 치료법이 문제 해결에 도움이 된다고 보는 것이다.

이제 진료소에서

나의 친구이자 동료인 알폰소 트로이시Anfonso Troisi는 로마대학교의 정신의학자로서《다윈주의 정신의학Darwinian Psychiatry》이라는 책의 공저자다. 정신과 의사들이 진화론을 공부하면 치료를 더 잘할 수 있다고 나를 설득한 사람이 바로 트로이시였다.[9, 10] 그에 따르면 의사들은 인간이 목표를 추구하다가 난관에 부딪힐 때 생겨나는 동기와 감정들을 이해해야 한다. 의사들이 인간관계를 깊이 이해하면 왜 갈등을 피할 수 없으며 어떻게 갈등을 줄일 것인지를 이해하는 데 도움이 된다. 독일의 진화정신의학자로서《진화정신의학Evolutionary Psychiatry》이라는 책을 집필한 마르틴 브륀Martin Brüne 역시 임상에 진화적 관점을 도입하는 데 찬성한다.[11] 영국의 정신의학자인 리야드 아베드Riadh Abed와 폴 세인트 존 스미스Paul St John Smith는 비슷한 관심사를 가진 동료들 수백 명을 모아 왕립정신의학협회를 만들었다. 폴 길버트와 레이프 케네어 같은 임상심리학자들은 진화적 사고를 도입해 인지행동치료의 효율을 높이고 있다.[12, 13, 14, 15] 이런 사람들은 다음 세대 임상의와 연구자들에게 영감을 줄 것이다.

진화와 행동에 관한 공부가 지금 당장 신속한 해결책을 준다고 주장하기는 조금 망설여지지만, 나는 진화와 행동에 관해 알고 나서 치료법을 많이 바꿨다. 다른 의사들도 공황발작은 투쟁 – 도피 시스템의 거짓 경보이며 그런 거짓 경보가 많은 이유는 화재감지기 원리로 설명된다는 사실을 알게 되면 공황장애 치료법은 개선될 것이다. 격렬한 다이어트는 기아 방지 메커니즘을 작동시키는데 이 메커니즘은 양성 되먹임 나선으로 이어지기 쉽다는 사실이 알려지면 섭식장애 치료법이 개선될 것이다. 중독은 우리 조상들이 상상하지도 못한 식품 또는 약물과 운송로가 학습 메커니즘을 만난 결과라는 점이 인식되면 중독 치료도 발전할 것이다. 내가 가르친 정신과 레지던트들이 나에게 말한 바로는 우울증 환자들에게 다음과 같은 질문을 던지면 치료에 큰 도움이 된다고 한다. "당신이 하려는 아주 중요한 일들 중에 실패를 거듭하는데도 포기할 수 없는 일이 있나요?"

'사회선택'에 대한 이해는 장기적인 헌신 관계가 존재하는 이유 그리고 죄책감과 사회불안을 느끼는 사람이 많은 이유를 이해하는 토대가 된다. 의사들이 호혜주의에 근거한 인간관계와 헌신에 근거한 인간관계 사이의 긴장을 인식하면 환자들에게 치료자와의 관계가 제공할 수 있는 것과 없는 것에 관해 터놓고 이야기할 수 있다. 몇 시간 동안 친밀한 대화를 나누기만 해도 친밀한 관계를 맺은 느낌이 생겨난다는 사실을 인식한 의사들은 환자와의 관계를 전문가답게 적절히 유지할 수 있다.

진화심리학의 최전선에서 얻은 통찰들은 지금도 유용하지만, 이것을 '진화적 심리치료'로 바라봐서는 안 된다. 새로운 섬 하나를 더 만드는 것보다 다리를 여러 개 놓을 때 성과가 훨씬 커진다.

삶은 왜 고통으로 가득한가?

우리는 한 바퀴를 빙 돌아 가장 근본적인 질문으로 돌아왔다. 지금까지 운이 좋았던 사람들의 경우 삶의 시작은 나중에 부처가 된 싯다르타와 비슷했다고 말할 수 있다. 그들은 싯다르타처럼 모든 걸 다 가지지는 못했을지라도 안전한 보금자리에서 부모의 사랑과 보호를 받으며 넓은 세상에는 고통이 있다는 것을 알지도 못한 채 어린 시절을 보냈다. 마침내 세상으로 나가도 좋다는 허락을 받은 싯다르타는 갑작스럽게 인생의 고통과 슬픔을 생생하게 목격하고 고통의 원인과 해결책을 탐구하기 시작했다. 그가 얻은 결론은 욕망이 고통의 뿌리라는 것이다. 그 말은 옳다. 만약 오늘날 싯다르타가 살아 있었다면 그는 "자연선택의 과정에서 욕구라는 것이 왜 생겨났으며, 욕구를 좇으면서 발생하는 고통스러운 감정과 유쾌한 감정은 왜 아직도 남아 있는가?"라는 질문을 던질 것 같다.

일반적인 대답은 간단하다. 우리의 뇌는 우리의 유전자를 가장 잘 전달하는 방향으로 진화했다. 감정은 개별 상황에 알맞게 특화된 작동체계다. 하지만 냉소주의와 결정론에서 벗어나려면 조금 더 섬세한 관점이 필요하다. 우리는 진정으로 선한 행동을 하고 남을 보살필 줄 안다. 선과 보살핌은 삶을 가치 있게 만들어주는 대신 죄책감과 슬픔이라는 비용을 치르게 한다. 우리에게는 욕구를 조절하는 고유한 메커니즘이 있다. 그 메커니즘은 가끔 고장이 나기도 하지만, 그 덕분에 대다수 사람들은 유머감각을 가지고 좋은 인간관계를 유지하며 가지지 못한 것에 대해 덜 걱정하면서 삶을 살아간다. 이 모든 것을 누리는 대가로 우리는 남들이 자신을 어떻게 생각할지에 대해 지나치게 신경을 쓴다. 종합적으로 보면 이러한 자연선택의 결과물들 덕분에 대부분의 사람들에게 삶은 행복해지고 의미 있는 것이 된다. 그러니 삶의 고통에 질겁하기보다는 정신이 건강한 사람이 이렇게 많다는 기적에 놀라고 감탄해야 마땅하다.

|추천 도서|

Alcock J. *The triumph of sociobiology*(《다윈 에드워드 윌슨과 사회생물학의 승리》). New York: Oxford University Press, 2001.

Archer J. *The nature of grief.* New York: Oxford University Press, 1999.

Baron- Cohen S (ed). *The maladapted mind: classic readings in evolutionary psychopathology.* Psychology Press, 1997.

Brune M. *Textbook of evolutionary psychiatry: the origins of psychopathology.* Second edition. Oxford: Oxford University Press; 2016.

Dugatkin LA. *The altruism equation: seven scientists search for the origins of goodness.* Princeton, NJ: Princeton University Press, 2006.

Gilbert P, Bailey KG. *Genes on the couch: explorations in evolutionary psychotherapy.* Philadelphia: Taylor & Francis, 2000.

Horwitz AV, Wakefield JC. *The loss of sadness: how psychiatry transformed normal sorrow into depressive disorder.* New York: Oxford University Press, 2007.

Hrdy SB. *Mothers and others: the evolutionary origins of mutual understanding.* Cambridge, MA: Belknap Press of Harvard University Press, 2009.

Konner M. *The tangled wing: biological constraints on the human spirit.* 2nd ed. New York: Times Books, 2002.

Low BS. *Why sex matters: a Darwinian look at human behavior.* Princeton, NJ: Princeton University Press, 2015.

McGuire MT, Troisi A. *Darwinian Psychiatry.* New York, NY: Oxford University Press; 1998.

Natterson-Horowitz B, Bowers K. *Zoobiquity: the astonishing connection between human and animal health*(《의사와 수의사가 만나다: 인간과 동물의 건강, 그 놀라운 연관성》). New York: Vintage, 2013

Nesse RM, Williams GC. *Why we get sick: the new science of Darwinian medicine*(《인간은 왜 병에 걸리는가》). New York: Vintage Books, 1994.

Pinker S. *The blank slate: the modern denial of human nature*(《빈 서판: 인간은 본성을 타고 나는가》). New York: Viking, 2002.

Ridley M. *The origins of virtue: human instincts and the evolution of cooperation*(《이타적 유전자》). New York,: Viking, 1996.

Rottenberg J. *The Depths. The Evolutionary Origins of the Depression Epidemic.* New York: Basic Books, 2014.

Taylor, J. *Body by Darwin: how evolution shapes our health and transforms medicine.* Chicago: University of Chicago Press, 2015.

Wenegrat B. *Sociobiological Psychiatry: A New Conceptual Framework.* Lexington, MS: Lexington; 1990.

Zimmer C. *Evolution: the triumph of an idea*(《진화: 모든 것을 설명하는 생명의 언어》). New York: Random House, 2011.

프롤로그 '왜 인간의 삶은 고통으로 가득한가?'에 답하는 새로운 관점

1. Darwin C. The descent of man and selection in relation to sex. London: Murray; 1888. 390.

1장 새로운 질문

1. Engel G. The need for a new medical model: a challenge for biomedicine. Science. 1977 Apr 8;196(4286):129-36.

2. American Psychiatric Association. Diagnostic and statistical manual of mental disorders: DSM-IV. 4th ed. Washington (DC): American Psychiatric Association; 1994.

3. Frances A. Saving normal. an insider's revolt against out-of-control psychiatric diagnosis, DSM-5, big pharma, and the medicalization of ordinary life. New York: William Morrow; 2013.

4. Insel T, Cuthbert B, Garvey M, Heinssen R, Pine DS, Quinn K, et al. Research domain criteria (RDoC): toward a new classification framework for research on mental disorders. Am J Psychiatry. 2010 Jul;167(7):748-51.

5. Insel TR, Wang PS. Rethinking mental illness. JAMA. 2010 May 19;303(19):1970-1.

6. Gatt JM, Burton KLO, Williams LM, Schofield PR. Specific and common genes implicated across major mental disorders: A review of meta-analysis studies. J Psychiatr Res. 2015 Jan;60:1-13.

7. Consortium C-DG of the PG. Identification of risk loci with shared effects on five major psychiatric disorders: a genome- wide analysis. The Lancet. 2013 Apr 26;381(9875):1371-9.

8. Akil H, Brenner S, Kandel E, Kendler KS, King M-C, Scolnick E, et al. The future of psychiatric research: genomes and neural circuits. Science. 2010;327(5973):1580-1.

9. Greenberg G. The rats of N.I.M.H. The New Yorker [Internet]. 2013 May 16 [cited 2018 Jun 13]. Available from: https://www.newyorker.com/tech/elements/the-rats-of-n-i-m-h.

10. Brune M, Belsky J, Fabrega H, Feierman HR, Gilbert P, Glantz K, et al. The crisis of psychiatry—insights and prospects from evolutionary theory. World Psychiatry. 2012;11(1):55-7.

11. Williams GC. Pleiotropy, natural selection, and the evolution of senescence. Evolution. 1957;11(4):398- 411.

12. Gaillard J-M, Lemaitre J-F. The Williams' legacy: A critical reappraisal of his nine predictions about the evolution of senescence. Evolution [Internet]. 2017 Oct 20 [cited 2017 Oct 30 Available from: http://doi.wiley.com/10.1111/evo.13379.

13. Alcock J, Sherman P. The utility of the proximate ultimate dichotomy in ethology. Ethology. 1994;96(1):58-62.

14. Dewsbury DA. The proximate and the ultimate: past, present and future. Behav Process. 1999;46:189-99.

15. Mayr E. Cause and effect in biology. Science. 1961;134(3489):1501-6.

16. Nesse RM. Evolutionary and proximate explanations. In: Scherer K, Sander D, editors. The Oxford companion to emotion and the affective sciences. Oxford (UK): Oxford University Press; 2009. 158-9.

17. Tinbergen N. On the aims and methods of ethology. Z fur Tierpsychol. 1963;20:410-63.

18. Nesse RM. Tinbergen's four questions, organized: a response to Bateson and Laland. Trends Ecol Evol. 2013;28(12):681-2.

19. Sternbach RA. Congenital insensitivity to pain. Psychol Bull. 1963;60(3):252-64.

20. Nesse RM. Life table tests of evolutionary theories of senescence. Exp Gerontol. 1988;23(6):445-53.

21. Kirkwood TB. Understanding the odd science of aging. Cell. 2005 Feb 25;120(4):437-47.

22. Rose M, Charlesworth B. A test of evolutionary theories of senescence. Sci Aging Knowl Environ. 2002;2002(37):17.

23. Kirkwood TB, Austad SN. Why do we age? Nature. 2000;408(6809):233-8.

24. Peterson ML. The problem of evil: selected readings. 2nd ed. Notre Dame (IN): University of Notre Dame Press; 2016.

25. Southgate C. God and evolutionary evil: Theodicy in the light of Darwinism. Zygon. 2002;37(4):803-24.

26. Tooley M. The problem of evil. In: Zalta EN, editor. The Stanford Encyclopedia of Philosophy [Internet]. Fall 2015. Metaphysics Research Lab, Stanford University; 2015 [cited 2018 Jun 4]. Available from: https://plato.stanford.edu/archives/fall2015/entries/evil/.

27. Hume D. Dialogues concerning natural religion. Whithorn, UK: CreateSpace Independent Publishing Platform:Anodos Books 1779 [2017] 52.

28. Peterson ML. The problem of evil.

29. Barash DP. Buddhist biology: ancient Eastern wisdom meets modern Western science. New York: Oxford University Press; 2014.

30. Ekman P, Davidson RJ, Ricard M, Wallace BA. Buddhist and Psychological perspectives on emotions and well- being. Curr Dir Psychol Sci. 2005;14(2):59-63.

31. Barash DP. Buddhist biology.

32. Dawkins R. The selfish gene. Oxford (UK): Oxford University Press;1976.

33. Williams GC. Natural selection, the costs of reproduction, and a refinement of Lack's principle. Am Nat. 1966;687-90.

2장 우리는 아직도 정신질환을 모른다

1. Grebb JA, Carlsson A. Introduction and considerations for a brain-based diagnostic system in psychiatry. In: Sadock BJ, Sadock VA, Ruiz P, Kaplan HI, editors. Kaplan & Sadock's comprehensive textbook of psychiatry. 9th ed. Philadelphia: Wolters Kluwer Health/Lippincott Williams & Wilkins; 2009. 1-4.

2. Kendell RE, Cooper JE, Gourlay AJ, Copeland JRM, Sharpe L, Gurland BJ. Diagnostic criteria of American and British psychiatrists. Arch Gen Psychiatry. 1971 Aug 1;25(2):123-30.

3.	Rosenhan DL. On being sane in insane places. Science. 1973;179(4070):250-8.

4.	American Psychiatric Association. Diagnostic and statistical manual of mental disorders. 2nd ed. Washington (DC): American Psychiatric Association;1968.

5.	American Psychiatric Association. Diagnostic and statistical manual of mental disorders. 3rd ed. Washington (DC): American Psychiatric Association;1980.

6.	Wilson M. DSM-III and the transformation of American psychiatry: a history. Am J Psychiatry [Internet]. 1993 Mar 1;150(3):399- 410. Available from: http://ajp. psychiatryonline.org/cgi/content/abstract/150/3/399.

7.	Spitzer RL, Williams JB, Gibbon M, First MB. The structured clinical interview for DSM-III-R (SCID). I: History, rationale, and description. Arch Gen Psychiatry. 1992 Aug;49(8):624-9.

8.	Andreasen NC. DSM and the death of phenomenology in America: an example of unintended consequences. Schizophr Bull. 2007 Jan 1;33(1):108-12.

9.	Hyman SE. Can neuroscience be integrated into the DSM-5? Nat Rev Neurosci. 2007 Sep;8(9):725-32.

10.	Kessler RCm Anthony JC, Blazer DG, Bromet E, Eaton WW, Kendler K, et al. The US National Comorbidity Survey: overview and future directions. Epidemiol Psichiatr Soc. 1997 Jan;6(1):4-16.

11.	Angst J, Vollrath M, Merikangas KR, Ernst C. Comorbidity of anxiety and depression in the Zurich Cohort Study of Young Adults. In: Maser JD, Cloninger CR, editors. Comorbidity of mood and anxiety disorders. Arlington (VA): American Psychiatric Association; 1990. 123-37.

12.	Gorman JM. Comorbid depression and anxiety spectrum disorders. Depress Anxiety. 1996;4(4):160-8.

13.	Kessler RC, Berglund P, Demler O, Jin R, Koretz D, Merikangas KR, et al. The epidemiology of major depressive disorder: results from the National Comorbidity Survey Replication (NCS- R). JAMA. 2003;289(23):3095-105.

14.	Sartorius N, Ustun TB, Lecrubier Y, Wittchen H- U. Depression comorbid with anxiety: results from the WHO study on psychological disorders in primary health care. Br J Psychiatry. 1996 Jun;30:38-43.

15.	Frances A, Egger HL. Whither psychiatric diagnosis. Aust N Z Psychiatry. 1999;33:161-5.

16.	Akil H, Brenner S, Kandel E, Kendler KS, King M- C, Scolnick E, et al. The future of psychiatric research: genomes and neural circuits. Science. 2010;327(5973): 1580-1.

17. Insel TR, Wang PS. Rethinking mental illness. JAMA. 2010 May 19;303(19): 1970-1.

18. Greenberg G. Inside the battle to define mental illness. Wired [Internet]. 2010 Dec 27. Available from: http://www.wired.com/magazine/2010/12/ff_dsmv/all/1.

19. Frances A. A warning sign on the road to DSM-5: Beware of its unintended consequences. Psychiatric Times [Internet]. 2009 Jun 27 [cited 2017 May 9]. Available from: http://www.psychiatrictimes.com/articles/warning-sign-road-dsm-v-beware-its-unintended-consequences.

20. Ibid.

21. Kupfer DJ, First MB, Regier DA. A research agenda for DSM-5 [Internet]. Washington (DC): American Psychiatric Association; 2002. xxiii, 307. Available from: http://www.loc.gov/catdir/toc/fy033/2002021556.html.

22. Mezzich JE. Culture and psychiatric diagnosis: a DSM- IV perspective. Washington (DC): American Psychiatric Press; 1996. Phillips KA, First MB, Pincus HA. Advancing DSM: dilemmas in psychiatric diagnosis. Washington (DC): American Psychiatric Association;2003.

24. American Psychiatric Association. Diagnostic and statistical manual of mental disorders: DSM-5 [Internet]. 5th ed. Arlington (VA): American Psychiatric Association; 2013. Available from: http://dsm.psychiatryonline.org/book.aspx?bookid=556.

25. Akil H et al. The future of psychiatric research.

26. Wakefield JC. Disorder as harmful dysfunction: a conceptual critique of DSM- III-R's definition of mental disorder. Psychol Rev. 1992;99(2):232-47.

27. First M, Wakefield JC. Defining "mental disorder" in DSM-5. Psychol Med. 2010;40(11):1779-82.

28. Wakefield JC. The concept of mental disorder: diagnostic implications of the harmful dysfunction analysis. World Psychiatry. 2007;6(3):149.

29. Ibid.

30. Nesse RM, Stein DJ. Towards a genuinely medical model for psychiatric nosology. BMC Med. 2012;10(1):5.

3장 감정은 당신의 행복에 관심이 없다

1. Schopenhauer A, Hollingdale RJ. Essays and aphorisms. Harmondsworth (UK):

Penguin Books; 2004, 41.

2. Dunbar RI. The social brain: mind, language, and society in evolutionary perspective. Annu Rev Anthropol. 2003;163-81.

3. Hamilton WD. The genetical evolution of social behaviour. I, and II. J Theoret Biol. 1964;7:1-52.

4. Ibid.

5. Alcock J. The triumph of sociobiology. New York: Oxford University Press; 2001.

6. Crespi B, Foster K, Ubeda F. First principles of Hamiltonian medicine. Philos Trans R Soc B Biol Sci [Internet]. 2014 May 19 [cited 2018 Jan 2];369(1642). Available from: https://www.ncbi.nlm.nih.gov/pmc/articles/PMC3982667/.

7. Segerstrale U, Segerstrale UCO. Nature's oracle: the life and work of W. D. Hamilton. Oxford (UK): Oxford University Press; 2013.

8. Williams GC. Adaptation and natural selection: a critique of some current evolutionary thought. Princeton (NJ): Princeton University Press; 1966.

9. Wynne-Edwards VC. Animal dispersion in relation to social behavior. Edinburgh: Oliver and Boyd; 1962.

10. Marschall LA. Do lemmings commit suicide? The Sciences. 1996;36(6):39-41.

11. Crespi BJ. The evolution of maladaptation. Hered Edinb. 2000 Jun;84(Pt 6):623-9.

12. Gluckman PD, Low FM, Buklijas T, Hanson MA, Beedle AS. How evolutionary principles improve the understanding of human health and disease: evolutionary principles and human health. Evol Appl. 2011 Mar;4(2):249-63.

13. Kennair LEO, Kleppestø TH, Jørgensen BEG, Larsen SM. Evolutionary clinical psychology. In: Shackelford TK, Weekes-Shackelford VA, editors. Encyclopedia of evolutionary psychological science. Cham (Switzerland): Springer International Publishing; 2018. 1-14.

14. Nesse RM. Maladaptation and natural selection. Q Rev Biol. 2005 Mar;80(1): 62-70.

15. Nesse RM, Williams GC. Why we get sick: the new science of Darwinian medicine. New York: Vintage Books; 1994.

16. Corbett S, Courtiol A, Lummaa V, Moorad J, Stearns S. The transition to modernity and chronic disease: mismatch and natural selection. Nat Rev Genet. 2018 May 9;1.

17. Gluckman PD, Hanson M. Mismatch: why our world no longer fits our bodies. New York: Oxford University Press; 2006.

18. Li NP, Vugt M van, Colarelli SM. The evolutionary mismatch hypothesis:

implications for psychological science. Curr Dir Psychol Sci. 2018 Feb 1;27(1);38-44.

19. Spinella Evolutionary mismatch, neural reward circuits, and pathological gambling. Int J Neurosci. 2003;113(4):503-12.

20. Corbett Set al. The transition to modernity and chronic disease.

21. Gluckman PD, Hanson M. Mismatch.

22. Eaton SB, Shostak M, Konner M. The Paleolithic prescription. New York: Harper & Row; 1988.

23. Gluckman PD, Hanson MA. The fetal matrix: evolution, development, and disease. New York: Cambridge University Press; 2005.

24. Konner M. The tangled wing: biological constraints on the human spirit. New York: Harper Colophon; 1983.

25. Gluckman PD, Hanson M. Mismatch.

26. Eaton SB, Eaton III SB. Breast cancer in evolutionary context. In: Trevathan WR, Smith EO, McKenna JJ, editors. Evolutionary medicine. New York,: Oxford University Press. 429-42.

27. Jasien' ska G, Thune I. Lifestyle, hormones, and risk of breast cancer. BMJ. 2001;322(7286):586-7.

28. Blaser MJ. Missing microbes: how the overuse of antibiotics is fueling our modern plagues. New York: Macmillan; 2014.

29. Rook G, editor. The hygiene hypothesis and Darwinian medicine. Boston: Birkhauser; 2009.

30. Eaton SB, Shostak M, Konner M. The Paleolithic prescription.

31. Bellisari A. Evolutionary origins of obesity. Obes Rev. 2008 Mar 1;9(2):165-80.

32. Flegal KM, Carroll MD, Ogden CL, Johnson CL. Prevalence and trends in obesity among US adults, 1999-2000. JAMA. 2002 Oct 9;288(14):1723-7.

33. Konner M, Eaton SB. Paleolithic nutrition twenty- five years later. Nutr Clin Pract. 2010;25(6):594-602.

34. Pontzer H, Raichlen DA, Wood BM, Mabulla AZP, Racette SB, Marlowe FW. Hunter- gatherer energetics and human obesity. PLOS ONE. 2012;7(7):e40503.

35. Power ML, Schulkin J. The evolution of obesity. Baltimore: Johns Hopkins University Press; 2009.

36. Nesse RM. An evolutionary perspective on substance abuse. Ethol Sociobiol. 1994;15(5-6):339-48.

37. Nesse RM, Berridge KC. Psychoactive drug use in evolutionary perspective.

Science. 1997;278:63-6.

38. Pomerleau OF, Pomerleau CS. A biobehavioral view of substance abuse and addiction. J Drug Issues. 1987;17(1):111-31.

39. Smith EO. Evolution, substance abuse, and addiction. In: Trevathan WR, Smith EO, McKenna JJ, editors. Evolutionary medicine. New York: Oxford University Press; 1999. 375-405.

40. St John- Smith P, McQueen D, Edwards L, Schifano F. Classical and novel psychoactive substances: rethinking drug misuse from an evolutionary psychiatric perspective. Hum Psychopharmacol Clin Exp. 2013 Jul 1;28(4):394-401.

41. Soliman A, De Sanctis V, Elalaily R. Nutrition and pubertal development. Indian J Endocrinol Metab. 2014 Nov;18(7):39-47.

42. Blask DE. Melatonin, sleep disturbance and cancer risk. Sleep Med Rev. 2009;13(4):257-64.

43. Strassmann BI. Menstrual cycling and breast cancer: an evolutionary perspective. J Womens Health. 1999 Mar;8(2):193-202.

44. Antonovics J, Abbate JL, Baker CH, Daley D, Hood ME, Jenkins CE, et al. Evolution by any other name: antibiotic resistance and avoidance of the e-word. PLOS Biol. 2007;5(2):e30.

45. Bergstrom CT, Lo M, Lipsitch M. Ecological theory suggests that antimicrobial cycling will not reduce antimicrobial resistance in hospitals. Proc Natl Acad Sci USA. 2004 Sep 7;101(36):13285-90.

46. Llewelyn MJ, Fitzpatrick JM, Darwin E, Tonkin-Crine S, Gorton C, Paul J, et al. The antibiotic course has had its day. BMJ. 2017 Jul 26;358:j3418.

47. Read AF, Woods RJ. Antibiotic resistance management. Evol Med Public Health. 2014 Jan 1;2014(1):147.

48. Goodenough UW. Deception by pathogens. Am Sci. 1991;79(4):344-55.

49. Leonard HL, Swedo SE. Pediatric autoimmune neuropsychiatric disorders associated with streptococcal infection (PANDAS). Int J Neuropsychopharmacol. 2001;4(2):191-8.

50. Blaser MJ. The microbiome revolution. J Clin Invest. 2014 Oct 1;124(10):4162-5.

51. Pepper JW, Rosenfeld S. The emerging medical ecology of the human microbiome. Trends Ecol Evol. 2012 Jul;27(7):381-4.

52. Warinner C, Lewis CM. Microbiome and health in past and present human populations. Am Anthropol. 2015 Dec 1;117(4):740-1.

53. Blaser MJ. Missing microbes.

54. Kahneman D. Thinking, fast and slow. New York: Macmillan; 2011.

55. Nisbett R, Ross L. Human inference: strategies and shortcomings of social judgment. Englewood Cliffs (NJ): Prentice-Hall; 1980.

56. Ellison PT. Evolutionary Tradeoffs. Evol Med Public Health. 2014 Jan 1;2014(1): 93.

57. Garland T. Trade- offs. Curr Biol. 2014;24(2):R60-1.

58. Stearns S. Trade- offs in life- history evolution. Funct Ecol. 1989;259-68.

59. Summers K, Crespi BJ. Xmrks the spot: life history tradeoffs, sexual selection and the evolutionary ecology of oncogenesis. Mol Ecol. 2010 Aug;19(15):3022-4.

60. Zuk M, Bryant MJ, Kolluru GR, Mirmovitch V. Trade-offs in parasitology, evolution and behavior. Parasitol Today. 1996;12(2):46-7.

61. Wilson M, Daly M. Competitiveness, risk taking, and violence: the young male syndrome. Ethol Sociobiol. 1985;6:59-73.

62. Kruger DJ, Nesse RM. Sexual selection and the male: female mortality ratio. Evol Psychol. 2004;2:66-85.

63. Kruger DJ, Nesse RM. An evolutionary life- history framework for understanding sex differences in human mortality rates. Hum Nat. 2006;17(1):74-97.

64. Nesse RM. The Smoke Detector Principle: natural selection and the regulation of defensive responses. Ann N Y Acad Sci. 2001 May;935:75-85.

65. Nesse RM. Natural selection and the regulation of defenses: a signal detection analysis of the Smoke Detector Principle. Evol Hum Behav. 2005;26:88-105.

4장 나쁜 기분을 느끼는 좋은 이유

1. Ross L, Nisbett RE. The person and the situation: perspectives of social psychology. London: Pinter & Martin Publishers; 2011.

2. Wakefield JC, Schmitz MF, First MB, Horwitz AV. Extending the bereavement exclusion for major depression to other losses: evidence from the National Comorbidity Survey. Arch Gen Psychiatry. 2007 Apr1;64(4):433.

3. Wakefield JC. The Loss of Grief: Science and Pseudoscience in the Debate over DSM-5's Elimination of the Bereavement Exclusion. In: Demazeux S, Singy P, editors. The DSM-5 in Perspective [Internet]. Springer Netherlands; 2015 [cited 2015 Nov 27]. 157-78. (History, Philosophy and Theory of the Life Sciences). Available from: http://link.springer.com/chapter/10.1007/978-94-017-9765-8_10.

4.   Nesse RM, Williams GC. Evolution and the origins of disease. Sci Am. 1998;Nov: 86-93.

5.   Keltner D, Gross JJ. Functional accounts of emotions. Cogn Emot. 1999;13(5): 467-80.

6.   Nesse RM. Evolutionary explanations of emotions. Hum Nat. 1990;1(3):261-89.

7.   Nesse RM, Ellsworth PC. Evolution, emotions, and emotional disorders. Am Psychol. 2009 Feb;64(2):129-39.

8.   Bateson P, Gluckman P. Plasticity, robustness, development and evolution. Cambridge (UK): Cambridge University Press; 2011.

9.   Stearns SC. The evolutionary significance of phenotypic plasticity. Bio-Science. 1989;39(7):436-45.

10. West-Eberhard MJ. Developmental plasticity and evolution. New York: Oxford University Press; 2003.

11. Ellison P, Jasienska G. Adaptation, health, and the temporal domain of human reproductive physiology. In: Panter- Brick C, Fuentes A, editors. Health, risk and adversity: a contextual view from anthropology,. Oxford (UK): Berghahn Books; 2008. 108-28.

12. Schmidt- Nielsen K. Animal physiology: adaptation and environment. Cambridge (UK): Cambridge University Press; 1990.

13. Schulkin J. Rethinking homeostasis: allostatic regulation in physiology and pathophysiology. Cambridge (MA): MIT Press; 2003.

14. Alcock J. Animal behavior: an evolutionary approach. 10th ed. Sunderland (MA): Sinauer Associates; 2013.

15. Krebs J, Davies N. Behavioral ecology: an evolutionary approach. 3rd ed. Oxford (UK): Blackwell; 1991.

16. Westneat DF, Fox CW. Evolutionary behavioral ecology. New York: Oxford University Press; 2010.

17. Lench HC, editor. The function of emotions: when and why emotions help us. New York, NY: Springer Science+Business Media; 2018.

18. Wilson EO. Sociobiology: a new synthesis. Cambridge (MA): Harvard University Press; 1975. 4.

19. Buss DM. The dangerous passion: why jealousy is as necessary as love or sex. New York: Free Press; 2000.

20. Sadock BJ, Sadock VA, Ruiz P, Kaplan HI, editors. Kaplan & Sadock's comprehensive textbook of psychiatry. 9th ed. Philadelphia: Wolters Kluwer

Health/Lippincott Williams & Wilkins; 2009.

21. Clore G, Ketelaar T. Minding our emotions: on the role of automatic, unconscious affect. In: The automaticity of everyday life: advances in social cognition. Mahwah (NJ): Lawrence Erlbaum Associates; 1997. 105-20.

22. Ekman P. Emotions inside out: 130 years after Darwin's The expression of the emotions in man and animals. New York: New York Academy of Sciences; 2003.

23. Frijda NH. The emotions. Cambridge (UK): Cambridge University Press; 1986.

24. Frijda NH. Emotions and hedonic experience. In: Kahneman D, Diener E, Schwartz N, editors. Well- being. New York: Russell Sage Foundation; 1999. 190-210.

25. Griffiths PE. What emotions really are: the problem of psychological categories. Chicago: University of Chicago Press; 1997.

26. Haselton MG, Ketelaar T. Irrational emotions or emotional wisdom? The evolutionary psychology of emotions and behavior. In: Forgas J, editor. Hearts and minds: affective influences on social cognition and behavior. New York: Psychology Press, 2006

27. Oatley K. Best laid schemes: the psychology of emotions. Cambridge (UK): Cambridge University Press; 1992.

28. Panksepp J. Affective neuroscience: the foundations of human and animal emotions. London: Oxford University Press; 1998.

29. Rorty AO. Explaining emotions. Berkeley: University of California Press; 1980.

30. Scherer KR. What are emotions? And how can they be measured? SocSci Inf. 2005 Dec 1;44(4):695-729.

31. Tooby J, Cosmides L. The past explains the present: emotional adaptations and the structure of ancestral environments. Ethol Sociobiol. 1990;11(4/5):375-424.

32. James W. The principles of psychology. New York: Collier Books; 1962 [1890]] 377.

33. Darwin C. The expression of the emotions in man and animals. New York: St. Martin's Press; 1979.

34. Ekman P. Emotions Inside Out: 130 Years After Darwin's the Expression of the Emotions in Man and Animals. NYAS; 2003.

35. Fridlund AJ. Darwin's anti-Darwinism in The expression of the emotions in man and animals. In: Strongman KT, editor. International review of studies on emotions. New York: John Wiley & Sons; 1992. 117-37.

36. Bell SC, Shaw A. The anatomy and philosophy of expression as connected with the

fine arts. London, George Bell & Sons; 1904.

37.　Loudon IS. Sir Charles Bell and the anatomy of expression. Br Med J Clin Res Ed. 1982 Dec 18;285(6357):1794-6.

38.　MacLean PD. The triune brain in evolution. New York: Plenum; 1990.

39.　LeDoux JE. Evolution of human emotion. Prog Brain Res. 2012;195:431-42.

40.　Ibid.

41.　BPD & the function of anger. http://www.mftonlineceus.com/ceus-online/bpicabb-borderline-schema/secBPICAbb10.html retrieved8-15-18.

42.　Stosny S. Anger problems: how words make them worse [Internet]. Psychology Today. 2009 Feb 1 [cited 2017 May 31]. Available from: http://www.psychologytoday.com/blog/anger-in-the-age-entitlement/200902/anger-problems-how-words-make-them-worse.

43.　Izard CE, Ackerman BP. Motivational, organizational, and regulatory functions of discrete emotions. In: Lewis M, Haviland-Jones JM, Barrett LF, editors. Handbook of emotions, 2nd ed. New York: Guilford Press; 2000. 253-64.

44.　Ibid.

45.　Ibid. 259.

46.　Ibid. 260.

47.　Lench HC, Bench SW, Darbor KE, Moore M. A Functionalist Manifesto: Goal-Related Emotions From an Evolutionary Perspective. Emotion Review. 2015 Jan;7(1):90-8.

48.　Nesse RM. Evolutionary explanations of emotions.

49.　Nesse RM. Computer emotions and mental software. Soc Neurosci. 1994;7(2): 36-7.

50.　Tooby J, Cosmides L. The evolutionary psychology of the emotions and their relationship to internal regulatory variables. In: Lewis M, Haviland-Jones JM, Barrett LF, editors. Handbook of emotions. 3rd ed. New York: Guilford Press; 2010. 114-37.

51.　Plutchik R. Emotions and life: perspectives from psychology, biology, and evolution. Washington (DC): American Psychological Association; 2003.

52.　Nesse RM. Evolutionary explanations of emotions.

53.　Ekman P. An argument for basic emotions. Cogn Emot. 1992;6(3/4):169-200.

54.　Izard CE. Basic emotions, natural kinds, emotion schemas, and a new paradigm. Perspect Psychol Sci. 2007 Sep 1;2(3):260-80.

55.　Plutchik R. Emotion: A a psychoevolutionary synthesis. New York: Harper and

Row; 1980.

56. Tomkins SS. Affect as amplification: some modifications in theory. Emot Theory Res Exp. 1980;1:141-64.

57. Eibl- Eibesfeldt I. Human ethology. New York: Aldine de Gruyter; 1983.

58. Ekman P. Strong evidence for universals in facial expressions. Psychol Bull. 1994;115:268-87

59. Russell JA. Culture and the categorization of emotions. Psychol Bull. 1991;110(3):426-50.

60. Clore GL, Ortony A. What more is there to emotion concepts than prototypes? J Pers Soc Psychol. 1991;60(1):48-50.

61. Nesse RM. Natural selection and the elusiveness of happiness. Philos Trans R Soc Lond B Biol Sci. 2004 Sep 29;359(1449):1333-47.

62. Clore G, Ketelaar T. Minding our emotions.

63. Taylor GJ, Bagby RM. An overview of the alexithymia construct. In: Bar-On R, Parker JDA, editors. The handbook of emotional intelligence: theory, development, assessment, and application at home, school, and in the workplace. San Francisco: Jossey-Bass; 2000. 40-67.

64. Lyon P. The cognitive cell: bacterial behavior reconsidered. Front Microbiol [Internet]. 2015 Apr 14 [cited 2018 Jun 13];6. Available from: http://journal. frontiersin.org/article/10.3389/fmicb.2015.00264/abstract.

65. Ibid.

66. Koshland DE. Bacterial chemotaxis as a model behavioral system. New York: Raven Press; 1980.

67. Adler J. Chemotaxis in bacteria. Annu Rev Biochem. 1975;44(1):341-56.

68. Hu B, Tu Y. Behaviors and strategies of bacterial navigation in chemical and nonchemical gradients. PLOS Comput Biol [Internet]. 2014 Jun 19 [cited 2017 Oct 27];10(6). Available from: https://www.ncbi.nlm.nih.gov/pmc/articles/ PMC4063634/.

69. Kirby JR. Chemotaxis- like regulatory systems: unique roles in diverse bacteria. Annu Rev Microbiol. 2009;63:45-59.

70. Kitayama S, Markus H. Emotion and culture: empirical studies of mutual influence. Washington (DC): American Psychological Association; 1994.

71. Izard CE. The psychology of emotions. New York: Plenum Press; 1991.

72. Eibl-Eibesfeldt I. Human ethology. Hawthorne, NY: Aldine De Gruyter; 1989.

73. Ekman P. An argument for basic emotions.

74. Russell JA. Is there universal recognition of emotion from facial expression? A review of the cross-cultural studies. Psychol Bull. 1994;115: 102-41.

75. Russell JA. Facial expressions of emotion: what lies beyond minimal universality? Psychol Bull. 1995;118:379-91.

76. Wierzbicka A. Emotions across languages and cultures: diversity and universals. New York: Cambridge University Press; 1999.

77. Barrett LF. Psychological construction: the Darwinian approach to the science of emotion. Emot Rev. 2013;5(4):379-89.

78. Barrett LF, Russell JA. The psychological construction of emotion. New York: Guilford Press; 2014.

79. Barrett LF. How emotions are made: the secret life of the brain. New York: Houghton Mifflin Harcourt; 2017.

80. Plato. Phaedrus [Internet]. c. 370 BC. Available from: http://www.gutenberg.org/ebooks/1636.

81. Mineka S, Ohman A. Born to fear: non-associative vs associative factors in the etiology of phobias. Behav Res Ther. 2002 Feb;40(2):173-84.

82. Mineka S, Keir R, Price V. Fear of snakes in wild-and laboratory-reared rhesus monkeys (Macaca mulatta). Anim Learn Behav. 1980;8(4):653-63.

83. Ohman A, Dimberg U, Ost L. Animal and social phobias: biological constraints on learned fear responses. In: Reiss S, Bootzin RR, editors. Theoretical issues in behavioral therapy. Orlando (FL): Academic Press; 1985. 123-75.

84. Poulton R, Menzies RG. Fears born and bred: toward a more inclusive theory of fear acquisition. Behav Res Ther. 2002 Feb;40(2):197-208.

85. Gibbard A. Wise choices, apt feelings: a theory of normative judgment. Oxford (UK): Oxford University Press; 1990.

86. Atkinson JW, Bastian JR, Earl JW, Litwin GH. The achievement motive, goal setting, and probability preferences. J Abnorm Soc Psychol. 1960;60:27-36.

87. Cantor N, Fleeson W. Social intelligence and intelligent goal pursuit: a cognitive slice of motivation. In: Spaulding WD, editor. Nebraska symposium on motivation. Vol. 41. Integrative views of motivation, cognition, and emotion. Lincoln: University of Nebraska Press; 1994. 125-79.

88. Carver CS, Scheier MF. Goals and emotion. In Robinson MD, Watkins ER, Harmon-Jones E, editors, Guilford handbook of cognition and emotion. New York: Guilford Press; 2013. 176-94.

89. Deci EL, Ryan RM. The "what" and "why" of goal pursuits: human needs and the

self-determination of behavior. Psychol Inq. 2000 Oct1;11(4):227-68.

90. Emmons RA. Striving and feeling: personal goals and subjective well-being. In: Gollwitzer PM, editor. The psychology of action: linking cognition and motivation to behavior. New York: Guilford Press; 1996. 313-37.

91. Fleeson W, Cantor N. Goal relevance and the affective experience of daily life: ruling out situational explanations. Motiv Emot. 1995;19(1):25-57.

92. Higgins ET, Shah J, Friedman R. Emotional responses to goal attainment: strength of regulatory focus as moderator. J Pers Soc Psychol. 1997;72(3):515-25.

93. Wrosch C, Amir E, Miller GE. Goal adjustment capacities, coping, and subjective well-being: the sample case of caregiving for a family member with mental illness. J Pers Soc Psychol. 2011;100(5):934-46.

94. Dennett DC, Weiner P. Consciousness explained. Paperback ed. Boston: Back Bay Books; 1991.

95. Humphrey N. A history of the mind: evolution and the birth of consciousness. New York: Springer Science+Business Media; 1999.

96. Tannenbaum AS. The sense of consciousness. J Theor Biol. 2001 Aug;211(4): 377-91.

97. Dunbar RI. Coevolution of neocortical size, group size amd language in humans. Behav Brain Sci. 1993;16(4):681-94.

98. Ellsworth PC. Appraisals, emotions, and adaptation. In: Forgas JP, Haselton MG, von Hippel W, editors. Evolution and the social mind. New York: Psychology Press; 2007. 71-88.

99. Ellsworth PC. Appraisal theory: old and new questions. Emot Rev. 2013;5(2): 125-31.

100. Scherer KR, Schorr A, Johnstone T. Appraisal processes in emotion: theory, methods, research. New York: Oxford University Press; 2001.

101. Gross JJ, Feldman Barrett L. Emotion generation and emotion regulation: one or two depends on your point of view. Emot Rev. 2011;3(1):8-16.

102. Brickman P, Coates D, Janoff-Bulman R. Lottery winners and accident victims: is happiness relative? J Pers Soc Psychol. 1978;36:917-27.

103. Gilbert DT, Pinel EC, Wilson TD, Blumberg SJ, Wheatley TP. Immune neglect: a source of durability bias in affective forecasting. J Pers Soc Psychol. 1998;75(3):617.

104. Seligman ME, Csikszentmihalyi M. Positive psychology. an introduction. Am Psychol. 2000 Jan;55(1):5-14.

105. Andrews PW, Thompson JA. The bright side of being blue: depression as an

106. Bank C, Ewing GB, Ferrer-Admettla A, Foll M, Jensen JD. Thinking too positive? Revisiting current methods of population genetic selection inference. Trends Genet. 2014 Dec;30(12):540-6.

107. Bastian B, Jetten J, Hornsey MJ, Leknes S. The positive consequences of pain: a biopsychosocial approach. Pers Soc Psychol Rev. 2014 Aug;18(3):256-79.

108. Keller PA, Lipkus IM, Rimer BK. Depressive realism and health risk accuracy: the negative consequences of positive mood. J Consum Res. 2002 Jun 1;29(1):57-69.

109. Stein DJ. Positive mental health: a note of caution. World Psychiatry. 2012;11(2):107-9.

110. Keltner D, Gross JJ. Functional accounts of emotions. Cogn Emot. 1999;13(5):467-80.

111. Frijda NH. The emotions. Cambridge (UK): Cambridge University Press; 1986.

112. Haselton MG, Ketelaar T. Irrational emotions wisdom?

113. Ackerman B, Izard CE. Motivational, organizational, and regulatory functions of discrete emotions.

114. Gibbard A. Wise choices, apt feelings.

115. Scherer KR. When and why are emotions disturbed? Suggestions based on theory and data from emotion research. Emot Rev. 2015 Jul 1;7(3):238-49.

5장 당신의 불안이 당신을 보호한다

1. Kierkegaard S. The concept of anxiety. Trans. Reidar Thomte. Princeton (NJ): Princeton University Press; 1980. 1.

2. Kessler RC, Aguilar-Gaxiola S, Alonso J, Chatterji S, Lee S, Ormel J, et al. The global burden of mental disorders: an update from the WHO World Mental Health (WMH) surveys. Epidemiol Psichiatr Soc. 2009;18(01):23-33.

3. Kessler RC, Berglund P, Demler O, Jin R, Merikangas KR, Walters EE. Lifetime prevalence and age-of-onset distributions of DSM-IV disorders in the National Comorbidity Survey Replication. Arch Gen Psychiatry. 2005 Jun 1;62(6):593-602.

4. Curtis GC, Nesse RM, Buxton M, Wright J, Lippman D. Flooding in vivo as research tool and treatment for phobias. A preliminary report. Compr Psychiatry. 1976;17:153-60.

5. Nesse RM, Curtis GC, Thyer BA, McCann DS, Huber SMJ, Knopf RF.

Endocrine and cardiovascular responses during phobic anxiety. Psychosom Med. 1985;47(4):320-32.

6. Kennair LEO. Fear and fitness revisited. J Evol Psychol. 2007;5(1):105-17.

7. Marks IM, Nesse RM. Fear and fitness: an evolutionary analysis of anxiety disorders. Ethol Sociobiol. 1994;15(5-6):247-61.

8. Poulton R, Davies S, Menzies RG, Langley JD, Silva PA. Evidence a non-associative model of the acquisition of a fear of heights. Res Ther. 1998 May;36(5):537-44.

9. Ibid.

10. Cannon WB. The wisdom of the body. New York: Norton; 1939.

11. Green DM, Swets JA. Signal detection theory and psycho-physics. New York: Wiley; 1966.

12. Hacking I. The logic of Pascal's wager. Am Philos Q. 1972;9(2):186-92.

13. Nesse RM, Williams GC. Why we get sick: the new science of Darwinian medicine. New York: Vintage Books; 1994.

14. Nesse RM. The Smoke Detector Principle: natural selection and the regulation of defensive responses. Ann NY Acad Sci. 2001 May;935:75-85.

15. Nesse RM. Natural selection and the regulation of defenses: a signal detection analysis of the Smoke Detector Principle. Evol Hum Behav. 2005;26:88-105.

16. Marks IM, Nesse RM. Fear and fitness: an evolutionary analysis of anxiety disorders. Ethol Sociobiol. 1994;15(5-6):247-61.

17. Ohman A. Face the beast and fear the face: animal and social fears as prototypes for evolutionary analyses of emotion. Psychophysiology. 1986;23(2):123-45.

18. Mineka S, Keir R, Price V. Fear of snakes in wild-and laboratory-reared rhesus monkeys (Macaca mulatta). Anim Learn Behav. 1980;8(4):653-63.

19. Curio E, Ernst U, Vieth W. The adaptive significance of avian mobbing. Z fur Tierpsychol. 1978 Jan 12;48(2):184-202.

20. Kochanek KD, Murphy SL, Xu J, Tejada-Vera B. National Vital Statistics Reports 2014. 2016 Jun 30;60(4). Available from: https://www.cdc.gov/nchs/data/nvsr/nvsr65/nvsr65_04.pdf.

21. World Health Organization. Global status report on road safety 2015. Geneva: World Health Organization; 2015. Available from: http://apps.who.int/iris/bitstream/handle/10665/44122/9789241563840_eng.pdf;jsessionid=5C79BDD3A583A50B85E7FF6978536B16?sequence=1.

22. Schulkin J. The CRF signal: uncovering an information molecule. New York: Oxford University Press; 2017.

23. Sara SJ. The locus coeruleus and noradrenergic modulation of cognition. Nat Rev Neurosci. 2009 Mar;10(3):211-23.

24. Lima SL, Dill LM. Behavioral decisions made under the risk of predation: a review and prospectus. Can J Zool. 1990;68:619-40.

25. Nesse RM. An evolutionary perspective on panic disorder and agoraphobia. Ethol Sociobiol. 1987;8:73S-83S.

26. Breslau N, Kessler RC, Chilcoat HD, Schultz LR, Davis GC, Andreski P. Trauma and posttraumatic stress disorder in the community: the 1996 Detroit Area Survey of Trauma. Arch Gen Psychiatry. 1998 Jul 1;55(7):626-32.

27. Breslau N, Davis GC, Andreski P. Risk factors for PTSD-related traumatic events: a prospective analysis. Am J Psychiatry. 1995 Apr;152(4):529-35.

28. Ibid.

29. Breslau N et al. Trauma and posttraumatic stress disorder in the community.

30. Cantor C. Evolution and posttraumatic stress: disorders of vigilance and defence. New York: Routledge; 2005.

31. Middeldorp CM, Cath DC, Van Dyck R, Boomsma DI. The comorbidity of anxiety and depression in the perspective of genetic epidemiology. A review of twin and family studies. Psychol Med. 2005;35(5):611-24.

32. Bateson M, Brilot B, Nettle D. Anxiety: an evolutionary approach. Can J Psychiatry Rev Can Psychiatr. 2011;56(12):707-15.

33. Milad MR, Rauch SL, Pitman RK, Quirk GJ. Fear extinction in rats: implications for human brain imaging and anxiety disorders. Biol Psychol. 2006 Jul;73(1):61-71.

34. Streatfeild D. Brainwash: the secret history of mind control. New York: Macmillan; 2008.

35. Nettle D, Bateson M. The evolutionary origins of mood and its disorders. Curr Biol. 2012;22(17):R712-21.

6장 '가라앉은 기분'이 멈춰야 할 때를 알려준다

1. Darwin C. The life and letters of Charles Darwin, including an autobiographical chapter. Darwin F, editor. 3d ed. London: J. Murray; 1887.

2. Whiteford HA, Degenhardt L, Rehm J, Baxter AJ, Ferrari AJ, Erskine HE, et al. Global burden of disease attributable to mental and substance use disorders:

findings from the Global Burden of Disease Study 2010. The Lancet. 2013 Nov 15;382(9904):1575-86.

3. Curtin SC, Warner, M, Hedegaard, H. Increase in suicide in the United States, 1999-2014 [Internet]. NCHS data brief, no. 241. Hyattsville (MD): National Center for Health Statistics; 2016 [cited 2017 Dec 10]. Available from: https://www.cdc.gov/nchs/products/databriefs/db241.htm.

4. Zachar P, First MB, Kendler KS. The bereavement exclusion debate in the DSM-5: a history. Clin Psychol Sci. 2017 Sep 1;5(5):890-906.

5. Bowlby J. Attachment and loss. Vol. 3. Loss: sadness and depression. New York: Basic Books; 1980.

6. Ibid.

7. Ainsworth MD, Blehar MC, Waters E, Wall S. Patterns of attachment: a psychological study of the strange situation. Hillsdale (NJ): Erlbaum; 1978.

8. Cassidy J, Shaver PR. Handbook of attachment: theory, research, and clinical applications. New York: Guilford Press; 1999.

9. Belsky J. Developmental origins of attachment styles. Attach Hum Dev. 2002 Sep;4(2):166-70.

10. Chisholm JS. The evolutionary ecology of attachment organization. Hum Nat. 1996 Mar 1;7(1):1-37.

11. Crespi BJ. The strategies of the genes: genomic conflicts, attachment theory, and development of the social brain. In: Petronas A, Mill, J, editors. Brain, behavior and epigenetics. Berlin: Springer-Verlag; 2011. 143-67.

12. Engel G, Schmale A. Conservation- withdrawal: a primary regulatory process for organismic homeostasis. In: Porter R, Night J, editors. Physiology, emotion, and psychosomatic illness. Amsterdam: CIBA; 1972. 57-85.

13. Schmale A, Engel GL. The role of conservation- withdrawal in depressive reactions. In: Benedek T, Anthony EJ, editors. Depression and human existence. Boston: Little, Brown; 1975. 183-98.

14. Lewis AJ. Melancholia: a clinical survey of depressive states. J Ment Sci. 1934;80:1-43.

15. Hamburg D, Hamburg B, Barchas J. Anger and depression in perspective of behavioral biology. In: Levi L, ed. Emotions: their parameters and measurement. New York: Raven Press; 1975. 235-78.

16. Hagen EH. The functions of postpartum depression. Evol Hum Behav. 1999;20:325-59.

17. Hagen EH. Depression as bargaining: the case postpartum. Evol Hum Behav. 2002;23(5):323-36.

18. Coyne JC, Kessler RC, Tal M, Turnbull J. Living with a depressed person. J Consult Clin Psychol. 1987;55(3):347-52.

19. deCatanzaro D. Human suicide: a biological perspective. Behav Brain Sci. 1980;3:265-90.

20. Price JS. The dominance hierarchy and the evolution of mental illness. The Lancet. 1967;290(7509):243-6.

21. Price JS, Sloman L. Depression as yielding behavior: an animal model based on Schyclderup-Ebbe's pecking order. Ethol Sociobiol. 1987;8:85s-98s.

22. Ibid.

23. Zuroff DC, Fournier MA, Moskowitz DS. Depression, perceived inferiority, and interpersonal behavior: evidence for the involuntary defeat strategy. J Soc Clin Psychol. 2007;26(7):751-78.

24. Sloman L, Price J, Gilbert P, Gardner R. Adaptive function of depression: psychotherapeutic implications. Am J Psychother. 1994;48:1-16.

25. Price J, Sloman L, Gardner R, Gilbert P, Rohde P. The social competition hypothesis of depression. Br J Psychiatry. 1994;164(3):309-15.

26. Hartung J. Deceiving down. In: Lockard JS, Paulhus D, editors. Selfdeception: an adaptive mechanism? Englewood Cliffs (NJ): Prentice Hall; 1988. 170-85.

27. Brown GW, Harris T. Social origins of depression: a study of psychiatric disorder in women. London: Tavistock Publications; 1979.

28. Bifulco A, Brown GW, Moran P, Ball C, Campbell C. Predicting depression in women: the role of past and present vulnerability. Psychol Med. 1998;28(1):39-50.

29. Hammen C. Stress and depression. Annu Rev Clin Psychol. 2005;1(1):293-319.

30. Kendler KS, Karkowski LM, Prescott CA. Causal relationship between stressful life events and the onset of major depression. Am J Psychiatry. 1999;156(6):837-41.

31. Kessler RC. The effects of stressful life events on depression. Annu Rev Psychol. 1997;48(1):191-214.

32. Lloyd C. Life events and depressive disdorders reviewed. Arch Gen Psychiatry. 1980;37:529-35.

33. Monroe SM, Reid MW. Life stress and major depression. Curr Dir Psychol Sci. 2009 Apr 1;18(2):68-72.

34. Monroe SM, Rohde P, Seeley JR, Lewinsohn PM. Life events and depression in adolescence: relationship loss as a prospective risk factor for first onset of major

depressive disorder. J Abnorm Psychol. 1999;108(4):606.

35. Paykel ES. The evolution of life events research in psychiatry. J Affect Disord. 2001;62(3):141-9.

36. Paykel ES, Myers JK, Dienelt MN. Life events and depression. Population. 1969;89:11.

37. Troisi A, McGuire MT. Evolutionary biology and life- events research. Arch Gen Psychiatry. 1992 Jun;49(6):501-2.

38. Brown GW, Harris TO, Hepworth C. Loss, humiliation and entrapment among women developing depression: a patient and non- patient comparison. Psychol Med. 1995;25(1):7-21.

39. Fried EI, Nesse RM, Guille C, Sen S. The differential influence of life stress on individual symptoms of depression. Acta Psychiatr Scand. 2015 Jun;131(6):465-71.

40. Fried EI, Nesse RM. Depression is not a consistent syndrome: an investigation of unique symptom patterns in the STAR*D study. J Affect Disord. 2015 Feb 1;172:96-102.

41. Fried EI, Nesse RM. Depression sum-scores don't add up: why analyzing specific depression symptoms is essential. BMC Med. 2015;13(1):72.

42. Nolen- Hoeksema S, Wisco BE, Lyubomirsky S. Rethinking rumination. Perspect Psychol Sci. 2008;3(5):400-24.

43. Nolen- Hoeksema S, Morrow J. A prospective study of depression and posttraumatic stress symptoms after a natural disaster: the 1989 Loma Prieta earthquake. J Pers Soc Psychol. 1991;61(1):115.

44. Andrews PW, Thomson JA. The bright side of being blue: depression as an adaptation for analyzing complex problems. Psychol Rev. 2009;116(3):620-54.

45. Watson PJ, Andrews PW. Toward a revised evolutionary adaptationist analysis of depression: the social navigation hypothesis. J Affect Disord. 2002;72(1):1-14.

46. Nettle D. Evolutionary origins of depression: a review and reformulation. J Affect Disord. 2004;81:91-102.

47. Kennair LEO, Kleppestø TH, Larsen SM, Jørgensen BEG. Depression: is rumination really adaptive? In: The evolution of psychopathology [Internet]. Cham, Switzerland: Springer; 2017 [cited 2017 Nov 18]. 73-92. Available from: https://link.springer.com/chapter/10.1007/978-3-319-60576-0_3.

48. Gut E. Productive and unproductive depression: its functions and failures. New York: Basic Books; 1989.

49. Nesse RM. Is depression an adaptation? Arch Gen Psychiatry. 2000;57(1):14-20.

50. Kramer PD. Should you leave? New York: Scribner; 1997.

51. Sinervo B. Optimal foraging theory [Internet]. 2006. Available from: http://bio. research.ucsc.edu/~barrylab/classes/animal_behavior/FORAGING.HTM.

52. Charnov EL. Optimal foraging: the marginal value theorem. Theor Popul Biol. 1976;9:129-36.

53. Rosetti MF, Ulloa RE, Vargas-Vargas IL, Reyes-Zamorano E, Palacios-Cruz L, de la Pena F, et al. Evaluation of children with ADHD on the Ball-Search Field Task. Sci Rep [Internet]. 2016 Jan 25 [cited 2018 Jan 14];6. Available from: https://www. ncbi.nlm.nih.gov/pmc/articles/PMC4726146/.

54. Heinrich B. Bumblebee economics. Cambridge (MA): Harvard University Press; 1979.

55. Kortner G, Geiser F. The key to winter survival: daily torpor in a small arid-zone marsupial. Naturwissenschaften. 2009 Apr 1;96(4):525.

56. Caraco T, Blanckenhorn WU, Gregory GM, Newman JA, Recer GM, Zwicker SM. Risk-sensitivity: ambient temperature affects foraging choice. Anim Behav. 1990;39(2):338-45.

57. Porsolt RD, Le Pichon M, Jalfre M. Depression: a new animal model sensitive to antidepressant treatments. Nature. 1977;266(5604):730-2.

58. Molendijk ML, de Kloet ER. Immobility in the forced swim test is adaptive and does not reflect depression. Psychoneuroendocrinology. 2015 Dec 1;62(Suppl C):389-91.

59. Seligman ME. Depression and learned helplessness. New York: John Wiley & Sons; 1974.

60. Nesse RM. Is depression an adaptation?

61. Lasker GW. The effects of partial starvation on somatotype: an analysis of material from the Minnesota Starvation Experiment. Am J Phys Anthropol. 1947;5(3):323-42.

62. Muller MJ, Enderle J, Pourhassan M, Braun W, Eggeling B, Lagerpusch M, et al. Metabolic adaptation to caloric restriction and subsequent refeeding: the Minnesota Starvation Experiment revisited. Am J Clin Nutr. 2015;102(4):807-19.

63. Davis C, Levitan RD. Seasonality and seasonal affective disorder (SAD): an evolutionary viewpoint tied to energy conservation and reproductive cycles. J Affect Disord. 2005;87(1):3-10.

64. Oren D, Rosenthal N. Seasonal affective disorder. In: Paykel E, editor. Handbook of affective disorders. New York: Churchill Livingstone; 1992.

65. Rosenthal NE, Sack DA, Gillin JC, Lewy AJ, Goodwin FK, Davenport Y, et al. Seasonal affective disorder. A description of the syndrome and preliminary findings with light therapy. Arch Gen Psychiatry. 1984;41(1):72-80.

66. Hart BL. Biological basis of the behavior of sick animals. Neurosci Biobehav Rev. 1988;12(2):123-37.

67. Johnson RW. The concept of sickness behavior: a brief chronological account of four key discoveries. Vet Immunol Immunopathol. 2002;87(3):443-50.

68. Raison CL, Capuron L, Miller AH. Cytokines sing the blues: inflammation and the pathogenesis of depression. Trends Immunol. 2006;27(1):24-31.

69. Loftis JM, Socherman RE, Howell CD, Whitehead AJ, Hill JA, Dominitz JA, et al. Association of interferon- [alpha]- induced depression and improved treatment response in patients with hepatitis C. Neurosci Lett.2004;365(2):87-91.

70. Raison CL, Miller AH. The evolutionary significance of depression in pathogen host defense (PATHOS-D). Mol Psychiatry. 2013;18(1):15-37.

71. Dantzer R, O'Connor JC, Freund GG, Johnson RW, Kelley KW. From inflammation to sickness and depression: when the immune system subjugates the brain. Nat Rev Neurosci. 2008 Jan;9(1):46-56.

72. Miller AH, Raison CL. The role of inflammation in depression: from evolutionary imperative to modern treatment target. Nat Rev Immunol. 2016 Jan;16(1):22-34.

73. Musselman DL, Evans DL, Nemeroff CB. The relationship of depression to cardiovascular disease: epidemiology, biology, and treatment. Arch Gen Psychiatry. 1998;55(7):580-92.

74. Stewart JC, Rand KL, Muldoon MF, Kamarck TW. A prospective evaluation of the directionality of the depression-inflammation relationship. Brain Behav Immun. 2009 Oct 1;23(7):936-44.

75. Shakespeare W. Julius Caesar, act 4, scene 3. 1599.

76. Fredrickson BL. The role of positive emotions in positive psychology: The broaden-and-build theory of positive emotions. Am Psychol. 2001;56(3):218.

77. Tennov D. Love and limerence: the experience of being in love [Internet]. 1999 [cited 2017 Dec 17]. Available from: http://site.ebrary.com/id/10895438.

78. Taylor GJ. Recent developments in alexithymia theory and research. Can J Psychiatry. 2000;45(2):134-42.

79. Galbraith JK, Purcell G. The Butterfly Effect. In: Unbearable cost [Internet]. London: Palgrave Macmillan; 2006 [cited 2017 Dec 10]. 129-32. Available from: https://link.springer.com/chapter/10.1057/9780230236721_37.

80. Klinger E. Consequences of commitment to and disengagement from incentives. Psychol Rev. 1975;82:1-25.

81. Heckhausen J, Wrosch C, Fleeson W. Developmental regulation before and after a developmental deadline: the sample case of "biological clock" for childbearing. Psychol Aging. 2001 Sep;16(3):400-13.

82. Wrosch C, Scheier MF, Miller GE. Goal adjustment capacities, subjective well-being, and physical health. Soc Personal Psychol Compass. 2013;7(12):847-60.

83. Wrosch C, Scheier MF, Miller GE, Schulz R, Carver CS. Adaptive selfregulation of unattainable goals: goal disengagement, goal re-engagement, and subjective well-being. Personal Soc Psychol Bull Menn Clin. 2003;29:1494-508.

84. Carver CS, Scheier MF. On the self-regulation of behavior. New York: Cambridge University Press; 1998.

85. Lawrence JW, Carver CS, Scheier MF. Velocity toward goal attainment in immediate experience as a determinant of affect. J Appl Soc Psychol. 2002;32(4): 788-802.

86. Carver CS, Scheier MF. On the self-regulation of behavior.

87. Carver CS, Scheier MF. Origins and functions of positive and negative affect: control-process view. Psychol Rev. 1990;97(1):19.

88. Hoagland T. What narcissism means to me. Saint Paul (MN): Graywolf Press; 2003.

89. Carver CS, Scheier MF. Dispositional optimism. Trends Cogn Sci. 2014;18(6): 293-99.

90. Giltay EJ, Kamphuis MH, Kalmijn S, Zitman FG, Kromhout D. Dispositional optimism and the risk of cardiovascular death: the Zutphen Elderly Study. Arch Intern Med. 2006 Feb 27;166(4):431-6.

91. Alloy LB, Abramson LY. Depressive realism: four theoretical perspectives. In: Cognitive processes in depression. New York: Guilford Press; 1988.

92. Taylor SE, Brown JD. Positive illusions and well- being revisited: separating fact from fiction [Internet]. 1994 [cited 2017 May 15]. Available from: http://psycnet. apa.org/journals/bul/116/1/21/.

93. Moore MT, Fresco DM. Depressive realism: a meta- analytic review. Clin Psychol Rev. 2012 Aug;32(6):496-509.

94. Taylor SE, Brown JD. Positive illusions and well-being revisited.

95. Schwarz N. Emotion, cognition, and decision making. Cogn Emot. 2000;14(4): 433-40.

96. Taylor SE, Brown JD. Illusion and well-being: a social psychological perspective on mental health. Psychol Bull. 1988;103(2):193-210.

97. Moore MT, Fresco DM. Depressive realism: a meta-analytic review. Clin Psychol Rev. 2012 Aug;32(6):496-509.

98. Keller MC, Nesse RM. Is low mood an adaptation? Evidence for subtypes with symptoms that match precipitants. J Affect Disord. 2005;86(1):27-35.

99. Fried EI, Nesse RM, Zivin K, Guille C, Sen S. Depression is more than the sum score of its parts: individual DSM symptoms have different risk factors. Psychol Med. 2014 Jul; 44(10): 2067-76.

7장 좋은 이유라곤 없는 끔찍한 기분

1. Wolpert L. Malignant sadness: the anatomy of depression. New York: Free Press; 1999. 79.

2. Smith K. Mental health: a world of depression. Nature. 2014 Nov 12;515(7526):180-1.

3. Greenberg PE, Fournier A-A, Sisitsky T, Pike CT, Kessler RC. The economic burden of adults with major depressive disorder in the United States (2005 and 2010). J Clin Psychiatry. 2015 Feb;76(2):155-62.

4. Ledford H. Medical research: if depression were cancer. Nature. 2014 Nov 12;515(7526):182-4.

5. Lewin K. Principles of topological psychology. New York: McGraw-Hill; 1936.

6. Nisbett R, Ross L. Human Inference: strategies and shortcomings of social judgment. Englewood Cliffs (NJ): Prentice-Hall; 1980.

7. Ross LD, Amabile TM, Steinmetz JL. Social roles, social control, and biases in social-perception processes. J Pers Soc Psychol. 1977;35(7):485.

8. Gopnik A. How an 18th-century philosopher helped solve my midlife crisis. The Atlantic [Internet]. 2015 Oct. Available from: https://www.theatlantic.com/magazine/archive/2015/10/how-david-hume-helped-me-solve-my-midlife-crisis/403195/.

9. Hume D. A treatise of human nature. London: Penguin Classics; 1985.

10. Barash DP. Buddhist biology: ancient Eastern wisdom meets modern Western science. New York: Oxford University Press; 2014.

11. Ekman P, Davidson RJ, Ricard M, Wallace BA. Buddhist and psychological

perspectives on emotions and well-being. Curr Dir Psychol Sci. 2005;14(2):59-63.

12. Miller T. How to want what you have: discovering the magic and grandeur of ordinary existence. New York: H. Holt; 1995.

13. Lewis AJ. Melancholia: a clinical survey of depressive states. J Ment Sci. 1934;80: 1-43.

14. Kessler RC. The effects of stressful life events on depression. Annu Rev Psychol. 1997;48(1):191-214.

15. Charney DS, Manji HK. Life stress, genes, and depression: multiple pathways lead to increased risk and new opportunities for intervention. Sci STKE. 2004 Mar 23;2004(225):re5.

16. Monroe SM, Kupfer DJ, Frank E. Life stress and treatment course of recurrent depression. 1. Response during index episode. J Consult Clin Psychol. 1992 Oct;60(5):718-24.

17. Monroe SM, Simons AD, Thase ME. Onset of depression and time to treatment entry: roles of life stress. J Consult Clin Psychol. 1991;59(4):566-73.

18. Hlastala SA, Frank E, Kowalski J, Sherrill JT, Tu XM, Anderson B, et al. Stressful life events, bipolar disorder, and the "kindling model." J Abnorm Psychol. 2000;109(4):777-86.

19. Kupfer DJ, Frank E. Role of psychosocial factors in the onset of major depression. Ann N Y Acad Sci. 1997;807:429-39.

20. Monroe SM, Harkness KL. Life stress, the "kindling" hypothesis, and the recurrence of depression: considerations from a life stress perspective. Psychol Rev. 2005;112(2):417-45.

21. Akiskal HS, McKinney WT Jr. Depressive disorders: toward a unified hypothesis: clinical, experimental, genetic, biochemical, and neurophysiological data are integrated. Science. 1973 Oct 5;182(4107):20-9.

22. Klein DF. Endogenomorphic depression: a conceptual and terminological revision. Arch Gen Psychiatry. 1974 Oct 1;31(4):447-54.

23. Wakefield JC, Schmitz MF. Uncomplicated depression is normal sadness, not depressive disorder: further evidence from the NESARC. World Psychiatry. 2014 Oct;13(3):317-9.

24. Carr D. Methodological issues in studying bereavement. In: Carr D, Nesse R, Wortman CB, editors. Late life widowhood in the United States. New York: Springer; 2005.

25. Nesse RM. An evolutionary framework for understanding grief. Spousal Bereave

Late Life. 2005;195-226.

26. Miller T. How to want what you have.

27. Hidaka BH. Depression as a disease of modernity: explanations for increasing prevalence. J Affect Disord. 2012;140(3):205-14.

28. Baxter AJ, Scott KM, Ferrari Aj, Norman RE, Vos T, Whiteford HA. Challenging the myth of an "epidemic" of common mental disorders: trends in the global prevalence of anxiety and depression between 1990 and 2010. Depress Anxiety. 2014 Jun;31(6):506-16.

29. Cross-National Collaborative Group. The changing rate of major depression: cross-national comparisons. J Am Med Assoc. 1992;268(21):3098-105.

30. Jorm AF, Duncan- Jones P, Scott R. An analysis of the re-test artefact in longitudinal studies of psychiatric symptoms and personality. Psychol Med. 1989 May;19(2):487-93.

31. Wells JE, Horwood LJ. How accurate is recall of key symptoms of depression? A comparison of recall and longitudinal reports. Psychol Med. 2004;34(06):1001-11.

32. Centers for Disease Control and Prevention (CDC). Current depression among adults–United States, 2006 and 2008. Morb Mortal Wkly Rep. 2010 Oct 1;59(38):1229-35.

33. Steel Z, Marnane C, Iranpour C, Chey T, Jackson JW, Patel V, et al. The global prevalence of common mental disorders: a systematic review and meta-analysis 1980-2013. Int J Epidemiol. 2014 Apr 1;43(2):476-93.

34. Salk RH, Petersen JL, Abramson LY, Hyde JS. The contemporary face of gender differences and similarities in depression throughout adolescence: Development and chronicity. J Affect Disord. 2016 Nov 15;205:28-35.

35. Rao U, Hammen C, Daley SE. Continuity of depression during the transition to adulthood: a 5-year longitudinal study of young women. J Am Acad Child Adolesc Psychiatry. 1999 Jul;38(7):908-15.

36. Ibrahim AK, Kelly SJ, Adams CE, Glazebrook C. A sysematic review of studies of depression prevalence in university students. J Psychiatr Res. 2013 Mar 1;47(3):391-400.

37. Weissman MM, Bland RC, Canino GJ, Faravelli C, Greenwald S, Hwu H-G, et al. Cross-national epidemiology of major depression and bipolar disorder. JAMA. 1996;276(4):293-99.

38. Kessler RC, Wittchen H-U, Abelson JM, Mcgonagle K, Schwarz N, Kendler KS, et al. Methodological studies of the Composite International Diagnostic Interview

(CIDI) in the US National Comorbidity Survey (NCS). Int J Methods Psychiatr Res. 1998;7(1):33-55.

39. Simon GE, Goldberg DP, Korff MV, Ustun TB. Understanding crossnational differences in depression prevalence. Psychol Med. 2002 May;32(4):585-94.

40. Taylor SE, Lobel M. Social comparison activity under threat: downward evaluation and upward contacts. Psychol Rev. 1989;96(4):569-75.

41. Vogel EA, Rose JP, Roberts LR, Eckles K. Social comparison, social media, and self-esteem. Psychol Pop Media Cult. 2014;3(4):206-22.

42. Gibbons FX, Gerrard M. Effects of upward and downward social comparison on mood states. J Soc Clin Psychol. 1989 Mar 1;8(1):14-31.

43. Gilbert P. An evolutionary approach to emotion in mental health with a focus on affiliative emotions. Emot Rev. 2015 Jul 1;7(3):230-7.

44. Gilbert P, Price J, Allen S. Social comparison, social attractiveness and evolution: how might they be related? New Ideas Psychol. 1995;13(2):149-65.

45. Appel H, Gerlach AL, Crusius J. The interplay between Facebook use, social comparison, envy, and depression. Curr Opin Psychol. 2016 Jun 1;9:44-9.

46. Blease CR. Too many "friends," too few "likes"? Evolutionary psychology and "Facebook depression." Rev Gen Psychol. 2015;19(1):1.

47. Lee H, Lee IS, Choue R. Obesity, inflammation and diet. Pediatr Gastroenterol Hepatol Nutr. 2013 Sep;16(3):143-52.

48. Patterson E, Wall R, Fitzgerald GF, Ross RP, Stanton C. Health implications of high dietary omega- 6 polyunsaturated fatty acids. J Nutr Metab [Internet]. 2012. Available from: http://www.ncbi.nlm.nih.gov/pmc/articles/PMC3335257/.

49. Craft LL, Perna FM. The benefits of exercise for the clinically depressed. Prim Care Companion J Clin Psychiatry. 2004;6(3):104-11.

50. Schuch FB, Deslandes AC, Stubbs B, Gosmann NP, da Silva CTB, de Almeida Fleck MP. Neurobiological effects of exercise on major depressive disorder: a systematic review. Neurosci Biobehav Rev. 2016;61:1-11.

51. Cooney G, Dwan K, Mead G. Exercise for depression. JAMA. 2014 Jun 18; 311(23):2432-3.

52. Sullivan PF, Neale MC, Kendler KS. Genetic epidemiology of major depression: review and meta-analysis. Am J Psychiatry. 2000 Oct 1;157(10):1552-62.

53. Ripke S, Wray NR, Lewis CM, Hamilton SP, Weissman MM, Breen G, et al. A mega- analysis of genome-wide association studies for major depressive disorder. Mol Psychiatry. 2013 Apr;18(4):497-511.

54. Cai N, Bigdeli TB, Kretzschmar W, Li Y, Liang J, Song L, et al. Sparse whole-genome sequencing identifies two loci for major depressive disorder. Nature. 2015 Jul 15;523(7562):588-91.

55. Peterson RE, Cai N, Bigdeli TB, Li Y, Reimers M, Nikulova A, et al. The genetic architecture of major depressive disorder in Han Chinese women. JAMA Psychiatry. 2017 Feb 1;74(2):162-8.

56. Salfati E, Morrison AC, Boerwinkle E, Chakravarti A. Direct estimates of the genomic contributions to blood pressure heritability within a population-based cohort (ARIC). PLOS ONE. 2015 Jul 10;10(7):e0133031.

57. Weedon MN, Lango H, Lindgren CM, Wallace C, Evans DM, Mangino M, et al. Genome-wide association analysis identifies 20 loci that influence adult height. Nat Genet. 2008 May;40(5):575-83.

58. Wood AR, Esko T, Yang J, Vedantam S, Pers TH, Gustafsson S, et al. Defining the role of common variation in the genomic and biological architecture of adult human height. Nat Genet. 2014 Nov;46(11):1173-86.

59. Wiener N. Cybernetics: control and communication in the animal and the machine. New York: Wiley; 1948.

60. Beck AT, Alford BA. Depression: causes and treatment. 2nd ed. Philadelphia: University of Pennsylvania Press; 2009.

61. Cuijpers P, Van Straten A, Warmerdam L. Behavioral activation treatments of depression: a meta-analysis. Clin Psychol Rev. 2007;27(3):318-26.

62. Mazzucchelli T, Kane R, Rees C. Behavioral activation treatments for depression in adults: a meta-analysis and review. Clin Psychol Sci Pract. 2009 Dec 1;16(4):383-411.

63. Post RM. Transduction of psychosocial stress into the neurobiology. Am J Psychiatry. 1992;149:999-1010.

64. Monroe SM, Harkness KL. Life stress. the "kindling" hypothesis, and the recurrence of depression.

65. Post RM, Weiss SR. Sensitization and kindling phenomena in mood, anxiety, and obsessive-compulsive disorders: the role of serotonergic mechanisms in illness progression. Biol Psychiatry. 1998 Aug 1;44(3):193-206.

66. Nettle D. An evolutionary model of low mood states. J Theor Biol. 2009;257(1):100-3.

67. Trimmer PC, Higginson AD, Fawcett TW, McNamara JM, Houston AI. Adaptive learning can result in a failure to profit from good conditions: implications for

understanding depression. Evol Med Public Health. 2015 May 29;2015(1):123-35.

68. Goodwin FK, Jamison KR. Manic-depressive illness. New York: Oxford University Press; 1990.

69. Ferrell JE. Self-perpetuating states in signal transduction: positive feedback, double-negative feedback and bistability. Curr Opin Cell Biol. 2002 Apr 1;14(2):140-8.

70. Monod J, Jacob F. General conclusions: teleonomic mechanisms in cellular metabolism, growth, and differentiation. Cold Spring Harb Symp Quant Biol. 1961;26:389-401.

71. Low BS. Why sex matters: a Darwinian look at human behavior. Princeton (NJ): Princeton University Press; 2015.

72. Goldbeter A. A model for the dynamics of bipolar disorders. Prog Biophys Mol Biol. 2011 Mar 1;105(1):119-27.

73. James W. The principles of psychology. New York: H. Holt and Company; 1890.

74. Akiskal HS, Bourgeois ML, Angst J, Post R, Moller H-J, Hirschfeld R. Re-evaluating the prevalence of and diagnostic composition within the broad clinical spectrum of bipolar disorders. J Affect Disord. 2000 Sep;59(Suppl 1):S5-30.

75. Angst J, Azorin J-M, Bowden CL, Perugi G, Vieta E, Gamma A, et al. Prevalence and characteristics of undiagnosed bipolar disorders in patients with a major depressive episode: the BRIDGE Study. Arch Gen Psychiatry. 2011 Aug 1;68(8): 791-9.

76. Grande I, Berk M, Birmaher B, Vieta E. Bipolar disorder. The Lancet. 2016; 387(10027):1561-72.

77. Kieseppa T, Partonen T, Haukka J, Kaprio J, Lonnqvist J. High concordance of bipolar I disorder in a nationwide sample of twins. Am J Psychiatry. 2004 Oct 1;161(10):1814-21.

78. Rao AR, Yourshaw M, Christensen B, Nelson SF, Kerner B. Rare deleterious mutations are associated with disease in bipolar disorder families. Mol Psychiatry [Internet]. 2016 Oct 11 [cited 2017 May 31]. Available from: http://www.nature.com.proxy.lib.umich.edu/mp/journal/vaop/ncurrent/full/mp2016181a.html.

79. Kendler KS. The dappled nature of causes of psychiatric illness: replacing the organic-functional/hardware-software dichotomy with empirically based pluralism. Mol Psychiatry. 2012 Apr;17(4):377-88.

80. Abramson LY, Metalsky GI, Alloy LB. Hopelessness depression: a theory-based subtype of depression. Psychol Rev. 1989;96(2):358-72.

81. Cross JG, Guyer MJ. Social traps. Ann Arbor: University of Michigan Press; 1980.

82. Kennedy SH, Rizvi S. Sexual dysfunction, depression, and the impact of antidepressants. J Clin Psychopharmacol. 2009 Apr;29(2):157-64.

83. Montejo AL, Llorca G, Izquierdo JA, Rico-Villademoros F. Incidence of sexual dysfunction associated with antidepressant agents: a prospective multicenter study of 1022 outpatients. J Clin Psychiatry. 2001;62(Suppl 3):10-21.

84. Hjemdal O, Hagen R, Solem S, Nordahl H, Kennair LEO, Ryum T, et al. Metacognitive therapy in major depression: an open trial of comorbid cases. Cogn Behav Pract. 2017 Aug 1;24(3):312-8.

85. Gilbert P. Evolution and depression: issues and implications. Psychol Med. 2006;36(03):287-97.

86. Gilbert P. Introducing compassion-focused therapy. Adv Psychiatr Treat. 2009; 15(3):199-208.

87. Gilbert P. The origins and nature of compassion focused therapy. Br J Clin Psychol. 2014;53(1):6-41.

88. Hammen C. Stress and depression. Annu Rev Clin Psychol. 2005;1(1):293-319.

89. Baumeister D, Akhtar R, Ciufolini S, Pariante CM, Mondelli V. Childhood trauma and adulthood inflammation: a meta-analysis of peripheral C-reactive protein, interleukin-6 and tumour necrosis factor-α. Mol Psychiatry. 2016 May;21(5):642-9.

90. Belsky J, Jonassaint C, Pluess M, Stanton M, Brummett B, Williams R. Vulnerability genes or plasticity genes? Mol Psychiatry. 2009 Aug;14(8):746-54.

91. Labonte B, Suderman M, Maussion G, Navaro L, Yerko V, Mahar I, et al. Genome-wide epigenetic regulation by early- life trauma. Arch Gen Psychiatry [Internet]. 2012 Jul 1 [cited 2018 Jun 22];69(7). Available from: http://archpsyc.jamanetwork.com/article.aspx?doi=10.1001/archgenpsychiatry.2011.2287.

92. Monroe SM, Reid MW. Life stress and major depression. Curr Dir Psychol Sci. 2009;18(2):68-72.

93. Sieff DF. Understanding and healing emotional trauma: conversations with pioneering clinicians and researchers. London: Routledge; 2015.

8장 한 사람을 이해하려면 삶과 감정의 맥락을 읽어야 한다

1. Vaillant G. Lifting the field's "repression" of defenses. Am J Psychiatry. 2012 Sep;169(9):885-7.

2. Windelband W. Rectorial address, Strasbourg, 1894. Hist Theory. 1980;19(2): 169-85.

3. Hurlburt RT, Knapp TJ. Munsterberg in 1898, not Allport in 1937, introduced the terms "idiographic" and "nomothetic" to American psychology. Theory Psychol. 2006 Apr 1;16(2):287-93.

4. Ibid. 22.

5. C' uk M, Stewart ST. Making the moon from a fast-spinning Earth: a giant impact followed by resonant despinning. Science. 2012;338(6110):1047-52.

6. Rahe RH, Meyer M, Smith M, Kjaer G, Holmes TH. Social stress and illness onset. J Psychosom Res. 1964 Jul 1;8(1):35-44.

7. Brown GW, Harris T. Social origins of depression. New York: Free Press; 1978.

8. Monroe SM, Simons AD. Diathesis-stress theories in the context of life stress research: implications for the depressive disorders. Psychol Bull. 1991;110(3):406-25.

9. Oatley K, Bolton W. A social-cognitive theory of depression in reaction to life events. Psychol Rev. 1985;92(3):372-88.

10. Monroe SM. Modern approaches to conceptualizing and measuring human life stress. Annu Rev Clin Psychol. 2008;4(1):33-52.

11. Brown GW, Harris TO, Hepworth C. Loss, humiliation and entrapment among women developing depression: a patient and non-patient comparison. Psychol Med. 1995;25(1):7-21.

12. Kendler KS, Hettema JM, Butera F, Gardner CO, Prescott CA. Life event dimensions of loss, humiliation, entrapment, and danger in the prediction of onsets of major depression and generalized anxiety. Arch Gen Psychiatry. 2003 Aug;60(8):789-96.

13. Ellsworth PC. Appraisal theory: old and new questions. Emot Rev. 2013;5(2): 125-31.

14. Scherer KR, Schorr A, Johnstone T. Appraisal processes in emotion: theory, methods, research. New York: Oxford University Press; 2001.

15. Diener E, Fujita F. Resources, personal strivings, and subjective wellbeing: a nomothetic and idiographic approach. J Pers Soc Psychol. 1995;68(5):926-35.

16. Apgar V. A proposal for a new method of evaluation of the newborn infant. Anesth Analg. 1953 Jan;32(1):260-7.

17. Klinger E. The interview questionnaire technique: reliability and validity of a mixed idiographic-nomothetic measure of motivation. Adv Personal Assess. 1987;6:31-48.

18. Grice JW. Bridging the idiographic-nomothetic divide in ratings of self and others on the big five. J Pers. 2004;72(2):203-41.

19. Zevon MA, Tellegen A. The structure of mood change: an idiographic/nomothetic analysis. J Pers Soc Psychol. 1982;43(1):111.

20. Tufts Center for the Study of Drug Development. PR Tufts CSDD 2014 Cost Study [Internet]. 2014 [cited 2017 Jun 15]. (No longer available.)

21. Monroe SM, Simons AD. Diathesis-stress theories in the context of life stress research.

22. Belsky J, Pluess M. Beyond diathesis stress: differential susceptibility to environmental influences. Psychol Bull. 2009;135(6):885.

23. Diener E, Fujita F. Resources, personal strivings, and subjective wellbeing.

9장 죄책감과 슬픔, 깊이 있는 관계를 만드는 힘든 감정

1. Smith A. The theory of moral sentiments. Oxford (UK): Clarendon Press; 1976. 136.

2. Dawkins R. The selfish gene. Oxford (UK): Oxford University Press; 1976.

3. Midgley M. The solitary self: Darwin and the selfish gene. Routledge; 2014.

4. Segerstrale U. Colleagues in conflict: an "in vivo" analysis of the sociobiology controversy. Biol Philos. 1986;1(1):53-87.

5. Sterelny K. Dawkins vs. Gould: survival of the fittest. New ed., expanded and updated. Cambridge (UK): Icon Books; 2007.

6. Nesse RM. Why so many people with selfish genes are pretty nice-except for their hatred of The selfish gene. In: Grafen A, Ridley M, editors. London: Oxford University Press; 2006. 203-12.

7. Ridley M. The origins of virtue: human instincts and the evolution of cooperation. New York: Viking; 1996.

8. Frank RH. Passions within reason: the strategic role of the emotions. New York: W. W. Norton; 1988.

9. Frank RH, Gilovich T, Regan DT. Does studying economics inhibit cooperation? J Econ Perspect. 1993 Jun;7(2):159-71.

10. Alexander RD. The biology of moral systems. New York: Aldine de Gruyter; 1987.

11. Didyoung J, Charles E, Rowland NJ. Non-theists are no less moral than theists: some preliminary results. Secularism & Nonreligion [Internet]. 2013 Mar 2 [cited

2017 Dec 14];2. Available from: http://www.secularismandnonreligion.org/articles/abstract/10.5334/snr.ai/.

12. Hofmann W, Wisneski DC, Brandt MJ, Skitka LJ. Morality in everyday life. Science. 2014 Sep 12;345(6202):1340-3.

13. Zuckerman P. Atheism, secularity, and well-being: how the findings of social science counter negative stereotypes and assumptions. Sociol Compass. 2009;3(6):949-71.

14. Williams GC. Huxley's evolution and ethics in sociobiological perspective. Zygon. 1988;23(4):383-407.

15. Williams GC, Williams DC. Natural selection of individually harmful social adaptations among sibs with special reference to social insects. Evolution. 1957;11:249-53.

16. Paradis, James G., Thomas Henry Huxley, and George C Williams. 1989. Evolution and Ethics : T.H. Huxley's Evolution and Ethics with New Essays on Its Victorian and Sociobiological Context. Princeton,N.J.: Princeton University Press.

17. Wilson DS, Sober E. Reintroducing group selection to the human behavioral sciences. Behav Brain Sci. 1994;17(4):585-607.

18. Smith JM. Group selection and kin selection. Nature [Internet]. 1964 Mar [cited 2017 Dec 14];201(4924):1145. Available from: https://www-nature-com.proxy.lib.umich.edu/articles/2011145a0.

19. West SA, Griffin AS, Gardner A. Social semantics: how useful has group selection been? J Evol Biol. 2008;21(1):374.

20. Pinker S. The false allure of group selection [Internet]. Edge. 2012. Available from: https://www.edge.org/conversation/steven_pinker-the-false-allure-of-group-selection.

21. Dugatkin LA, Reeve HK. Behavioral ecology and levels of selection: dissolving the group selection controversy. Adv Study Behav. 1994;23:101-33.

22. Reeve HK, Holldobler B. The emergence of a superorganism through intergroup competition. Proc Natl Acad Sci. 2007 Jun 5;104(23):9736-40.

23. West SA, Griffin AS, Gardner A. Social semantics: how useful has group selection been? J Evol Biol. 2008;21(1):374.

24. Nowak MA, McAvoy A, Allen B, Wilson EO. The general form of Hamilton's rule makes no predictions and cannot be tested empirically. Proc Natl Acad Sci U S A. 2017 May 30;114(22):5665-70.

25. Nowak MA, Tarnita CE, Wilson EO. The evolution of eusociality. Nature. 2010;466(7310):1057-62.

26. Abbot P, Abe J, Alcock J, Alizon S, Alpedrinha JAC, Andersson M, et al. Inclusive fitness theory and eusociality. Nature. 2011 Mar;471(7339):E1-4.

27. Muir WM. Group selection for adaptation to multiple-hen cages: selection program and direct responses. Poult Sci. 1996 Apr;75(4):447-58.

28. Ortman LL, Craig JV. Social dominance in chickens modified by genetic selection—physiological mechanisms. Anim Behav. 1968 Feb;16(1):33-7.

29. Fisher RA. The genetical theory of natural selection: a complete variorum edition. New York: Oxford University Press; 1999.

30. Nesse, Randolph M. Five evolutionary principles for understanding cancer. In: Ujvari B, Roche B, Thomas F, editors. Ecology and evolution of cancer. New York: Academic Press; 2017. xv-xxi.

31. Segerstrale U. Nature's oracle: the life and work of W. D. Hamilton. New York: Oxford University Press; 2013.

32. Hamilton WD. The evolution of altruistic behavior. Am Nat. 1963 Sep 1;97(896):354-6.

33. Smith JM. Group selection and kin selection. Nature [Internet]. 1964 Mar [cited 2017 Dec 14];201(4924):1145. Available from: https://www-nature-com.proxy.lib.umich.edu/articles/2011145a0.

34. Nowak MA, et al. The general form of Hamilton's rule makes no predictions and cannot be tested empirically.

35. West SA, El Mouden C, Gardner A. Sixteen common misconceptions about the evolution of cooperation in humans. Evol Hum Behav. 2011;32(4):231-62.

36. West SA, Griffin AS, Gardner A. Social semantics: altruism, cooperation, mutualism, strong reciprocity and group selection. J Evol Biol. 2007;20(2):415-32.

37. Bergstrom CT, Bronstein JL, Bshary R, Connor RC, Daly M, Frank SA, et al. Interspecific mutualism: puzzles and predictions. In Hammerstein P, editor. Genetical and cultural evolution of cooperation. Cambrige (MA): MIT Press; 2003. 241-56.

38. Clutton-Brock T. Breeding together: kin selection and mutualism in cooperative vertebrates. Science. 2002 Apr 5;296(5565):69-72.

39. Connor RC. The benefits of mutualism: conceptual framework. Biol Rev. 1995;70(3):427-57.

40. Dugatkin LA. Cooperation among animals: an evolutionary perspective. New York: Oxford University Press; 1997.

41. Trivers RL. The evolution of reciprocal altruism. Q Rev Biol. 1971;46:35-57.

42. Axelrod R, Hamilton W. The evolution of cooperation. Science. 1981;211:1390-6.

43. Axelrod RM. The evolution of cooperation. New York: Basic Books; 1984.

44. Axelrod R, Dion D. The further evolution of cooperation. Science. 1988;242: 1385-90.

45. Mengel F. Risk and temptation: a meta-study on prisoner's dilemma games. Econ J. 2017 Sep 18.

46. Pepper JW, Smuts BB. The evolution of cooperation in an ecological context: an agent-based model. In: Kohler TA, Gumerman GJ, editors. Dynamics of human and primate societies: agent- based modelling of social and spatial processes. New York: Oxford University Press; 1999. 44-76.

47. Nesse RM. Evolutionary explanations of emotions. Hum Nat. 1990;1(3):261-89.

48. Forgas, Joseph P., ed. Affect in Social Thinking and Behavior. Frontiers of Social Psychology. New York, NY: Psychology Press, 2006.

49. Ketelaar T. Ancestral emotions, current decisions: using evolutionary game theory to explore the role of emotions in decision making. In: Crawford CB, Salmon C, editors. Evolutionary psychology, public policy and personal decisions. Mahwah (NJ): Lawrence Erlbaum; 2004, 145-168.

50. Ketelaar T. Evolutionary psychology and emotion: a brief history. In: Zeigler-Hill V, Welling LLM, Shackelford TK, editors. Evolutionary perspectives on social psychology [Internet]. Cham (Switzerland): Springer International Publishing; 2015 [cited 2018 Jun 13]. 51-67. Available from: http://link.springer.com/10.1007/978-3-319-12697-5_5.

51. Nesse RM. Evolutionary explanations of emotions Hum Nat. 1990;1(3):261-89.

52. Ibid.

53. Keltner D, Busswell B. Evidence for the distinctness of embarrassment, shame, and guilt: a study of recalled antecedents and facial expressions of emotion. Cogn Emot. 1996;10(2):155-72.

54. Haselton MG, Ketelaar T. Affect in social thinking and behavior. In: Forgas JP, editor. Frontiers of social psychology. New York: Psychology Press; 2006, 21-40

55. Ketelaar T. Ancestral emotions, current decisions.

56. Ketelaar T. Evolutionary psychology and emotion.

57. Ridley M. The origins of virtue: human instincts and the evolution of cooperation. New York: Viking; 1996.

58. Boyd R, Richerson PJ. Culture and the evolution of human cooperation. Philos Trans R Soc B Biol Sci. 2009 Nov 12;364(1533):3281-8.

59. Crespi B. Cooperation: close friends and common enemies. Curr Biol. 2006 Jun 6;16(11):R414-5.

60. Dugatkin LA. The altruism equation: seven scientists search for the origins of goodness. Princeton (NJ): Princeton University Press; 2006.

61. Hammerstein P. Genetic and cultural evolution of cooperation. Cambridge (MA): MIT Press; 2003.

62. Henrich J, Henrich N. Culture, evolution and the puzzle of human cooperation. Cogn Syst Res. 2006;7:220-45.

63. Kurzban R, Burton- Chellew MN, West SA. The evolution of altruism in humans. Annu Rev Psychol. 2015;66(1):575-99.

64. Ridley M. The origins of virtue.

65. Dugatkin LA. Cooperation among animals.

66. Dugatkin LA. The altruism equation.

67. Binmore K. Bargaining and morality. In: Gauthier DP, Sugden R, editors. Rationality, justice and the social contract: themes from morals by agreement. Ann Arbor: University of Michigan Press; 1993. 131-56.

68. Boehm C. Moral origins: the evolution of virtue, altruism, and shame. Basic Books; 2012.

69. Chisholm JS. Death, hope and sex: steps to an evolutionary ecology of mind and morality. New York: Cambridge University Press; 1999.

70. de Waal FBM, Macedo S, Ober J, Wright R. Primates and philosophers: how morality evolved. Princeton (NJ): Princeton University Press; 2006.

71. Fehr E, Gachter S. Altruistic punishment in humans. Nature. 2002 Jan 10;415(6868):137-40.

72. Gintis H, Bowles S, Boyd R, Fehr E. Explaining altruistic behavior in humans. Evol Hum Behav. 2003;24(3):153-72.

73. Irons W. Morality, religion and human evolution. In: Richardson WM, Wildman WJ, editors. Religion and science: history, methods, dialogue. New York: Routledge; 1996.

74. Katz L, editor. Evolutionary origins of morality: cross disciplinary perspectives. Thorverton (UK): Imprint Academic; 2000.

75. Krebs DL. The evolution of moral dispositions in the human species. Ann N Y Acad Sci. 2000 Apr;907:132-48.

76. Lieberman D, Tooby J, Cosmides L. Does morality have a biological basis? An empirical test of the factors governing moral sentiments relating to incest. Proc R

Soc B Biol. 2003 Apr 22;270(1517):819-26.

77.   Midgley M. The ethical primate: humans, freedom, and morality. London: Routledge; 1994.

78.   Nitecki M, Nitecki D. Evolutionary ethics. Albany: State University of New York Press; 1993.

79.   Pepper JW, Smuts BB. A mechanism for the evolution of altruism among nonkin: positive assortment through environmental feedback. Am Nat. 2002;160:205-13.

80.   van Veelen M. Does it pay to be good? Competing evolutionary explanations of pro-social behaviour. In: Verplaetse J, De Schrijver J, Braeckman J, Vanneste S, editors. The moral brain: essays on the evolutionary and neuroscientific aspects of morality. Dordrecht: Springer Science+Business Media; 2009. 185-200.

81.   Foster KR, Kokko H. Cheating can stabilize cooperation in mutualisms. Proc R Soc B Biol. 2006 Sep 7;273(1598):2233-9.

82.   Foster KR, Wenseleers T, Ratnieks FLW, Queller DC. There is nothing wrong with inclusive fitness. Trends Ecol Evol. 2006 Nov;21(11):599-600.

83.   Aktipis, C. Athena. Know when to walk away: contingent movement and the evolution of cooperation. J Theor Biol. 2004;231(2):249-60.

84.   Dunbar RIM. Grooming, gossip, and the evolution of language. Cambridge (MA): Harvard University Press; 1996.

85.   West SA, Griffin AS, Gardner A. Social semantics: altruism, cooperation, mutualism, strong reciprocity and group selection. J Evol Biol. 2007 Mar;20(2):415-32.

86.   Boyd R, Richerson PJ. Culture and the evolution of human cooperation. Philos Trans R Soc B Biol Sci. 2009 Nov 12;364(1533):3281-8.

87.   Richerson P, Baldini R, Bell A, Demps K, Frost K, Hillis V, et al. Cultural group selection plays an essential role in explaining human cooperation: a sketch of the evidence. Behav Brain Sci. 2015;1-71.

88.   Nesse RM. Social selection is a powerful explanation for prosociality. Behav Brain Sci. 2016 Jan;39:e47.

89.   Brickman P, Sorrentino RM, Wortman CB. Commitment, conflict, and caring. Englewood Cliffs (NJ): Prentice-Hall; 1987.

90.   Hirshleifer J. On the emotions as guarantors of threats and promises. In: Dupre J, editor. The latest on the best: essays on evolution and optimality. Cambridge (MA): MIT Press; 1987. 307-26.

91.   Nesse RM, editor, Evolution and the capacity for commitment. New York: Russell

Sage Foundation; 2001.

92. Schelling TC. The strategy of conflict. Cambridge (MA): Harvard University Press; 1960.

93. Tooby J, Cosmides L. Friendship and the banker's paradox: other pathways to the evolution of adaptations for altruism. In: Runciman WG, Smith JM, Dunbar RIM, editors. Proceedings of the British Academy. Vol. 88. Evolution of social behavior patterns in primates and man. New York: Oxford University Press; 1996. 119-43.

94. Nesse RM. Natural Selection and the Capacity for Subjective Commitment. In: Nesse RM, editor. Evolution and the capacity for commitment. New York: Russell Sage Foundation; 2001. 1-44. (The Russell Sage Foundation series on trust ; v. 3).

95. Mills J, Clark MS. Communal and exchange relationships: controversies and research. In: Erber R, Gilmour R, editors. Theoretical frameworks for personal relationships. Hillsdale (NJ): Lawrence Erlbaum; 1994. 29-42.

96. West-Eberhard MJ. The evolution of social behavior by kin selection. Q Rev Biol. 1975;50(1):1-33.

97. West-Eberhard MJ. Sexual selection, social competition, and evolution. Proc Am Philos Soc. 1979;123(4):222-34.

98. Miller GF. The mating mind: how sexual choice shaped the evolution of human nature. New York: Doubleday; 2000.

99. Boehm C. Moral Origins.

100. Noe R, Hammerstein P. Biological markets: supply and demand determine the effect of partner choice in cooperation, mutualism and mating. Trends Ecol Evol. 1995;10(8):336-9.

101. Nesse RM, Runaway social selection for displays of partner value and altruism. Biol Theory. 2007;2(2):143-55.

102. Nesse RM. Social selection and the origins of culture. In: Schaller M, Heine SJ, Norenzayan A, Yamagishi T, Kameda T, editors. Evolution, culture, and the human mind. Philadelphia: Psychology Press; 2010. 137-50.

103. Barclay P, Willer R. Partner choice creates competitive altruism in humans. Proc R Soc B Biol. 2007;274(1610):749-53.

104. Hardy CL, Van Vugt M. Nice guys finish first: the competitive altruism hypothesis. Soc Psychol Bull. 2006 Oct 1;32(10):140213.

105. Pleasant A, Barclay P. Why hate the good guy? Antisocial punishment of high cooperators is greater when people compete to be chosen. Psychol Sci. 2018

Jun;29(6):868-76.

106. Hrdy SB. Mothers and others: the evolutionary origins of mutual understanding. Cambridge (MA): Belknap Press of Harvard University Press; 2009.

107. Wilson DS. Social semantics: toward a genuine pluralism in the study of social behaviour. J Evol Biol. 2008;21(1):368-73.

108. Noe R, Hammerstein P. Biological markets.

109. Kiers ET, Duhamel M, Beesetty Y, Mensah JA, Franken O, Verbruggen E, et al. Reciprocal rewards stabilize cooperation in the mycorrhizal symbiosis. Science. 2011 Aug 12;333(6044):880-2.

110. Wyatt GAK, Kiers ET, Gardner A, West SA. A biological market analysis of the plant-mycorrhizal symbiosis: mycorrhizal symbiosis as a biological market. Evolution. 2014 Sep;68(9):2603-18.

111. Nesse RM. Social selection and the origins of culture.

112. Hobbes T. Leviathan. Cambridge (UK): Cambridge University Press; 1996. 120.

113. Veblen T. The theory of the leisure class: an economic study in the evolution of institutions. New York: Macmillan; 1899.

114. Kirkpatrick LA, Ellis BJ. An evolutionary-psychological approach to self-esteem: multiple domains and multiple functions. In Fletcher JGO, Clark MS, editors. Blackwell handbook of social psychology: interpersonal processes. Oxford: Blackwell; 2001. 409-36.

115. Leary MR, Baumeister RF. The nature and function of self-esteem: sociometer theory. In: Zanna MP, editor. Advances in experimental social psychology. San Diego (CA): Academic Press; 2000. 2-51.

116. Mealey L. Sociopathy. Behav Brain Sci. 1995;18(3):523-99.

117. Boehm C. Moral origins.

118. Demirel OF, Demirel A, Kadak MT, Emul M, Duran A. Neurological soft signs in antisocial men and relation with psychopathy. Psychiatry Res. 2016 Jun 30;240:248-52.

119. Smuts B. Encounters with animal minds. J Conscious Stud. 2001;8(5-7):293-309.

120. Brune M. On human self-domestication, psychiatry, and eugenics. Philos Ethics Humanit Med. 2007 Oct 5;2(1):21.

121. Hare B, Wobber V, Wrangham R. The self-domestication hypothesis: evolution of bonobo psychology is due to selection against aggression. Anim Behav. 2012 Mar 1;83(3):573-85.

122. Gregory TR. Artificial selection and domestication: modern lessons from Darwin's

enduring analogy. Evol Educ Outreach. 2009;2(1):5-27.

123. Henrich J. The secret of our success: how culture is driving human evolution, domesticating our species, and making us smarter. Princeton (NJ): Princeton University Press; 2015.

124. West SA, Griffin AS, Gardner A. Social semantics: altruism, cooperation, mutualism, strong reciprocity and group selection. J Evol Biol. 2007 Mar;20(2): 415-32.

125. Carr D, Nesse RM, Wortman CB, editors. Late life widowhood in the United States. New York: Springer Publishing; 2005.

126. Ibid.

127. Archer, John. 1999. The Nature of Grief. New York: Oxford University Press 2001. 263-83.

128. Horowitz MJ, Siegel B, Holen A, Bonanno GA. Diagnostic criteria for complicated grief disorder. Am J Psychiatry. 1997;154(7):904-10.

129. Prigerson HG, Frank EF, Kasl SV, Reynolds CF III, Anderson B, Zubenko GS, et al. Complicated grief and bereavement-related depression as distinct disorders: preliminary empirical validation in elderly bereaved spouses. Am J Psychiatry. 1995;152(1):22-30.

130. Shear MK, Reynolds CF, Simon NM, Zisook S, Wang Y, Mauro C, et al. Optimizing treatment of complicated grief: a randomized clinical trial. JAMA Psychiatry. 2016 Jul 1;73(7):685-94.

131. Nesse RM. Evolutionary framework for understanding grief. In Carr D, Nesse RM, Wortman CB, editors. Spousal bereavement in late life. New York: Springer; 2006. 195-226.

10장 억압과 왜곡, 때로는 나를 모르는 게 약이다

1. Belsky J. Psychopathology in life history perspective. Psychol Inq. 2014 Oct 2;25(3-4):307-10.

2. Del Giudice M. An evolutionary life history framework for psychopathology. Psychol Inq. 2014 Oct 2;25(3-4):261-300.

3. Kaplan HS, Hill K, Lancaster JB, Hurtado AM. A theory of human life history evolution: diet, intelligence, and longevity. Evol Anthropol. 2000;9(4):1-30.

4. Bradbury JW, Vehrencamp SL. Principles of animal communication. Sunderland

(MA): Sinauer Associates; 1998.

5. de Crespigny FE, Hosken DJ. Sexual selection: signals to die for. Curr Biol. 2007 Oct 9;17(19):R853-5.

6. Alexander RD. The search for a general theory of behavior. Behav Sci. 1975;20:77-100.

7. Trivers, Robert, foreward to The Selfish Gene. Oxford (UK): Oxford University Press, 1976; vii-ix.

8. Trivers RL. The folly of fools: the logic of deceit and self-deception in human life. New York: Basic Books; 2011.

9. Hartmann H. Ego psychology and the problem of adaptation. 14th ed. New York: International Universities Press; 1958.

10. Boag S. Freudian repression, the common view, and pathological science. Rev Gen Psychol. 2006;10(1):74.

11. Dennett DC, Weiner P. Consciousness explained. Boston: Back Bay Books; 1991.

12. Humphrey N. A History of the mind: evolution and the birth of consciousness. New York: Copernicus; 1999.

13. Tannenbaum AS. The sense of consciousness. J Theor Biol. 2001 Aug; 211(4):377-91.

14. Eccles JC. The evolution of consciousness. In: How the SELF controls BRAIN. Berlin, Heidelberg: Springer; 1994. 113-24.

15. Dunbar RIM. The social brain hypothesis. Evol Anthropol. 1998;6(5):178-90.

16. Flinn MV, Ward CV. Ontogeny and evolution of the social child. In: Ellis BJ, Bjorklund DF, editors. Origins of the social mind: evolutionary psychology and child development. New York: Guilford Press; 2005. 19-44.

17. Ronson J. How one stupid tweet blew up Justine Sacco's life. The New York Times [Internet]. 2015 Feb 12 [cited 2017 Oct 29]. Available from: https://www.nytimes.com/2015/02/15/magazine/how-one-stupid-tweet-ruined-justine-saccos-life.html.

18. Brakel LAW. Philosophy, psychoanalysis, and the a-rational mind. Oxford (UK): Oxford University Press; 2009.

19. Wilson TD. Strangers to ourselves: discovering the adaptive unconscious. Cambridge (MA): Belknap Press of Harvard University Press; 2002.

20. Nisbett RE, Wilson TD. Telling more than we can know: verbal reports on mental processes. Psychol Rev. 1977;84(3):231-59.

21. Bargh JA, Chartrand TL. The unbearable automaticity of being. Am Psychol. 1999;54(7):462.

22. Bargh JA, Williams LE. The nonconscious regulation of emotion. Handb Emot Regul. 2007;1:429-45.

23. Huang JY, Bargh JA. The selfish goal: autonomously operating motivational structures as the proximate cause of human judgment and behavior. Behav Brain Sci. 2014 Apr;37(2):121-35.

24. Gazzaniga MS. Right hemisphere language following brain bisection: a 20-year perspective. Am Psychol. 1983;38(5):525.

25. Zimmer C. A career spent learning how the mind emerges from the brain. The New York Times [Internet]. 2005 May 10 [cited 2017 Jul 14]. Available from: https://www.nytimes.com/2005/05/10/science/a-career-spent-learning-how- the-mind-emerges-from-the-brain.html.

26. Gazzaniga MS. The split brain revisited. Sci Am. 1998;279(1):50-5.

27. Greenwald AG, McGhee DE, Schwartz JLK. Measuring individual differences in implicit cognition: the implicit association test. J Pers Soc Psychol. 1998;74(6):1464- 80.

28. Scherer LD, Lambert AJ. Implicit race bias revisited: on the utility of task context in assessing implicit attitude strength. J Exp Soc Psychol. 2012 Jan 1;48(1):366-70.

29. Ghiselin MT. The economy of nature and the evolution of sex. Berkeley (CA): University of California Press; 1969. 247.

30. Nesse RM, Lloyd AT. The evolution of psychodynamic mechanisms. In: Barkow JH, Cosmides L, Tooby J, editors. The adapted mind: evolutionary psychology and the generation of culture. New York: Oxford University Press; 1992. 601-24.

31. Brune M. The evolutionary psychology of obsessive-compulsive disorder: the role of cognitive metarepresentation. Perspect Biol Med. 2006;49(3):317-29.

32. Feygin DL, Swain JE, Leckman JF. The normalcy of neurosis: evolutionary origins of obsessive-compulsive disorder and related behaviors. Prog Neuropsychopharmacol Biol Psychiatry. 2006;30(5):854-64.

33. Goodman WK, Price LH, Rasmussen SA, Mazure C, Fleischmann RL, Hill CL, et al. The Yale-Brown obsessive compulsive scale. I. Development, use, and reliability. Arch Gen Psychiatry. 1989;46:1006-11.

34. Stein DJ. Obsessive-compulsive disorder. The Lancet. 2002;360(9330):397-405.

35. Attwells S, Setiawan E, Wilson AA, Rusjan PM, Mizrahi R, Miler L, et al. Inflammation in the neurocircuitry of obsessive-compulsive disorder. JAMA Psychiatry. 2017;74(8):833-40.

36. Brennan BP, Rauch SL, Jensen JE, Pope HG. A critical review of magnetic

resonance spectroscopy studies of obsessive-compulsive disorder. Biol Psychiatry. 2013 Jan 1;73(1):24-31.

37. Robinson D, Wu H, Munne RA, Ashtari M, Alvir JMJ, Lerner G, et al. Reduced caudate nucleus volume in obsessive-compulsive disorder. Arch Gen Psychiatry. 1995;52(5):393-98.

38. Sunol M, Contreras-Rodriguez O, Macia D, Martinez-Vilavella G, Martinez-Zalacain I, Subira M, et al. Brain structural correlates of subclinical obsessive-compulsive symptoms in healthy children. J Am Acad Child Adolesc Psychiatry [Internet]. 2017 Nov 10 [cited 2017 Dec 15]. Available from: http://www.sciencedirect.com/science/article/pii/S089085671731835X.

39. Mell LK, Davis RL, Owens D. Association between streptococcal infection and obsessive- compulsive disorder, Tourette's syndrome, and tic disorder. Pediatrics. 2005;116(1):56-60.

40. Swedo SE, Leonard HL, Rapoport JL. The pediatric autoimmune neuropsychiatric disorders associated with streptococcal infection (PANDAS) subgroup: separating fact from fiction. Pediatrics. 2004;113(4):907-11.

41. Diaferia G, Bianchi I, Bianchi ML, Cavedini P, Erzegovesi S, Bellodi L. Relationship between obsessive-compulsive personality disorder and obsessive-compulsive disorder. Compr Psychiatry. 1997 Jan 1;38(1):38-42.

42. Haselton MG, Nettle D. The paranoid optimist: an integrative evolutionary model of cognitive biases. Soc Psychol Rev. 2006;10(1):47-66.

43. Morewedge CK, Shu LL, Gilbert DT, Wilson TD. Bad riddance or good rubbish? Ownership and not loss aversion causes the endowment effect. J Exp Soc Psychol. 2009 Jul;45(4):947-51.

44. Kendler KS, Gardner CO, Prescott CA. Toward a comprehensive developmental model for major depression in men. Am J Psychiatry. 2006 Jan 1;163(1):115-24.

45. Kendler KS, Prescott CA, Myers J, Neale MC. The structure of genetic and environmental risk factors for common psychiatric and substance use disorders in men and women. Arch Gen Psychiatry. 2003 Sep 1;60(9):929-37.

46. Del Giudice M, Ellis BJ. Evolutionary Foundations of Developmental Psychopathology. In: Cicchetti D, editor. Developmental Psychopathology [Internet]. Hoboken, NJ, USA: John Wiley & Sons, Inc.; 2016 [cited 2018 Jul 12]. 1-58. Available from: http://doi.wiley.com/10.1002/9781119125556.devpsy201.

47. Belsky J. Psychopathology in life history perspective. Psychol Inq. 2014 Oct 2;25(3-4):307-10.

48. Ellis BJ, Del Giudice M, Dishion TJ, Figueredo AJ, Gray P, Griskevicius V, et al. The evolutionary basis of risky adolescent behavior: implications for science, policy, and practice. Dev Psychol. 2012;48(3):598.

49. Ellis BJ, Del Giudice M, Shirtcliff EA. Beyond allostatic load: the stress response system as a mechanism of conditional adaptation. In: Beauchaine TP, Hinshaw SP, editors. Child and adolescent psychopathology. 2nd ed. New York: Wiley; 2013. 251-84.

50. Brune M. Borderline personality disorder: why "fast and furious"? Evol Med Public Health. 2016;2016(1):52-66.

51. Pinker S. Enlightenment now: the case for reason, science, humanism, and progress. New York, Viking; 2018.

11장 나쁜 섹스도 유전자에는 좋을 수 있다?

1. Peck MS. Further along the road less travelled: the unending journey toward spiritual growth. London: Simon and Schuster UK; 1993. 226.

2. O'Toole, Garson. The only unnatural sex act is that which one cannot perform [Internet]. Quote Investigator. 2018 [cited 2018 Jan 6]. Available from: https://quoteinvestigator.com/2013/03/20/unnatural-act/.

3. Buss DM. Sex differences in human mate preferences: evolutionary hypotheses tested in 37 cultures. Behav Brain Sci. 1989;12:1-49.

4. Li NP, Bailey JM, Kenrick DT, Linsenmeier JAW. The necessities and luxuries of mate preferences: testing the tradeoffs. J Pers Soc Psychol. 2002;82(6):947-55.

5. Shakya HB, Christakis NA. Association of Facebook use with compromised well-being: a longitudinal study. Am J Epidemiol. 2017 Feb 1;185(3):203-11.

6. Kenrick DT, Gutierres SE, Goldberg LL. Influence of popular erotica on ratings of strangers and mates. J Exp Soc Psychol. 1989;25(2):159-67.

7. Hazen C, Diamond LM. The place of attachment in human mating. Rev Gen Psychol Spec Issue Adult Attach. 2000;4(2):186-204.

8. Zeifman D, Hazan C. Attachment: the bond in pair-bonds. In: Simpson JA, Kenrick DT, editors. Evolutionary social psychology. Hillsdale (NJ): Lawrence Erlbaum Associates; 1997. 237-63.

9. Tennov D. Love and limerence: the experience of being in love [Internet]. 1999 [cited 2017 Dec 17]. Available from: http://site.ebrary.com/id/10895438.

10. Bierce A. The devil's dictionary.Ware, Hertfordshire (UK): Wordsworth Editions Limited; 1996. 162.

11. de Botton A. Why you will marry the wrong person. The New York Times [Internet]. 2016 May 28 [cited 2017 Jun 16]. Available from: https://www.nytimes.com/2016/05/29/opinion/sunday/why-you-will-marry-the- wrong-person.html?_ r=0.

12. Kirkpatrick RC. The evolution of human homosexual behavior. Curr Anthropol. 2000 Jun 1;41(3):385-413.

13. Wilson EO. Sociobiology: a new synthesis. Cambridge (MA): Harvard University Press; 1975.

14. Boomsma JJ. Lifetime monogamy and the evolution of eusociality. Philos Trans R Soc B Biol Sci. 2009 Nov 12;364(1533):3191-207.

15. Emlen ST. An evolutionary theory of the family. Proc Natl Acad Sci USA. 1995 Aug 29;92(18):8092-9.

16. Bobrow D, Bailey JM. Is male homosexuality maintained via kin selection? Evol Hum Behav. 2001 Sep 1;22(5):361-8.

17. Roughgarden J. Homosexuality and evolution: a critical appraisal. In: Tibayrenc M, Ayala FJ, editors. On human nature [Internet]. San Diego: Academic Press; 2017 [cited 2018 May 26]. 495-516. Available from: https://www.sciencedirect.com/science/article/pii/B9780124201903000302.

18. Ruse M. Homosexuality: a philosophical inquiry. New York: Blackwell;1988.

19. Roughgarden J. Homosexuality and evolution.

20. Bailey NW, Zuk M. Same-sex sexual behavior and evolution. Trends Ecol Evol. 2009 Aug 1;24(8):439-46.

21. Balthazart J. Sex differences in partner preferences in humans and animals. Phil Trans R Soc B. 2016 Feb 19;371(1688):20150118.

22. Sommer V, Vasey PL. Homosexual behaviour in animals: an evolutionary perspective. Cambridge (UK): Cambridge University Press;2006.

23. Blanchard R. Fraternal birth order, family size, and male homosexuality: meta-analysis of studies spanning 25 years. Arch Sex Behav. 2018 Jan;47(1):1-15.

24. Bogaert AF, Skorska MN, Wang C, Gabrie J, MacNeil AJ, Hoffarth MR, et al. Male homosexuality and maternal immune responsivity to the Y-linked protein NLGN4Y. Proc Natl Acad Sci U S A. 2017 Dec 11;201705895.

25. Blanchard R. Fraternal birth order, family size, and male homosexuality.

26. Jannini EA, Burri A, Jern P, Novelli G. Genetics of human sexual behavior: where

we are, where we are going. Sex Med Rev. 2015 Apr 1;3(2):65-77.

27. Stevens A, Price J. Evolutionary psychiatry: a new beginning. Hove (UK): Routledge; 2015.

28. Bailey NW, Zuk M. Same-sex sexual behavior and evolution. Trends Ecol Evol. 2009 Aug 1;24(8):439-46.

29. Buss DM. The evolution of desire: strategies of human mating. Rev ed. New York: Basic Books; 2003.

30. Troisi A. Sexual disorders in the context of Darwinian psychiatry. J Endocrinol Invest. 2003;26(3 Suppl):54-7.

31. Betzig L, Mulder MB, Turke P. Human reproductive behaviour: a Darwinian perspective. New York: Cambridge University Press; 1988.

32. Daly M, Wilson M. Sex, evolution, and behavior. 2nd ed. Boston: Willard Grant Press; 1983.

33. Symons D. The evolution of human sexuality. New York: Oxford University Press; 1979.

34. Haselton MG. The sexual overperception bias: evidence of a systematic bias in men from a survey of naturally occurring events. J Res Personal. 2003;37(1):34-47.

35. Aronsson H. Sexual imprinting and fetishism: an evolutionary hypothesis. In: De Block A, Adriaens PR, editors. Maladapting minds: philosophy, psychiatry, and evolutionary theory. New York: Oxford University Press; 2011, 65-90.

36. Natterson-Horowitz B, Bowers K. Zoobiquity: the astonishing connection between human and animal health. New York: Vintage; 2013.

37. Erectile dysfunction drugs analysis by product (Viagra, Levitra/Staxyn, Stendra/Spedra, Zydena, Vitaros), and segment forecasts to 2022 [Internet]. 2016 [cited 2017 Dec 17]. Available from: https://www.grandviewresearch.com/industry-analysis/erectile-dysfunction-drugs-market.

38. Baker R, Bellis M. Human sperm competition: ejaculation manipulation by females and a function for the female orgasm. Animal Behavior. 1993;46:887-909.

39. Lee H-J, Macbeth AH, Pagani JH, Young WS. Oxytocin: the great facilitator of life. Prog Neurobiol. 2009 Jun;88(2):127-51.

40. Levin RJ. The human female orgasm: a critical evaluation of its proposed reproductive functions. Sexual and Relationship Therapy. 2011 Nov 1;26(4): 301-14.

41. Lloyd EA. The case of the female orgasm: bias in the science of evolution. Cambridge (MA): Harvard University Press; 2009.

42. Pavlic̆ev M, Wagner G. The evolutionary origin of female orgasm. J Exp Zoolog B Mol Dev Evol. 2016 Sep 1;326(6):326-37.

43. Wagner GP, Pavlic̆ev M. What the evolution of female orgasm teaches us. J Exp Zoolog B Mol Dev Evol. 2016;326(6):325.

44. Wagner GP, Pavlic̆ev M. Origin, function, and effects of female orgasm: all three are different. J Exp Zoolog B Mol Dev Evol. 2017 Jun 1;328(4):299-303.

45. Dunn KM, Cherkas LF, Spector TD. Genetic influences on variation in female orgasmic function: a twin study. Biol Lett. 2005 Sep 22; 1(3):260-3.

46. Zietsch BP, Miller GF, Bailey JM, Martin NG. Female orgasm rates are largely independent of other traits. implications for "female orgasmic disorder" and evolutionary theories of orgasm. J Sex Med. 2011;8(8):2305-16.

47. Laumann EO, Paik A, Rosen RC. Sexual dysfunction in the United States: prevalence and predictors. JAMA. 1999 Feb 10;281(6):537-44.

48. Waldinger MD, Quinn P, Dilleen M, Mundayat R, Schweitzer DH, Boolell M. Original research—ejaculation disorders: a multinational population survey of intravaginal ejaculation latency time. J Sex Med. 2005 Jul 1;2(4):492-7.

49. Waldinger MD, Zwinderman AH, Olivier B, Schweitzer DH. Proposal for a definition of lifelong premature ejaculation based on epidemiological stopwatch data. J Sex Med. 2005 Jul 1;2(4):498-507.

50. Gallup GG, Burch RL, Zappieri ML, Parvez RA, Stockwell ML, Davis JA. The human penis as a semen displacement device. Evol Hum Behav. 2003 Jul 1;24(4):277-89.

51. Gallup GG, Burch RL. Semen displacement as a sperm competition strategy in humans. Evol Psychol. 2004 Jan 1;2(1):245-54.

52. Pham MN, DeLecce T, Shackelford TK. Sperm competition in marriage: semen displacement, male rivals, and spousal discrepancy in sexual interest. Personal Individ Differ. 2017 Jan 15;105(Suppl C):229-32.

53. Dewsbury DA, Pierce JD. Copulatory patterns of primates as viewed in broad mammalian perspective. Am J Primatol. 1989 Jan 1;17(1):51-72.

54. Hong LK. Survival of the fastest: on the origin of premature ejaculation. J Sex Res. 1984 May 1;20(2):109-22.

55. Gallup GG, Burch RL. Semen displacement as a sperm competition strategy in humans.

56. Parker GA, Pizzari T. Sperm competition and ejaculate economics. Biol Rev. 2010 Nov 1;85(4):897-934.

57. Wallen K, Lloyd EA. Female sexual arousal: genital anatomy and orgasm in intercourse. Horm Behav. 2011 May;59(5):780-92.

58. Laumann EO, Paik A, Rosen RC. Sexual dysfunction in the United States.

59. Wallen K, Lloyd EA. Female sexual arousal: genital anatomy and orgasm in intercourse. Horm Behav. 2011 May;59(5):780-92.

60. Armstrong EA, England P, Fogarty ACK. Accounting for women's orgasm and sexual enjoyment in college hookups and relationships. Am Sociol Rev. 2012 Jun 1;77(3):435-62.

61. Laumann EO, Paik A, Rosen RC. Sexual dysfunction in the United States.

62. Moynihan R. The making of a disease: female sexual dysfunction. BMJ. 2003 Jan 4;326(7379):45-7.

63. Narjani AE. Considérations sur les causes anatomiques de la frigidite chez la femme. Brux Med. 1924;27:768-78.

64. Bertin C. Marie Bonaparte, life. New York: Harcourt; 1982.

65. Storr A. An unlikely analyst. The New York Times [Internet]. 1983 Feb 6 [cited 2017 Jul 31]. Available from: http://www.nytimes.com/1983/02/06/books/an-unlikely-analyst.html.

66. Young-Bruehl E. Freud on women. New York: Random House; 2013.

67. Bonaparte M. Les deux frigidites de la femme. Bull Societe Sexol. 1933;5:161-70.

68. Moore A. Relocating Marie Bonaparte's clitoris. Aust Fem Stud. 2009 Jun;24(60): 149-65.

69. Wallen K, Lloyd EA. Female sexual arousal: genital anatomy and orgasm in intercourse. Horm Behav. 2011 May;59(5):780-92.

70. Woodroffe R, Vincent A. Mother's little helpers: patterns of male care in mammals. Trends Ecol Evol. 1994 Aug 1;9(8):294-7.

71. Alexander RD. How did humans evolve? Reflections on the uniquely unique species. Mus Zool Univ Mich. 1990;1:1-38.

72. Buchan JC, Alberts SC, Silk JB, Altmann J. True paternal care in a multi-male primate society. Nature. 2003 Sep;425(6954):179.

73. Kaplan HS, Lancaster JB. An evolutionary and ecological analysis of human fertility, mating patterns, and parental investment [Internet]. Washington (DC): National Academies Press; 2003 [cited 2018 Jan 7]. Available from: https://www.ncbi.nlm.nih.gov/books/NBK97292/.

74. Buss DM. The evolution of desire.

75. Troisi A. Sexual disorders in the context of Darwinian psychiatry. J Endocrinol

Invest. 2003;26(3 Suppl):54-7.

76. Betzig L, Mulder MB, Turke P. Human reproductive behaviour: a Darwinian perspective. Cambridge (UK); Cambridge University Press; 1988.

77. Daly M, Wilson M. Sex, evolution, and behavior.

78. Lancaster JB, Kaplan H. Human mating and family formation strategies: The effects of variability among males in quality and the allocation of mating effort and parental investment. Topics in primatology. 1992; 1:21-33.

79. Low BS. Ecological and social complexities in human monogamy. In: Reichard UH, Boesch C, editors. Monogamy: mating strategies and partnerships in birds, humans, and other mammals. Cambridge (UK): Cambridge University Press; 2003. 161-76.

80. Dunbar RI. Coevolution of neocortical size, group size and language in humans. Behav Brain Sci. 1993;16(04):681-94.

81. Mitteroecker P, Huttegger SM, Fischer B, Pavlicev M. Cliff-edge model of obstetric selection in humans. Proc Natl Acad Sci. 2016 Dec 20;113(51):14680-5.

82. Boyd R, Richerson PJ. Culture and the evolutionary process. Chicago: University of Chicago Press; 1985.

83. Dunbar RIM, Knight C, Power C. The evolution of culture: an interdisciplinary view. New Brunswick (NJ): Rutgers University Press; 1999.

84. Low BS. Ecological and social complexities in human monogamy.

85. Geary DC, Flinn MV. Evolution of human parental behavior and the human family. Parent Sci Pract. 2001;1(1-2):5-61.

86. Burley N. The evolution of concealed ovulation. Am Nat. 1979 Dec 1;114(6): 835-58.

87. Pawłowski B. Loss of oestrus and concealed ovulation in human evolution: the case against the sexual-selection hypothesis. Curr Anthropol. 1999 Jun 1;40(3):257-76.

88. Strassmann BI. Sexual selection, paternal care, and concealed ovulation in humans. Ethol Sociobiol. 1981 Jan 1;2(1):31-40.

89. Pawłowski B. Loss of estrus and concealed ovulation in human evolution.

90. Reis HT, Patrick BC. Attachment and intimacy: component processes. In: Higgins ET, Kruglanski AW, editors. Social psychology: handbook of basic principles. New York: Guilford Press; 1996. 523-63.

91. Carter CS. Oxytocin pathways and the evolution human behavior. Annu Rev Psychol. 2014;65(1):17-39.

92. Young LJ, Wang Z. The neurobiology of pair bonding. Nat Neurosci. 2004

Oct;7(10):1048.

93. Donaldson ZR, Young LJ. Oxytocin, vasopressin, and the neurogenetics of sociality. Science. 2008 Nov 7;322(5903):900-4.

94. Fisher H. Anatomy of love: a natural history of mating, marriage, and why we stray. New York: W. W. Norton; 1992.

95. Buss DM. The evolution of desire.

96. Buss DM, Larsen RJ, Westen D, Semmelroth J. Sex differences in jealousy: evolution, physiology, and psychology. Psychol Sci. 1992;3:251-5.

97. Flinn MV, Low BS. Resource distribution, social competition, and mating patterns in human societies. Ecol Asp Soc Evol. 1986;217-43.

98. Klinger E. Consequences of commitment to and disengagement from incentives. Psychol Rev. 1975;82:1-25.

99. Daly M, Wilson M. Sex, evolution, and behavior.

100. Gangestad SW, Thornhill R. Female multiple mating and genetic benefits in humans: investigations of design. In: Kappeler PM, van Schaik CP, editors. Sexual selection in primates: new and comparative perspectives. Cambridge (UK): Cambridge University Press; 2004. 90-116.

101. Buss DM. The dangerous passion: why jealousy is as necessary as love or sex. New York: Free Press; 2000.

102. Betzig LL. Despotism and differential reproduction: a Darwinian view of history. New York: Aldine; 1986.

103. Betzig L. Means, variances, and ranges in reproductive success: comparative evidence. Evol Hum Behav. 2012 Jul;33(4):309-17.

104. Betzig L. Eusociality in history. Hum Nat. 2014 Mar;25(1):80-99.

105. Zerjal T, Xue Y, Bertorelle G, Wells RS, Bao W, Zhu S, et al. The genetic legacy of the Mongols. Am J Hum Genet. 2003 Mar 1;72(3):717-21.

106. Webster TH, Sayres MAW. Genomic signatures of sex-biased demography: progress and prospects. Curr Opin Genet Dev. 2016 Dec;41:62-71.

107. Betzig L. Eusociality in history.

108. Twenge JM, Sherman RA, Wells BE. Changes in American adults' sexual behavior and attitudes, 1972- 2012. Arch Sex Behav. 2015 Nov 1;44(8):2273-85.

109. Jasienska G. The fragile wisdom: an evolutionary view on women's biology and health. Cambridge (MA): Harvard University Press; 2013.

110. Juul F, Chang VW, Brar P, Parekh N. Birth weight, early life weight gain and age at menarche: systematic review of longitudinal studies. Obes Rev. 2017 Now

1;18(11):1272-88.

111. Vitzthum VJ. The ecology and evolutionary endocrinology of reproduction in the human female. Am J Phys Anthropol. 2009 Jan 1;140(Suppl 49):95-136.

112. Stearns PN. Jealousy: the evolution of an emotion in American history. New York: New York University Press; 1989.

113. Buss DM. The dangerous passion.

114. Millward J. Deep inside: a study of 10,000 porn stars [Internet]. 2013 [cited 2017 Dec 17]. Available from: http://jonmillward.com/blog/studies/deep-inside-a-study-of-10000-porn-stars/.

115. Naked capitalism. The Economist [Internet]. 2015 Sep 26 [cited 2017 Dec 17]. Available from: https://www.economist.com/news/international/21666114-internet-blew-porn-industrys-business-model-apart-its-response-holds- essons.

116. Marcus BS. Changes in a woman's sexual experience and expectations following the introduction of electric vibrator assistance. J Sex Med. 2011 Dec 1;8(12):3398-406.

117. Scheutz M, Arnold T. Are we ready for sex robots? In: The Eleventh ACM/IEEE International Conference on Human Robot Interaction [Internet]. Piscataway (NJ): IEEE Press; 2016 [cited 2017 Dec 17]. 351-8. Available from: http://dl.acm.org/citation.cfm?id=2906831.2906891.

12장 원초적 식욕이 당신의 다이어트를 지배한다

1. Fortuna JL. Sweet preference, sugar addiction and the familial history of alcohol dependence: shared neural pathways and genes. J Psychoactive Drugs. 2010 Jun 1;42(2):147-51.

2. Alcock J, Maley CC, Aktipis CA. Is eating behavior manipulated by the gastrointestinal microbiota? Evolutionary pressures and potential mechanisms. BioEssays. 2014 Oct 1;36(10):940-9.

3. Ogden CL, Carroll MD. Prevalence of overweight, obesity, and extreme obesity among adults: United States, trends 1976-1980 through 2007-2008. National Center for Health Statistics. 2010 June; https://www.cdc.gov/nchs/data/hestat/obesity_adult_07_08/obesity_adult_07_08.pdf

4. Flegal KM, Carroll MD, Kit BK, Ogden CL. Prevalence of obesity and trends in the distribution of body mass index among US adults, 1999-2010. JAMA. 2012 Feb 1;307(5):491-7.

5. Higginson AD, McNamara JM. An adaptive response to uncertainty can lead to weight gain during dieting attempts. Evol Med Public Health. 2016 Jan 1;2016(1):369-80.

6. Booth HP, Prevost AT, Gulliford MC. Impact of body mass index on prevalence of multimorbidity in primary care: cohort study. Fam Pract. 2014 Feb 1;31(1):38-43.

7. Sturm R, Wells KB. Does obesity contribute as much to morbidity as poverty or smoking? Public Health. 2001;115(3):229-35.

8. Allison DB, Fontaine KR, Manson JE, Stevens J, VanItallie TB. Annual deaths attributable to obesity in the United States. JAMA. 1999 Oct 27;282(16):1530-8.

9. Marketdata Enterprises. Weight Loss Market Sheds Some Dollars in 2013. [Internet]. 2014 [cited 2017 Jun 25]. Available from: https://www.marketdataenterprises.com/wp-content/uploads/2014/01/Diet-Market-2014 Status Report.pdf

10. Wang YC, McPherson K, Marsh T, Gortmaker SL, Brown M. Health and economic burden of the projected obesity trends in the USA and the UK. The Lancet. 2011 Aug 27;378(9793):815-25.

11. Power ML, Schulkin J. The evolution of obesity. Baltimore: Johns Hopkins University Press; 2009.

12. Berrington de Gonzalez A, Hartge P, Cerhan JR, Flint AJ, Hannan L, MacInnis RJ, et al. Body-mass index and mortality among 1.46 million white adults. N Engl J Med. 2010 Dec 2;363(23):2211-9.

13. Higginson AD, McNamara JM. An adaptive response to uncertainty can lead to weight gain during dieting attempts.

14. Dulloo AG, Jacquet J, Montani J-P, Schutz Y. How dieting makes the lean fatter: from a perspective of body composition autoregulation through adipostats and proteinstats awaiting discovery. Obes Rev. 2015 Feb 1;16:25-35.

15. Hill AJ. Does dieting make you fat? Br J Nutr. 2004;92(Suppl 1):S15-8.

16. Fothergill E, Guo J, Howard L, Kerns JC, Knuth ND, Brychta R, et al. Persistent metabolic adaptation 6 years after "The Biggest Loser" competition. Obesity. 2016 Aug 1;24(8):1612-9.

17. Corwin RL, Avena NM, Boggiano MM. Feeding and reward: perspectives from three rat models of binge eating. Physiol Behav. 2011 Jul 25;104(1):87-97.

18. Frankl VE. Man's search for meaning. New York: Simon and Schuster; 1985.

19. Bruch H. The golden cage: the enigma of anorexia nervosa. Cambridge (MA): Harvard University Press; 2001.

20. Brandenburg BMP, Andersen AE. Unintentional onset of anorexia nervosa. Eat

Weight Disord2007 Jun 1;12(2):97-100.

21. Habermas T. In defense of weight phobia as the central organizing motive in anorexia nervosa: historical and cultural arguments for a culture-sensitive psychological conception. Int J Eat Disord. 1996 May 1;19(4):317-34.

22. Keating C. Theoretical perspective on anorexia nervosa: the conflict of reward. Neurosci Biobehav Rev. 2010 Jan 1;34(1):73-9.

23. Tozzi F, Sullivan PF, Fear JL, McKenzie J, Bulik CM. Causes and recovery in anorexia nervosa: the patient's perspective. Int J Eat Disord. 2003 Mar;33(2):143-54.

24. Bulik CM, Sullivan PF, Tozzi F, Furberg H, Lichtenstein P, Pedersen NL. Prevalence, heritability, and prospective risk factors for anorexia nervosa. Arch Gen Psychiatry. 2006 Mar;63(3):305-12.

25. Kaye WH, Wierenga CE, Bailer UF, Simmons AN, Bischoff-Grethe A. Nothing tastes as good as skinny feels: the neurobiology of anorexia nervosa. Trends Neurosci. 2013 Feb;36(2):110-20.

26. Weiss KM. Tilting at quixotic trait loci (QTL): an evolutionary perspective on genetic causation. Genetics. 2008 Aug;179(4):1741-56.

27. Norn M. Myopia among the Inuit population of East Greenland. Longitudinal study 1950- 1994. Acta Ophthalmol Scand. 1997;75(6):723-5.

28. Boraska V, Franklin CS, Floyd JA, Thornton LM, Huckins LM, Southam L, et al. A genome-wide association study of anorexia nervosa. Mol Psychiatry. 2014 Oct;19(10):1085-94.

29. Duncan L, Yilmaz Z, Gaspar H, Walters R, Goldstein J, Anttila V, et al. Significant locus and metabolic genetic correlations revealed in genome-wide association study of anorexia nervosa. Am J Psychiatry. 2017 May 12;174(9):850-8.

30. Surbey M. Anorexia nervosa, amenorrhea, and adaptation. Ethol Sociobiol. 1987;8(Suppl 1):47-61.

31. Vitzthum VJ. The ecology and evolutionary endocrinology of reproduction in the human female. Am J Phys Anthropol. 2009 Jan 1;140(Suppl 49):95-136.

32. Ellison PT. Energetics and reproductive effort. Am J Hum Biol. 2003 May 1;15(3):342-51.

33. Jasienska G. Energy metabolism and the evolution of reproductive suppression in the human female. Acta Biotheor. 2003;51(1):1-18.

34. Myerson M, Gutin B, Warren MP, May MT, Contento I, Lee M, et al. Resting metabolic rate and energy balance in amenorrheic and eumenorrheic runners. Med

Sci Sports Exerc. 1991 Jan;23(1):15-22.

35. Abed RT. The sexual competition hypothesis for eating disorders. Br J Med Psychol. 1998 Dec 1;71(4):525-47.

36. Faer LM, Hendriks A, Abed RT, Figueredo AJ. The evolutionary psychology of eating disorders: female competition for mates or for status? Psychol Psychother Theory Res Pract. 2005;78(3):397-417.

37. Singh D. Body shape and women's attractiveness. Hum Nat. 1993 Sep 1;4(3): 297-321.

38. Faer LM, Hendriks A, Abed RT, Figueredo AJ. The evolutionary psychology of eating disorders: female competition for mates or for status? Psychol Psychother Theory Res Pract. 2005;78(3):397-417.

39. Guisinger S. Adapted to flee famine: adding an evolutionary perspective on anorexia nervosa. Psychol Rev. 2003;110(4):745-61.

40. Rosenvinge JH, Pettersen G. Epidemiology of eating disorders, part I: introduction to the series and a historical panorama. Adv Eat Disord. 2015 Jan 2;3(1):76-90.

41. Klein DA, Boudreau GS, Devlin MJ, Walsh BT. Artificial sweetener use among individuals with eating disorders. Int J Eat Disord. 2006 May 1;39(4):341-5.

42. Just T, Pau HW, Engel U, Hummel T. Cephalic phase insulin release in healthy humans after taste stimulation? Appetite. 2008 Nov 1;51(3):622-7.

43. Veedfald S, Plamboeck A, Deacon CF, Hartmann B, Knop FK, Vilsbøll T, et al. Cephalic phase secretion of insulin and other enteropancreatic hormones in humans. American Journal of Physiology-Gastrointestinal and Liver Physiology. 2015 Oct 22;310(1):G43-51.

44. Rozengurt E, Sternini C. Taste receptor signaling in the mammalian gut. Curr Opin Pharmacol. 2007 Dec 1;7(6):557-62.

45. Pepino MY. Metabolic effects of non-nutritive sweeteners. Physiol Behav. 2015 Dec 1;152:450-5.

46. Fowler SP, Williams K, Resendez RG, Hunt KJ, Hazuda HP, Stern MP. Fueling the obesity epidemic? Artificially sweetened beverage use and long-term weight gain. Obesity. 2008;16(8):1894-900.

47. Mattes RD, Popkin BM. Nonnutritive sweetener consumption in humans: effects on appetite and food intake and their putative mechanisms. Am J Clin Nutr. 2009 Jan 1;89(1):1-14.

48. Renwick AG, Molinary SV. Sweet-taste receptors, low-energy sweeteners, glucose absorption and insulin release. Br J Nutr. 2010 Nov;104(10):1415-20.

49. Azad MB, Abou-Setta AM, Chauhan BF, Rabbani R, Lys J, Copstein L, et al. Nonnutritive sweeteners and cardiometabolic health: a systematic review and meta analysis of randomized controlled trials and prospective cohort studies. Can Med Assoc J. 2017 Jul 17;189(28):E929-39.

50. Barker DJ, Gluckman PD, Godfrey KM, Harding JE, Owens JA, Robinson JS. Fetal nutrition and cardiovascular disease in adult life. The Lancet. 1993 Apr 10;341(8850):938-41.

51. Gluckman PD, Hanson MA, Spencer HG. Predictive adaptive responses and human evolution. Trends Ecol Evol. 2005;20(10):527-33.

52. Gluckman PD, Hanson MA, Bateson P, Beedle AS, Law CM, Bhutta ZA, et al. Towards a new developmental synthesis: adaptive developmental plasticity and human disease. The Lancet. 2009 May 9;373(9675):1654-7.

53. Guerrero-Bosagna C. Transgenerational epigenetic inheritance: past exposures, future diseases. In: Rosenfeld CS, editor. The epigenome and developmental origins of health and disease [Internet]. Boston: Academic Press; 2016 [cited 2017 Dec 19]. 425-37. Available from: https://www.sciencedirect.com/science/article/pii/B9780128013830000219.

54. Rosenfeld CS. Nutrition and epigenetics: evidence for multi-and transgenerational effects. In: Burdge G, Lillycrop K, editors. Nutrition, epigenetics and health. New Jersey: World Scientific; 2017. 133-57.

55. Lea AJ, Altmann J, Alberts SC, Tung J. Developmental constraints in a wild primate. Am Nat. 2015 Jun 1;185(6):809-21.

56. Crespi BJ. Vicious circles: positive feedback in major evolutionary and ecological transitions. Trends Ecol Evol. 2004 Dec;19(12):627-33.

57. Nettle D, Bateson M. Adaptive developmental plasticity: what is it, how can we recognize it and when can it evolve? Proc Biol Sci. 2015 Aug 7;282(1812): 20151005.

58. Nussbaum MC. The therapy of desire: theory and practice in Hellenistic ethics. Princeton (NJ): Princeton University Press; 1994.

13장 끝없는 갈망이 당신을 좀비로 만든다

1. Centers for Disease Control and Prevention. Fact Sheets - Alcohol use and your health.Cited August 16, 2018. Available from: https://www.cdc.gov/alcohol/fact-

sheets/alcohol-use.htm.

2. Grant BF, Stinson FS, Dawson DA, Chou SP, Dufour MC, Compton W, et al. Prevalence and co- occurrence of substance use disorders and independent mood and anxiety disorders: results from the National Epidemiologic Survey on Alcohol and Related Conditions. Arch Gen Psychiatry. 2004;61(8):807-18.

3. Substance Abuse and Mental Health Services Administration (SAMHSA). 2015 National Survey on Drug Use and Health (NSDUH). Table 5.6B-Substance Use Disorder in Past Year among Persons Aged 18 or Older, by Demographic Characteristics: Percentages, 2014 and 2015. Available at: https://www.samhsa. gov/data/sites/default/files/NSDUH-DetTabs-2015/NSDUH-DetTabs-2015/NSDUH-DetTabs-2015.htm#tab5-6b.

4. Centers for Disease Control and Prevention. Tobacco-Related Mortality [Internet]. 2016 [cited 2017 Jul 17]. Available from: http://www.cdc.gov/tobacco/data_statistics/fact_sheets/health_effects/tobacco_related_mortality/.

5. Hill EM, Newlin DB. Evolutionary approaches to addiction. Addiction. 2002 Apr;97(4):375-9.

6. Hyman SE. Addiction: a disease of learning and memory. FOCUS. 2007 Apr 1;5(2):220-8.

7. Nesse RM, Berridge K. C. Psychoactive drug use in evolutionary perspective. Science. 1997;278:63-6.

8. Dudley R. Evolutionary origins of human alcoholism in primate frugivory. Q Rev Biol. 2000;75(1):3-15.

9. Sullivan RJ, Hagen EH. Psychotropic substance-seeking: evolutionary pathology or adaptation? Addiction. 2002 Apr 1;97(4):389-400.

10. Chevallier J. The great medieval water myth [Internet]. Les Leftovers. 2013 [cited 2017 Dec 20]. Available from: https://leslefts.blogspot.com.au/2013/11/the-great-medieval-water-myth.html.

11. Dudley R. Ethanol, fruit ripening, and the historical origins of human alcoholism in primate frugivory. Integr Comp Biol. 2004 Aug;44(4): 315-23.

12. Nesse RM. Evolution and addiction. Addiction. 2002 Apr;97(4):470-1.

13. Hayden B, Canuel N, Shanse J. What was brewing in the Natufian? An archaeological assessment of brewing technology in the Epipaleolithic. J Archaeol Method Theory. 2013 Mar 1;20(1):102-50.

14. Sullivan RJ, Hagen EH. Psychotropic substance-seeking: evolutionary pathology or adaptation? Addiction. 2002 Apr 1;97(4):389-400.

15. Roulette CJ, Mann H, Kemp BM, Remiker M, Roulette JW, Hewlett BS, et al. Tobacco use vs. helminths in Congo basin hunter-gatherers: self-medication in humans? Evol Hum Behav. 2014 Sep 1;35(5):397-407.

16. Ruiz-Lancheros E, Viau C, Walter TN, Francis A, Geary TG. Activity of novel nicotinic anthelmintics in cut preparations of Caenorhabditis elegans. Int J Parasitol. 2011;41(3-4):455-61.

17. Gardner EL. What we have learned about addiction from animal models of drug self-administration. Am J Addict. 2000 Oct 1;9(4):285-313.

18. Sullivan RJ, Hagen EH. Psychotropic substance-seeking: evolutionary pathology or adaptation?

19. Hagen EH, Sullivan RJ, Schmidt R, Morris G, Kempter R, Hammerstein P. Ecology and neurobiology of toxin avoidance and the paradox of drug reward. Neuroscience. 2009;160(1):69-84.

20. Hagen EH, Roulette CJ, Sullivan RJ. Explaining human recreational use of pesticides": the neurotoxin regulation model of substance use vs. the hijack model and implications for age and sex differences in drug consumption. Front Psychiatry [Internet]. 2013 [cited 2017 Dec 20];4. Available from: http://journal.frontiersin.org/article/10.3389/fpsyt.2013.00142/abstract.

21. Turke, Paul W., and L.L. Betzig. 1985. "Those Who Can Do: Wealth, Status, and Reproductive Success on Ifaluk." Ethology and Sociobiology 6 (2): 79-87. https://doi.org/10.1016/0162-3095(85)90001-9.

22. McLaughlin GT. Cocaine: the history and regulation of a dangerous drug. Cornell Rev. 1972;58:537.

23. Markel H. An anatomy of addiction: Sigmund Freud, William Halsted, and the miracle drug cocaine. New York: Vintage; 2011.

24. Davenport-Hines R. The pursuit of oblivion: a social history of drugs. London: Weidenfeld & Nicolson; 2012.

25. Brownstein MJ. A brief history of opiates, opioid peptides, and opioid receptors. Proc Natl Acad Sci USA. 1993;90(12):5391-3.

26. Brown RH. The opium trade and opium policies in India, China, Britain, and the United States: historical comparisons and theoretical interpretations. Asian J Soc Sci. 2002;30(3):623-56.

27. Braswell SR. American meth: a history of the methamphetamine epidemic in America. Lincoln (NE): iUniverse; 2006.

28. Pubchem. Carefntanil [Internet]. 2017 [cited 2017 Dec 20]. Available from:

https://pubchem.ncbi.nlm.nih.gov/compound/62156.

29. McLaughlin K. Underground labs in China are devising potent new opiates faster than authorities can respond. Science [Internet]. 2017 Mar 29 [cited 2017 Dec 20]. Available from: http://www.sciencemag.org/news/2017/03/underground-labs-china-are-devising-potent-new-opiates-faster-authorities-can-respond.

30. Berridge KC, Robinson TE. The mind of an addicted brain: neural sensitization of wanting versus liking. Curr Dir Psychol Sci. 1995;4(3):71-6.

31. Kendler KS, Maes HH, Sundquist K, Ohlsson H, Sundquist J. Genetic and family and community environmental efects on drug abuse in adolescence: a Swedish national twin and sibling study. Am J Psychiatry. 2014 Feb 1;171(2):209-17.

32. Young SE, Rhee SH, Stallings MC, Corley RP, Hewitt JK. Genetic and environmental vulnerabilities underlying adolescent substance use and problem use: general or specific? Behav Genet. 2006;36(4):603-15.

33. Alexander BK, Hadaway PF. Opiate addiction: the case for an adaptive orientation. Psychol Bull. 1982;92(2):367-81.

34. Zucker RA. Genes, brain, behavior, and context: the developmental matrix of addictive behavior. In: Stoltenberg S, editor. Genes and the motivation to use substances [Internet]. New York: Springer; 2014 [cited 2017 Dec 20]. 51-69. Available at: https://link.springer.com/chapter/10.1007/978-1-4939-0653-6_4.

35. Volkow ND, Koob GF, McLellan AT. Neurobiologic advances from the brain disease model of addiction. N Engl J Med. 2016 Jan 28;374(4):363-71.

14장 조현병, 자폐장애, 양극성장애, 적합도의 벼랑 끝에서 만난 정신질환들

1. Wiener, Norbert. 1948. Cybernetics; or, Control and Communication in the Animal and the Machine. Cambridge, Mass.: Technology Press, 151

2. Smoller JW, Finn CT. Family, twin, and adoption studies of bipolar disorder. Am J Med Genet C Semin Med Genet. 2003 Nov 15;123C(1):48-58.

3. Sullivan RJ, Allen JS. Natural selection and schizophrenia. Behav Brain Sci. 2004 Dec;27(6):865-6.

4. Sandin S, Lichtenstein P, Kuja-Halkola R, Larsson H, Hultman CM, Reichenberg A. The familial risk of autism. JAMA. 2014 May 7;311(17):1770-7.

5. Smoller JW, Finn CT. Family, twin, and adoption studies of bipolar disorder.

6. Sandin S, et al. The familial risk of autism.

7. Lichtenstein P, Bjork C, Hultman CM, Scolnick E, Sklar P, Sullivan PF. Recurrence risks for schizophrenia in a Swedish national cohort. Psychol Med. 2006 Oct;36(10):1417-25.

8. Kendler KS, Thornton LM, Gardner CO. Stressful life events and previous episodes in the etiology of major depression in women: an evaluation of the "kindling" hypothesis. Am J Psychiatry. 2000 Aug 1;157(8):1243-51.

9. Ellison Z, van Os J, Murray R. Special feature: childhood personality characteristics of schizophrenia: manifestations of, or risk factors for, the disorder? J Personal Disord. 1998 Sep 1;12(3):247-61.

10. Johnson EC, Border R, Melroy- Greif WE, de Leeuw CA, Ehringer MA, Keller MC. No evidence that schizophrenia candidate genes are more associated with schizophrenia than noncandidate genes. Biol Psychiatry [Internet]. 2017 Jul 13 [cited 2017 Sep 15]. Available from: http://www.sciencedirect.com/science/article/pii/S0006322317317729.

11. Sanders AR, Duan J, Levinson DF, Shi J, He D, Hou C, et al. No significant association of 14 candidate genes with schizophrenia in a large European ancestry sample: implications for psychiatric genetics. Am J Psychiatry. 2008 Apr 1;165(4):497-506.

12. Anttila V, Bulik-Sullivan B, Finucane HK, Bras J, Duncan L, Escott-Price V, et al. Analysis of shared heritability in common disorders of the brain. 2016 Apr 16 [cited 2017 Jun 19]. Available from: http://biorxiv.org/lookup/doi/10.1101/048991.

13. Kendler KS. What psychiatric genetics has taught us about the nature of psychiatric illness and what is left to learn. Mol Psychiatry. 2013 Oct;18(10):1058-66.

14. Corvin A, Sullivan PF. What next in schizophrenia genetics for the Psychiatric Genomics Consortium? Schizophr Bull. 2016 May 1;42(3):538-41.

15. Forstner AJ, Hecker J, Hofmann A, Maaser A, Reinbold CS, Muhleisen TW, et al. Identification of shared risk loci and pathways for bipolar disorder and schizophrenia. PLOS ONE. 2017 Feb 6;12(2):e0171595.

16. Eichler EE, Flint J, Gibson G, Kong A, Leal SM, Moore JH, et al. Missing heritability and strategies for finding the underlying causes of complex disease. Nat Rev Genet. 2010 Jun;11(6):446-50.

17. Manolio TA, Collins FS, Cox NJ, Goldstein DB, Hindorff LA, Hunter DJ, et al. Finding the missing heritability of complex diseases. Nature. 2009 Oct 8;461(7265):747-53.

18. Nolte IM, van der Most PJ, Alizadeh BZ, de Bakker PI, Boezen HM, Bruinenberg

M, et al. Missing heritability: is the gap closing? An analysis of 32 complex traits in the Lifelines Cohort Study. Eur J Hum Genet EJHG. 2017 Jun;25(7):877-85.

19. Gaugler T, Klei L, Sanders SJ, Bodea CA, Goldberg AP, Lee AB, et al. Most genetic risk for autism resides with common variation. Nat Genet. 2014 Aug;46(8):881.

20. Gratten J, Wray NR, Keller MC, Visscher PM. Large-scale genomics unveils the genetic architecture of psychiatric disorders. Nat Neurosci. 2014;17(6):782-90.

21. Kendler KS. What psychiatric genetics has taught us about the nature of psychiatric illness and what is left to learn. Mol Psychiatry. 2013 Oct;18(10):1058-66.

22. Woo HJ, Yu C, Kumar K, Reifman J. Large-scale interaction effects reveal missing heritability in schizophrenia, bipolar disorder and posttraumatic stress disorder. Transl Psychiatry. 2017 Apr 11;7(4):e1089.

23. Gaugler T et al. Most genetic risk for autism resides with common variation.

24. Cardno AG, Owen MJ. Genetic relationships between schizophrenia, bipolar disorder, and schizoaffective disorder. Schizophr Bull. 2014 May 1;40(3):504-15.

25. Malaspina D, Harlap S, Fennig S, Heiman D, Nahon D, Feldman D, et al. Advancing paternal age and the risk of schizophrenia. Arch Gen Psychiatry. 2001 Apr 1;58(4):361.

26. Reichenberg A, Gross R, Weiser M, Bresnahan M, Silverman J, Harlap S, et al. Advancing paternal age and autism. Arch Gen Psychiatry. 2006 Sep 1;63(9):1026.

27. Gratten J, Wray NR, Peyrot WJ, McGrath JJ, Visscher PM, Goddard ME. Risk of psychiatric illness from advanced paternal age is not predominantly from de novo mutations. Nat Genet. 2016 Jul;48(7):718-24.

28. Pedersen CB, McGrath J, Mortensen PB, Petersen L. The importance of father's age to schizophrenia risk. Mol Psychiatry. 2014 May;19(5):530-1.

29. Bundy H, Stahl D, MacCabe JH. A systematic review and meta-analysis of the fertility of patients with schizophrenia and their unaffected relatives. Acta Psychiatr Scand. 2011;123(2):98-106.

30. Power RA, Kyaga S, Uher R, MacCabe JH, Langstrom N, Landen M, et al. Fecundity of patients with schizophrenia, autism, bipolar disorder, depression, anorexia nervosa, or substance abuse vs their unaffected siblings. JAMA Psychiatry. 2013 Jan 1;70(1):22-30.

31. Ibid.

32. Keller MC, Miller G. Resolving the paradox of common, harmful, heritable mental disorders: which evolutionary genetic models work best? Behav Brain Sci. 2006 Aug;29(4):385-404.

33. Crespi B, Badcock CR. Psychosis and autism as diametrical disorders of the social brain. Behav Brain Sci. 2008 Jun;31(3):241-61; discussion 261-320.

34. Crespi BJ. Revisiting Bleuler: relationship between autism and schizophrenia. Br J Psychiatry. 2010 Jun;196(6):495; author reply 495-6.

35. Wilkins JF, Haig D. What good is genomic imprinting: the function of parent-specific gene expression. Nat Rev Genet. 2003;4(5):359-68.

36. Haig D. Transfers and transitions: parent-offspring conflict, genomic imprinting, and the evolution of human life history. Proc Natl Acad Sci USA. 2010 Jan 26;107 (Suppl 1):1731-5.

37. Patten MM, Ubeda F, Haig D. Sexual and parental antagonism shape genomic architecture. Proc R Soc Lond B Biol Sci. 2013;280(1770): 20131795.

38. Crespi BJ. The evolutionary etiologies of autism spectrum and psychotic affective spectrum disorders. In: Evolutionary thinking in medicine [Internet]. Cham (Switzerland): Springer; 2016 [cited 2018 Jan 2]. 299-327. Available from: https://link.springer.com/chapter/10.1007/978-3-319-29716-3_20.

39. Crespi BJ. Autism, psychosis, and genomic imprinting: recent discoveries and conundrums. Curr Opin Behav Sci. 2018;25:1-7.

40. Crespi B, Summers K, Dorus S. Adaptive evolution of genes underlying schizophrenia. Proc R Soc Lond B Biol Sci. 2007 Nov 22;274(1627):2801-10.

41. Dinsdale NL, Hurd PL, Wakabayashi A, Elliot M, Crespi BJ. How are autism and schizotypy related? Evidence from a non-clinical population. PLOS ONE. 2013;8(5):e63316.

42. Byars SG, Stearns SC, Boomsma JJ. Opposite risk patterns for autism and schizophrenia are associated with normal variation in birth size: phenotypic support for hypothesized diametric gene-dosage effects. Proc R Soc B. 2014 Nov 7;281(1794):20140604.

43. Lai M-C, Lombardo MV, Auyeung B, Chakrabarti B, Baron-Cohen S. Sex/gender differences and autism: setting the scene for future research. J Am Acad Child Adolesc Psychiatry. 2015 Jan 1;54(1):11-24.

44. Baron-Cohen S, Knickmeyer RC, Belmonte MK. Sex Differences in the brain: implications for explaining autism. Science. 2005 Nov 4; 310(5749):819-23.

45. van Dongen J, Boomsma DI. The evolutionary paradox and the missing heritability of schizophrenia. Am J Med Genet B Neuropsychiatr Genet. 2013 Mar 1;162(2):122-36.

46. Polimeni J, Reiss JP. Evolutionary perspectives on schizophrenia. Can J Psychiatry.

2003;48(1):34-9.

47. Stevens A. Prophets, cults and madness. London: Gerald Duckworth & Co.; 2000.

48. Nettle D, Clegg H. Schizotypy, creativity and mating success in humans. Proc R Soc Lond B Biol Sci. 2006;273(1586):611-5.

49. Greenwood TA. Positive traits in the bipolar spectrum: the space between madness and genius. Mol Neuropsychiatry. 2016;2(4):198-212.

50. Jamison KR. Touched with fire: manic-depressive illness and the artistic temperament. New York: Free Press; 1993.

51. Higier RG, Jimenez AM, Hultman CM, Borg J, Roman C, Kizling I, et al. Enhanced neurocognitive functioning and positive temperament in twins discordant for bipolar disorder. Am J Psychiatry. 2014;171(11):1191-8.

52. Pollmand R, Gelernter J. Widespread signatures of positive selection in common risk alleles associated to autism spectrum disorder. PLOS Genet. 2017 Feb 10;13(2):e1006618.

53. Zheutlin AB, Vichman RW, Fortgang R, Borg J, Smith DJ, Suvisaari J, et al. Cognitive endophenotypes inform genome-wide expression profiling in schizophrenia. Neuropsychology. 2016;30(1):40-52.

54. Woo HJ, Yu C, Kumar K, Reifman J. Large-scale interaction effects reveal missing heritability in schizophrenia, bipolar disorder and posttraumatic stress disorder. Transl Psychiatry. 2017 Apr 11;7(4):e1089.

55. Srinivasan S, Bettella F, Hassani S, Wang Y, Witoelar A, Schork AJ, et al. Probing the association between early evolutionary markers and schizophrenia. PLOS ONE. 2017 Jan 12;12(1):e0169227.

56. Chen H, Li C, Zhou Z, Liang H. Fast-evolving human-specific neural enhancers are associated with aging- related diseases. Cell Syst. 2018 May;6(5):604-11.

57. Corbett S, Courtiol A, Lummaa V, Moorad J, Stearns S. The transition to modernity and chronic disease: mismatch and natural selection. Nat Rev Genet. 2018 May 9;1.

58. Judd LL, Akiskal HS. The prevalence and disability of bipolar spectrum disorders in the US population: re-analysis of the ECA database taking into account subthreshold cases. J Affect Disord. 2003 Jan 1;73(1):123-31.

59. Merikangas KR, Akiskal HS, Angst J, Greenberg PE, Hirschfeld RM, Petukhova M, et al. Lifetime and 12- month prevalence of bipolar spectrum disorder in the National Comorbidity Survey replication. Arch Gen Psychiatry. 2007;64(5):543-52.

60. Wilson DR. Evolutionary epidemiology and manic depression. Br J Med Psychol. 1998;71(4):375-95.

61. Abed RT, Abbas MJ. A reformulation of the social brain theory for schizophrenia: the case for out- group intolerance. Perspect Biol Med. 2011 Apr 28;54(2):132-51.

62. Stevens A, Price J. Evolutionary psychiatry: a new beginning. 2nd ed. Hove (UK): Psychology Press; 2000.

63. Jablensky A, Sartorius N, Ernberg G, Anker M, Korten A, Cooper JE, et al. Schizophrenia: manifestations, incidence and course in different cultures. A World Health Organization ten-country study. Psychol Med Monogr Suppl. 1992 Jan;20:1-97.

64. Jongsma HE, Gayer-Anderson C, Lasalvia A, Quattrone D, Mule A, Szoke A, et al. Treated incidence of psychotic disorders in the multinational EU-GEI Study. JAMA Psychiatry [Internet]. 2017 Dec 6 [cited 2018 Jan 2] Available from: https://jamanetwork.com/journals/jamapsychiatry/fullarticle/2664479.

65. McGrath JJ. Variations in the incidence of schizophrenia: data versus dogma. Schizophr Bull. 2006 Jan 1;32(1):195-7.

66. Torrey EF, Bartko JJ, Yolken RH. Toxoplasma gondii and other risk factors for schizophrenia: an update. Schizophr Bull. 2012 May 1;38(3):642-7.

67. Brown AS, Begg MD, Gravenstein S, Schaefer CA, Wyatt RJ, Bresnahan M, et al. Serologic evidence of prenatal influenza in the etiology of schizophrenia. Arch Gen Psychiatry. 2004 Aug 1;61(8):774-80.

68. Kendell RE, Kemp IW. Maternal influenza in the etiology of schizophrenia. Arch Gen Psychiatry. 1989;46:878-82.

69. Kunugi H, Nanko S, Takei N, Saito K, Hayashi N, Kazamatsuri H. Schizophrenia following in utero exposure to the 1957 influenza epidemics in Japan. Am J Psychiatry. 1995;152(3):450-2.

70. Brune M. Social cognition and behaviour in schizophrenia. Soc Brain Evol Pathol. 2003;277-313.

71. Crespi B, Summers K, Dorus S. Adaptive evolution of genes underlying schizophrenia. Proc R Soc Lond B Biol Sci. 2007 Nov 22;274(1627):2801-10.

72. Crow TJ. Is schizophrenia the price that Homo sapiens pays for language? Schizophr Res. 1997;28(2):127-41.

73. Brune M. "Theory of mind" in schizophrenia: a review of the literature. Schizophrenia Bulletin. 2005;31(1):21-42.

74. Corvin A, Sullivan PF. What Next in Schizophrenia Genetics for the Psychiatric

Genomics Consortium? Schizophrenia Bulletin. 2016 May;42(3):538-41.

75. Crespi BJ. The Evolutionary Etiologies of Autism Spectrum and Psychotic Affective Spectrum Disorders. In: Evolutionary Thinking in Medicine [Internet]. Springer, Cham; 2016 [cited 2018 Jan 2]. 299-327. (Advances in the Evolutionary Analysis of Human Behaviour). Available from: https://link.springer.com/chapt er/10.1007/978-3-319-29716-3_20.

76. Feinberg I. Schizophrenia: Caused by a fault in programmed synaptic elimination during adolescence? Journal of Psychiatric Research. 1982 Jan 1;17(4):319-34.

77. Kavanagh DH, Tansey KE, O'Donovan MC, Owen MJ. Schizophrenia genetics: emerging themes for a complex disorder. Molecular Psychiatry. 2015 Feb;20(1):72.

78. Keller MC. Evolutionary Perspectives on Genetic and Environmental Risk Factors for Psychiatric Disorders. Annual Review of Clinical Psychology 2018;14:471-93.

79. Lee SH, Byrne EM, Hultman CM, Kahler A, Vinkhuyzen AA, Ripke S, et al. New data and an old puzzle: the negative association between schizophrenia and rheumatoid arthritis. Int J Epidemiol. 2015 Oct 1;44(5):1706-21.

80. Pearlson GD, Folley BS. Schizophrenia, psychiatric genetics, and Darwinian psychiatry: an evolutionary framework. Schizophrenia bulletin. 2007;34(4): 722-733.

81. Polimeni J, Reiss J. Evolutionary perspectives on schizophrenia. Canadian Journal of Psychiatry. 2003;48(1):34-9.

82. Power RA, Steinberg S, Bjornsdottir G, Rietveld CA, Abdellaoui A, Nivard MM, et al. Polygenic risk scores for schizophrenia and bipolar disorder predict creativity. Nature Neuroscience. 2015 Jul;18(7):953.

83. van Dongen J, Boomsma DI. The evolutionary paradox and the missing heritability of schizophrenia. Am J Med Genet. 2013 Mar 1;162(2):122-36.

84. Burns JK. An evolutionary theory of schizophrenia: cortical connectivity, metarepresentation, and the social brain. Behav Brain Sci. 2005;27(06):831-55.

85. Nesse RM. Cliff-edged fitness functions and the persistence of chizophrenia (commentary). Behav Brain Sci. 2004;27(6):862-3.

86. Lack D. The evolution of reproductive rates. In: Huxley J, Hardy AC, Ford EB, editors. Evolution as a Process. London: George Allen and Unwin; 1954. Vol. 1, 143-56.

87. Lack D, Gibb J, Owen DF. Survival in relation to brood-size in tits. Proc Zool Soc Lond. 1957 Jun 1;128(3):313-26.

88. Nesse RM. Cliff-edged fitness functions and the persistence of chizophrenia

(commentary).

89. Bumpus HC. The elimination of the unfit as illustrated by the introduced sparrow, Passer domesticus. Biol Lect Mar Biol Lab Woods Hole. 1899;6:209-26.

90. Crespi BJ. Autism, psychosis, and genomic imprinting.

91. Crespi BJ, Go MC. Diametrical diseases reflect evolutionary-genetic tradeoffs: evidence from psychiatry, neurology, rheumatology, oncology, and immunology. Evol Med Public Health. 2015 Sep 9;eov021.

92. Wilson AJ, Rambaut A. Breeding racehorses: what price good genes? Biol Lett. 2008 Apr 23;4(2):173-5.

93. Crow TJ. Is schizophrenia the price that Homo sapiens pays for language? Schizophr Res. 1997;28(2):127-41.

94. Brune M. Social cognition and behaviour in schizophrenia. Soc Brain Evol Pathol. 2003;277-313.

95. Brune M. "Theory of mind" in schizophrenia: a review of the literature. Schizophr Bull. 2005;31(1):21-42.

96. Nesse R. Cliff-edged fitness landscapes and missing heritability for dire diseases. In preparation.

97. Mitteroecker P, Huttegger SM, Fischer B, Pavlicev M. Cliff-edge model of obstetric selection in humans. Proc Natl Acad Sci USA. 2016 Dec 20;113(51):14680-5.

98. lvarez-Lario B, Macarrn-Vicente J. Uric acid and evolution. Rheumatology. 2010; 49:2010-5.

99. Tomasetti C, Vogelstein B. Variation in cancer risk among tissues be explained by the number of stem cell divisions. Science. 2015 Jan 2;347(6217):78-81.

100. Friedman N, Ito S, Brinkman BAW, Shimono M, DeVille REL, Dahmen KA, et al. Universal critical dynamics in high resolution neuronal avalanche data. Phys Rev Lett. 2012 May 16;108(20):8102.

101. Vercken E, Wellenreuther M, Svensson EI, Mauroy B. Don't fall off the adaptation cliff: when asymmetrical fitness selects for suboptimal traits. PLOS ONE. 2012 Apr 11;7(4):e34889.

102. Metcalf CJE, Tate AT, Graham AL. Demographically framing trade-offs between sensitivity and specificity illuminates selection on immunity. Nat Ecol Evol. 2017 Nov;1(11):1766-72.

103. Schizophrenia Working Group of the Psychiatric Genomics Association. Biological insights from 108 schizophrenia-associated genetic loci. Nature. 2014 Jul;511(7510):421.

104. Awasthi M, Singh S, Pandey VP, Dwivedi UN. Alzheimer's disease: an overview of amyloid beta dependent pathogenesis and its therapeutic implications along with in silico approaches emphasizing the role of natural products. J Neurol Sci. 2016 Feb 15;361:256-71.

105. Kumar DKV, Choi SH, Washicosky KJ, Eimer WA, Tucker S, Ghofrani J, et al. Amyloid- β peptide protects against microbial infection in mouse and worm models of Alzheimer's disease. Sci Transl Med. 2016;8(340):340ra72.

106. Stephan AH, Barres BA, Stevens B. The complement system: an unexpected role in synaptic pruning during development and disease. Annu Rev Neurosci. 2012;35(1):369-89.

107. Readhead B, Haure-Mirande J-V, Funk CC, Richards MA, Shannon P, Haroutunian V, et al. Multiscale analysis of independent Alzheimer's cohorts finds disruption of molecular, genetic, and clinical networks by human herpesvirus. Neuron [Internet]. 2018 Jun [cited 2018 Jun 23]. Available from: https://linkinghub.elsevier.com/retrieve/pii/S0896627318304215.

108. Nesse RM, Finch CE, Nunn CL. Does selection for short sleep duration explain human vulnerability to Alzheimer's disease? Evol Med Public Health. 2017 Jan 1;2017(1):39-46.

109. Wiener N. Cybernetics: control and communication in the animal and the machine. New York: Wiley; 1948.

110. Solomon RL. The opponent-process theory of acquired motivation: the costs of pleasure and the benefits of pain. Am Psychol. 1980;35(8):691-712.

111. Meredith KE. Heirloom of agony: a new theory about why happiness hurts and what you can do about it. Privately published; 2017.

에필로그 진화정신의학은 섬이 아닌 다리다

1. Robinson, M. The Niagara Gorge kite contest [Internet]. Kite History. 2005 [cited 2018 Jan 15]. Available from: http://kitehistory.com/Miscellaneous/Homan_Walsh.htm.

2. Alcock J. The triumph of sociobiology. New York: Oxford University Press; 2001.

3. Alcock J. Ardent adaptationism. Nat Hist. 1987 Apr;96(4):4.

4. Gould SJ, Lewontin RC. The spandrels of San Marco and the Panglossian paradigm: a critique of the adaptationist programme. Proc R Soc Lond. 1979;

205:581-98.

5. Segerstrale UCO. Defenders of the truth: the battle for science in the sociobiology debate and beyond. New York: Oxford University Press; 2000.

6. Pigliucci M, Kaplan J. The fall and rise of Dr Pangloss: adaptationism and the Spandrels paper 20 years later. Trends Ecol Evol. 2000;15(2):66-70.

7. Queller DC. The spaniels of St. Marx and the Panglossian paradox: a critique of a rhetorical programme. Q Rev Biol. 1995;70:485-9.

8. Nesse RM. Ten questions for evolutionary studies of disease vulnerability. Evol Appl. 2011;4(2):264-77.

9. Troisi A. Mental health and well-being: clinical applications of Darwinian psychiatry. Appl Evol Psychol. 2012;276.

10. Troisi A, McGuire MT. Darwinian psychiatry: it's time to focus on clinical questions. Clin Neuropsychiatry. 2006;3:85-6.

11. Brune M. Textbook of evolutionary psychiatry and psychosomatic medicine: the origins of psychopathology. New York: Oxford University Press; 2015.

12. Hjemdal O, Hagen R, Solem S, Nordahl H, Kennair LEO, Ryum T, et al. Metacognitive therapy in major depression: an open trial of comorbid cases. Cogn Behav Pract. 2017 Aug 1;24(3):312-8.

13. Gilbert P. The origins and nature of compassion focused therapy. Br J Clin Psychol. 2014;53(1):6-41.

14. Gilbert P. Human nature and suffering. Hove (UK): Lawrence Erlbaum; 1989.

15. Gilbert P, Bailey KG. Genes on the couch: explorations in evolutionary psychotherapy. Philadelphia: Taylor & Francis; 2000.

옮긴이 | **안진이**

대학원에서 미술 이론을 전공했고, 현재 전문 번역가로 활동하고 있다. 《총보다 강한 실》《지혜롭게 나이 드는다는 것》《컬러의 힘》《타임 푸어》《마음가면》《포스트자본주의: 새로운 시작》《영혼의 순례사 반 고흐》《고잉 솔로: 싱글턴이 온다》 등 다양한 분야의 책을 우리말로 옮겼다.

이기적 감정

나쁜 감정은 생존을 위한 합리적 선택이다

초판 발행 · 2020년 8월 24일
초판 4쇄 발행 · 2023년 10월 25일

지은이 · 랜돌프 M. 네스
옮긴이 · 안진이
감수 · 최재천
발행인 · 이종원
발행처 · (주)도서출판 길벗
브랜드 · 더퀘스트
출판사 등록일 · 1990년 12월 24일
주소 · 서울시 마포구 월드컵로 10길 56(서교동)
대표전화 · 02)332-0931 | **팩스** · 02)323-0586
홈페이지 · www.gilbut.co.kr | **이메일** · gilbut@gilbut.co.kr
대량구매 및 납품 문의 · 02) 330-9708

기획 · 박윤조 | **책임편집** · 안아람(an_an3165@gilbut.co.kr) | **제작** · 이준호, 손일순, 이진혁, 김우식
마케팅 · 한준희, 김선영, 이지현 | **영업관리** · 김명자, 심선숙 | **독자지원** · 윤정아, 전희수

표지 디자인 · 정은경 | **교정교열 및 전산편집** · 이은경 | **CTP 출력 인쇄 제본** · 예림인쇄

ISBN 979-11-6521-250-6 03470
(길벗 도서번호 040144)

정가 22,000원

독자의 1초까지 아껴주는 길벗출판사

(주)도서출판 길벗 | IT교육서, IT단행본, 경제경영서, 어학&실용서, 인문교양서, 자녀교육서 **www.gilbut.co.kr**
길벗스쿨 | 국어학습, 수학학습, 어린이교양, 주니어 어학학습, 학습단행본 **www.gilbutschool.co.kr**

페이스북 **www.facebook.com/thequestzigy**
네이버 포스트 **post.naver.com/thequestbook**